"十二五"国家重点图书出版规划

物联网工程专业规划教材

物联网信息安全

桂小林 张学军 赵建强 等编著

U0321161

机械工业出版社
China Machine Press

图书在版编目（CIP）数据

物联网信息安全 / 桂小林等编著 . —北京：机械工业出版社，2014.6（2020.12 重印）
（物联网工程专业规划教材）

ISBN 978-7-111-47089-2

I. 物… II. 桂… III. 互联网络 – 信息安全 – 高等学校 – 教材 IV. TP393.4

中国版本图书馆 CIP 数据核字（2014）第 131093 号

本书针对物联网工程专业的需要，对物联网信息安全的内涵、知识领域和知识单元进行了科学合理的安排，目标是提升读者对物联网信息安全的"认知"和"实践"能力。全书采用分层架构思想，由底而上地论述物联网信息安全的体系结构和关键技术，包括物联网安全特征、物联网安全体系、物联网数据安全、物联网隐私安全、物联网接入安全、物联网系统安全和物联网无线网络安全等内容。

本书适合作为高等院校物联网工程及相关专业本科生的教材，也可作为技术人员了解物联网信息安全知识的参考。

出版发行：机械工业出版社（北京市西城区百万庄大街 22 号 邮政编码：100037）

责任编辑：朱 劼		责任校对：殷 虹	
印　　刷：北京捷迅佳彩印刷有限公司		版　　次：2020 年 12 月第 1 版第 11 次印刷	
开　　本：185mm×260mm　1/16		印　　张：19.5	
书　　号：ISBN 978-7-111-47089-2		定　　价：45.00 元	

前　言

随着移动互联网的普及和各种新型计算模式（如网格、云计算、P2P计算、物联网）的出现，信息安全问题面临更加严峻的挑战。在物联网和云计算环境中，由于跨域使用资源、外包服务数据、远程检测和控制系统，使得数据安全和通信安全变得更加复杂，并呈现出与以往不同的新特征，需要研发新的安全技术以支撑这样的开放网络应用环境。

物联网、云计算被称为继计算机、互联网之后，世界信息产业的第三次浪潮。《国务院关于加快培育和发展战略性新兴产业的决定》将以物联网、云计算为代表的新一代信息技术列为重点培育和发展的战略性新兴产业，《国民经济和社会发展第十二个五年规划纲要》对培育发展以物联网、云计算为代表的新一代信息技术战略性新兴产业做了全面部署。

本书是为了配合"物联网工程专业"的主干课程"物联网信息安全"而编写的。全书考虑到"新建专业"的特点，在对专业内涵、专业知识领域和知识单元等方面进行研究分析的基础上，科学合理地安排教材内容，目标是提升学生对信息安全的"认知"能力。

全书共分7章，采用分层架构思想，由底而上地论述物联网信息安全的体系结构和相关技术，包括物联网与信息安全、数据安全、隐私安全、接入安全、系统安全和无线网络安全等内容。此外，考虑到新建专业的需求，本书还以附录的形式对"物联网工程专业"的培养方案进行了综述，以期对相关学校新建物联网工程专业提供借鉴。

本书由西安交通大学桂小林教授主编，并负责组稿和审校。参与本书编写工作的有桂小林（第1章、第3.2～3.4节、第6章），张学军（第2、4章和第5.1～5.5节），赵建强（第7章），姚婧（第3.5、5.6节），余思（第3.1和3.6节），西安交通大学计算网络与工程研究所的安健、蒋精华、田丰、毛勇华等博士提供了部分材料，并更正了不少错误，在此向他们表示衷心的感谢。

本书内容丰富，章节安排合理，叙述清楚，难易适度，既可作为普通高等学校计算机科学与技术、信息安全、网络工程、物联网工程专业的"网络与信息安全"和"物联网信息安全"课程的教材，也可作为高职高专相关专业的信息安全技术课程的教材，并可作为网络工程师、信息安全工程师、计算机工程师、物联网工程师、网络安全用户及互联网爱好者的学习参考书或培训教材。

为了配合教学，本书为读者免费提供电子教案和习题解答，需要者可从华章网站（www.hzbook.com）下载。

本书在编写过程中参考了大量的书刊和网上的有关资料，吸取了多方面的宝贵意见和建议，在书中可能未注明出处，在此对原著作者深表感谢。限于编者水平有限，书中难免有错误之处，敬请批评指正。

编者

2014 年 5 月于西安

教学建议

教 学 章 节	教 学 要 求	课 时
第 1 章 物联网与信息安全	了解物联网的概念与特征 了解物联网的体系结构 了解物联网的安全特征 了解物联网的安全威胁 熟悉保障物联网安全的主要手段	讲授 2
第 2 章 物联网的安全体系	了解物联网的层次结构及各层安全问题 掌握物联网的安全体系结构 掌握物联网的感知层安全技术 了解物联网的网络层安全技术 了解物联网的应用层安全技术 了解位置服务安全与隐私技术 了解云安全与隐私保护技术 了解信息隐藏和版权保护技术 实践物联网信息安全案例	讲授 4 实践 2
第 3 章 数据安全	掌握数据安全的基本概念 了解密码学的发展历史 掌握基于变换或置换的加密方法 掌握流密码与分组密码的概念 掌握 DES 算法和 RSA 算法 了解散列函数与消息摘要原理 掌握数字签名技术 掌握文本水印和图像水印的基本概念 实践 MD5 算法案例 实践数字签名案例	讲授 10 实践 2
第 4 章 隐私安全	掌握隐私安全的概念 了解隐私安全与信息安全的联系与区别 掌握隐私度量方法 掌握数据库隐私保护技术 掌握位置隐私保护技术 掌握数据共享隐私保护方法 实践外包数据加密计算案例	讲授 10 实践 2

（续）

教 学 章 节	教 学 要 求	课　　时
第 5 章 接入安全	掌握物联网的接入安全的含义 掌握信任管理的概念、模型和计算方法 掌握身份认证的概念和方法 掌握访问控制概念与方法 掌握公钥基础设施的结构和实现案例 实践基于 PKI 的身份认证系统	讲授 10 实践 2
第 6 章 系统安全	掌握网络与系统安全的概念 了解恶意攻击的概念、原理和方法 掌握入侵检测的概念、原理和方法 掌握攻击防护技术的概念与原理 掌握防火墙原理 掌握病毒查杀原理 了解网络安全通信协议	讲授 8 实践 2
第 7 章 无线网络安全	掌握无线网络概念、分类 理解无线网络安全威胁 掌握 WiFi 安全技术 掌握 3G 安全技术 掌握 ZigBee 安全技术 掌握蓝牙安全技术 实践 WiFi 安全配置案例	讲授 8 实践 2
总课时	建议授课课时	48~56
	建议实践课时	8~12

目　录

● 第 1 章 ● 物联网与信息安全

　　物联网作为战略性新兴产业,在各国政府大力推动下,正在迎来一轮建设高峰,其信息安全和风险问题也得到各国政府的广泛重视。由于物联网是一个融合计算机、通信和控制等相关技术的复杂系统,因而它所面临的信息安全问题更加复杂。本章主要论述物联网的基本概念和特征,探讨物联网的信息安全现状和面临的信息安全威胁。

1.1　物联网概述

　　物联网(Internet of Things,IoT)代表了未来计算与通信技术发展的方向,被认为是继计算机、Internet 之后,信息产业领域的第三次发展浪潮。最初,IoT 是指基于 Internet 技术利用射频识别(Radio Frequency Identification,RFID)技术、产品电子编码(Electronic Product Code,EPC)技术在全球范围内实现的一种网络化物品实时信息共享系统。后来,IoT 逐渐演化成一种融合了传统网络、传感器、Ad Hoc 无线网络、普适计算和云计算等信息与通信技术(Information and Communications Technology,ICT)的完整的信息产业链。

1.1.1　物联网的概念

　　目前,物联网的研究尚未成熟,物联网的确切定义尚未统一。顾名思义,物联网就是一个将所有物体连接起来所组成的物 – 物相连的互联网络。作为新技术,物联网的定义千差万别。一个普遍可接受的定义为:

　　　　物联网是通过使用射频识别、传感器、红外感应器、全球定位系统、激光扫描器等信息采集设备,按约定的协议,把任何物品与互联网连接起来,进行信息交换和通信,以实现智能化识别、定位、跟踪、监控和管理的一种网络。

　　从定义可以看出,物联网是对互联网的延伸和扩展,其用户端延伸到世界上任何的物品。国际电信联盟(ITU)在《ITU 互联网报告 2005:物联网》中指出,在物联网中,一根牙刷、一个轮胎、一座房屋,甚至是一张纸巾都可以作为网络的终端,即世界上的任何物品都能连入网络;物与物之间的信息交互不再需要人

工干预，物与物之间可实现无缝、自主、智能的交互。换句话说，物联网以互联网为基础，主要解决人与人、人与物和物与物之间的互联和通信。

除了上面的定义外，物联网在国际上还有如下几个代表性描述：

1）**国际电信联盟**：从时–空–物三维视角看，物联网是一个能够在任何时间（anytime）、任何地点（anyplace），实现任何物体（anything）互联的动态网络，它包括了个人计算机（PC）之间、人与人之间、物与人之间、物与物之间的互联。

2）**欧盟委员会**：物联网是计算机网络的扩展，是一个实现物–物互联的网络。这些物体可以有 IP 地址，嵌入复杂系统中，通过传感器从周围环境获取信息，并对获取的信息进行响应和处理。

3）**中国物联网发展蓝皮书**：物联网是一个通过信息技术将各种物体与网络相连，以帮助人们获取所需物体相关信息的巨大网络；物联网通过使用射频识别（RFID）、传感器、红外感应器、视频监控、全球定位系统、激光扫描器等信息采集设备，通过无线传感网、无线通信网络（如 WiFi、WLAN 等）把物体与互联网连接起来，实现物与物、人与物之间实时的信息交换和通信，以达到智能化识别、定位、跟踪、监控和管理的目的。

1.1.2 物联网的体系结构

认识任何事物都要有一个从整体到局部的过程，尤其对于结构复杂、功能多样的系统更是如此。物联网也不例外。首先，需要了解物联网的整体结构，然后进一步讨论其中的细节。物联网是开放型体系结构，由于处于发展阶段，不同的组织和研究群体对物联网提出了不同的体系结构。但不管是三层体系结构、四层体系结构还是五层体系结构，其关键技术是相通和类同的。下面首先介绍物联网五层体系结构，物联网三层、四层体系结构在此基础上进行组合即可实现。

1. 物联网五层体系结构

图 1-1 给出了物联网的五层体系结构，用以指导物联网的理论研究。该结构侧重物联网的定性描述而不是协议的具体定义。因此，物联网可以定义为一个包含感知控制层、网络互联层、资源管理层、信息处理层、应用层的五层体系结构。

该体系结构以 ITU-T 在 Y.2002 建议中描述的**泛在传感器网络**（Ubiquitous Sensor Network，USN）高层架构作为基础，采用自下而上的分层架构。各层功能描述如下：

- **感知控制层**：简称感知层，它是物联网发展和应用的基础，包括 RFID 读写器、智能传感节点和接入网关等组成。各种传感器节点通过感知目标环境的相关信息，并自行组网传递到网关接入点，网关将收集到的数据通过互联网络提交到后台计算系统处理。后台计算系统处理的结果可以反馈到本层，作为实施动态控制的依据。
- **网络互联层**：主要负责通过各种接入设备实现互联网、短距离无线网络和移动通信网等不同类型网络的融合，实现物联网感知与控制数据的高效、安全和可靠传输。此外，还提供路由、格式转换、地址转换等功能。
- **资源管理层**：提供物联网资源的初始化，监测资源的在线运行状况，协调多个物联网资源（计算资源、通信设备和感知设备等）之间的工作，实现跨域资源间的交互、共享与调度。
- **信息处理层**：实现感知数据的语义理解、推理、决策以及提供数据的查询、存储、分析、挖掘等。利用云计算平台为感知数据的存储、分析提供支持。云计算平台是信息处理的重要组成部分，也是应用层各种应用的基础。

- **应用层**：物联网应用层利用经过分析处理的感知数据，为用户提供多种不同类型的服务，如检索、计算和推理等。物联网的应用可分为监控型（物流监控、污染监控）、控制型（智能交通、智能家居）、扫描型（手机钱包、高速公路不停车收费）等。应用层针对不同应用类别，定制相适应的服务。

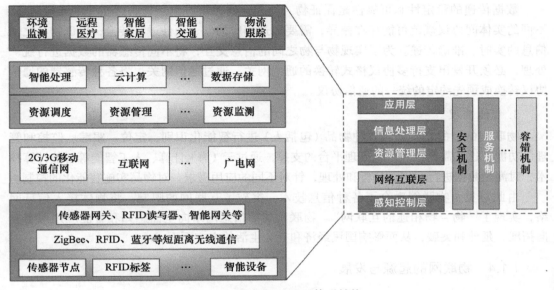

图 1-1　物联网的五层体系结构

此外，物联网在每一层中，还应包括安全机制、容错机制等技术，用来贯穿物联网系统的各个层次，为用户提供安全、可靠和可用的应用支持。

2. 物联网三层、四层体系结构

显然，在物联网的五层体系结构中，资源管理层和信息处理层可以合二为一，称为数据处理层，这样物联网五层体系结构就变成了四层体系结构，即感知控制层、数据传输层（即网络互联层）、数据处理层和应用层。如果将应用层淡化，则物联网可以分为三个层次：感知控制层、数据传输层（即网络互联层）、数据处理层。

1.1.3　物联网的特征

在 2009 年的百家讲坛上，当时的中国移动总裁王建宙指出，物联网应具备三个特征：一是全面感知；二是可靠传递；三是智能处理。尽管对物联网概念还有其他一些不同的描述，但内涵基本相同。图 1-2 给出了物联网的三大特征描述。

1. 全面感知

"感知"是物联网的核心。物联网是由具有全

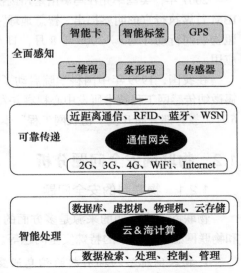

图 1-2　物联网的三大特征

面感知能力的物品和人所组成的，为了使物品具有感知能力，需要在物品上安装不同类型的识别装置，例如，电子标签（tag）、条形码与二维码等，或者通过传感器、红外感应器等感知其物理属性和个性化特征。利用这些装置或设备，可随时随地获取物品信息，实现全面感知。

2. 可靠传递

数据传递的稳定性和可靠性是保证物－物相连的关键。由于物联网是一个异构网络，不同的实体间协议规范可能存在差异，需要通过相应的软、硬件进行转换，保证物品之间信息的实时、准确传递。为了实现物与物之间的信息交互，将不同传感器的数据进行统一处理，必须开发出支持多协议格式转换的通信网关。通过通信网关，将各种传感器的通信协议转换成预先约定的统一的通信协议。

3. 智能处理

物联网的目的是实现对各种物品（包括人）进行智能化识别、定位、跟踪、监控和管理等功能。这就需要智能信息处理平台的支撑，通过云（海）计算、人工智能等智能计算技术，对海量数据进行存储、分析和处理，针对不同的应用需求，对物品实施智能化的控制。

由此可见，物联网融合了各种信息技术，突破了互联网的限制，将物体接入信息网络，实现了"物－物相连的互联网"。物联网支撑信息网络向全面感知和智能应用两个方向拓展、延伸和突破，从而影响国民经济和社会生活的方方面面。

1.1.4 物联网的起源与发展

物联网概念的起源可以追溯到 1995 年，比尔·盖茨在《未来之路》一书中对信息技术未来的发展进行了预测。1998 年，麻省理工学院（MIT）提出基于 RFID 技术的唯一编号方案，即 EPC，并以 EPC 为基础，研究从网络上获取物品信息的自动识别技术。1999 年，美国自动识别技术（AUTO-ID）实验室首先提出"物联网"的概念。物联网概念的正式提出是在国际电信联盟（ITU）发布的《ITU 互联网报告 2005：物联网》报告中。

2007 年，美国率先在马萨诸塞州剑桥城打造了全球第一个全城无线传感网。2009 年 1 月，IBM 首席执行官彭明盛提出"智慧地球"的概念。2009 年 6 月，欧盟委员会正式提出了"欧盟物联网行动计划"。2009 年 8 月，日本提出 i-Japan 战略，强调电子政务和社会信息服务应用。

在我国，1999 年中国科学院启动了传感网的研究。2009 年 8 月 7 日，温家宝总理在无锡微纳传感网工程技术研发中心视察并发表重要讲话，提出了"感知中国"的理念。2010 年 6 月，教育部开始开设"物联网工程"本科新专业。

1.2 物联网安全问题分析

1.2.1 物联网的安全问题

物联网安全问题的来源是多方面的，包括传统的网络安全问题、计算系统的安全问题和物联网感知过程中的特殊安全问题等。下面简要论述物联网系统中一些特殊安全问题。

1. 物联网标签扫描引起的信息泄露问题

由于物联网的运行靠的是标签扫描，而物联网技术设备的标签中包含着身份验证的相关信息和密钥等非常重要的信息，在扫描过程中它能自动回应阅读器，但是查询的结果不会告知所有者。这样物联网标签扫描时可以向附近的阅读器发布信息，并且射频信号不受建筑物和金属物体阻碍，一些与物品连在一起的标签内的私密信息就可能被泄露。在标签扫描中，隐私的泄露可能会对个人造成伤害，严重的甚至会危害国家和社会的稳定。

2. 物联网射频标签受到恶意攻击的问题

物联网能够得到广泛的应用在于它的大部分应用不用依靠人来完成，这样会节省人力、提高效率。但是，这种无人化的操作给恶意攻击者提供了机会，攻击者很可能对射频扫描设备进行破坏，甚至能够在实验室里获取射频信号，对标签进行篡改、伪造等，这些都威胁到物联网的安全。

3. 标签用户可能被跟踪定位的问题

射频识别标签只是对符合工作频率的信号予以回应，但是不能区分非法与合法的信号，这样，恶意的攻击者就可能利用非法的射频信号干扰正常的射频信号，还可能对标签所有者进行定位跟踪。这可能对被跟踪和定位的相关人员造成生命财产安全，甚至可能造成国家机密的泄露，使国家陷入危机。

4. 物联网的不安全因素可能通过互联网进行扩散的问题

物联网建立在互联网基础之上，而互联网是一个复杂多元的平台，其本身就存在不安全的因素，如病毒、木马和漏洞等。以互联网为基础的物联网会受到这些安全隐患的干扰，恶意的攻击者就有可能利用互联网对物联网进行破坏。在物联网中已经存在的安全问题，也会通过互联网进行扩散，使不利影响扩大化。

5. 核心技术依靠国外也是很大的安全隐患问题

物联网技术在我国兴起的时间较晚，很多技术和标准体系都不完备，相对于世界上的发达国家而言，水平还很低。物联网的主要核心技术我国还没有掌握，只能依靠国外，这一特点有可能被恶意攻击者掌握，在技术方面设置障碍，以至对物联网系统进行破坏，影响物联网安全。

6. 物联网加密机制有待健全的问题

目前，网络传输加密用的是逐跳加密，只对受保护的链进行加密，中间的任何节点都可解读，这样会造成信息的泄露。在业务传输中用的是端到端的加密方法，但不对源地址和目的地保密，这也会造成安全隐患。加密机制的不健全不仅威胁到物联网安全，还威胁到国家安全。

7. 物联网的安全隐患会加剧工业控制网络的安全威胁

物联网应用主要面向社会上的各行各业，有效地解决了远程监测、控制和传输问题。但物联网在感知、传输和处理阶段的安全隐患，可能会延展到实际的工业网络中。通过长期在物联网终端、物联网感知节点、物联网传输通路中的长期潜伏，伺机实施攻击，破坏工业系统安全，以此威胁国家安全。

1.2.2　物联网的安全特征

物联网是一个多层次的网络体系，当其作为一个应用整体时，各个层次的独立安全措施简单加不足以提供可靠的安全保障。因此，物联网的安全特征体现在如下几个方面：

1）安全体系结构复杂。已有的对传感网、互联网、移动网、云计算等的一些安全解决方案在物联网环境中可以部分使用，但另外一部分可能不再适用。物联网海量的感知终端，面临复杂的信任接入问题；物联网传输介质和方法的多样性，使得其通信安全更加复杂；物联网感知的海量数据需要存储和保存，数据安全也十分重要。因此，构建适合全面、可靠传输和智能处理环节的物联网安全体系结构是物联网的一项重要工作。

2）涵盖广泛的安全领域。首先物联网所对应的传感网的数量和智能终端的规模巨大，是单个无线传感网所无法相比的，需要引入复杂的访问控制问题；其次，物联网所连接的终端设备或器件的处理能力将有很大差异，它们之间相互作用，信任关系复杂，需要考虑差异化系统安全问题；再次，物联网所处理的数据量将比现在的互联网和移动网都大得多，需要考虑复杂的数据安全问题。所以，物联网的安全范围涵盖广泛。

3）有别于传统的信息安全。即使分别保证了物联网各个层次的安全，也不能保证物联网的安全。这是因为物联网是融合几个层次于一体的大系统，许多安全问题来源于系统整合。例如，物联网的数据共享对安全性提出了更高的要求，物联网的应用需求将对安全提出新挑战，物联网的用户终端对隐私保护的要求也日益复杂，不再是单一层次的安全需求。鉴于以上原因，物联网的安全体系需要在现有信息安全体系之上，制定可持续发展的安全架构，使物联网安全防护措施在发展和应用过程中能够不断完善。

1.2.3　物联网的安全需求

在物联网系统中，主要的安全威胁来自于以下几个方面：物联网传感器节点接入过程的安全威胁、物联网数据传输过程的安全威胁、物联网数据处理过程的安全威胁、物联网应用过程中的安全威胁等。这些威胁是全方位的，有些来自物联网的某一个层次，有些来自物联网的多个层次。根据安全威胁的来源与途径的多样化和普遍化，我们可以将物联网的安全需求归结为如下几个方面：物联网接入安全、物联网通信安全、物联网数据隐私安全和物联网应用系统安全等几个方面。

1. 物联网接入安全

在接入安全中，感知层的接入安全是重点。一个感知节点不能被未经过认证授权的节点或系统访问，这涉及感知节点的信任管理、身份认证、访问控制等方面的安全需求。在感知层，由于传感器节点受到能量和功能的制约，其安全保护机制较差，并且由于传感器网络尚未完全实现标准化，消息和数据传输协议没有统一的标准，从而无法提供一个统一完善的安全保护体系。因此，传感器网络除了可能遭受同现有网络相同的安全威胁外，还可能受到恶意节点的攻击、传输的数据被监听或破坏、数据的一致性差等安全威胁。

2. 物联网通信安全

由于物联网中的通信终端呈指数增长，而现有的通信网络承载能力有限，当大量的网络终端节点接入现有网络时，将会给通信网络带来更多的安全威胁。首先，大量终端节点的接入肯定会带来网络拥塞，而网络拥塞会给攻击者带来可乘之机，从而对服务器产生拒绝服务攻击；其次，由于物联网中的设备传输的数据量较小，一般不会采用复杂的加密算法来保护数据，从而可能导致数据在传输过程中遭到攻击和破坏；最后，感知层和网络层的融合也会带来一些安全问题。另外，在实际应用中，大量使用无线传输技术，而且大多数设备都处于无人值守的状态，使得信息安全得不到保障，很容易被窃取和恶意跟踪。而隐私信息的外泄和恶意跟踪给用户带来了极大的安全隐患。

3. 物联网数据安全

随着物联网的发展和普及，数据呈现爆炸式增长，个人和企业追求更高的计算性能，软、硬件维护费用日益增加，使得个人和企业的设备已无法满足需求。因此云计算、网格计算、普适计算等应运而生。虽然这些新型计算模式解决了个人和企业的设备需求，但同时也使他们承担着对数据失去直接控制的危险。因此，针对数据处理中的外包数据的安全与隐私保护技术显得尤为重要。由于传统的加密算法在对密文的计算、检索方面表现得差强人意，故研究可在密文状态下进行检索和运算的加密算法就显得十分必要了。

另外，物联网数据处理过程中依托的服务器系统，由于面临病毒、木马等恶意软件的攻击，使得物联网在构建数据处理系统时需要充分考虑安全协议的使用、防火墙的应用和病毒查杀工具的配置等。物联网计算系统的安全除了来自内部的攻击以外，还可能面临来自网络的外包攻击，如分布式入侵攻击（Distributed Denial of Service，DDoS）和高级持续性威胁（Advanced Persistent Threat，APT）攻击。

4. 物联网应用系统安全

物联网的应用领域非常广泛，渗透到了现实生活中的各行各业，由于物联网本身的特殊性，其应用安全问题除了现有网络应用中常见的安全威胁外，还存在更为特殊的应用安全问题。在物联网应用中，除了传统网络的安全需求（如认证、授权、审计等）外，还包括物联网应用数据的隐私安全需求、服务质量需求和应用部署安全需求等。

1.2.4 物联网的安全现状

目前，国内外学者针对物联网的安全问题开展了相关研究，在物联网感知、传输和处理等各个环节均开展了相关工作，但这些研究大部分是针对物联网的各个层次的，还没有形成完整统一的物联网安全体系。

在感知层，感知设备有多种类型，为确保其安全性，目前主要是进行加密和认证工作，利用认证机制避免标签和节点被非法访问。感知层加密已经有了一定的技术手段，但是还需要提高安全等级，以应对更高的安全需求。

在传输层，主要研究节点到节点的机密性，利用节点与节点之间严格的认证，保证端到端的机密性，利用密钥有关的安全协议支持数据的安全传输。

在应用层，目前的主要研究工作是数据库安全访问控制技术，但还需要研究其他的一些相关安全技术，如信息保护技术、信息取证技术、数据加密检索技术等。

在物联网安全隐患中，用户隐私的泄露是危害用户的极大安全隐患，所以在考虑对策时首先要对用户的隐私进行保护。目前，主要通过加密和授权认证等方法。通过加密，只有拥有解密密钥的用户才能读取通信中的用户数据以及用户的个人信息，这样能够保证传输过程中不被人监听。但是，加密数据的使用变得极为不方便。因此需要研究支持密文检索和运算的加密算法。

另外，物联网核心技术掌握在世界上比较发达的国家手中，始终会对没有掌握物联网核心技术的国家造成安全威胁。所以，要解决物联网的安全隐患，我国应该加大投入力度，进一步地开发研究，攻克技术难关，争取掌握物联网安全的核心技术。

1.3 物联网信息安全

本节介绍信息安全的基本概念、信息安全在物联网系统中的应用等问题，阐述物联网信息安全的技术手段。

1.3.1 信息安全的概念

信息安全（information security）是一个广泛而抽象的概念。从信息安全发展来看，在不同的时期，信息安全具有不同的内涵。即使在同一时期，由于角度不同，对信息安全的理解也不尽相同。国际、国内对信息安全的论述，大致可分为两大类：一类是指具体的信息系统的安全；另一类是指某一特定行业体系的信息系统（比如一个国家的银行信息系统、军事指挥系统等）的安全。但也有观点认为，这两类定义都不够全面，还应该包括一个国家的社会信息化状态不受外来的威胁与侵害，以及一个国家的信息技术体系不受外来威胁和侵害。主要理由是信息安全首先是一个国家宏观的社会信息化状态是否处于自主控制之下，是否稳定的问题，其次才是信息技术安全的问题。国际标准化组织和国际电工委员会在"ISO/IEC17799：2005"协议中对信息安全的定义是这样描述的：**"保持信息的保密性、完整性、可用性；另外，也可能包含其他的特性，如真实性、可核查性、抗抵赖和可靠性等"**。

信息安全概念经常与计算机安全、网络安全、数据安全等互相交叉，笼统地使用。在不严格要求的情况下，这几个概念几乎可以通用。这是由于随着计算机技术、网络技术的发展，信息的表现形式、存储形式和传播形式都在变化，最主要的信息都是在计算机内进行存储处理，在网络上传播。因此计算机安全、网络安全以及数据安全都是信息安全的内在要求或具体表现形式，这些因素相互关联，关系密切。信息安全概念与这些概念有相同之处，也存在一些差异，主要区别在于达到安全所使用的方法、策略以及领域，信息安全强调的是数据的机密性、完整性、可用性、可认证性以及不可否认性，不管数据是以电子方式存在还是印刷或其他方式存在。

随着技术的发展和应用，信息安全的内容是不断变化的。从信息安全发展的过程来看，在计算机出现以前，信息安全以保密为主，密码学是信息安全的核心和基础，随着计算机的出现和计算机技术的发展，计算机系统安全保密成为现代信息安全的重要内容。网络的出现和网络技术的发展，使得由计算机系统和网络系统结合而成的更大范围的信息系统的安全保密成为信息安全的主要内容。就目前而言，信息安全的内容主要包括：

- 硬件安全：涉及信息存储、传输、处理等过程中的各类计算机硬件、网络硬件以及存储介质的安全。要保护这些硬件设施不损坏，能正常地提供各类服务。
- 软件安全：涉及信息存储、传输、处理的各类操作系统、应用程序以及网络系统不被篡改或破坏，不被非法操作或误操作，功能不会失效，不被非法复制。
- 运行服务安全：即网络中的各个信息系统能够正常运行并能及时、有效、准确地提供信息服务。通过对网络系统中的各种设备运行状况的监测，及时发现各类异常因素并能及时报警，采取修正措施保证网络系统正常对外提供服务。
- 数据安全：保证数据在存储、处理、传输和使用过程中的安全。数据不会被偶然或恶意地篡改、破坏、复制和访问等。

1.3.2 物联网信息安全技术

物联网信息安全是指物联网系统中的信息安全技术，包括物联网各层的信息安全技术和物联网总体系统的信息安全技术。物联网信息安全从技术方面来讲，主要包括以下几个方面。

1. 信息加密技术

从安全技术的角度看，物联网信息加密的相关技术包括以确保使用者身份安全为核心的认证技术，确保安全传输的密钥建立及分发机制，以及确保数据自身安全的数据加密、数据安全协议等数据安全技术。因此在物联网安全领域，数据安全协议、密钥建立及分发机制、数据加密算法设计以及认证技术是关键部分。

物联网信息加密保证信息的可靠性，即系统具有在规定条件下和规定的时间内能完成规定功能的特性。可靠性主要有三种测试度量标准：抗毁性、生存性和有效性。其中，抗毁性要求系统在被破坏的情况下仍然能够提供一定程度的服务，生存性要求系统在发生随机破坏或者网络结构变化时仍然能够保持一定的可靠性，有效性主要表现在软硬件环境等方面。

2. 认证与授权技术

物联网的感知节点接入和用户接入离不开身份认证和访问控制等信息安全技术。物联网的可用性要求系统服务具有可以被授权实体访问并按需求使用的特性。可用性是系统面向用户的安全性。可用性要求系统在需要服务时，能够允许授权实体使用，或者在系统部分受损或者需要降级使用时，仍然能够提供有效服务。可用性一般用系统正常服务时间和整体工作时间之比来衡量。

物联网的保密性要求信息具有只能被授权用户使用，不能被泄露的特征。常用的保密技术包括防侦收（使攻击者侦收不到有用信息）、防辐射（防止有用信息辐射出去）、信息加密（用加密算法加密信息，即使对手得到加密后的信息也无法读出信息含义）、物理保密（利用限制、隔离、控制等各种物理措施保护信息不被泄露）。

物联网授权要求信息具有完整性，即要求信息具有未经授权不能改变的特性，即信息在存储或传输的过程中不被偶然或蓄意删除、篡改、伪造、乱序、重放等破坏和丢失的特性。完整性要求保持信息的原样，即信息的正确生成、存储和传输。

3. 安全控制技术

物联网安全控制要求信息具有不可抵赖性，即信息交互过程中所有参与者都不可能否认或者抵赖曾经完成的操作和承诺的特性。利用信息源证据可以防止发送方否认已发送的信息；利用接收证据可以防止接收方否认已经接收到的信息。

物联网安全控制要求信息具有可控性，即信息传播及内容具有可控制的特性。在物联网中表现为对标签内容的访问必须具有可控性。

物联网除了具有一般无线网络所面临的信息泄露、信息篡改、重放攻击、拒绝服务等多种威胁外，还面临传感节点容易被攻击者物理操纵并获取存储在传感节点中的所有信息，从而控制部分网络的威胁。必须通过其他的技术方案来提高传感器网络的安全性能。如在通信前进行节点与节点的身份认证；设计新的密钥协商方案，使得即使有一小部分节点被操纵，攻击者也不能或很难从获取的节点信息推导出其他节点的密钥信息；对传输信息加密解决窃听问题；保证网络中的传感信息只有可信实体才可以访问，保证网络的私密性，采用一些跳频和扩频技术减轻网络堵塞问题。

4. 安全审计技术

物联网安全审计要求物联网具有保密性与完整性。保密性要求信息不能泄露给未授权的用户；完整性要求信息不受各种原因的破坏。影响信息完整性的主要因素有：设备故障误码（由传输、处理、存储、精度、干扰等造成）、攻击等。

5. 隐私保护技术

除了上述安全技术之外，物联网中还需要考虑隐私的问题。当今社会，无论是公众人物还是普通百姓，尊重个人隐私已经成为共识和共同需要，但隐私究竟是什么却显得模糊不清。隐私一词来自于西方，一般认为最早关注隐私权的文章是美国人沃伦（Samuel D·Warren）和布兰代斯（Louis D·Brandeis）的论文《隐私权》(The Right to Privacy)。此文发表于 1890 年 12 月出版的《哈佛法律评论》(Harvard Law Review) 上。这篇论文首次提出了保护个人隐私、个人隐私权利不受干扰等观点，对后来隐私侵权案件的审判和隐私权的研究起到了重要的影响。隐私蕴涵的内容很广泛，而且对不同的人、不同的文化和民族，隐私的内涵各不相同。

1.4 本章小结

本章对物联网和信息安全的概念进行了详细描述，明确了物联网和信息安全的定义。详述了物联网的概念、特征与体系结构，分析了物联网面临的信息安全威胁，讨论了信息安全的概念和物联网环境下的信息安全技术。

习题

1.1 什么是物联网？物联网的特征是什么？
1.2 信息安全的基本属性是什么？
1.3 实现信息安全需要遵循哪些原则？
1.4 物联网信息安全有哪些主要特征？
1.5 物联网面临哪些安全威胁？
1.6 如何应对物联网所面临的安全威胁？
1.7 说说你对物联网中所涉及的隐私问题的看法。

第 2 章 物联网的安全体系

随着物联网建设的加快，物联网的安全问题必然成为制约物联网全面发展的重要因素。与互联网安全技术相比，物联网安全技术更具大众性和平民性，与所有人的日常生活密切相关，这就要求物联网安全技术采用低成本、简单、易用、轻量级的解决方案。本章围绕物联网的安全体系，对物联网感知层、网络层、应用层的安全问题和技术进行了探讨。

2.1 物联网的安全体系结构

物联网是继计算机、互联网与移动通信网络之后的一个新兴网络技术。由于物联网概念的出现并不久，所以其内涵还在不断地发展，其信息安全机制也在不断地完善。

物联网的价值在于让物体也拥有了"智慧"，从而实现人与物、物与物之间的信息交互。它是全面感知、可靠传输和智能处理的叠加。从信息和网络安全的角度看，物联网是一个多网并存的异构融合网络，不仅存在与传感器网络、移动通信网络和互联网同样的安全问题，同时还存在其他的特殊安全问题，如隐私保护、异构网络认证与访问控制、信息安全存储与管理等。

目前，物联网的体系结构被公认为有三个层次：感知层、网络层和应用层。针对各个层次的独立安全问题，已经有一些信息安全解决措施。但需要说明的是，物联网作为一个应用整体，各个层次的独立安全措施简单叠加并不能提供可靠的安全保障，而且物联网与几个逻辑层所对应的基础设施之间仍然存在许多本质的区别。

一方面，已有的对感知层、网络层的一些安全解决方案对于物联网环境可能不再适用。首先，物联网所对应的传感网的数量和终端物体的规模是单个传感网所无法相比的；其次，物联网所连接的终端设备或器件的处理能力也将有很大的差异，它们之间可能需要相互作用；再次，物联网所处理的数据量将比现在的互联网和移动网都大得多。

另一方面，即使分别保证感知层、网络层的安全，也不能保证整个物联网的安全。原因如下：1）物联网是融合几个逻辑层于

一体的大系统，许多安全问题来源于系统整合；2）物联网的数据共享对安全性提出了更高的要求；3）物联网的应用对安全提出了新的要求，如隐私保护不属于任何一层的安全需求，但却是许多物联网应用的安全需求。

因此，对物联网的发展需要重新规划并制定可持续发展的安全架构，图 2-1 给出了一种物联网三层安全体系架构。

本章以下几节，将对如图 2-1 所示物联网安全体系结构中的感知层安全、网络层安全和应用层安全进行详细的阐述。

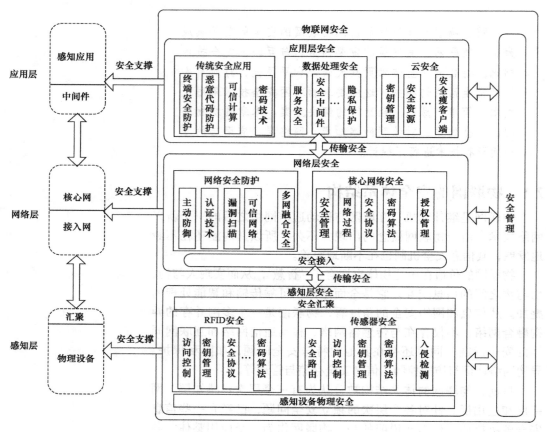

图 2-1　物联网安全体系结构

2.2　物联网感知层安全

2.2.1　物联网感知层安全概述

感知层的任务是实现全面感知外界信息的功能，包括原始信息的采集、捕获和物体识别。该层的典型设备包括 RFID 装置、各类传感器（如温度、湿度、红外、超声、速度等）、图像捕捉装置（摄像头）、全球定位系统（GPS）、激光扫描仪等，其涉及的关键技术包括传感器、RFID、自组网络、短距离无线通信、低功耗路由等。这些设备收集的信息通常具有明确的应用目的，因此传统上这些信息直接被处理并应用，如公路摄像头捕捉的图像信息直接用于交通监控，使用导航仪可以轻松了解当前位置及要去目的地的路线；使用摄像头可以和朋友聊天和在网络上面对面交流；使用 RFID 技术的汽车无匙系统，可以自由开关门，甚至开车都免去钥匙的麻烦，也可以在上百米内了解汽车的安全状态等。但是，各种方便的感知系统给人们生活带来便利的同时，也存在各种安全和隐私问题。例如，通过摄像头的视频对话或监控在给人们生活提供方便的同时，也会被具有恶意企图的人控制利用，从而监控个人的生活，泄露个人的隐私。特别是近年来，黑客利用个人计算机连接的摄像头泄露用户的隐私事件层出不穷。另外，在物联网应用中，多种类型的感知信息可能会被同时处理、综合利用，甚至不同感应信息的结果将影响其他控制调节行为，如湿度的感应结果可能会影响到温度或光照控制的调节。同时，物联网应用强调的是信息共享，这是物联网区别于传感网的最大特点之一，如交通监控录像信息可能还同时被用于公安侦破、城市改造规划设计、城市环境监测等。于是，如何处理这些感知信息将直接影响信息的有效应用。为了使同样的信息在不同的应用领域有效使用，就需要有一个综合处理平台，即物联网的应用层，来综合处理这些感知信息。

相对互联网来说，物联网感知层的安全是新事物，是物联网安全的重点，需要集中关注。目前，物联网感知层主要由 RFID 系统和传感器网络组成。另外，嵌入各种传感器功能的智能移动终端也已成为物联网感知层的重要感知手段，同样面临很多安全问题。

1. 感知层的安全挑战

感知层可能遇到的安全挑战有：

1）感知层的网络节点被恶意控制（安全性全部丢失）；

2）感知节点所感知的信息被非法获取（泄密）；

3）感知层的普通节点被恶意控制（密钥被控制者捕获）；

4）感知层的普通节点被非法捕获（节点的密钥没有被捕获，因此没有被控制）；

5）感知层的节点（普通节点或关键节点）受来自网络 DoS 的攻击；

6）接入物联网中的海量感知节点的标识、识别、认证和控制问题。

如果感知节点所感知的信息不采取安全防护措施或者安全防护的强度不够，则这些信息很可能被第三方非法获取，从而造成很大危害。由于安全防护措施的成本或者使用便利性等的存在，很可能使某些感知节点不会采取安全防护措施或者采取很简单的安全防护措施，这样将导致大量的信息被公开传输，很可能引起意想不到的严重后果。

攻击者捕获关键节点不等于控制该节点，一个感知层的关键节点实际被非法控制的可能性很小，因为需要掌握该节点的密钥（与感知层内部节点通信的密钥或与远程信息处理平台共享的密钥），而这是很困难的。如果攻击者掌握了一个关键节点与其他节点的共享密钥，那么他就可以控制该关键节点，并由此获得通过该关键节点传出的所有信息。如果攻击者不知道该关键节点与远程信息处理平台的共享密钥，那么他就不可能篡改发送的信息，只能阻止部分或全部信息的发送，但这样容易被远程处理平台觉察到。因此，若能识别一个被攻击方控制的感知层，便可以降低甚至避免由攻击方控制的感知层传来的虚假信息所造成的损失。

感知层所遇到的比较普遍的情况是某些普通网络节点被攻击方控制而发起的攻击，感知层与这些普通节点交互的所有信息都被攻击方获取。攻击方的目的可能不仅仅是被动窃听，还可能通过所控制的网络节点传输一些错误数据。因此，感知层的安全需求应包括对恶意节点行为的判断和对这些节点的阻断，以及在阻断一些恶意节点（假定这些被阻断的节点分布是随机的）后网络的连通性如何保障。

对感知层攻击（很难说是否为攻击行为，因为有别于主动攻击网络的行为）更为常见的情况是攻击方捕获一些网络节点，不需要解析它们的预置密钥或通信密钥（这种解析需要代价和时间），只需要鉴别节点种类，比如检查节点是用于检测温度、湿度还是噪声等。有时候这种分析对攻击方是很有用的。因此，安全的感知层应该有保护其工作类型的安全机制。

因为感知层要接入其他外在网络，如互联网，所以就难免会受到来自外在网络的攻击。目前能预测到的主要攻击除非法访问外，应该是拒绝服务攻击 DoS 了。由于感知节点资源受限，计算和通信能力都较低，所以对抗 DoS 攻击的能力比较弱，在互联网环境里不被识别为 DoS 攻击的访问就可能使感知网络瘫痪，因此，感知层的安全应该包括节点抗 DoS 攻击能力。考虑到外部访问可能直接针对感知层内部的某个节点（如远程控制启动或关闭红外装置），而感知层内部普通节点的资源一般比网关节点更少，因此，网络抗 DoS 攻击能力应包括关键节点和普通节点两种情况。

感知层接入互联网或其他网络所带来的问题不仅仅是感知层如何对抗外来攻击的问题，更重要的是如何与外部设备相互认证的问题，而认证过程又需要特别注意感知资源的有限性，因此认证付出的计算和通信代价都必须尽可能小。此外，对外部互联网来讲，其所连接的不同感知系统或者网络的数量可能是一个庞大的数字，如何区分这些系统或者网络及其内部节点，并有效地识别它们，是安全机制能够建立的前提。

2. 感知层的安全需求

针对感知层的安全挑战，感知层的安全需求可以归纳如下：

1）机密性：多数感知层内部不需要认证和密钥管理，如统一部署的共享一个密钥的感知层。

2）密钥协商：部分感知层内部节点进行数据传输前需要预先协商会话密钥。

3）节点认证：个别感知层（如传感数据共享时）需要节点认证，确保非法节点不能接入。

4）信誉评估：一些重要感知层需要对可能被攻击方控制的节点行为进行评估，以降低攻击方入侵后的危害（某种程度上相当于入侵检测）。

5）安全路由：几乎所有感知层内部都需要不同的安全路由技术。

3. 感知层安全问题

感知层可能遇到的信息安全问题主要表现为以下几个方面：

1）现有的互联网具备相对完整的安全保护能力，但是由于互联网中存在数量庞大的节点，将会容易导致大量的数据同时发送，使得传感网的节点（普通节点或网关节点）受到来自于网络的拒绝服务（DoS）攻击。

2）传感网的网关节点被敌手控制，以及传感网的普通节点被敌手捕获，为入侵者对物联网发起攻击提供了可能性。

3）接入到物联网的超大量传感节点的标识、识别、认证和控制问题。

2.2.2 RFID 的安全和隐私

RFID 是一种自动识别对象和人的技术。RFID 可以被看做是明确标签对象以方便这些对象被计算设备感知的一种方式或手段。RFID 标签在响应 RFID 阅读器的查询时，通过空气传播数据。作为一种非接触自动识别技术和支撑下一代物联网的核心技术之一，RFID 在 20 世纪末开始逐渐进入企业应用领域，目前已广泛应用于门禁系统、停车场管理系统、高速公路自动收费系统、汽车与火车等交通监控、物品管理、流水线生产自动化、供应链和仓储管理、军事物流、食品管理、动物管理、图书管理、车辆防盗、智能家电等众多领域，并将在物联网等国家新兴战略性产业中大展身手。

RFID 标签虽然获得了广泛的应用，但是由于 RFID 标签本身的一些特点，如低成本电子标签资源的有限性，导致 RFID 系统安全机制的实现受到一定的约束和限制，使得它面临着严峻的信息安全和隐私保护的困扰。例如 2008 年 8 月，美国麻省理工学院的三名学生宣布成功破解了波士顿地铁资费卡。更严重的是，世界各地的公共交通系统都采用了几乎同样的智能卡技术，因此使用他们的破解方法可以"免费搭车游世界"。

1. RFID 系统的主要隐私威胁

一般 RFID 有三类隐私威胁：①身份隐私威胁，即攻击者能够推导出参与通信的节点的身份；②位置隐私威胁，即攻击者能够知道一个通信实体的物理位置或粗略地估计出到该实体的相对距离，进而推断出该通信实体的隐私信息；③内容隐私威胁，即由于消息和位置已知，攻击者能够确定通信交换信息的意义。

攻击者可以采用以下攻击策略窃取隐私：

（1）非法跟踪

攻击者可以非接触地识别受害者身上的标签，掌握受害者的位置信息，从而给非法侵害行为或活动提供便利的目标及条件。跟踪是对位置隐私权的一种破坏。

（2）窃取个人信息和物品信息

当 RFID 用于个人身份标识时，攻击者可以从标签中读出唯一的电子编码，从而获得使用者的相关个人信息；当 RFID 用于物品标识时，抢劫者可以用阅读器确定哪些目标更值得他们下手。

（3）扰乱 RFID 系统正常运行

缺乏安全措施的电子标签十分脆弱，通过一些简单的技术，任何人都可以随意改变甚至破坏 RFID 标签上的有用信息，如篡改、重放、屏蔽（法拉第网罩）、失效（大功率发射机使标签感应出足够大的电流烧断天线）、DoS 攻击等，这将破坏系统的正常通信，扰乱 RFID 系统的正常运行。

（4）伪造或克隆 RFID 标签

每一个 RFID 标签都有一个唯一的标识符，要伪造标签就必须修改标签的标识，该标识通常是被加锁保护的，RFID 制造技术可能会被犯罪分子掌握。伪造标签比较困难，但在某些场合下，标签会被复制或克隆，它与信用卡被骗子拿去复制并在同一时刻在多个地方使用的问题类似。伪造或克隆的 RFID 标签会严重影响 RFID 在零售业和自动付费等领域的应用。

如何在 RFID 标签计算速度、通信能力和存储空间非常有限的情况下，通过设计安全机制，提供系统信息安全性和隐私性保护、防止各种恶意攻击，是一个关系 RFID 系统能否正常安全运行的关键性问题。

一个基本的 RFID 系统主要由 RFID 标签、移动式 RFID 标签读取设备与后台数据库系统（包含其他服务器）组成，如图 2-2 所示。由于标签读取设备和服务器端的能力较强，在它们上面可以实现复杂的密码学计算，因此，一般认为标签读取设备和服务器之间的通信是安全的。此处所提到的安全与隐私问题将主要集中在标签本身以及标签与标签读取设备之间的通信链路上。

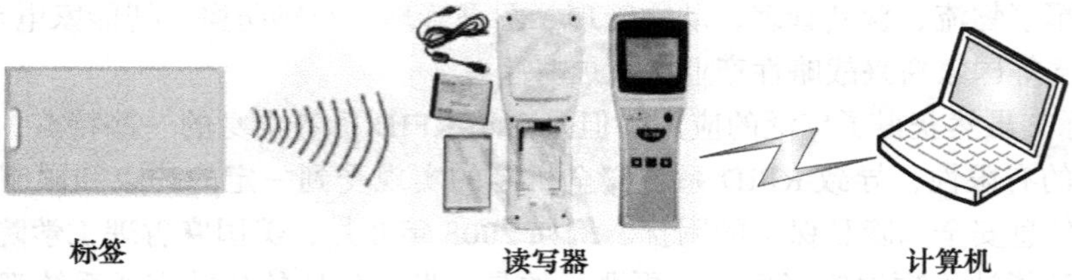

图 2-2　基本 RFID 系统

2. RFID 系统的主要安全隐患

RFID 系统的安全问题是由 RFID 标签等的基础功能以及射频信道的开放性所引起的。对 RFID 系统的攻击可以简单地分为针对标签和阅读器的攻击以及针对后端数据库的攻击。

（1）针对标签和阅读器的攻击

1）数据窃听。由于 RFID 标签与标签读取设备之间是通过无线广播的方式进行数据传输的，攻击者有可能获得双方所传输的信息内容。如果这些信息内容未受到保护，那么攻击者将有可能得到标签与标签读取设备之间传输的信息及其具体的内容含义，进而可以使用这些信息用于身份欺骗或者偷窃。价格低廉的超高频 RFID 标签一般通信的有效距离比较短，直接的窃听一般不容易实现，但是攻击者可以通过中间人来发起攻击并最终获得相关信息。

2）中间人攻击。被动的 RFID 标签在收到来自标签读取设备的查询信息指令后会主动发起响应过程，将会发送能够证明自身身份的信息数据，因此攻击者可以使用那些已经受到自己控制的标签读取设备来接收并读取标签发出的信息。具体来说，攻击者首先伪装成一个标签读取设备来靠近标签，在标签携带者毫不知情的情况下进行信息的获取；然后攻击者将从标签中所获得的信息直接或者经过一定的处理之后再发送给合法的标签读取设备，从而达到攻击者的各种目的。在攻击的过程中，标签与标签读取设备都以为攻击者是正常的通信流程中的另一方。采用中间人攻击成本低廉，与使用的安全协议无关，是 RFID 系统所面临的挑战之一。

3）重放攻击。重放攻击是指主动攻击者将窃听到的用户的某次消费过程或身份验证记录重放或将窃听到的有效信息经过一段时间以后再次传给信息的接收者，以骗取系统的信任，达到其攻击的目的。重放攻击复制两个当事人之间的一串信息流，并且重放给一个或两个当事人。

4）物理破解。廉价的标签通常是没有防破解机制的。因此容易被攻击者破解，从中获取安全机制和所有的隐私信息。一般在物理层面被破解之后，标签将被破坏，并且将不能够再继续使用。这种攻击的技术门槛较高，一般不容易实现。

一旦攻击者破解特定 RFID 系统的部分标签后，就可以获得这个标签内部的所有信息，进而可发起两种更加复杂的攻击。其一是试图使用一个标签现在使用的秘密来推测此标签在之前所使用的秘密，甚至能够破译出该标签在之前所发送的加密信息中的内容；其二是通过已经获得的部分标签的秘密来推断其他的那些未被破解的标签的秘密，进而发起更广泛的攻击。

5）信息篡改。信息篡改是指攻击者将窃听到的信息进行修改之后再传给原本的接收者。包括非授权的修改或者擦除 RFID 标签上的数据。攻击者可以让物品所附着的标签传达他们想要的信息。

这种攻击的目的主要是：

- 攻击者恶意破坏合法用户的通信内容，阻止合法用户建立通信链接；
- 攻击者将修改后的信息传给接收者，企图欺骗接收者相信该信息是由一个合法用户发送、传递的。

6）拒绝服务攻击。拒绝服务攻击又称淹没攻击，当数据量超过其处理能力而导致信息淹没时，则会发生拒绝服务攻击。这种攻击方法在 RFID 领域的变种是射频阻塞，当射频信号被噪声信号淹没后就会发生射频阻塞。拒绝服务攻击主要是通过发送不完整的交互请求来消耗系统资源。比如当系统中多个标签发生通信冲突，或者一个特别设计的用于消耗 RFID 标签读取设备资源的标签发送数据时，拒绝服务攻击就发生了。此外，如果标签内部的数据的状态是有限的，同样也会受到拒绝服务攻击的影响。一个特别设计的标签可以打乱其识别的过程，使得 RFID 标签读取设备无法正确识别所有的标签。

7）屏蔽攻击。屏蔽是指用机械的方法来阻止 RFID 标签阅读器对标签的读取。例如，使用法拉第笼子（Faraday cage）或护网罩阻挡某一频率的无线电信号，使阅读器不能正常读取标签。攻击者还有可能通过干扰手段来破坏标签的正常访问。干扰是指使用电子设备来破坏 RFID 标签读取设备对 RFID 标签的正确访问。

8）略读。略读是在标签所有者不知情和没有得到所有者同意的情况下读取存储在 RFID 上的数据。它通过一个非常的阅读器与标签交互得到标签中存储的数据。这种攻击会发生是因为大多数标签不需要认证就能广播存储的内容。

9）其他攻击。攻击者可能会以物理或者电子的方法，在未经授权的情况下破坏一个标签，此后此标签就无法再为用户提供服务。还有其他一些可能的威胁，如攻击者可能将物品上所附着的标签拆卸下来，这样，就可以带走这个物品而不担心被 RFID 标签读取设备发现。

（2）针对后端数据库的攻击

1）标签伪造与复制。由于 RFID 技术可能用于如护照或制药等敏感应用，因此伪造标签的可能性引起了广泛的关注。尽管伪造很困难，但在某些场合下标签仍然会被复制。它与信用卡被骗子拿去复制并在同一时刻在多个地点被使用的问题类似。由于复制的标签很难在使用时被区分出来，因此后端数据库应当能检查这种罕见的情况。

2）RFID 病毒攻击。RFID 标签数据容量比较小，但是仍然可以在其中写入恶意数据，阅读器把这些数据传输到后台系统即可造成一种特殊的 RFID 病毒攻击。RFID 标签本身不会检测出其所携带的数据是否含有病毒信息。攻击者可以事先将含有病毒的代码写入标签中，然后让合法的 RFID 标签读取设备读取含有病毒的标签中的数据。这样一来，病毒就有可能被注入 RFID 系统中。如果病毒或者是恶意程序入侵到数据库中，还有可能迅速传播开来并摧毁整个系统以及重要的资料。

3）EPC 网络 ONS 攻击。EPC 网络由 EPC 信息服务（EPC-IS）、EPC 发现服务和对象名字服务（Object Name Service，ONS）三个关键要素组成。因为 ONS 被认为是 DNS 的一个子集，所以面临着与 DNS 同样的安全风险。另外，也具有自己的特有的风险，如隐私泄露风险。在很多情况下，一个 RFID 标签的 EPC 被看成是高度敏感的信息，即使仅知道 EPC 的一部分，敏感信息也能被获取。如果广泛采用 EPC 网络，将会有许多公司依赖于网络服务。这时，ONS 将会变成一个高度暴露被攻击者的服务。其可能包括 DoS（或 DDoS）

攻击，通过发起无数的高强度查询来弱化服务器的功能或者网络连通性，或者关闭服务器软件或操作系统。

3. RFID 系统的安全需求

一般来说，较完善的 RFID 系统解决方案应具备以下基本特征：

（1）机密性

一个电子标签不应当向未授权读写器泄露任何敏感的信息。在许多应用中，电子标签中所包含的信息关系到消费者的隐私，这些数据一旦被攻击者获取，消费者的隐私权将无法得到保障，因而一个完备的 RFID 安全方案必须能够保证电子标签中所包含的信息仅能被授权读写器访问。

（2）完整性

数据完整性能够保证接收者收到的信息在传输过程中没有被攻击者篡改或替换。在基于公钥的密码体制中，数据完整性一般是通过数字签名来完成的，但资源有限的 RFID 系统难以支持这种代价昂贵的密码算法。在 RFID 系统中，通常使用消息认证码来进行数据完整性的检验，它使用的是一种带有共享密钥的散列算法，即将共享密钥和待检验的消息连接在一起进行散列运算，对数据的任何细微改动都会对消息认证码的值产生较大影响。

（3）可用性

可用性要求 RFID 系统的安全解决方案所提供的各种服务能够被授权用户正常使用，并能够有效防止非法攻击者企图中断 RFID 系统服务的恶意攻击。一个合理的安全方案应当具有节能的特点，各种安全协议和算法的设计不应太复杂，并尽可能地避开公钥运算，计算开销、存储容量和通信能力也应当充分考虑 RFID 系统资源有限的特点，从而使得能量消耗最小化。同时，安全性设计方案不应当限制 RFID 系统的可用性，并能够有效防止攻击者对电子标签资源的恶意消耗。

（4）真实性

电子标签的身份认证在 RFID 系统的许多应用中是非常重要的。攻击者可以利用获取的标签实体，通过物理手段伪造电子标签以代替实际物品，或通过重写合法的电子标签内容，使用低价物品标签的内容来替换高价物品标签的内容从而获取非法利益。或者攻击者也可以通过某种方式隐藏标签，使读写器无法发现该标签，从而成功地实施物品转移。读写器只有通过身份认证才能确信消息是从正确的电子标签处发送过来的。

（5）隐私性

目前的 RFID 系统面临着位置隐私泄露或被实时跟踪的安全风险，这可能会泄露个人身份、喜好和行踪等隐私信息。另外，一些情报人员也可能通过跟踪不安全的标签来获得有用的商业机密。所以一个安全的 RFID 系统应当能够保护使用者的隐私信息或相关经济实体的商业利益。

4. RFID 的安全与隐私保护机制

为了保护 RFID 系统的安全，需要建立相应的 RFID 安全机制，包括物理安全机制和逻辑安全机制以及两者的结合。

（1）物理安全机制

由于低成本 RFID 标签并不支持高强度的安全性，所以人们提出使用物理安全机制来保护 RFID 标签的安全性。物理安全机制主要包括：kill 命令机制（kill tag）、电磁屏蔽、主动干扰、阻塞标签（block tag）和可分离标签等几种。

1）kill 命令机制。kill 命令机制是一种从物理上毁坏标签的方法。RFID 标准设计模式中包含 kill 命令，执行 kill 命令后，标签所有的功能都丧失，从而防止了对标签以及标签的携带者的跟踪。例如，在超市购买完商品后，即在阅读器获取完标签的信息并经过后台数据库的认证操作之后，就可以杀死消费者所购买的商品上的标签，这样就可以起到保护消费者的隐私的功能。完全杀死标签可以完美地防止攻击者的扫描和跟踪，但是这种方法破坏了 RFID 标签的功能，无法让消费者继续享受到以 RFID 标签为基础的物联网服务。比如，如果商品被售出后，标签上的信息无法再次使用，则售后服务以及与此商品相关的其他服务项目就无法进行了。另外，如果 kill 命令的识别序列号（PIN）泄露，则攻击者就可以使用这个 PIN 来杀死超市中的商品上的 RFID 标签，然后就可以将对应的商品带走而不会被觉察到。

2）电磁屏蔽。利用电磁屏蔽原理，把 RFID 标签置于由金属薄片制成的容器中，无线电信号将被屏蔽，从而使阅读器无法读取标签信息，标签也无法向阅读器发送信息。最常使用的就是法拉第网罩。法拉第网罩可以有效屏蔽电磁波，这样无论是外部信号还是内部信号，都将无法穿越法拉第网罩。因此，如果把标签放在法拉第网罩内，则外部的阅读器所发出的查询信号将无法到达 RFID 标签。对被动标签来说，在没有接收到查询信号的情况下也就没有能量和动机来发送出相应的响应信息。对于主动标签来说，它的信号也无法穿过法拉第网罩，因此无法被攻击者所携带的阅读器接收到。这样一来，把标签放入法拉第网罩内就可以阻止标签被扫描，从而阻止攻击者通过扫描 RFID 标签来获取用户的隐私数据。这种方法的缺点是在使用标签时需要把标签从相应的法拉第网罩中取出，这样就失去了使用 RFID 标签的便利性。另外，如果要提供广泛的物联网服务，不能总是让标签置于屏蔽状态中，而需要在更多的时间内使得标签能够与阅读器处于自由通信的状态。

3）主动干扰。能主动发出无线电干扰信号的设备可以使附近 RFID 系统的阅读器无法正常工作，从而达到保护隐私的目的。这种方法的缺点是其可能会产生非法干扰，从而使得在其附近的其他 RFID 系统无法正常工作；更严重的是可能会干扰到附近其他无线系统的正常工作。

4）阻塞标签。RSA 公司制造的阻塞标签（block tag）是一种特殊的电子标签。这种标签可以通过特殊的标签碰撞算法阻止非授权的阅读器读取那些阻止标签预定保护的内容。在需要的时候，阻止标签可以防止非法阅读器扫描和跟踪标签。而在特定的时候，则可以停止阻止状态，使标签处于开放的可读状态。

5）可分离标签。利用 RFID 标签物理结构上的特点，IBM 公司推出了可分离的 RFID 标签。它的基本设计理念是使无源标签上的天线和芯片可以方便地拆分。这种可以分离的设计可以使消费者改变电子标签的天线长度从而极大地缩短标签的读取距离。如果用手持的阅读器设备，要紧贴标签才可以读取到信息，那么没有顾客本人的许可，阅读器设备不可能通过远程隐蔽获取信息。缩短天线后标签本身还是可以运行的，这样就方便了货物的售后服务和产品退货时的识别。但是可分离标签的制作成本比较高，标签制造的可行性也有待进一步讨论。

以上的这些物理安全机制通过牺牲标签的部分功能来换得满足隐私保护的要求。这些方法可以在一定程度上起到保护低成本标签的功能，但是由于验证、成本和法律等的约束，物理安全机制还是存在着各种各样的缺点。

（2）逻辑安全机制

随着芯片技术的进步，比现有标签更智能并可多次读写的 RFID 标签将会被广泛地应用。这为解决 RFID 安全与隐私提供了更多的可能的方法。基于各种加密技术的逻辑方法被应用于 RFID 标签中，并越来越受到关注。下面选择几种典型方法进行介绍。

1）散列锁定。

散列锁定是利用散列函数给 RFID 标签加锁来抵制标签未授权访问的增强协议。它使用 metaID 来代替标签真实的 ID，当标签处于封锁状态时，它将拒绝显示电子编码信息，只返回使用散列函数产生的散列值。只有发送正确的密钥或电子编码信息，标签才会在利用散列函数确认后解锁。

使用散列锁定机制的标签有锁定和非锁定两种状态：在锁定状态下，标签使用 metaID 响应所有的查询；在非锁定状态下，标签向阅读器提供自己的标识信息。散列锁定的协议流程如图 2-3 所示。

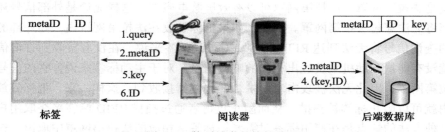

图 2-3　散列锁定的协议流程

①锁定过程如下：

a. 阅读器随机生成一个密钥 key，并计算与之对应的 metaID，metaID=hash(key)。其中，hash 函数是一个单向的密码学散列函数。

b. 阅读器将 metaID 写入标签中。

c. 标签被锁定后进入锁定状态。

d. 阅读器以 metaID 为索引值，将 (metaID，key) 数据对存储到后台的数据库中。

②解锁过程如下：

a. 标签进入阅读器的探查范围内后，阅读器向标签发出查询信息；标签响应并向阅读器返回 metaID。

b. 阅读器以 metaID 为索引值，在后台的数据库中查找对应的 (metaID，key) 数据对，找到后将相应的 key 记录到阅读器。

c. 阅读器把密钥 key 发送给标签。

d. 标签计算 hash(key)，如果 hash(key) 与标签中存储的 metaID 相等，则标签解锁，并向阅读器发送真实的 ID。

由于这种方法较为直接和经济，因此它受到了普遍关注。但由上述协议过程可知，该协议采用静态 ID 机制，metaID 保持不变，且 ID 以明文形式在不安全的信道中传输，非常容易被攻击者偷听获取。攻击者因而可以计算或者记录 (metaID，key，ID) 的组合，并在与合法的标签或者阅读器交互中假冒阅读器或者标签实施欺骗。散列锁定协议并不安全，因此出现了各种改进的算法，如随机散列锁（randomized hash lock）协议、散列链协议（hash chain scheme）等，这里就不详细介绍了，有兴趣的读者可参见相关文献。

2）临时 ID。

这个方案是让顾客可以暂时更改标签 ID。当标签处于公共状态时，存储在芯片 ROM 里的 ID 可以被阅读器读取。当顾客想要隐藏 ID 信息时，可以在芯片的 RAM 中输入一个临时 ID。当 RAM 中有临时 ID 时，标签会利用这个临时 ID 回复阅读器的询问。只有将 RAM 重置，标签才显示它的真实 ID。这个方法给顾客使用 RFID 带来额外的负担。同时，临时 ID 的更改也存在潜在的安全问题。

3）同步方法与协议。

阅读器可以将标签所有可能的回复（表示为一系列的状态）预先计算出来，并存储到后台的数据库中，在收到标签回复时，阅读器只需要直接从后台数据库中进行查找和匹配，达到快速认证标签的目的。在使用这种方法时，阅读器需要知道标签的所有可能状态，即要与标签保持状态同步，以此来保证标签的回复可以根据其状态预先进行计算和存储。

同步方法的缺点是攻击者可以攻击一个标签任意多次，使得标签和阅读器失去彼此的同步状态，从而破坏同步方法的基本条件。具体来说，攻击者可以变相地杀死某个标签或者让这个标签的行为与没有受到攻击的标签不同，从而识别这个标签并实施跟踪。同步方法的另一个问题是标签的回复可以预先计算并存储后以备后续进行匹配，这同回放的方法相同。因而，攻击者可以记录标签的一些回复信息数据并回放给第三方，以达到欺骗第三方阅读器的目的。

4）重加密。

为防止 RFID 标签和阅读器之间的通信被非法监听，通过公钥密码体制实现重加密（re-encryption）。这样由于标签和阅读器间传递的加密 ID 信息变化很快，使得标签电子编码信息很难被盗窃，非法跟踪也很困难。

由于 RFID 资源有限，因此使用公钥加密 RFID 的机制比较少见，典型的有 Juels 等提出的用于欧元钞票的电子标签标识建议方案和 Golle 等提出的实现 RFID 标签匿名功能的方案。

5）其他方法。

近年来，随着技术的发展出现了一些新的隐私保护的认证方法，包括基于物理不可克隆函数（Physical Unclonable Function，PFU）的方法、基于掩码的方法、带方向的标签、基于策略的方法、基于中间件的方法等。下面选择两种比较典型的、具有代表性的方法加以介绍。

基于 PFU 的方法。PFU 是一个利用物理特性来实现的函数。它的实现利用了制造过程中必然引入的随机性，比如在 IC 制造过程中，芯片的独特物理特性和差异性（同类芯片中由于制造过程的非均一，以及温度与压力所造成的差异等）。这些差异会对集成电路中间电路和导线的传输延迟产生随机影响，这样不同芯片之间的信号传输延迟就会存在差异。任何尝试攻击和破坏芯片的行为都会改变电路的物理结构，从而改变电路的传输延迟，进而破坏整个电路。PFU 具有以下特点：①容易计算，能够在很短的时间内响应；②很难特征化，攻击者在拥有多项式资源的前提下，无法预测特定的 PFU 的激励 – 响应，也就无法完成对 PFU 进行建模或复制的工作。

使用 PFU 的标签物理上是不可克隆的，通过判断标签的 PFU，可以判断标签的真假，而不需要使用复杂的密码学机制。PFU 电路尺寸极小，增加一个 PFU 电路对标签所产生的制造成本的影响很小。

PFU 还可以用于保护一个密钥，即如果把 PFU 的输出作为生成密钥的一个组成部分，那么破坏标签就会破坏 PFU，从而无法得到这个密钥。

由麻省理工学院研究人员所成立的硅谷公司 Verayo 从 2008 年年底就开始提供其商业版本的防克隆技术产品，以此解决 RFID 的安全问题。这种技术即是以 PFU 技术为基础的，它将 PFU 作为标签的一个指纹来使用。

基于掩码的方法。基于掩码的方法主要是使用一些外加的设备给阅读器和标签之间的通信加上一层掩码来保护通信的内容。有的从阅读器端加载掩码，也有的将掩码加载在标签上，这样一来，窃听者无法得知阅读器或标签所发出的具体信息内容。这种方法的特点就是不需要对标签做出任何形式的改变；但是这种方法的弱点就是需要增加一些外加的设备，这会影响使用的便利性，同时也需要为外加设备付出额外的费用代价。

还有一些方法，比如 IBM 公司的研究员 Paul Moskowitz 所研制出来的一种 Clipped 标签。这种标签的天线是可拆卸的，可减少读取的距离从而能提供更高的隐私性。

2.2.3　传感器网络安全与隐私

由于无线传感器网络（Wireless Sensor Networks，WSN）本身的一些特点和约束，使得传统网络的安全技术及方案很难直接应用到 WSN 上。但是两者的主要安全目标是一致的，均需要解决信息的机密性、完整性、可用性、不可否认性等问题。对于某些把安全放在第一的场合，或者对能量约束较低的场合使用软件优化实现公钥密码是可行的。但大多数情况下，传感器节点有限的计算能力和存储能力使得有效的、成熟的、基于公钥体制的安全协议和算法不适合在 WSN 中实现。因此，WSN 的绝大多数安全方案都采用对称密码。对称密码的选择不仅要考虑密码算法的安全性，还要考虑加密时间以及采用不同操作模式对通信开销所带来的影响；另外，密钥的长度、分组长度带来的通信量的影响也不容忽视。不管是对称加密算法还是非对称加密算法都要使用密钥确保安全通信，因此密钥管理非常重要。密钥管理是所有其他安全服务的基础，也是安全管理中最困难最薄弱的环节。历史经验表明，从密钥管理途径进行攻击要比单纯的破译密钥算法的代价小得多。因此，引入密钥管理机制进行有效的控制对增加网络的安全性和抗攻击性非常重要。密钥管理包括密钥的产生、分配、存储、使用、重构、失效以及撤销等全过程。

除了密钥管理，安全路由是另一个需要考虑的安全问题。它主要关注信息的安全传送和接收，对顺利实现网络功能，延长网络寿命至关重要。研究和经验表明，在设计阶段考虑安全性是为路由提供安全的最好方式。密钥的交换需要使用广播消息认证技术，而现有的消息认证技术都依赖于公钥密码，需要很高的计算开销。因此，安全路由协议（如 SPINS）的设计必须要综合考虑这些因素。另外，WSN 中存在大量的冗余数据，为了节省能源，延长网络寿命，就需要考虑数据融合；而且为了确保数据的完整性和机密性，就必须确保数据融合技术是安全的，这可以通过密码技术来实现。需要指出的是，安全数据融合的设计要综合考虑 WSN 资源受限、安全路由、密码自身特点等众多因素，而且数据融合算法要灵活，能够适应不同安全级别的数据。

1. 传感器网络安全概述

（1）无线传感器网络体系结构

无线传感器网络是由部署在特定区域内的大量廉价微型的传感器节点组成，通过无线通信方式形成的一个多跳自组织网络。它将大量具有传感器、数据处理单元及通信模块的智能节点散布在感知区域，通过节点间的自组织方式协同地实时监测、感知和采集网络分布区域内的各种数据，并对这些数据进行处理，同时将这些数据传回基站（BS）。传感器节点一般由四部分构成：感知模块、处理模块、传输模块和电源模块。根据应用的需要，可能还包括其他基于应用的模块，如移动模块、电源产生模块和定位模块等。WSN 的节点结构如图 2-4 所示。传感模块由传感器和数 / 模转换器构成，数 / 模转换器的作用是把模拟信号转换为数字信号；处理模块和小的存储器关联，它主要管理传感器节点相互合作的过程；传输模块连接各个节点形成网络；电源模块为传感器节点提供能量，它可以是单个电池，也可以是能够充电的电源装置；移动模块和定位模块根据应用需要添加。

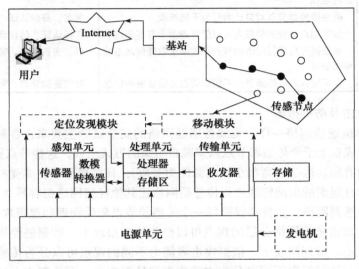

图 2-4　WSN 的节点结构

在 WSN 中，节点使用的协议栈包括：物理层、数据链路层、网络层、传输层和应用层。物理层负责频率选择、载波频率的产生、信号探测、调制和数据加密；数据链路层负责数据流的多路复用地址和数据包的转发；传输层则确保数据报的可靠传输；应用层负责和终端用户的交互。

（2）安全研究假设

WSN 有很多不同于移动 Ad hoc 和其他无线或有线网络的独特特征，在进行安全设计时，需要对网络提出一些假设，下面是目前一些文献中给出一些典型假设：

- 基站能够得到很好的保护且是可信任的。
- 基站是安全的。
- 节点被稠密且静态部署在网络中。
- 传感器节点互有自我位置识别功能。

（3）安全目标

与传统计算机网络的安全目标相同，WSN 的最终安全目标是能够在有威胁的情况下提供数据机密性、完整性和新鲜性保证，通信实体和消息源的可认证性，通信服务的可用性和访问控制以及通信行为的抗抵赖性。在有内部攻击者存在时，要保证每一个消息的机密性、完整性和可靠性是不现实的。因此，这种情况下 WSN 的安全目标是保证网络能提供基本的服务，如执行信息收集、传输信息到基站等。WSN 的安全目标以及实现此目标的主要技术如表 2-1 所示。

表 2-1　无线传感网络的安全目标及实现此目标的主要技术

目　　　标	意　　　义	主　要　技　术
机密性	保证网络中的敏感信息不泄露给未授权实体	信息加、解密
完整性	保证信息在传输过程中没有篡改或出错	数据完整性鉴别、散列、签名
可用性	保证传感器网络在遭受 DoS 攻击时，主要功能仍能够正常工作	冗余、入侵检测、容错、容侵、网络自愈和重构
新鲜性	保证传感器网络节点接收的数据都是发送方最新发送的数据	网络管理、入侵检测、访问控制
抗抵赖性	确保传感器节点对自己的行为不能抵赖	签名、身份认证、访问控制
点到点认证性	保证用户收到的信息来自可信节点而非有害节点	广播认证、信任管理
前向保密性	保证离开传感器网络的节点不能够读取任何网络的将来信息	群组密钥管理、密钥更新
后向保密性	保证加入的传感器节点不能够读取先前传输的信息	群组密钥管理、密钥更新

（4）安全攻击及防御措施

同传统计算机通信网络一样，无线传感器网络的安全威胁主要来自各种攻击。无线传感器网络一般由成百上千个传感器节点以多跳自组织的方式组成，这些节点资源受限（计算能力、存储能力有限，通信带宽很小，电源能力受限），且多被部署在非受控域内；无线信道的广播特性和自组织的组网特性使得传感器网络比其他任何网络都容易受到攻击和威胁。对于大规模的传感器网络，监督和保护每一个传感器节点免受物理和逻辑攻击是不现实的。对传感器网络的攻击依据网络分层的观点可以分为物理层攻击、数据链路层攻击、网络层攻击、传输层攻击、应用层攻击；依据攻击者能力不同的观点可以分为传感级攻击和电脑级攻击；依据节点访问权限不同可分为内部攻击和外部攻击，而外部攻击又可以进一步分为主动攻击或被动攻击。表 2-2 列出了传感器网络各个层次容易遭受的攻击和防御措施。

表 2-2　传感器网络中的攻击和防御措施

网络层次	攻击和威胁	防范措施
物理层	拥塞攻击 篡改和物理破坏	扩频通信、消息优先级、低占空比、区域映射、模式转换防篡改、伪装隐藏、MAC 鉴别
MAC 层	冲突攻击 消耗攻击 非公平竞争	纠错码 限制数据报发送速度 短帧和非优先级策略
网络层	路由信息的欺骗、篡改或回放攻击 选择性转发 黑洞攻击 巫师攻击 蠕虫洞攻击 Hello 洪泛攻击 假冒应答攻击 Rushing 攻击	出口过滤、认证、监测 冗余路径、探测机制 认证、监测、冗余机制 认证、探测机制 认证、包控制 认证、验证双向链路 认证、多径路由 随机转发
传输层	洪泛攻击 失步攻击	客户端谜题 认证

（5）安全评价

除了实现安全目标外，还需要一定的评价指标来评估一个安全方案是否适合无线传感网络，评价指标有以下几个：

- 弹性：在一些节点"变节"后，安全模式仍能提供和保持一定安全级别的服务。
- 抵抗性：网络在一些节点"变节"后，能阻止敌方通过节点复制攻击完全控制网络。
- 可伸缩性：安全模式既要有可伸缩性，又不损害安全需求。
- 自组织和灵活性：由于节点的部署环境和不断变化的任务，自组织和灵活性也是安全模式必须要考虑的重要因素。
- 鲁棒性：安全模式在出现异常，如攻击、节点失效等时，网络仍能正常持续运行。
- 能源消耗：安全模式必须具有较好的能源效率，最大限度地提高节点和网络的寿命。
- 信息保证性：安全模式必须具有给不同的终端用户传播不同安全级别信息的能力。且能根据网络不同的可靠性需求、延迟、成本等传输不同安全级别的信息。

2. 传感器网络安全技术

传感器网络的安全技术包括基本安全框架、密钥管理、安全路由、入侵检测以及加密技术等。

（1）基本安全框架

1）SPINS 安全框架。SPINS 安全协议簇是最早的无线传感网络的安全框架之一，包含 SNEP 和 μTESLA 两个安全协议。SNEP 协议提供点到点通信认证、数据机密性、完整性和新鲜性等安全服务；而 μTESLA 协议提供对广播消息的认证服务，防止恶意节点的身份伪造所造成的攻击。SPINS 在每个节点中都集成了 TinyOS 操作系统，而且所有节点都与基站进行通信。大多数 WSN 通信都通过基站实现，包含三种类型：节点到基站、基站到节点、基站到所有节点。SPINS 的主要目的是设计一个基于 SNEP 和 μTESLA 的密钥建立技术，防止敌方通过捕获节点向网络中的其他节点传播信息。这种模式中的每个节点在部署前都与基站共享一个初始化密钥。

SPINS 提供了点到点的加密和报文的完整性保护，通过对原始信息进行散列实现了语义安全；通过使用计数器提供认证和数据新鲜性；通过使用消息认证码（Message Authentication Code，MAC）提供认证和数据完整性服务。MAC 由密钥加密数据、节点间的计数器值和加密数据混合计算得到。用计数器和密钥加密数据，节点间的计数器值就不用加密交换；通过节点间计数器同步或给报文加入另一个不依赖于计数器的报文鉴别码可以防止 DoS 攻击；SPINS 的特点是保证了语义安全、回放攻击保护、数据认证和弱新鲜性，并且减少了网络的通信开销。

SPINS 的优点是使节点内存少，提供了低复杂性的强安全特征，实现了认证路由机制和节点到节点间的密钥合作协议，在 30 字节的包中仅有 6 字节用于认证、加密和保证数据新鲜性。缺点是没有详细地提出 WSN 的安全机制，且假设节点不会泄露网络中的所有密钥，也没有解决通过较强信号阻塞无线信道的 DoS 攻击等。在有确定延迟或可能的消息延迟时，释放密钥会有 μTESLA 开销。

2）INSENS 安全框架。INSENS 是基于路由的无线传感网络安全机制，它的设计思想是在路由中加入容侵策略。INSENS 致力于为异构的、资源受限传感器网络建立安全有效的基于树结构的路由。鉴于攻击者可能发起注入、篡改或阻塞网络数据传输，在最坏情况下甚至能够使整个网络瘫痪。因此，INSENS 的主要目的是将入侵者的攻击破坏局部化，使其影响范围降到最小。它的主要策略包括：①及时发现入侵者。由于入侵行为的检测非常耗时，所以 INSENS 采用容侵的路由机制。在路由初始化阶段，每个节点保留多条到基站的路由。②针对传感器节点能源受限问题，用基站来寻找并建立路由。基站的作用就是计算路由。③在入侵者未被检测出来的情况下，尽量减少入侵造成的破坏。INSENS 包含路由发现和数据转发两个阶段。

3）TinySec 安全框架。TinySec 是一个链路层加密机制，作为 TinyOS 平台上的一个安全组件，成为首先得以实用的传感器网络安全框架之一。TinySec 主要包括 TinySec 分块加密算法和密钥管理机制，支持最基本的安全服务需求：访问控制、数据完整性、数据机密，其在能量、延迟、通信等方面的实现负载均低于 10%。传感器节点在发送一个消息前，首先加密数据，并附上 MAC 构成消息包。接收者收到该消息后，通过校验 MAC 进行完整性验证，接着可进行消息解密。TinySec 采用对称密码算法 RC5（或 Skipjack），密码分组连接（Cipher Block Chaining，CBC）模式，分组长度为 128 位。TinySec 目前使用共享对称密钥机制。TinySec 支持两种安全模式：TinySec-Auth 和 TinySec-AE。TinySec-AE 加密数据并计算 MAC 保证完整性；TinySec-Auth 仅仅计算 MAC，而不进行加密。所以 TinySec-AE 提供了访问控制、数据完整性、数据保密性等安全服务，TinySec-Auth 不能保证数据保密性。

TinySec 的优点是详细实现了传感器网络链路层的安全协议，能量消耗、延迟和带宽消耗比较小，提供了传感器安全进一步研究的基础平台。缺点是没有考虑资源消耗攻击、物理篡改和捕获节点攻击等问题。

4）基于基站和节点通信的安全架构。基于基站和节点通信的安全架构是在传感器节点仅向计算能力很强且安全的基站报告数据假设的基础上提出的。该构架使用两种密钥：一种是基站和所有传感器共享的 64 位密钥；另一种是基站单独和每个传感器节点共享的密钥。在基站中存有路由表、密钥表和活动表。

5）安全协议 LISP。轻量级的安全协议 LISP 由一个入侵检测系统和临时密钥（TK）管理机制组成。前者用于检测攻击节点，而后者用于更新 TK，防止网络通信被攻击。LISP 使用单向加密函数，每个传感器节点使用两个缓冲区存储密钥链，以使密钥更新无缝。因为流加密处理比较快速，所以 Park 等人建议采用流密钥加密方法。周期性的密钥采用加密散列算法。另外，LISP 使用传统的 CSMA 协议。

LISP 实现了高效的密钥重分配策略，在安全和能量消耗方面有较好的折中。LISP 实现了认证、机密性、数据完整性、访问控制和可用性。LISP 框架的另一特色是支持入侵检测。

6）LEAP 框架。Sencun Zhu 等针对大规模分布式 WSN 提出了局部加密认证协议 LEAP。LEAP 的特色是：提供 4 密钥机制以满足不同的安全需求，密钥机制可扩展。

（2）加密算法

在 WSN 的众多应用场合，敏感数据在传输过程中都需要加密，但由于 WSN 缺乏网络基础设施且资源受限，使得传统网络中的加密算法很难直接应用于 WSN。因此，选择合适的加密算法对 WSN 来说非常关键。WSN 的加密算法选择必须满足其资源受限的特点，在选用前要从代码大小、数据大小、处理时间、能源消耗等方面对其进行仔细的评估。

密码技术是实现安全最基本的加密方法，是 WSN 提供其他安全服务的基础。目前常用的密码技术有对称密钥密码技术和非对称密钥密码技术。对称密钥密码技术使用相同的加密和解密密钥；非对称密钥密码技术，又称公钥密码技术，使用不同的加密和解密密钥。

一方面，公钥密码技术比对称密钥密码技术需要更多的计算资源；另一方面，公钥密码技术的密钥部署和管理比较困难。

（3）密钥管理

密钥管理是确保网络服务和应用安全的核心机制，包括密钥的产生、分配、存储、使用、重构、失效及撤销等全过程。其目标是在需要交换信息的节点之间建立所需的密钥。在 WSN 中，在大规模合法传感器节点间协商或共享密钥显得非常困难。因此，一定程度上，密钥管理是确保传感器网络安全通信的最大难题。

在安全通信信道建立之前，网络中密钥的分配问题是密钥管理中最核心的问题，也是近几年传感器网络安全研究的热点。由于传感器网络的资源受限，其密钥管理通常需要解决以下几个方面的问题：一是抗俘获攻击和安全性问题；二是轻量级问题；三是分布式网络处理问题；四是网络安全扩展问题；五是密钥撤销问题。

目前已经提出了很多传感器网络密钥管理方案，根据这些方案的特点，可以分为密钥预分配管理方案、混合密码体制管理方案、层次网络密钥管理方案、单向散列管理方案、密钥感染管理方案等。

1）密钥预分配管理方案。在密钥预分配模型中，节点在部署之前，会事先存储一个或多个初始密钥；部署之后，可以利用这些初始密钥建立安全通信。这种方法可以降低密钥管理的难度，尤其是资源受限节点的密钥管理，所以无线传感网的很多密钥管理都采用了这种模型。另外，相对于集中式密钥管理模型而言，该模型中基站和节点之间的通信开销较小，基站不再是瓶颈。因此，也把密钥预分配管理模型称为分布式密钥管理模型。

在传统网络中，解决密钥分配问题的主要方案有信任服务器分配模型、密钥分配中心模型或其他基于公钥密码体制的密钥协商模型。信任服务器分配模型使用专门的服务器完成节点之间的密钥协商过程，如 Kerberos 协议；密钥分配中心模型属于集中式密钥分配模型。在传感网中，这两种模型很容易遭受单点失效和拒绝服务（DoS）攻击。而基于公钥密码体制的很多算法，如 Diffie-Hellman 密钥协商算法，因其复杂的计算需求和较大的通信能量开销，都很难在传感器节点上实现。最近的研究表明，在低成本、低功耗、资源受限的传感器节点上现实可行的密钥分配方案是基于对称密码体制的预分配模型。这种模型在传感器网络布置之前完成密钥管理的大部分基础工作，网络运行之后的密钥协商只需要简单的协议过程，对节点能力的要求较低。

传感网密钥预分配模型根据分配方式可分为预安装模型、确定预分配模型和随机预分配模型。预安装模型无需进行密钥协商，其代表为主密钥模型和成对密钥模型。在主密钥模型中，网络中所有的节点预装相同主密钥。该模型计算复杂度低，网络扩展容易，但安全性差，攻击者俘获任一节点中的主密钥就等于俘获整个网络。另有人提出将主密钥存储在抗篡改的硬件里，以降低节点被俘获后主密钥泄露的危险，但这增加了节点成本和开销，且抗篡改的硬件也可能被攻破。在成对密钥模型中，任意两个节点之间分配一个唯一的密钥，对有 N 个节点的网络，每个节点需存储 $N-1$ 个密钥，这对存储容量有限的传感器节点不现实，且不易网络扩展。确定预分配模型通常基于数学方法，通过数学关系推导出共享密钥，可降低协议通信开销，且在安全门限内可提供无条件安全，有效地抵御节点被俘获。随机预分配模型基于随机图原理，其主要思想是在网络撒布之前，每个节点从一个较大密钥池中随机选择少量密钥构成密钥环，使得任何两个节点间能以某一较大概率共享相同的密钥。这样安全通信可以在具有相同密钥的节点间进行。

2）混合密码体制管理方案。虽然大部分的密钥管理框架使用了一种密码体制，但仍有一些方案同时采用了对称密钥密码体制和非对称密钥密码体制。Huang 等就提出了一个混合认证的密钥建立方案。为了获得良好的系统性能和较容易的密钥管理方案，该方案在节点方使用对称密钥操作替代公钥操作，平衡了基站方面的公钥计算开销和节点方面的对称密钥密码计算开销。一方面，在节点方面使用对称密钥密码操作能够减轻随机点的计算密集型的椭圆曲线标量乘法，另一方面，它认证了两个基于公钥证书的标识，避免了典型的基于纯对称密钥的密钥管理（密钥分配和存储）瓶颈问题，具有很好的扩展性。

3）层次网络密钥管理方案。层次网络是指网络中的节点根据自身能力在网络中充当不同的角色：基站、簇头和普通节点。普通节点是资源受限最大的实体，主要负责从部署的周围环境中收集数据并将其转发到最近的簇头。簇头比普通节点的资源多，主要负责收集和融合从邻近的普通节点传过来的数据，并将融合后的数据路由到一个基站。基站则负责收集和处理从簇头传来的数据，并将处理结果转发到其他网络。

4）单项散列管理方案。为了简化组节点加入和退出时密钥管理的难度，一些方案采用了单项散列函数变种方法。如 Zachary 提议的基于单向累加器的组安全机制。该模式利用预部署过程、单向累加器的准交换属性和组播通信来维护组成员的秘密性，使用单向函数来简化组节点的加入和撤销。这些模式的优点具有自愈性，适用于公钥认证，而且在不需从组管理中心获取额外信息的情况下，可以使合法用户在有损的移动网上从组播包和一些私有信息中恢复丢失的会话密钥。

5）密钥感染管理方案。与密钥预分配模式不同，Anderson 等提议的密钥感染模式（Key Infection Scheme）不需要在节点中预先存储初始密钥，而通过事先广播明文信息来建立安全连接密钥，并通过多条不相交的路径更新连接密钥。该模式基于假设：网络部署阶段，网络内攻击者的设备很少（小于 3%）。这种模式本质上是不安全的，但分析表明，对已经识别出网络实际攻击模型的非关键商用传感器网络仍然具有足够的安全性。

（4）安全路由

路由对顺利实现网络功能、延长网络寿命至关重要。目前已经提出了许多传感器网络路由协议，但以前路由协议的研究主要是以能量高效为目的，很少有协议在设计时考虑安全问题。Karlof 和 Wagner 指出大部分现有的 WSN 路由协议容易遭受恶意攻击：路由信息欺骗、选择性转发、污水池攻击、女巫攻击、虫洞攻击、Hello 数据包洪泛攻击、ACK 欺骗、流量分析攻击等。现有的 WSN 路由协议和容易遭受的攻击如表 2-3 所示。传感器网络受到这些攻击后，无法正确可靠地向目的节点传输数据，且会消耗大量的节点能量，缩短网络的寿命。

表 2-3　现有的传感器网络路由协议容易遭受的攻击

路 由 协 议	容易遭受的攻击
TinyOS 信标	伪造路由信息、选择性转发、污水池、女巫、虫洞、Hello 洪泛
定向扩散	伪造路由信息、选择性转发、污水池、女巫、虫洞、Hello 洪泛
地理位置路由（GPSR、GEAR）	伪造路由信息、选择性转发、女巫
聚簇路由协议（LEACH、TEEN、PEGSIS）	选择性转发、Hello 洪泛
谣传路由	伪造路由信息、选择性转发、污水池、女巫、虫洞
能量节约的拓扑维护（SPAN、GAF、CEC、AFECA）	伪造路由信息、女巫、Hello 洪泛

一个安全的 WSN 路由协议依赖于一个合适的密钥管理方案，密钥以及基站向整个网

络广播的数据都需要认证才能保证其安全性。广播认证是最基本的安全服务之一，也是 WSN 安全路由协议常采用的认证方法之一。

1）广播认证。μTESLA 是在传感器网络中实现认证流广播，防止恶意节点身份伪造所导致攻击的广播认证协议。它使用单向密钥链，通过对称密钥延迟公布引入非对性进行广播认证，主要思想是：先广播一个通过密钥 KMAC 认证的数据包，然后公布密钥 KMAC。这就保证了在密钥 KMAC 公布之前，没有人能够得到认证密钥的任何信息，也就没办法在广播包正确认证之前伪造出正确的广播数据包。

μTESLA 及其扩展提供了对基站的广播认证，但是它们不适用于本地广播认证，因为它们不能提供直接认证；节点和基站之间的通信开销很大；节点的包缓存需要更大的存储空间。

2）安全路由协议。WSN 安全路由协议就是要能够保证消息的完整性、真实性、有效性且要消耗较少的能量。在仅仅有外部攻击时，获得这些目标是可能的，但有内部攻击和节点变节时，则很难全部获得这些目标。因此需要采取相应的对策来保证路由协议的安全。采用链路层加密和认证能够保护 WSN 免受外部攻击，但这不能抵御节点俘获攻击。如果每个节点和基站共享唯一的密钥，则一个可信的基站可能探测到节点的身份欺骗。为了对付恶意节点的选择性转发，多路径是一个理想的方法。为了支持拓扑维护，需要采用认证的方法保护本地的广播路由信息。这些策略虽然可以有效防止外部攻击者欺骗、修改、重播路由信息，减少选择性转发的影响，但是不能有效防止内部恶意节点的攻击。在传感器网络入侵容忍路由协议 INSENS 中，可以通过基站来认证路由信息，从而计算出每个节点的路由表。从基站到节点的广播信息可以通过单向散列链认证。为了防止 DoS 攻击，单个节点不允许向整个网络广播信息。同时为了增加节点的耐捕获性，可以采用冗余多路径路由方法。为了提供更有效的安全路由协议，一些方法采用分簇结构和基于信誉的模式。在分簇结构中，传感器节点被分为不同的等级：最低级的传感器仅仅感知和传播数据，高级的传感器发现到汇聚节点的最短路径、融合接收到的数据并进行转发，节点的级别可以动态地进行更新。这些安全路由协议总结如表 2-4 所示。

表 2-4　安全路由协议

协　议	机　密　性	点到点认证	广　播　认　证	完　整　性	扩　展　性
SNEP	√	√	×	√	好
μTESLA	×	×	√	√	中
多级 μTESLA	×	×	√	√	好
LEAP	√	√	√	√	中
LKHW	√	×	×	×	有限
INSENS	√	√	×	√	中

2.2.4　移动终端安全

随着无线通信技术和移动终端的快速发展与普及，智能移动终端已成为移动终端的主流。越来越多的用户通过使用智能手机接入互联网和物联网中使用各种应用，这使得各种移动终端恶意软件也应运而生，移动终端的安全问题变得越来越突出。

1. 移动终端恶意软件的发展

历史上最早的移动终端恶意软件出现在 2000 年，当时，移动终端公司 Movistar 收到大量名为 Timofonica 的骚扰短信，该恶意软件通过西班牙电信公司的移动系统向系统内部的用户发送垃圾短信。实际上，该恶意软件最多只能算是短信炸弹。真正意义上的恶意软件直到 2004 年 6 月才出现，即 Cabir 恶意软件，这种恶意软件通过诺基亚移动终端复制，然后不断寻找带有蓝牙的移动终端进行传播。2005 年 1 月，出现全球第一例通过计算机感染移动终端的恶意软件。2005 年 7 月，通过彩信进行传播的移动终端恶意软件出现。2006 年 2 月，俄罗斯首现攻击 Java 程序的 Redbrowser.A 蠕虫。2007 年，熊猫烧香移动终端恶意软件现身，给移动用户带来很大的危害。2010 年，一个名为"给你米"（Geinimi）的病毒将 Android 手机卷入了"吸费门"。

2. 移动终端恶意软件的主要危害

移动终端恶意软件常见的几种危害如下：

1）经济类危害：盗打电话（如悄悄拨打声讯电话）、恶意订购 SP 业务、群发彩信等。

2）信用类危害：发送恶意信息、不良信息以及诈骗信息给他人等。

3）设备类危害：移动终端死机、运行慢、通信记录被破坏、重要文件被删除、功能失效、频繁自启动、格式化系统等。

4）信息类危害：个人隐私泄露，如个人通讯录、短信、通话记录、上网记录、位置信息、日志安排、各种账号和密码等。

5）窃听：通过安装恶意软件，可以拨打静默电话，移动终端成为一个窃听器。

6）网络危害：大量恶意软件程序发起 DoS 攻击，占用移动网络资源等。如移动终端被恶意软件感染后，会强制移动终端不断向所在通信网络发送垃圾信息，从而导致通信网络出现信息拥塞。

7）骚扰：恶意软件会强制移动终端拨打骚扰电话、发送垃圾短信等。

3. 移动终端典型恶意软件类型

移动终端的恶意软件主要有蠕虫（Worm）、木马（Trojan）、感染性恶意软件（Virus）、恶意程序（Malware）等。

1）蠕虫（Worm）。蠕虫是一种通过网络自我传播的恶意软件，它最大的特性就是利用网络操作系统和应用程序提供的功能或漏洞主动进行攻击。这是一种恶意软件技术和黑客技术结合的产物，其隐蔽性和破坏性均不是普通恶意软件所能比拟的，它可以在短时间内通过蓝牙或彩信等手段蔓延至整个网络，造成用户财产损失和系统资源的消耗。典型蠕虫恶意软件有 Carbir、Commwarrior 等。

2）木马（Trojan）。木马也叫黑客程序或后门程序，其主要特征是运行隐蔽（一般伪装成系统程序后台运行）、自动运行（一般在系统开机时自行启动）、自动恢复（通常会自动保存多份副本，或自动上网升级）、能自动打开特殊的端口传输数据。木马的传播途径主要是靠网络下载。当前黑客组织越来越商业化，其开发目的从最初的炫耀技术演变成现在的贩卖从移动终端盗取的个人或商业信息。因此，移动终端用户面临的隐私泄露的风险也越来越大。木马恶意软件是当前数量增长最快的恶意软件类型。典型木马恶意软件是 Mosquito。

3）感染性恶意软件（Virus）。感染性恶意软件也就是俗称的病毒，其特征是将其恶意软件代码植入其他应用程序或数据文件中，以达到散播传染的目的。传播手段一般是网络下载。这种恶意软件破坏用户数据，而且难以消除。典型感染性恶意软件有 WinCE4.dust。

4）恶意程序（Malware）。恶意程序专指对移动终端系统进行软硬件破坏的程序。常见的破坏方式是删除或修改重要的系统文件或数据文件，造成用户数据丢失或系统不能正常运行或启动。传播手段是网络下载。典型恶意程序有 Doomboot。

4. 移动终端安全防护手段

目前移动终端安全公司的产品主要围绕着隐私保护、杀毒、反骚扰、防扣费等功能展开。

（1）防盗窃

当移动终端被盗或遗失时，须保证存储在其中的个人数据不会落入他人之手。例如，企业用户大量部署手持设备用于采集数据，一旦移动终端丢失，如何防止数据泄露就是一个需要及时解决的问题。防盗窃功能就为了解决这一问题的。它包含以下几个功能：

1）通讯录取回功能。移动终端丢失后，可以远程获取丢失移动终端的通讯录。移动终端不在身边时，可以通过发送命令短信的方式查询此移动终端中某联系人的联系方式。

2）远程控制功能。当移动终端丢失或被盗时，可以通过发送短信对移动终端进行锁机、短信转移、来电提醒、查找联系人等远程控制操作，防止移动终端的数据落入他人之手。即使移动终端被换卡号，一样可以知道新卡号码，并实施远程控制功能。

3）SIM 卡更换提醒功能。移动终端丢失或被盗时，如果有人想取出移动终端中的 SIM 卡，则移动终端会自动锁定，而如果移动终端中插入了一张新 SIM 卡，那么 SIM 状态监控功能会立即向预设的关联移动终端号码发送一个短信，告知新号码可用于手机追踪。

4）隐私信息删除功能。移动终端丢失或被盗后，个人隐私信息有可能泄露。所以提供隐私信息删除功能，能够通过控制命令，远程删除移动终端中的各种隐私信息，包括通讯录、短消息、照片、视频、文件、录音等。

（2）防火墙

通过分析网络连接来阻止潜在的安全威胁。防火墙监测内外往来的网络流量，拦截未经授权的活动，防止数据窃取和服务中断。支持过滤 TCP、UDP 等协议，可以设置多级安全策略。例如，低安全等级，允许全部通过；中安全等级，只允许 Web、E-mail 通过；高安全等级，阻止所有。

（3）来电防火墙

定制用户来电接听方式，可以设置不同的拒接情景模式，并可以针对指定类型的联系人设置不同的接听、拒接方案。如通过自动回复短信礼貌拒接来电，可以选择空号、停机、关机等拒接方式。

（4）反病毒软件

探测并拦截移动终端以及存储卡中的恶意软件、蠕虫、特洛伊、间谍软件和不断进化的恶意移动代码，执行自动而实时的恶意软件清除，并允许移动用户随时执行手动扫描。移动终端杀毒软件可以对网络连接、文件系统进行实时监控，在第一时间发现并拦截恶意软件，全面阻挡来自于短信、彩信、蓝牙、红外、GPRS、WiFi 等的安全威胁。

（5）隐私加密

实现隐私数据加密，从而把设备丢失或被盗导致的潜在数据泄露降到最低。可以使用加密功能对选定的文件夹进行加密，可以将私密联系人的电话记录、短信记录等全部加密保存到隐私空间中，只有正确输入密码才能查看。通过对终端数据进行存储加密以及访问控制，确保数据安全。

（6）传输加密

确保传输数据不被盗窃，主要有以下方式：

1）IPSec VPN：基于 GPRS/WiFi/3G 构建安全连接，支持预共享密钥、VPN/Xauth 等机制。

2）SSL VPN：基于 GPRS/WiFi/3G 构建 SSL 认证、加密通道。

（7）GPS 寻找移动终端

移动终端丢失或被盗后，只需要发送一个命令到移动终端，就可以收到一个含有地图的网页链接，通过访问这个网页，就可以准确定位移动终端。

（8）反垃圾短信和来电

可以过滤短信和来电。过滤功能支持白名单（接收来自白名单的来电和短信）、黑名单（接收除了黑名单以外的所有其他来电和短信）以及黑白名单组合三种模式。至于拦截垃圾短信，可以设置按内容过滤，也可以按照短信号码设置黑白名单。

（9）家长控制

开启家长控制，防止移动终端向家长指定之外的号码接听、拨打电话和发送短信。

（10）外设控制

设置外设是否启用。企业部署手持终端，其管理的方向会像企业管理 PC 一样，不希望信息通过网络手段或物理手段外传，但是手持设备网络范围的不确定性导致了无法使用一个局域链路将终端的使用限制起来。外设控制就是通过对外设接口进行封堵以达到对资源的控制，如对 WLAN、Bluetooth 等进行控制。

（11）WAP Push 过滤

对通过 WAP Push 下发的 URL 进行过滤，防止用户下载恶意 URL 链接。

2.2.5　RFID 安全案例

RFID 作为物联网感知层的核心技术之一，在众多方面得到了广泛的应用，如 IBM 与 Streetline 合作开发基于 RFID 的停车管理系统，以帮助停车场管理人员更好地管理车辆，同时便于司机找到停车位并安全停放车辆。IBM 提供的是一个称为 Cognos 的软件平台，它采用磁性传感器来检测车位是否停有车辆；管理 Streetline 系统中的历史数据，并提供有关停车行为的报告。该解决方案包括符合 IEEE 802.15.4 空中接口协议的有源 2.4GHz 的无线传感器（如图 2-5 所示）、应答器（如图 2-6 所示）和中继器等。应答器连接或嵌入路面，中继器（或是阅读器）则安装在灯杆或区域内的其他固定建筑物上。传感器检测某车位是否已被停放，将信息传递到中继器，然后通过网络接口（NIC）转发到网关，建立 Internet 连接，最终转到 Streetline 的托管服务器。

图 2-5　Streetline 的嵌入式传感器

图 2-6　Streetline 安装在路面的传感器

一个典型的停车系统需安装约 120 ~ 200 个传感器、15 ~ 20 个中继器和一个独立网关。传感器用来感知停车位是否有车，通过对所得数据的分析，实时显示停车位的使用情况。Streetline 公司的执行董事 Zia Yusuf 说：在过去的一年中，新增了 14 家客户。那里的司机可以使用 Streetline 公司提供的免费智能手机应用程序 Parker 了解车位的使用情况。如图 2-7 所示，界面上显示该地可用停车位的数量，绿色箭头指向附近可能有车位的位置。

城市管理部门可以访问停车数据，检查是否存在超时占用车位的现象。市政车库的管理人员可以利用此项功能，检查是否存在空车位，为下个停车者做好准备。

IBM 的分析解决方案与 Streetline 的技术相结合，使停车场管理人员可以判定管理工作是否高效，罚款最多的地区以及某特定停车场等待停车的时间。

图 2-7   Parker 系统界面

2.3   物联网网络层安全

2.3.1   物联网网络层安全概述

物联网网络层主要用于把感知层收集到的信息安全可靠地传输到应用层，然后根据不同的应用需求进行处理，即网络层主要是网络基础设施，包括互联网、移动网和一些专业网（如国家电力专用网、广播电视网）等。在信息传输过程中，可能经过一个或多个不同架构的网络进行信息交接。例如，电话座机与手机之间的通话就是一个典型的跨网络架构的信息传输实例。在信息传输过程中跨网络传输是很正常的，在物联网环境中这一现象更突出，而且很可能在正常且普通的事件中产生信息安全隐患。

物联网不仅要面对移动通信网络和互联网带来的传统网络安全问题，而且由于物联网由大量的自动设备构成，缺少人对设备的有效管控，并且终端数量庞大，设备种类和应用场景复杂，这些因素都对物联网网络安全造成新的威胁。相对传统单一的 TCP/IP 网络技术而言，所有的网络监控措施、防御技术不仅面临更复杂结构的网络数据，同时又有更高的实时性要求，在网络通信、网络融合、网络安全、网络管理、网络服务和其他相关学科领域将是一个新的挑战。

1. 网络层的安全挑战

物联网网络层所处的网络环境存在严重安全挑战，由于不同架构的网络需要相互连通，因此在跨网络架构的安全认证等方面会面临更大挑战。物联网网络层将会遇到以下安全挑战。

1）非法接入。

2）DoS 攻击、DDoS 攻击。

3）假冒攻击、中间人攻击等。

4）跨异构网络的网络攻击。

5）信息窃取、篡改。

网络层很可能面临非授权节点非法接入的问题，如果网络层不采取网络接入控制措施，就很有可能非法接入，其结果可能是网络层负担加重或者传输错误信息。

在物联网发展过程中，目前的互联网或者下一代互联网将是物联网网络层的核心载体，多数信息要经过互联网传输。互联网遇到的 DoS 和分布式拒绝服务攻击（DDoS）仍然存在，因此需要更好的防范措施和灾难恢复机制。考虑到物联网所连接的终端设备性能和对网络需求的巨大差异，对网络攻击的防护能力也会有很大的差别，很难设计通用的安全方案，因此针对不同网络性能和网络需求有不同的防范措施。

2. 网络层的安全需求

在网络层，异构网络的信息交换将成为安全性的脆弱点，特别在网络认证方面，难免存在中间人攻击和其他类型的攻击，如异步攻击、合谋攻击等，这些攻击都需要有更好的安全防护措施。

信息在网络中传输时，很可能被攻击者非法获取到相关信息，甚至篡改信息，必须采取保密措施进行加密保护。

网络层的安全需求可以归纳如下：

1）数据机密性：需要保证在传输过程中不泄露其内容。

2）数据完整性：需要保证数据在传输过程中不被非法篡改或者容易检测出被非法篡改的数据。

3）数据流机密性：某些应用场景需要对数据流量信息进行保密，目前只能提供有限的数据流机密性。

4）DDoS 攻击的检测和预防：DDoS 攻击是网络中最常见的攻击现象，在物联网中将会更加突出。物联网需要解决的问题还包括如何对脆弱节点的 DDoS 攻击进行防护。

5）认证与密钥（AKA）协商机制的一致性或兼容性：需要解决跨域认证和不同无线网络所使用的不同认证和密钥协商机制对跨网认证的不利影响。

3. 网络层面临的安全问题

（1）来自物联网接入方式的安全问题

物联网的传输层采用各种网络，如移动互联网、有线网、WiFi、WiMAX 等各种无线接入技术。接入层的异构性使如何为终端提供移动性管理以保证异构网络间节点漫游和服务的无缝移动成为研究的重点，其中安全问题的解决将得益于切换技术和位置管理技术的进一步研究。另外，物联网接入方式将主要依赖于移动通信网络。移动通信网络中移动站与固定网络端之间的所有通信都是通过无线接口来传输的。然而无线接口是开放的，任何使用无线设备的个体均可以通过窃听无线信道来获得其中传输的信息，甚至可以修改、插入、删除或重传其中传输的信息，达到假冒移动用户身份以欺骗网络端的目的。因此，移动网络存在严重的无线窃听、身份假冒、数据篡改等不安全因素。

（2）来自物联网终端自身的安全问题

随着物联网业务终端日益智能化，终端的计算和存储能力不断增强，物联网应用更加丰富，这些应用同时也增加了终端感染病毒、木马或恶意代码入侵的渠道。一旦终端被入侵成功，之后通过网络传播就变得非常容易。病毒、木马或恶意代码在物联网内具有更大的传播性、更高的隐蔽性、更强的破坏性，相比单一的通信网络而言更加难以防范，带来的安全威胁更大。同时，网络终端自身系统平台缺乏完整性保护和验证机制，平台软、硬件模块容易被攻击者篡改，内部各个通信接口缺乏机密性和完整性保护，在此之上传递的信息容易被窃取或篡改。如果物联网终端丢失或被盗，那么其中存储的私密信息也将面临泄露的风险。

（3）来自核心网络的安全

未来，全 IP 化移动通信网络和互联网以及下一代互联网将是物联网网络的核心载体，大多数物联网业务信息要利用互联网传输。移动通信网络和互联网的核心网络具有相对完整的安全保护能力，但对于一个全 IP 化开放性网络，仍将面临传统的 DoS 攻击、DDoS 攻击、假冒攻击等网络安全威胁，且由于物联网业务节点数量将大大超过以往任何服务网络，并以分布式集群方式存在，在大量数据传输时将使承载网络堵塞，产生拒绝服务攻击。

由于第 7 章将详细介绍无线网络及移动网络的安全及防护问题，这里只对物联网核心网络安全进行简单的介绍。

2.3.2　网络层核心网络安全

物联网是一种虚拟网络与现实世界实时交互的新型系统，其核心和基础仍然是互联网。因此物联网的网络层仍然面临现有 TCP/IP 网络所面临的安全问题。互联网涉及的安全问题众多，这里只介绍与物联网密切相关的 IPv4 和 IPv6 的安全问题。

1. IPv4 和 IPv6

物联网由众多的节点连接构成，无论是采用自组织方式还是采用现有的公众网进行连接，这些节点之间的通信必然牵扯到寻址问题。目前，物联网的寻址系统可以采用两种方式。一种是基于电话号码编址的寻址方式，但由于目前大多数物联网应用的网络通信协议都采用了 TCP/IP，电话号码编址的方式必然需要对电话号码与地址进行转换，这提高了技术实现难度，并增加了成本；同时由于编址体系本身的地址空间较小，无法满足大量节点的地址需求。另一种是直接采用 IPv4 地址的寻址体系进行物联网节点的寻址，但随着互联网本身的快速发展，IPv4 地址已经接近枯竭，地址空间已经无法满足物联网对网络地址的庞大需求。从另一方面来看，物联网对海量地址的需求，也对地址分配方式提出了新要求。海量地址的分配无法使用手动分配，使用传统的 DHCP 的分配方式对网络的 DHCP 服务企业提出了极高的性能和可靠性要求，可能造成 DHCP 服务器性能不足，成为网络应用的一个瓶颈。

目前互联网移动性不足也造成了物联网移动能力的瓶颈。协议在设计之初并没有充分考虑到节点移动性带来的路由问题，即当一个节点离开了它原有的网络时，如何保证这个节点访问可达性的问题。由于 IP 网络路由的聚合特性，在网络路由器中路由条目都是按子网进行汇聚的。当节点离开原有网络时，其原来的 IP 地址离开了该子网，而节点移动到目的子网后网络路由器的路由表中并没有该节点的路由信息（为了不破坏全网路由的汇聚，也不允许目的子网中存在移动节点的路由），会导致外部节点无法找到移动后的节点。因此，如何支持节点的移动是需要通过特殊机制解决的，在 IPv4 中 IETF 提出了 MIPv4（移动 IP）的机制来支持节点的移动。但这样的机制引入了著名的三角路由问题，对于少量节点的移动，该问题引起的网络资源损耗较小；而对于大量节点的移动，特别是物联网中特有的节点群移动和层移动，会导致网络资源被迅速耗尽，使网络处于瘫痪状态。

网络质量（QoS）保证也是物联网发展过程中必须要解决的问题。目前，IPv4 网络中实现 QoS 有两种方法：其一，采用资源预留的方式，利用 RSVP 等协议为数据流保留一定的网络资源，在数据包传送过程中保证其传输质量；其二，采用区分服务体系结构（Diffserv）技术，由 IP 包自身携带优先标记，网络设备根据这些优先标记来决定包的转发优先策略。目前，IPv4 网络服务质量的划分基本是从流的类型出发，使用 Diffserv 来实现端到端的服务质量保证，例如视频业务有低丢包、时延、抖动的要求，就给它分配较高的服务质量等级；数据业务对丢包时延迟抖动不敏感就分配较低的服务质量等级。这样的分配方式仅考虑了业务的网络质量需求，没有考虑业务的应用质量需求。例如，一个普通视频业务对服务质量的需求可能比一个基于物联网传感的手术应用对服务质量的需求低，因此物联网中的服务质量保障必须与具体的应用相结合。

物联网节点的安全性和可靠性也需要重新考虑。由于物联网节点限于成本约束很多都是基于基本简单硬件，不可能处理复杂的应用层加密算法。同时，单节点的可靠性也不可能做得很高，其可靠性主要还是依靠多节点冗余来保证，因此靠传统的应用层加密技术和网络冗余技术很难满足物联网的需求。

2. IPv4 的安全问题

在目前的网络环境中，TCP/IP 得到了广泛的应用，几乎所有的网络均采用了 TCP/IP 协议。物联网的应用也不可避免地需要使用 TCP/IP。由于 TCP/IP 在最初设计时是基于可信环境的，没有考虑安全性问题，因此它自身存在许多固有的安全缺陷。例如，IP 地址可以用软件设置，造成了地址假冒和地址欺骗两类安全隐患；IP 支持源路由方式，即源发方可以指定信息包传送到目的节点的中间路由，这就提供了源路由攻击的条件。另外，在 TCP/IP 的实现中也存在着一些安全缺陷和漏洞，如序列号的产生容易被猜测、参数不被检查而导致的缓冲区溢出等，再加上基于 TCP/IP 的各种应用层协议，如 Telnet、FTP、SMTP 等也缺乏认证和保密措施，这就为欺骗、否认、拒绝、篡改、窃取等行为开辟了方便之门，导致基于这些缺陷和漏洞出现形式多样的攻击。这些攻击的出现引起了人们对应用广泛的 TCP/IP 安全性的普遍关注。

IP 位于 Internet 的网络层，提供无连接的数据包服务。IP 头中包含地址、标志、偏移等字段（有时也可能包含其他选项），IP 协议使用头校验（IP 头数据的异或取反）来防止信息出错，但 IP 头所有的字段都是明文传送，没有对关键的字段加以认证，因此在接收方收到 IP 数据包后，只能默认该数据包的实际源发地址就是 IP 头中的源地址。

TCP/IP 中，在 IP 层之上的是 TCP、UDP，再上面是各种应用程序，因此 IP 层位于 TCP/IP 模型的较低层（不考虑网络接口），它提供了数据在源和目的主机之间通过子网的路由功能。它同时提供了网络与 TCP 或 UDP 之间的数据多工传输，TCP 层利用 IP 层提供的服务，在 TCP 自身提供的流量控制和重传机制下能保证用户数据可靠地传到目的地；UDP 也利用 IP 层服务来实现其面向数据包的数据传送，但它不保证数据的可靠传输。与 IP 一样，TCP 和 UDP 报文也是明文传送的，而且也没有认证关键字段。从 TCP/IP 的发展过程来看，它在设计时主要考虑的是互联互通，在安全性方面考虑甚少，导致它有许多安全漏洞。尽管存在许多问题，但是 IP 层最主要的缺陷只有两个：其一是缺乏有效的安全认证和保密机制；其二是 IP 层的网络控制和路由协议没有安全认证机制，缺乏对路由信息的认证和保护，特别是基于广播方式的路由带来的安全威胁很大。

TCP/IP 的安全问题许多都与 IP 地址问题有关，即许多安全机制和应用服务的实现都过分依赖于基于 IP 源地址的认证。TCP/IP 用 IP 地址作为网络节点的唯一标识，许多 TCP/

IP 服务都是基于 IP 地址来对用户进行认证和授权的。目前 TCP/IP 网络的许多安全机制主要基于 IP 地址的包过滤和认证技术，它们的正确有效性依赖于 IP 包的源 IP 地址的真实性。要得到上述的安全性是有困难的，因为 IP 地址存在以下问题：一方面，由于 IP 地址是 InterNIC 分发的，所以很容易找到一个包的发送者，且 IP 地址也隐含了其所在的子网掩码，这样就使攻击者能勾画出目标网络的草图；另一方面，IP 地址是很容易伪造和更改的，IP 不能保证一个 IP 包中的源 IP 地址就是此包的真正发送者的 IP 地址，网上任意主机都可能产生一个带有任意源 IP 地址的 IP 包，以此来假冒另一主机。

由于 TCP/IP 是基于 IP 的，TCP 和 UDP 数据包是封装在 IP 包中传输的，它们也同样面临 IP 层所遇到的安全威胁。有的攻击是针对 TCP/UDP 设计和实现中的缺陷来实施的，有的攻击是针对 TCP 连接建立时的"三次握手"机制及 TCP 连接初始序列号来实施的，并且未加密的 TCP 连接能被欺骗、被截取、被操纵。

TCP/IP 的几种攻击类型具体如下：

（1）监视攻击

TCP/IP 数据流采用明文传输，因此数据信息在网上传输是很容易被在线窃听、篡改和伪造的，特别是在使用 FTP、Telnet、Rlogin 等协议时，协议所要求提供的用户账号和口令也是明文传输的，攻击者可以使用 Sniffer、Snoop 等监控软件或网络分析仪等方式来截获网上传递的含有用户账号和口令的数据包，然后利用它们进行攻击。TCP/IP 不能阻止网上客户捕获数据包，目前许多攻击用于捕获和分析网络业务流。

（2）泄露攻击

由于恶意攻击而造成网络设备错误地把网络地址、网络服务等信息泄露给了外界。

（3）地址欺骗攻击

源 IP 地址极易被伪造和更改，攻击者通过修改或伪造源 IP 地址来进行地址欺骗和假冒攻击。IP 欺骗主要是一台外部主机假冒内部网络某一台主机的源地址非法访问网络资源，可以通过设置过滤策略对内部主机地址作为源地址的、来自外部网络的服务请求加以拒绝。

（4）序列号攻击

利用 TCP/IP 中所使用的随机序列号的可预测性来进行攻击。

（5）路由攻击

TCP/IP 网络动态地传递新的路由信息，但缺乏对路由信息的认证，因此伪造的或来自非可信源的路由信息就可能导致对路由机制的攻击。

（6）拒绝服务

许多 TCP/IP 实现中的缺点都能被用来实施拒绝服务攻击，例如，TCP SYN Flooding、ICMP Echo Floods、E-mail Bombing 等。

（7）鉴别攻击

TCP/IP 只能以 IP 地址进行鉴别，而不能对节点上的用户进行有效的身份认证，因此服务器无法鉴别登录用户身份的有效性。

（8）地址诊断

大多数 TCP/IP 计算机有一个特殊地址，用于提供支持网卡的本地诊断。它常常被攻击者操纵来实施攻击。

3. IPv6 的安全问题

由于 IPv4 存在许多安全问题，所以研究者设计了 IPv6 来改善 IPv4 的缺陷。

1）IPv6 的一个突出特点是地址资源丰富，采用 128 位地址，且地址采用前缀表示法。格式前缀（也称全局路由前缀）是一个地址的高位，它用来识别子网或某种特殊类型的地址。其中，在全球范围内可以唯一标识的地址是"可聚类全局单播地址"，它基于分层原则，把 128 位地址分成 6 个部分，第一部分表示该地址使用的是"可聚类全局单播地址"，第二部分保留，再往下依次是"次级聚类标识符"、"站点级聚类标识符"等，最后 64 位标识接口 ID。由此可见，一个子网可以有 2^{64} 个主机地址，且位于同一子网下的地址前 64 位是完全相同的，因此就可以在一个子网的边界路由器上设置相应的包过滤规则，使地址欺骗十分困难，而且数量庞大的子网内节点地址也很难进行地址扫描。在 RFC 2460 中指出，最后的 64 位地址可以不根据主机的接口地址生成，即该地址与主机完全无关。另外，在 IPv6 中多了一种本地链路地址，如果不希望外网地址访问某台主机，就可以把它的地址设置成本地链路地址，这样只有内部网络成员可以访问它。

2）代理发现机制。IPv6 的泛播地址的特点，使得以泛播地址为目的地址的数据包会被转发到根据路由协议测量的距离最近的接口上。移动 IPv6 有效利用了这一原理实现动态家乡代理发现机制，通过发送绑定更新给家乡代理的泛播地址，从几个家乡代理中获得最合适的代理的响应，IPv4 则无法提供类似的方法。

3）地址的结构层次更加优化。移动 IPv6 不仅提供大量的 IP 地址以满足移动通信的飞速发展，而且也可以根据地区注册机构的政策来定义移动 IPv6 地址的层次结构，从而减少路由表的大小，并且可以通过地区本地地址和选路控制来定义某个组织。

4）内嵌的安全机制。移动 IPv6 可以为所有安全的要求使用 IPSec，如注册、授权、数据完整性保护和重发保护。通过 IPv6 中的 IPSec 可以对 IP 层的通信提供加密和授权。通过移动 IPv6 还可以实现远程企业内部网和虚拟专用网络的无缝接入，并且可以实现永久连接。

5）能够实现地址的自动配置。移动 IPv6 继承了 IPv6 的特征，使用无状态地址自动配置和邻居发现机制之后，移动 IPv6 既不需要 DHCP 也不需要外地代理来配置移动节点的转交地址。

6）服务质量有所提高。服务质量是一个综合问题，从协议的角度来看，与 IPv4 相比，IPv6 的新增优点是能提供差别服务，这是因为 IPv6 的头标增加了一个流标记域，共有 20 位，这使得网络的任何中间点都能够确定并区别对待某个 IP 地址的数据流。另外，提供永久连接、防止服务中断，既提高了网络性能，又提高了网络服务质量。

7）移动性更好。移动 IPv6 实现了完整的 IP 层的移动性，特别是移动终端数量剧增，只有移动 IPv6 才能为每个设备分配一个永久的全球 IP 地址。由于移动 IPv6 很容易扩展，有能力满足大规模移动性的要求，所以它将能解决全球范围的网络和各种接入技术之间的移动性问题。

8）结构比移动 IPv4 更加简单，并且容易部署。由于每个 IPv6 的主机都必须具备通信节点的功能，当与运行移动 IPv6 的主机通信时，每个 IPv6 主机都可以执行路由优化，从而避免三角路由的问题。另外，与移动 IPv4 不同的是，移动 IPv6 中不再需要外地代理。IPv6 地址的自动配置还简化了移动节点转交地址的分配。

IPv6 并不是十全十美的，它是在 IPv4 的结构基础上改进而成的，同 IPv4 有着密切的联系，并且在 IPv6 中仍然保留着 IPv4 的诸多结构特点，如选项分片和 TIL 等。这些选项都曾经被黑客利用来攻击 IPv4 节点。而且，到目前为止，IPv6 中并没有提出新的安全策略，所有使用的安全策略都是 IPv4 中已经存在的，因此它无法从根本上解决安全性问题。同时，IPv6 中增加了 AH 和 ESP 报头，引进了加密和认证技术，在提高协议安全的同时，也为黑客攻击网络带来了新的机会。例如，加密处理是通过 CPU 进行大量计算来实现的，而现今 Internet 发展的趋势是带宽的增长远远超过了 CPU 的增长速度，若黑客向目标主机发送大量貌似正确而实际上却是随意填充的数据包，被攻击者就有可能由于消耗大量的 CPU 来检验错误的数据包而不能响应其他用户的请求，导致拒绝服务攻击。此外对用户来说，加密和解密消耗的 CPU 时间会使用户的服务响应速度变慢，可能会产生 IPv6 反而不如 IPv4 的感觉。

IPv6 相对于 IPv4，除地址空间增大外，许多协议机制也发生了变化。例如，在 IPv6 中不再有 ARP，而采用邻居发现（Neighbor Discover，ND）进行 IP 地址和 MAC 地址的解析。虽然 IPv6 的安全性相对于 IPv4 有所改进，但上述变化使得 IPv6 网络的安全问题和 IPv4 网络相比有很多不同。

1）扫描与探测。IPv6 网络子网大小是 64 位或者更大，这使得 IPv4 网络中传统的扫描和探测技术（如遍历整个子网）在 IPv6 网络中不再适用。但是 IPv6 网络中由于地址太长不便记忆，管理人员往往会给一些服务器配置比较特殊的 IPv6 地址（如 2001::1000 等）或者使用动态方式，或者将双栈计算机 IPv4 地址的最后一个字节简单映射成 IPv6 地址最后一个字节等。这些都给扫描和探测带来了方便。

一个 IPv6 节点中有很多关键的数据结构（如邻居缓存、目的缓存、前缀列表），攻击者利用这些信息可以了解到网络中存在的其他网络设备，也可以利用这些信息实施攻击。例如，攻击者可以宣告错误的网络前缀或者路由器信息等，从而使网络不能正常工作，或将网络流量导向错误的地方。

2）无状态地址自动配置。IPv6 相对于 IPv4 的一个重要优点是 IPv6 支持无状态地址自动配置。这虽然给合法用户使用 IPv6 网络带来了方便，但也引入了安全隐患。非授权的用户可以更容易地接入和使用网络，特别是在无线环境中，如果没有数据链路层的认证和访问控制，一个配有无线网卡的非法用户甚至不受物理网线连接的限制就可以轻松地接入和访问 IPv6 网络。无状态地址自动配置中的冲突地址检测机制也给拒绝服务攻击提供了机会，恶意攻击者只要回复对临时地址进行的邻居请求，请求者就会认为地址冲突而放弃使用该临时地址。

3）邻居发现协议。IPv6 使用邻居发现协议来发现同一链路上的其他节点，进行地址解析，发现链路上的路由器维持到活跃邻居的可达信息等。邻居发现协议是 IPv6 中的一个重要协议，但同样存在很多安全隐患。利用邻居发现协议，通过发送错误路由器宣告、错误的重定向消息等，可以让数据包流向不确定的地方，进而达到拒绝服务拦截和修改，以防止来自链路外的攻击。但这种措施对链路内发起的攻击却无能为力，而 IPv6 的无状态地址自动配置恰恰为链路内攻击提供了便利，因为攻击者可以利用无状态地址自动配置很方便地接入同一链路，在无线环境中尤其如此。

2.4　物联网应用层安全

2.4.1　物联网应用层安全概述

物联网应用层设计的主要目的是满足物联网系统的具体业务开展的需求，它所涉及的信息安全问题直接面向物联网用户群体，与物联网的其他层次有着明显的区别。考虑到物联网涉及众多领域和行业，因此广域范围的海量数据信息处理和业务控制策略将在安全性和可靠性方面面临巨大挑战，其中业务控制和管理、隐私保护等安全问题显得尤为突出。此外，物联网应用层的信息安全还涉及信任安全、位置安全、云安全以及知识产权保护等。

1. 应用层的安全挑战

应用层的安全挑战大致可归纳为以下几点：

1）来自超大量终端的海量数据的识别和处理；

2）智能变为低能；

3）自动变为失控（可控性是信息安全的重要指标之一）；

4）灾难控制和恢复；

5）非法人为干预（内部攻击）；

6）设备（特别是移动设备）的丢失。

2. 应用层的安全需求

物联网时代需要处理的信息是海量的，需要处理的平台也是分布式的。当不同性质的数据通过一个处理平台处理时，该平台需要多个功能各异的处理平台协同处理。但首先应该知道将哪些数据分配到哪个处理平台上，因此数据分类是必须的。同时，安全的要求使得许多信息都是以加密形式存在的，因此如何快速有效地处理海量加密数据是智能处理阶段遇到的一个重大挑战。

应用层的安全需求主要来自以下几个方面：

1）如何根据不同的访问权限对同一数据库中的内容进行筛选；

2）如何既能提供用户隐私保护，同时又能正确认证；

3）如何解决信息泄露追踪问题；

4）如何进行计算机取证；

5）如何销毁计算机数据；

6）如何保护电子产品和软件的知识产权。

3. 业务控制和管理

由于物联网设备可能是先部署后连接网络，物联网节点又无人值守，所以如何对物联网设备远程签约，如何对业务信息进行配置就成了难题。另外，庞大且多样化的物联网必然需要一个强大且统一的安全管理平台，否则单独的平台会被各式各样的物联网应用所淹没，但这样将使如何对物联网机器的日志等安全信息进行管理成为新的问题，并且可能割裂网络与业务平台之间的信任关系，导致新一轮安全问题的产生。传统的认证是区分层次的，网络层的认证负责网络层身份鉴别，业务层的认证负责业务层身份鉴别，两者独立存在。但是大多数情况下，物联网机器都拥有专门的用途，因此其业务应用和网络通信紧紧地绑在一起，很难独立存在。

4. 隐私保护

在物联网发展过程中，大量的数据涉及个体隐私问题，如个人出行路线、个人位置信息、健康状况、企业产品信息等，因此隐私保护是必须要考虑的一个问题。如何设计不同场景、不同等级的隐私保护技术将成为物联网安全技术研究的热点问题，当前隐私保护方法主要有两个发展方向：一是对等计算，通过直接交换共享计算机资源和服务；二是语义Web，通过规范定义和组织信息内容，使之具有语义信息，能被计算机理解，从而实现与人的相互沟通。

2.4.2 信任安全

物联网应用系统是一个分布式、动态开放的多用户、多任务的工作环境，容易遭受恶意用户的攻击。因此，建立有效的信任安全机制，确定网络节点将要使用的资源和服务的有效性，对于确保物联网用户的利益具有非常重要的意义。为了防止非法用户使用系统的资源以及合法用户对系统资源的非法使用，就需要对计算机及其网络系统采取有效的安全防范措施，如认证、授权和访问控制。

1. 认证

认证是指使用者采用某种方式来确认对方的真实身份，网络中的认证主要包括身份认证和消息认证。身份认证可以使通信双方确认对方的身份并交换会话密钥。保密性和及时性是认证密钥交换过程中两个重要的问题。为了防止假冒和会话密钥的泄露，用户标识和会话密钥等重要信息必须以密文的形式传送，这需要事先已有能用于这一目的的主密钥或公钥。因为可能存在消息重放，所以及时性非常重要。访问控制在物联网环境下增加了新的内容，从 TCP/IP 网络中主要给"人"进行访问控制，变为了给机器进行访问授权。

2. 授权

系统正确认证用户之后，根据不同的用户标识分配给不同的使用资源，这项任务称为授权。授权的实现是靠访问控制完成的。访问控制是一项特殊的任务，它用标识符 ID 做关键字来控制用户访问的程序和数据。访问控制主要用在关键节点、主机和服务器上，一般节点很少用。但如果在一般节点上增加访问控制功能，则应该安装相应的授权软件。在实际应用中，通常需要从用户类型、应用资源以及访问控制规则 3 个方面来明确用户的访问权限。

1）用户类型。对于一个已经被系统识别和认证了的用户，还要对它的访问操作实施一定的限制。对于一个通用计算机系统来讲，用户范围很广、层次不同、权限也不同。用户类型一般有系统管理员、一般用户、审计用户和非法用户。系统管理员权限最高，可以对系统任何资源进行访问，并具有所有类型的访问操作权力。一般用户的访问操作要受到一定的限制。根据需要，系统管理员为这类用户分配不同的访问操作权力。审计用户负责对整个系统的安全控制与资源使用情况进行审计。非法用户则被取消访问权力或者被拒绝访问系统。

2）应用资源。系统中的每个用户共同分享系统资源。系统内需要保护的是系统资源，因此需要对保护的资源定义一个访问控制包（Access Control Packet，ACP），访问控制包对每一个资源或资源组勾画出一个访问控制列表（Access Control List，ACL），它描述哪个用户可以使用哪个资源以及如何使用。

3）访问规则。访问规则定义了若干条件，在这些条件下可准许访问一个资源。一般来讲，规则使用用户和资源配对，然后指定该用户可以在该资源上执行哪些操作，如只读、不允许执行或不许访问。由负责实施安全策略的系统管理人员根据最小特权原则来确定这些规则，即在授予用户访问某种资源的权限时，只给访问该资源的最小权限。例如，用户需要读权限时，则不应该授予读写权限。

3. 访问控制

访问控制是对用户合法使用资源的认证和控制，目前信息系统的访问控制主要是基于角色的访问控制（Role Based Access Control，RBAS）机制及其扩展模型。RBAS 机制主要由基于模型的 RBAS96 构成，一个用户先由系统分配一个角色，如管理员、普通用户等，登录系统后，根据用户角色所设置的访问策略实现对资源的访问，显然，同样的角色可以访问同样的资源。RBAS 机制是基于互联网 OA 系统、银行系统、网上商店等系统的访问控制方法。对物联网而言，末端是感知网络，可能是一个感知节点或一个物体，采用用户角色的形式进行资源控制显得不够灵活。因为，一是本身基于角色的访问控制在分布式的网络环境中已呈现出不适应的地方，如对具有时间约束资源访问控制、访问控制的多层次适应性等方面需要进一步探讨；二是节点不是用户，是各类传感器或其他设备，且种类繁多，基于角色的访问控制机制中角色类型无法一一对应这些节点，因此使 RBAS 机制难以实现；三是物联网表现的是信息的感知互动过程，包含了信息的处理、决策和控制等过程，反向控制是物物互联的特征之一。

2.4.3 位置服务安全与隐私

随着感知定位技术的发展，人们可以更加快速、精确地获知自己的位置，基于位置的服务（Location Based Service，LBS）应运而生。利用用户的位置信息，服务提供商可以提供一系列的便捷服务。例如，当用户在逛街时感到饿了，他们可以快速地搜索在其所在地点附近都有哪些餐馆，并可以获取每家餐馆的菜单，然后就可以提前选定好一家餐馆，选定要吃的饭菜并发出预订，然后就可以在指定的时间段内上门消费了，可以大大缩短等待的时间。又比如，LBS 服务提供商可以根据用户的位置，向用户推荐其所在地附近的旅游景点，并能附上相关的介绍。此类服务目前已经在手机平台上获得了大量的应用，只要拥有一台带有 GPS 定位功能的手机，用户就可以随时享受到物联网所带来的生活上的便捷。

心怀叵测的攻击者通过以下各种手段窃取用户的位置信息。

1）用户和服务提供商之间的通信线路遭受到了攻击者的窃听，当用户发送位置信息给服务提供商的时候，攻击者就会获得相应的位置信息。

2）服务提供商对用户的位置信息保护不力。服务提供商可能会在自己的数据库中存储用户的位置信息。攻击者攻陷服务提供商的数据库，就可以获得用户的位置信息。

3）服务提供商与攻击者沆瀣一气，甚至服务提供商本身就是由攻击者伪装而成的。在这种情况下，假如用户将自己的位置信息对服务提供商全盘托出，那么用户的位置隐私就可以说已经完全暴露在攻击者的面前了。

保护用户的位置隐私已刻不容缓。物联网的主要市场将是商业应用，在商业应用中存在大量需要保护知识产权的产品，包括电子产品和软件等。在物联网的应用中，对电子产品的知识产权保护将会提高到一个新的高度，对应的技术要求也是一项新的挑战。

2.4.4 云安全与隐私

云计算为众多用户提供了一种新的高效率的计算模式。它将计算任务分布在由大量计算机构成的资源池上，使各种应用系统能够根据需要获取计算力、存储空间和各种软件服务。云计算中的"云"是一种隐喻，指代基于互联网的系统平台。在云的背后隐藏着大量的计算资源，包括软件和硬件。例如，分布式计算软件、计算机集群、存储设备、网络基础设施等。借助互联网技术，计算资源好像用电一样取用方便，而且从某种程度上可以适当改变企业 IT 成本控制，如图 2-8 所示。

1. 基于云计算的物联网系统

物联网在应用过程中呈现出诸多云计算的特征，如对资源的大规模和海量需求、资源负载变化大、以服务方式提供计算能力等，从而适合采用云计算技术建立物联网应用系统。

基于云计算的物联网应用系统主要由云基础设施、云平台、云应用和云管理 4 部分组成。

（1）云基础设施

云基础设施是指通过物理资源虚拟化技术，使得平台上运行的不同行业应用以及同一行业应用的不同客户间的资源（存储、CPU 等）实现共享，并提供资源需求的弹性伸缩；通过服务器集群技术，将一组服务器关联起来，使其在外界看来如同一台服务器，从而改善平台的整体性能。

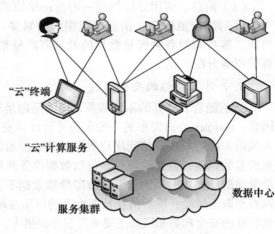

图 2-8 "云计算" 的概念模型

（2）云平台

云平台是物联网运营云平台的核心，实现网络节点的配置和控制、信息的采集和计算。可以采用分布式存储、分布式计算技术实现对海量数据的分析处理，以满足数量大且实时性高的数据处理要求。

（3）云应用

云应用用于实现行业应用的业务流程，可以作为物联网运营平台的一部分，也可以继承第三方行业应用，但在技术上应通过应用虚拟化技术，实现多租户，让一个物联网行业应用的多个不同租户共享存储、计算能力等资源，提高资源利用率，降低运营成本，在共享资源的同时又相互隔离，保证用户数据的安全性。

（4）云管理

云管理采用了弹性资源伸缩机制，用户占用的电信运营商资源随时间在不断变化，需要平台提供按需计费的支持能力。

2. 云计算与物联网的融合

云计算与物联网各自具备了很多优势，将两者有机融合将具有更高的应用效益。云计算与物联网的融合有 3 种模式。

（1）单中心 – 多终端模式

这类模式分布在范围较小的各类物联网终端（传感器、摄像头或 3G 手机等），把云中心或部分云中心作为数据 / 处理中心，终端获得的信息、数据由云中心统一进行处理及存储，云中心提供统一界面给使用者操作或者查看。这类应用非常多，如小区及家庭的监控、对某一高速路段的监控等。

（2）多中心 – 大量终端模式

对于很多区域跨度加大的企业、单位而言，该模式较适合。如一个跨多地区或者多国家的企业，其分公司较多，要对其各个公司或工厂的生产流程进行监控、对相关的产品进行质量跟踪等。

（3）信息、应用分层处理 – 海量终端模式

针对用户范围广、信息及数据种类繁多、安全性要求高等特征提出的一种融合模式。当前，客户端对各种海量数据的处理需求越来越多，根据客户需求及云中心的分布进行合理的资源分配。

3. 云计算面临的安全问题

当前随着云计算的不断普及，安全问题呈现逐步上升的趋势，已成为制约其发展的重要因素。Gartner 公司发布的一份名为《云计算安全风险评估》的报告认为，云计算技术存在 7 大风险，即特权用户访问用户数据带来的泄密风险；服务提供商不按法规对数据进行审查带来的监管风险；数据跨域存储导致数据位置跨国带来的法律风险；虚拟机数据隔离和保护不严带来的隐私泄漏风险；系统故障导致数据不能快速恢复带来的可用性风险；灾难发生时的调查与取证风险；维护信息长期生存的可用性风险。通过对上述 7 大风险进行分析可以发现，云计算的安全和隐私风险主要来自服务提供方，涉及数据机密性、完整性和可用性 3 个方面。

当前，云计算平台的物理主机层、操作系统层、网络层以及 Web 应用层等都存在相应的安全隐患和威胁，但这类通用的安全问题在信息安全领域已经得到较为充分的研究，并有比较成熟的产品。因此，研究云计算安全需要从云计算的主要特征出发，根据云计算对机密性、完整性和可用性的安全需求，分析和提炼云计算环境中多服务模式、服务外包、虚拟化管理、多租户跨域共享带来的安全和隐私问题，具体介绍如下：

1）多服务模式带来的安全问题。在云计算 3 种服务模式中，由于用户获取服务模式不同，导致用户和服务提供商的安全职责存在差异。合理划分不同服务模式下用户和服务提供商的安全职责成为保障云计算安全的关键和难点，任何一方的安全保障缺失，均会导致系统在机密性、完整性和可用性方面的破坏。需要深入研究用户和服务提供商在 SaaS、PaaS 和 IaaS 3 种服务模式下的安全职责和控制策略。

2）多租户跨域共享带来的安全问题。一方面，由于多用户共享跨域管理资源，用户和服务资源之间呈现多维耦合关系，信任关系的建立、管理和维护更加困难，使得服务授权和访问控制变得更加复杂。另一方面，用户通过租用大量的虚拟服务能力，使得协同攻击系统变得更加容易，隐蔽性更强。此外，不良网站将很容易以打游击的模式在网络上迁移，使得内容审计、追踪和监管更加困难。

3）服务外包带来的安全问题。当用户或企业将所属的数据或应用外包给云计算服务提供商时，云计算服务提供商就获得了该数据或应用的访问控制权，用户数据或应用程序面临隐私安全威胁。事实证明，由于存在内部管理人员失职、黑客攻击、系统故障导致的安全机制失效以及缺少必要的数据销毁政策等，用户数据在未经许可的情况下面临盗卖、滥用、篡改、随机使用和分析的风险。

4）资源虚拟化带来的安全问题。虚拟化技术是云计算采用的两大核心技术之一，它支持多租户共享服务资源，多个虚拟资源很可能会被绑定到相同的物理资源上。如果云平台中的虚拟化软件中存在安全漏洞，那么用户的数据、应用就可能被其他用户访问；如果恶意用户借助共享缓存实施侧通道攻击，则虚拟机面临更严重的安全挑战。

2.4.5 信息隐藏和版权保护

物联网的兴起和发展，使得人与物、物与物之间的交互更加紧密，它将越来越广泛地

应用于现代社会的政治、经济、文化、教育、科学研究与社会生活的各个领域，有效地提高社会经济效益，节约成本，让民众可以随时随地享受科技智慧带来的服务。然而，物联网中万物相关的数据和信息中有些数据会直接关系到国家的机密、企业与个人的隐私等，保护这些数据的安全性至关重要，已经成为物联网发展过程中面临的一个重要挑战。

物联网的安全基本与其他 IT 系统的安全一样，主要包括信息系统的安全机密性、完整可靠性、真实可信性、通信对象的可信赖性和个人信息的保密等。随着物联网以及泛在网的发展，产权保护、个人隐私的保护以及所创造的数字制品的保护等更加成为数字制品发行业务首先要解决的问题。

信息隐藏与数据加密技术都是为保护秘密信息的存储和传输，使之免遭攻击者的攻击和破坏，从而实现信息安全的重要技术，但二者有着显著的区别。信息加密所隐藏的是消息的内容，攻击者虽然知道其存在，但难以提取其中的信息；而信息隐藏则是将需保密的信息"乔装打扮"后藏匿在信息空间中的一个大且复杂的子集中，目的是使攻击者难以搜寻其所在，它所隐藏的是信息的存在形式。虽然信息隐藏与信息加密是互不相同的两类技术，但两者有密切的关系，两者的适当组合运用可以相互弥补不足之处，更好地实现系统的安全。

数字水印技术是信息隐藏技术的一个重要分支，它在真伪鉴别、隐蔽通信、标识隐含、电子身份认证等方面具有重要的应用价值。应用密码技术加密的内容具有不可扩展性，不易进行传播，而且解密之后缺乏有效的手段来保证其不被非法复制、再次传播、非法发行及恶意篡改。

数字水印技术的研究始于 20 世纪 90 年代初期，早期的数字水印技术研究是针对数字图像进行的，如 Tirkel 等人 1993 年在关于该技术的论述中首次提出了"电子水印"（electronic watermark）的说法。Schyndel 等人在 1994 年的 ICIP 会议上发表了一篇题为 A Digital Watermark 的论文，正式提出了"数字水印"这一术语，同时指出了其可能的应用。该论文被认为是一篇对于数字水印具有历史参考价值的文献，标志着这一研究领域的开始。1996 年，在英国剑桥牛顿研究所召开的第一届信息隐藏学术研讨会（IHW），标志着信息隐藏作为一门新学科的诞生。这次会议将其重要分支——数字水印作为它的主要议题之一，同年 IEEE International Conference on Image Processing 等国际会议也将数字水印列为专题。

随着当代数字技术、各种传输处理技术以及多媒体制作的发展，数字产品和网络上传输的信息被保真地非法复制和散布变得更加容易。在开放的互联网、物联网以及泛在网的环境下，如何保护所传输信息的安全性、可靠性、信息来源的可信性、不可抵赖性，如何保护个人隐私（如远程医疗中的电子病历、财务收支、位置信息、兴趣爱好等），如何保护产权等，都不是容易解决的问题。信息保密和产权（版权）保护都可依赖于数字水印技术。

数字水印技术在图像、视频、音频、文本、数据库等常规载体方面都已经开展了很多研究工作，并取得了较好的研究成果。随着物联网的兴起和发展，研究者开始把在传统网络中广泛使用的数字水印技术引入物联网的研究中。

一方面，为了保护用户的隐私（如身份、地址、路由等）不被泄露，在网上的现金支付、投标、拍卖、投票选举等场合，可采用数字水印技术实现匿名支付、匿名通信、匿名签字、匿名选举等。另一方面，为了隐匿版权信息，常在表示数字对象所有权的消息上附上标记（mark），如数字水印（digital watermark）、数字指纹（digital fingerprint）、产品序列号（product serial number）等，一旦发现被非法复制，隐藏的标记就可以识别出哪个客户的产品被复制了。

2.4.6　物联网信息安全案例

本节通过一个简单的案例"物联网安全技术在文物监测预警系统中的应用"来说明物

联网安全技术在实际中的应用。

文物监测预警系统通过有线网络（光纤、同轴电缆、xDSL、以太网等）和无线网络（微波、WLAN、GPRS、3G 等）在其闭合的环路内传输视频、地波等监测预警数据信号，整个体系由前端的视频及各类传感器信息采集传输系统、软件控制管理平台、信息存储与检索、视频及传感器信号显示处理、报警联动处置等多个子系统构成。基于物联网技术的安全防护系统通过综合部署和处理各类传感器信息，能实时、形象、真实地反映被监测区域或对象的状态，极大地扩展了工作人员能够进行有效监测的区域范围，可以在恶劣的环境下代替人工实现全天候、全方位、大范围内监测保护，同时整合使用各类信息，对非法入侵、环境变化等诸多异常事件进行更为有效的预警，控制报警主机触发各监控系统联动，锁定当前报警位置，查找分析触发源，并提醒工作人员进行及时合理的处置。

基于物联网技术的文物监测预警系统根据普通监测系统的实际需求，结合物联网的数据处理和传输过程，以及该系统的特定功能要求，可以分为 4 层体系结构：感知层（监测区域中视频、地波、红外等各类传感器信息的采集）、传输层（通过多协议网关将各类传感器信息进行转换和统一）、网络层（作为传感器数据和系统控制信息的媒介，完成数据的远程传输）、应用层（传感器数据处理、报警信号判断、报警联动、控制信息发送及信息存储与检索的综合管理处置平台），如图 2-9 所示。

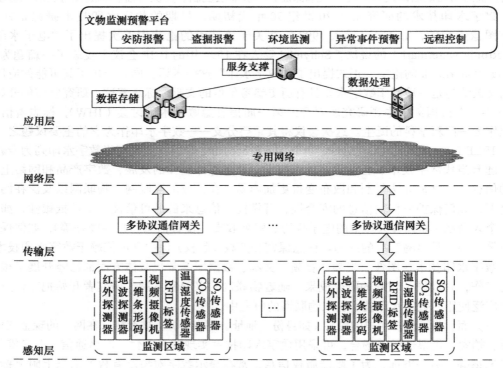

图 2-9　基于物联网安全技术的文物预警监测系统架构图

文物监测预警系统是安防监测系统与物联网技术相结合的一种典型应用。文物监测预警系统旨在通过在文化遗址地及周边地段部署各类型探测器、传感器和视频监视器，实现对监控区域的全方位、多信息源的实时监控，有效提高监测准确性，提升监测效率，降低管理人员的劳动强度。同时，以采集的传感器数据为基础，借助计算机强大的数据处理能力，通过对数据的协同分析和智能决策，实现监控区域的智能监测和联动控制。

　　由于实际的系统设计和部署过程中情况比较复杂，各个系统的要求和组网架构不尽相同，但为了保证各个分系统可以有效地接入上级平台，便于统一的调度管理，各系统基本上都是通过级联架构来进行联网，如图 2-10 所示。

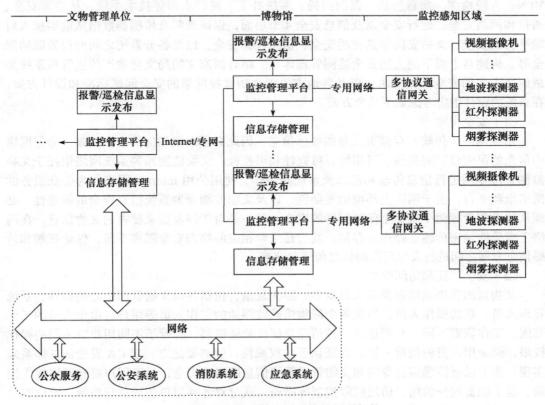

图 2-10　文件预警监测系统的级联架构

　　文物监测预警系统的主要功能包括：对文物的实时监测和异常状态预警；与其他的政府部门（公安、消防等）协作，完成突发事件处置；文物展示、查询等，提供公众服务。这就要求该系统必须包括专用网络和公用 Internet 两种接入方式，其中在底层使用专用网络将视频、传感器等收集的数据，传递到所在博物馆的监控室，各个博物馆再将收集整理后的信息向上通过公用的 Internet 网络汇聚到各级文物管理部门，并提供合适的接口，从而各级部门都可以实时地监测、查询辖区内所有文物的当前及历史状态，在有意外状况发生时，迅速知悉相关情况，采取应对措施。但可以看到，这种系统架构中不可避免地存在着许多安全隐患，对信息的安全有效传递构成威胁，因此构建一种针对此种文物安防监测预警体系的安全保护体系的重要性不言而喻。

　　信息安全系统是整个文物监测预警系统的重要组成部分。它与其他各大子系统之间密切配合，多角度、多层级进行衔接，不但对该系统各个层次间的信息传递过程提供安全防御和保护，而且还对各级子系统之上的报警联动、信息存储等具体应用系统提供安全管理服务。文物监测预警系统的信息安全保护，需要对各级文物管理部门与辖区内所有博物馆的信息接入点边界、文物管理系统与其他各系统之间的接入边界和信息传递过程提供有效的信息安全保障，并且对用户提供有效的 CA 认证体制，在认证用户信息安全管理上提供有效的同步更新机制。从安全保障的角度出发，信息安全系统应该包括应用安全、网络安全、系统安全、物理安全以及统一安全管理等。通过这些安全措施对系统提供相应的安全保证体系。

在该信息安全系统中，采用了边界安全接入平台、构建 CA 中心、身份认证网关、VPN、入侵检测、病毒防治、漏洞扫描、系统补丁、视频水印等技术手段，从物理安全、通信和网络安全、运行安全以及信息安全 4 个层面，保证视频及传感器数据从前端接入后端平台的安全、文物安防信息使用安全、信息存储安全，以及各分系统之间的报警联动安全等，构建自上而下的文物安全监测管理体系。结合国家文物局文化遗产信息管理系统集成解决方案的安全策略要求，以及各地方关于文物监控网络的安全问题标准和设计方案，在系统的设计中应考虑如下几个方面。

（1）安全保密

系统网络中传输和存储着大量的敏感信息，因此必须配置相应的安全措施，确保网络中信息的保密性、完整性、可用性、可查性和可控性。文物监测预警系统网络依托于文物监测管理专网进行信息传输和汇总及系统间协作，使用公用 Internet 网络作为公众服务的网络承载平台，由于网络上环境的复杂性，以及文物监测预警系统信息安全的敏感性，必须从技术和管理两个层面上保障网络的安全。其一是对于涉及国家秘密的文物信息，在网络上应采取加密传输、处理与存储；其二是采取相应的物理安全隔离手段，保证视频和传感信息专网之间进行安全可控的信息传递和交换。

（2）安全认证和访问机制

文物监测管理网络涉及的人员众多、层次复杂，包括各级文物管理中心的领导、系统管理人员、系统操作人员，以及各个博物馆或监测地的工作人员等用户。由于人员的工作范围、工作职责不同，必须建立一种信任及信任验证机制。要赋予不同用户以不同的操作权限，保证用户身份的唯一性，保证认证的权威性，就需要建立一套 CA 安全认证体系来实现。为了保证传感信息专网和文物管理系统信息网络的安全，对于用户要有网络接入控制、基于职责划分的用户访问权限控制等措施。通过对各种用户访问进行控制，可以有效地保证文物监测管理网络的安全运行。

（3）病毒防治、漏洞扫描和补丁

由于文物安防监控专网具有操作系统和数据库软件等产品，对存在的系统安全问题实施被动防御的同时，还需要采取主动防御手段（如安全漏洞扫描程序、主机防护和加固系统、数据库防护系统）来查找和防治系统的安全隐患，遏制安全问题的发生。建立跨平台全网分布式病毒系统对网络进行统一的病毒防范控制和管理，及时对操作系统漏洞及病毒库提供更新及分发，使系统对于可能出现的紧急情况做出及时的反应和处理。

（4）边界接入安全

文物监测管理专网依托于文物系统信息网络，并与之直接相连，同时政府或者其他单位（公安、消防等）根据需要也将接入文物监测管理专网，共享前端的信息资源，为了实现对于文物遗迹和展馆的推广和展示，还将为公众提供服务接口。在这些外部网络与文物安防监控专网相互连接、共享信息资源的同时，确保文物安防监控专网及文物管理网络的安全就显得格外重要。因此在边界接入中，需要考虑接入终端、接入链路、网络传输以及接入用户的身份认证和访问控制机制。

（5）安全审计和集中管理

对于文物监测管理专网进行集中的监控与审计，实现对该网络的安全监控、管理和审计等功能。

（6）数据备份与灾难恢复

文物监测管理专网开始接入并运行后，重要的数据信息资料将存储在各级存储系统中，保证存储系统中的数据和数据库不因各种情况和灾难的发生而造成数据的损坏和丢失，是数据安全需要考虑的问题。文物监测预警系统结合云计算的数据存储和管理技术，同时运用了集中式存储和分布式存储相结合的方式，从物理和逻辑上对数据进行备份和灾难恢复。

（7）数字水印技术

在文物监测管理网络中，要将视频及各种传感信息协同处理实现对于文物的实时监测和报警联动等功能，因此数据信息的安全性、真实性至关重要。数字水印技术将水印嵌入原始信息编码流中，形成含有水印信息的原始信息码流，然后再对原始码流进行压缩编码，形成带有水印信息的原始压缩码流。含有水印信息的数据信息码流经过网络传输至监测中心并进行后台解码还原处理，对压缩码流解码后提取各种原始信息。数字水印技术可以有效防止视频和传感器信息在采集和传输过程中被恶意篡改或盗取，确保信息数据真实可靠。

2.5 本章小结和进一步阅读指导

本章首先重点分析了物联网面临的安全问题，依据物联网的体系结构，建立了一个物联网安全体系结构，主要涉及物联网感知层、网络层和应用层 3 个层次的安全问题和相应的对策。物联网是互联网的发展，互联网存在的安全问题，物联网也存在，但是物联网有其不同于互联网的独特性，必然面临其独特的安全问题。本章对这些问题进行了一定的分析和探讨。

物联网是一个比较新的概念，还在不断地发展和成熟，面临的安全问题也纷繁复杂，是一个庞大的体系。本章仅对物联网的安全体系进行了一些初步的探讨和分析，以使读者对物联网安全问题能有一个初步的认识，需要了解更详细的内容和技术请参阅本章参考文献。

习题

2.1 请读者思考，物联网感知层面临的安全威胁有哪些？如何应对这些安全威胁？

2.2 物联网感知层安全防护技术的主要特点是什么？

2.3 试给出物联网的安全体系结构，并对每层的安全问题和安全技术进行总结和说明。

2.4 试说明 RFID 的安全需求和主要安全隐患有哪些？

2.5 参阅相关文献，试总结 RFID 的各种安全与隐私保护机制。

2.6 传感网的安全目标有哪些？请详细说明。

2.7 传感网的安全攻击和防御措施有哪些？

2.8 参考本章参考文献，试详细说明传感网的 6 种安全框架。

2.9 试对传感网的密钥管理进行总结和详细的归类说明。

2.10 总结现有的传感器网络路由协议容易遭受的各种攻击。

2.11 试总结移动终端恶意软件的主要危害。

2.12 试说明移动终端典型的恶意软件类型及典型恶意软件的特征及危害。

2.13 请详细说明移动终端的安全防护措施。

2.14 试总结物联网传输层面临的安全挑战。

2.15 请编程模拟实现 WAPI 用户认证过程。

2.16 根据自己使用 LBS 应用的经验，分析 LBS 应用在设计过程中应该考虑的安全问题。

2.17 根据 DoS 攻击原理，编程实现一种 DoS 攻击。

2.18 基于 KVM 构造虚拟化计算环境，能够按需生成虚拟机。

2.19 在构造的虚拟计算环境中，实现 DoS 攻击的检测算法，并分析检测效率。

参考文献

[1] Jennifer Yick, Biswanath Mukherjee, Dipak Ghsal. Wireless Sensor Networks Survey [J]. Computer Networks, 2008, 52: 2292-2330.

[2] I Akyildiz, W Su, et al. A survey on sensor networks [J]. IEEE Communication Magazine, 2002, 40: 102-114.

[3] Du Xiaojiang, Chen HSIAO-HWA. Security in Wireless Sensor Networks [J]. IEEE Wireless Communications, 2008, 2: 60-66.

[4] Adrian Perring, John Stankovic, David Wagneri. Security in Wireless Sensor Network [J]. Communiction of the ACM, 2002, 44(6):53-57.

[5] Fei H, Neeraj K. Security considerations in ad hoc sensor networks[J]. Ad hoc Networks, 2005, 1(3): 69-89.

[6] Zhou Yun, Fang Yuguang. Security Wireless Sensor Networks: A Survey [J]. IEEE Communications Surveys& Tutorials, 2008, 10(3): 6-28.

[7] Gura N, et al. Comparing Elliptic Curve Cryptography and RSA on 8-bit CPUs[C]. CHES '04: Proc. Wksp. Cryptographic Hardware and Embedded Systems, GERMANY: SPRING-VERLIN, 2004: 119-132.

[8] Wander AS, Gura N, Eberle H, et al. Energy analysis of public-key cryptography for wireless sensor networks[C]. Proc of 3rd IEEE Int'l Conf. on Pervasive Computing and Communication. USA, LOS: IEEE, 2005: 324-328.

[9] Chen Xiangqian, Kia Makki, Yen Kang, et al. Sensor Networks Security: A Survey [J]. IEEE Communications Surveys& Tutorials, 2009, 11(2): 52-73.

[10] Karlof Chris, Wagner David. Secure Routing in Sensor Networks: Attacks and Countermeasures[C]. Proc of 1rd IEEE Int'l Wksp. Sensor Network Protocols and Apps. USA: IEEE, 2003: 113-127.

[11] Zhu Sencun, et al. An Interleaved Hop-by-Hop Authentication Scheme for Filtering of Injected False Data in Sensor Networks[C]. Proc of IEEE Symp. Security and Privacy. USA, Oakland: IEEE, 2004: 259-271.

[12] Wang Yong, Attebury Garhan, Ramamurthy Byrav. A Survey of Security Issues in Wireless Sensor Networks[J]. IEEE Communications Surveys, 2006, 8(2): 2-23.

[13] Wood A D, Stankovid J A. Denial of service in sensor network[J]. IEEE computer, 2002, 35(10): 54-62.

[14] Shi Elaine, Perrig Adrian. Designing Security Sensor Networks[J]. IEEE Wireless Communications, 2004, 11(6): 38-43.

[15] Chan H. Random key predistribution schemes for sensor Networks[C]. Proc of IEEE Symposium on Security and Privacy. New York: IEEE, 2003: 259-271.

[16] Deb b, Bhatnagar s, Nath B. Information assurance in sensor networks[C]. Proc of 2nd

ACM International Conference on Wireless sensor networks and Applications. New York: ACM, 2003: 160-168.

[17] Perrig A, Szewczyk R, et al. SPINS: Security protocols for sensor networks[J]. Springer Netherlands Wireless Networks, 2002, 8: 521-534.

[18] Perrig A, Szewczyk R, et al. SPINS: Security protocols for sensor networks[C]. Proc of ACM MOBICOM. New York: ACM, 2001: 189-199.

[19] Deng J. INSENS: Intrusion-tolerant routing for wireless sensor networks[J]. Computer Communications , 2006, 29(2): 216-230.

[20] Karlof, Chris Sastry, Naveen Wagner, et al. TinySec: A link layer security architecture for wireless sensor networks[C]. 2nd International Conference on Embedded Networked Sensor Systems. United states, MA: 2004: 162-175.

[21] Sasikanth Avancha. Secure sensor networks for perimeter protection[J]. Computer Networks, 2003, 43(2): 421-435.

[22] Taejoon Park, Kang G shin. LiSP: A light-weight security protocol for wireless sensor networks[J]. ACM Transactions on Embedded Computing System, 2004, 3(3): 634-660.

[23] Zhu S. LEAP: efficient security mechanisms for large-scale distributed sensor networks [C]. Proc of the 1st international conference, Embedded networked sensor systems, California: IEEE, 2003: 308-309.

[24] Diffie W, Hellman M E. New Directions in Cryptography[J]. IEEE Trans. Info. Theory, 1976, 22(6): 644-654.

[25] Rivest R L, Shamir A, Adleman L. A Method for Obtaining Digital Signatures and Public-Key Cryptosystems[J]. Commun. ACM, 1983, 26(1): 96-99.

[26] Miller V S. Use of Elliptic Curves in Cryptography[C]. Lecture notes in computer sciences; 218 on Advances in Cryptology-CRYPTO 85, New York: Springer-Verlag, 1986, 417-426.

[27] Koblitz N. Elliptic Curve Cryptosystems[J]. Mathematics of Computation, 1987, 48: 203-09.

[28] Gura N. Comparing Elliptic Curve Cryptography and RSA on 8-bit CPUs [C]. Proc of Workshop on Cryptographic Hardware and Embedded Systems(CHES 2004), Boston, 2004,119-132.

[29] Malan D J. A public-key infrastructure for key distribution in TinyOS based on elliptic curve cryptography[C]. Proc of 1st IEEE International Conference on Sensor Ad Hoc Communication and Networks New York: IEEE, 2004, 71-80.

[30] Gaubatz G. Public key Cryptography in Sensor Network-revisited[C]. Proc of 1st IEEE International Conference on Sensor Ad Hoc Communication and Networks, New York: IEEE, 2004, 71-80.

[31] Watro R. TinyPK: securing sensor networks with public key technology[C]. Proc of 2nd ACM Workshop on Security of Ad Hoc and Sensor Networks, New York: ACM, 2004, 59-64.

[32] Gupta V. Sizzle: a standards-based end-to-end security architecture for the embedded internet[C].Proc of Third IEEE International Conference on Pervasive Computing and Communication, 2005.

[33] Pei Qinqi, Shen Yulong, Ma Jianfeng. Survey of Wireless Senor Network Security Techiniques[J]. Journal on Communications, 2007, 28(8): 114-122(in chinese).

[34] Law Y W. Survey and benchmark of block ciphers for wireless sensor networks[J]. ACM Transaction on Sensor Networks, 2006, 2(1): 65-93.

[35] Ganesan P. Analyzing and modeling encryption overhead for sensor network nodes[C]. Proc of the 2nd ACM international conference on Wireless sensor networks and applications, California:ACM, 2003, 151-159.

[36] Yang Xiao. A Survey of management schemes in wireless sensor networks[J]. Computer Communications, 2007, 30(11-12): 2314-2341.

[37] Eschenauer L, Gligor V D. A key-management scheme for distributed sensor networks[C]. Proc of the 9th ACM Conference on Computer and Communications Security, Washington: ACM, 2002, 41-47.

[38] Chan H. Random key predistribution schemes for sensor networks[C]. Proc of IEEE Symposium on Security and Privacy, United States: IEEE, 2003, 197-213.

[39] Du W. A pairwise key predistribution scheme for wireless sensor networks[J]. Acm Transactions on Information and System Security, 2005, 8(2): 228-258.

[40] Liu D. Establishing pairwise keys in distributed sensor networks[J]. Acm Transactions on Information and System Security, 2005, 8(1): 41-77.

[41] Delgosha FL, Fekri F. Threshold key-establishment in distributed sensor networks using a multivariate scheme[C]. Proc of 25th IEEE International Conference on Computer Communications, Barcelona, Spain: IEEE, 2006.

[42] Du W. A key management scheme for wireless sensor networks using deployment knowledge[C].Proc of Twenty-third Annual Joint Conference of the IEEE Computer and Communications Societies, Hongkong, United States: IEEE, 2004, 1, 586-597.

[43] Huang D J. Location-aware key management scheme for wireless sensor networks[C]. Proc of the 2004 ACM Workshop on Security of Ad Hoc and Sensor Networks, New York: ACM, 2004, 29-42.

[44] Chan H, Perrig A. PIKE: Peer intermediaries for key establishment in sensor networks[C]. Proc of IEEE INFOCOM, United state: IEEE, 2005, 1: 524-535.

[45] Lee J, Stinson D R. Deterministic key predistribution schemes for distributed sensor networks[C]. Proc of 11th International Workshop on Selected Areas in Cryptography, Berlin: Springer Verlag, 2004, 3357: 294-307.

[46] Lee J, Stinson D R. A combinatorial approach to key predistribution for distributed sensor networks[C]. Proc of IEEE Wireless Communications and Networking Conference, United states: IEEE, 2005, 2: 294-307.

[47] Huang Q. Fast Authenticated Key Establishment Protocols for Self-Organizing Sensor Networks[C]. Proc of the Second ACM International Workshop on Wireless Sensor Networks and Applications, New York: ACM, 2003, 141-150.

[48] Eltoweissy M. Lightweight key management for wireless sensor networks[C]. Proc of the 23rd IEEE International Performance on Computing and Communications, New York: IEEE, 2004, 23, 813-818.

[49] Jolly G. A low-energy key management protocol for wireless sensor networks[C]. Proc of

8th IEEE International Symposium on Computing and Communications, New York: IEEE, 2003, 1, 335-340.

[50] Pietro R Di. LKHW: a directed diffusion-based secure multicast scheme for wireless sensor networks[C]. Proc of International Conference on Parallel Processing Workshops, USA: IEEE, 2003, 397-406.

[51] Anderson R. Key infection: Smart trust for smart dust[C]. Proc of 12th IEEE International Conference on Network Protocols, USA: IEEE, 2004, 206-215.

[52] Zachary J. A decentralized approach to secure management of nodes in distributed sensor networks[C]. Proc of IEEE Military Communications Conference, USA: IEEE, 2003, 1: 579-584.

[53] Liu D. Efficient distribution of key chain commitments for broadcast authentication in distributed sensor networks[C]. Proc of 10th Annual Network and Distributed System Security Symposium, San Diego, 2003, 263-276.

[54] Liu D, Ning P. Multilevel mTESLA: Broadcast Authentication for Distributed Sensor Networks[J]. Trans. on Embedded Computing Sys, 2004, 3(4): 800-836.

[55] Lazos L, Poovendran R. SeRLoc: Secure range-independent localization for wireless sensor networks[C]. Proc of 2004 ACM Workshop on Wireless Security, New York: ACM, 2004, 21-30.

[56] Sastry N. Secure verification of location claims[C]. Proc of 2003 ACM Workshop on Wireless Security, New York: ACM, 2003,1 -10.

[57] Przdatek B. SIA: secure information aggregation in sensor networks[C]. Proc of 1th International Embedded Networked Sensor System, 2003, 255-265.

[58] 范九伦，王娟，赵峰. 网络安全：现状与展望 [M]. 北京：科学出版社，2010.

[59] 雷吉成. 物联网安全技术 [M]. 北京：电子工业出版社，2012.

[60] 徐小涛，杨志红，吴延林，等. 物联网信息安全 [M]. 北京：人民邮电出版社，2012.

[61] 黄晓庆，王梓. 移动互联网之智能终端安全揭秘 [M]. 北京：电子工业出版社，2012.

[62] 胡向东，魏琴芳，向敏，等. 物联网安全 [M]. 北京：科学出版社，2012.

[63] 马建峰，吴振强. 无线局域网安全体系架构 [M]. 北京：高等教育出版社,2008.

[64] 武传坤. 物联网安全架构初探 [J]. 战略与决策研究 . 25(4), 2010, 411-419.

[65] 何申. 面向 3G 移动通信网络的安全架构研究 [D]. 中国科学技术大学，2007.

[66] Zhuang Wei, Gui Xiaolin, Huang Ru Wei, et al. TCP DDOS Attack Detection on the Host in the KVM Virtual Machine Environment, 2012 IEEE/ACIS 11th International Conference on Computer and Information Science (ICIS). Publication Year: 2012, Page(s): 62-67.

[67] Tromer E, Oscik DA, Shamir A. Efficient cache attacks on AES, and countermeasure. Journal of Cryptology, 23(1), 2010: 37-71.

[68] S Yu, X L Gui, X J Zhang, et al. Detecting VMs Co-residency in the Cloud: Using Cache-based Side Channel Attacks[J]. Electronics and Electrical Engineering, 2013, 19(5): 73-78.

[69] 黄汝维，桂小林，余思，等. 云环境中支持隐私保护的可计算加密方法 [J]. 计算机学报，2011, 34（12）：2391-2402.

[70] HUANG Ruwei, GUI Xiaolin, YU Sai, et al. Privacy-Preserving computable encryption scheme of cloud computing[J]. Chinese Journal of Computers, 2011, 34(12): 2391-2402.

[71] 刘云浩. 物联网导论 [M]. 北京：科学出版社，2010.

[72] 张玉军，等. 移动 IPv6 家乡代理容错方法研究 [J]. 软件学报，2008,19(6): 1491-1498.

第3章 数据安全

随着物联网、云计算技术的兴起，以博客、社交网络、基于位置的服务（LBS）为代表的新型信息发布方式不断涌现，数据正以前所未有的速度不断地增长和累积。保护数据的安全变得越来越重要，已经成为信息系统发展的重要挑战。本章将讨论数据安全的基本概念、理论、相关技术以及物联网环境中面临的数据安全问题。

3.1 数据安全的基本概念

3.1.1 数据安全概述

数据是信息系统的核心，数据安全也是信息系统安全的核心。在信息系统中，对数据安全的保护就是对数据资源的机密性（Confidentiality）、完整性（Integrity）和可用性（Availability）的保护，简称 CIA 三原则。

（1）机密性

机密性是指对数据的隐藏，即数据必须按照数据拥有者的要求保证一定的秘密性。未被授权的第三方无法获知，只有得到拥有者许可的用户才能获得该数据。信息保密的需求源自计算机在敏感领域的使用，如政府、军事部门和企业等。为了保证数据机密性，军事部门试图实现控制机制以体现"需要知道"（need to know）原则。这一原则也适用于企业，从而保护企业的敏感信息（专利设计、工资单等）的安全，避免竞争者非法获取。

访问控制机制能够支持机密性。其中，密码技术就是一种保护机密性的访问控制机制。这种技术通过对数据编码，使数据内容变得难以理解。密钥控制着非编码数据的访问权，因而密钥本身成为另一个有待保护的对象。

例如，加密一份工资单可以防止没有掌握密钥的人读取其内容。如果用户需要查看其内容，必须先解密。只有密钥的拥有者才能够将密钥输入解密程序。然而，如果密钥输入解密程序时，被其他人读取到，这份工资单的机密性就被破坏了。

（2）完整性

完整性是指对数据或资源的可信度，通常使用"防止非法的或未经授权的数据改变"来表达完整性，即完整性是指数据不因人为的因

素而改变其原有的内容、形式和流向。完整性包括数据完整性（即信息内容）和来源完整性（即数据来源，常通过认证来确保）。信息来源可能会涉及来源的准确性和可信性，也涉及人们对此信息所赋予的信任度。

例如，某媒体刊登了从政府部门泄露出来的信息，却声称信息来自于另一个信息源。虽然按原样刊登（即保证数据完整性），但是信息来源不正确，即破坏了来源完整性。

（3）可用性

可用性是指期望的信息或资源有使用能力，即保证数据资源能够提供既定的功能，无论何时何地，只要需要即可使用，而不因系统故障或误操作等使资源丢失或妨碍对资源的使用。可用性是系统可靠性与系统设计中的一个重要方面，因为一个不可用的系统所发挥的作用还不如没有系统。可用性之所以与安全相关，是因为可能有恶意用户蓄意使数据或服务失效，以此来拒绝所有对数据或服务的访问。

例如，假设 Alice 攻破了某银行用于提供账目结算服务的辅服务器，那么当任何人向该服务器查询信息时，Alice 可以响应任意信息。通过和银行的结算主服务器联系，可使用户的支票生效。如果用户得不到响应，就会要求辅服务器提供数据，Alice 的同伙阻断了用户与结算主服务器之间的通信，所以商户的所有服务请求都会转到辅服务器。无论 Alice 的实际账目余额为多少，她都不会拒绝处理商户的这些支票。

3.1.2 数据安全威胁与保障技术

1. 数据安全威胁

数据安全建立在保密性（Confidentiality）、完整性（Integrity）和可用性（Availability）三原则基础之上。实际上，数据面临着严重的安全威胁，如图 3-1 所示，主要包括通信威胁、

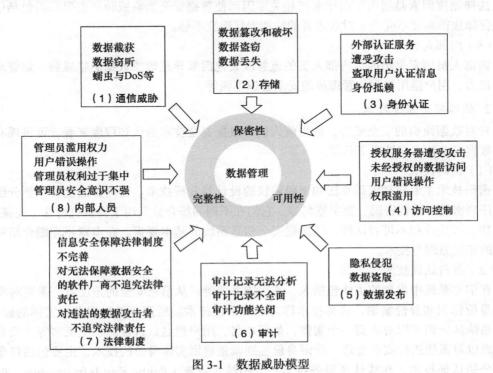

图 3-1 数据威胁模型

存储威胁、身份认证、访问控制、数据发布、审计因素、法律制度因素和内部人员等八大因素。

（1）通信威胁

通信威胁指数据在网络通信和传输过程中所面临的威胁，主要包括数据截获、数据盗窃、蠕虫和拒绝服务攻击等。

（2）存储威胁

存储威胁是指数据在存储过程中因物理安全而导致的威胁，包括自然因素或者人为因素导致的敏感数据篡改或破坏、数据盗窃或丢失等。

（3）身份认证

身份认证因素是指数据面临的各种与身份认证有关的威胁，包括外部认证服务遭受攻击、通过非法方式（如使用木马、网络嗅探等）盗取用户认证信息或进行身份抵赖等。

（4）访问控制

访问控制因素是指数据面临的所有对用户授权和访问控制的威胁因素，主要包括通过推理通道获取授权服务器的信息、未经授权的数据访问、用户错误操作或滥用权限。

（5）数据发布

数据发布因素是指在开放式环境下，数据发布过程中所遭受的隐私侵犯、数据盗版等威胁因素。

（6）审计

审计因素是指在审计过程中所面临的威胁，如审计记录无法分析、审计记录不全面、审计功能被攻击者或管理员恶意关闭。

（7）法律制度

法律制度因素是指由于法律制度相关原因而使数据安全面临威胁，主要原因包括信息安全保障法律制度不完善、对攻击者的法律责任追究不够。

（8）内部人员

内部人员因素是指因为内部人员的疏忽或其他因素导致敏感数据面临威胁，如管理员滥用权力、用户滥用权限、管理员的安全意识不强等。

2. 数据安全保障技术

针对数据面临的安全威胁，从当前人们对数据安全技术的认知程度来看，可将现有的主要数据安全技术归纳以下几类。

（1）密码技术

密码技术主要包括密码算法和密码协议的设计与分析技术。密码算法主要包括分组密码、序列密码、公钥密码、数字签名等。它们在不同的场合分别用于提供机密性、完整性、真实性、可控性和不可否认性，是构建安全信息系统的基本要素。在本章将详细介绍密码技术的相关原理与技术。

（2）身份认证技术

在信息系统中出现的主体包括人、进程或系统等。从信息安全的角度看，需要对实体进行身份标识和身份鉴别，这类技术称为身份认证技术。所谓身份标识是指实体的标识，信息系统从标识可以对应到一个实体，如用户名、用户组名、进程名、主机名等。没有标识就难以对系统进行安全管理。所谓身份鉴别就是鉴别实体身份的技术，主要包括口令技术、公钥认证技术、在线认证服务技术、公钥技术设施（Public Key Infrastructure，PKI）

技术等。在本节，将对 PKI 的实现技术进行详细分析。

（3）授权与访问控制技术

为了使合法用户正常使用信息系统，需要给已通过身份认证的用户授予相应的操作权限，这个过程被称为授权。在信息系统中，可授予的权限包括浏览文件、读 / 写文件、运行程序和网络访问等，实施和管理这些权限的技术称为授权技术。访问控制技术和授权管理基础设施（Privilege Management Infrastructure，PMI）技术是两种常用的授权技术。在本书将对访问控制的相关技术进行详细介绍。

（4）信息隐藏技术

信息隐藏是指将特定用途的信息隐藏在其他公开的数据或载体中，使其难以被消除或发现。信息隐藏主要包括隐写（steganography）、数字水印（watermarking）和软硬件中的数据隐藏等，其中水印又分为鲁棒水印和脆弱水印。在保密通信中，加密掩盖保密的内容，而隐写通过掩盖保密的事实带来附加的安全。在对数字媒体和软件的版权保护中，隐藏特定的鲁棒水印标识或安全参数既可以让用户正常使用内容或软件，又可以让用户消除或获得它们而摆脱版权控制。在本书将详细分析数字水印技术及其应用。

（5）网络与系统攻击技术

网络与系统攻击技术是指攻击者利用信息系统的弱点，破坏或非授权地侵入网络和系统的技术。网络与系统设计者也需要了解这些技术以提高系统安全性。主要的网络与系统攻击技术包括网络与系统调查、口令攻击、拒绝服务攻击（Denial of Services，DoS）、缓冲区溢出攻击等。这部分内容将在本书后面章节中详细分析。

（6）恶意代码检测与防范技术

对恶意代码的检测与防范是普通计算机用户熟知的概念，但实现起来比较复杂。在原理上，防范技术需要利用恶意代码的不同特征来检测并阻止其运行，但不同的恶意代码的特征可能相差很大，这往往使得检测特征存在困难。目前已有一些能够帮助挖掘恶意代码的静态和动态特征技术，也出现了一系列的检测到恶意代码后阻断其恶意行为的技术。在本书后面章节将详细介绍恶意软件检测的相关内容。

（7）安全审计与责任认定技术

为抵制网络攻击、电子犯罪和数字版权侵权，安全管理或执法部门需要相应的调查方法与取证手段，这类技术统称为安全审计与责任认定技术。审计系统普遍存在于计算机与网络系统中，它们按照安全策略记录系统出现的各类审计时间，主要包括用户登录、特定操作、系统异常等与系统安全相关的事件。安全审计记录有助于调查与追踪系统中发生的安全事件，为诉讼电子犯罪提供线索与证据，但在系统外发生的事件显然也需要新的调查与取证手段。随着计算机与网络技术的发展，数字版权侵权的现象在全球都比较严重，需要对这些散布在系统外的事件进行监管，当前，已经可以将代表数字内容购买者或使用者的数字指纹和可追踪码嵌入内容中，在发现侵权后进行盗版调查和追踪。

（8）主机系统安全技术

主机系统主要包括操作系统和数据库系统。操作系统安全技术用于保护所管理的软硬件、操作和资源等的安全，数据库安全技术用于保护业务操作、数据存储等的安全，这些安全技术一般被称为主机系统安全技术。从技术体系上来看，主机系统安全技术采纳了大量的身份认证、授权与访问控制等技术，但也包含了自身固有的技术，如获得内存安全、进程安全、内核安全、业务数据完整性和事务提交可靠性等的技术。当前，"可信计算"技术主要指在硬件平台上引入安全芯片和相关密码处理来提高终端系统的安全性，将部分或整个计算平台变为可信的计算平台，使用户或系统确信发生了所希望的操作。

（9）网络系统安全技术

在基于网络的分布式系统或应用中，信息要在网络中传输，用户需要利用网络登录并执行操作，因此需要相应的信息安全措施。由于分布式系统跨越的地理范围一般较大，因此面临着公用网络中的安全通信和实体认证等问题。国际标准化组织（International Organization for Standardization，ISO）于20世纪90年代推出了网络安全体系的参考模型与系统安全架构，在该架构中描述了安全服务在ISO开放系统互联（Open Systems Interconnection，OSI）参考模型中的位置及其基本组成。

（10）信息安全测评技术

为了衡量信息安全技术及其所支撑的系统的安全性，需要进行信息安全测评，它是指对信息安全产品或信息系统的安全性等进行验证、测试、评价和定级，以规范它们的安全特性，而信息安全测评技术就是能够系统、客观地验证、测试和评估信息安全产品和信息系统安全性质和程度的技术。当前，发达国家或地区及我国均建立了信息安全策略制度和机构，并颁布了一系列测评标准或准则。

3.1.3　物联网数据安全

物联网应用系统中的数据大多是一些应用场景中的实时数据，其中不乏国家重要行业的敏感数据，因此物联网应用系统中数据的安全是物联网健康发展的重要保障。

信息与网络安全的目标是要保证被保护信息的机密性、完整性和可用性。这个要求贯穿于物联网的数据感知、数据汇聚、数据融合、数据传输、数据处理与决策等各个环节，并体现了与传统信息系统安全的差异性。

首先，在数据采集与数据传输安全方面，感知节点通常结构简单、资源受限，无法支持复杂的安全功能；感知节点及感知网络种类繁多，采用的通信技术多样，相关的标准规范不完善，尚未建立统一的安全体系。

其次，在物联网数据处理安全方面，许多物联网相关的业务支撑平台对于安全的策略导向都是不同的，这些不同规模范围、不同平台类型、不同业务分类给物联网相关业务层面的数据处理安全带来了全新的挑战；另外，我们还需要从机密性、完整性和可用性角度去分别考虑物联网中信息交互的安全问题。第三，在数据处理过程中同样也存在隐私保护问题，要建立访问控制机制，实现隐私保护下的物联网信息采集、传输和查询等操作。

总之，物联网的安全特征体现了感知信息的多样性、网络环境的复杂性和应用需求的多样性，给安全研究提出了新的更大的挑战。物联网以数据为中心和与应用密切相关的特点，决定了物联网总体安全目标包括以下几个方面：

- 保密性：避免非法用户读取机密数据，一个感知网络不应将机密数据泄露到相邻网络。
- 数据鉴别：避免物联网节点被恶意注入虚假信息，确保信息来源于正确的节点。
- 访问控制：避免非法设备接入物联网中。
- 完整性：通过校验来检测数据是否被修改，确保信息被非法（未经认证的）改变后能够被识别。
- 可用性：确保感知网络的信息和服务在任何时间都可以提供给合法用户。
- 新鲜性：保证接收数据的时效性，确保接受到的信息是非恶意节点重放时的。

在物联网环境中，数据通常将经历感知、传输、处理的生命周期。在整个生命周期内，除了面临一般信息网络的安全威胁外，还面临下面将要介绍的特有的威胁和攻击。

1. 安全威胁

在物联网环境中，数据感知、传输和处理过程中均可能受到安全威胁，主要包括以下几方面。

- 物理俘获：指攻击者使用一些外部手段非法俘获传感节点，主要针对部署在开放区域内的节点。
- 传输威胁：物联网数据传输主要面临中断、拦截、篡改、伪造等威胁。
- 自私性威胁：网络节点表现出自私、贪心的行为，为节省自身能量拒绝提供转发数据包的服务。
- 拒绝服务威胁：指破坏网络的可用性，降低网络或系统执行某一期望功能的能力，如硬件失败、软件瑕疵、资源耗尽、环境条件恶劣等。

2. 网络攻击

在物联网中数据感知、传输和处理过程中主要面临的攻击类型包括以下几个方面。

- 拥塞攻击：指攻击者通过各种途径锁定无线感知节点的中心通信频率后，发射可以进行干扰的无线信号，从而扰乱中心通信频率节点的正常通信，甚至干扰该节点通信范围内所涵盖的相关节点的正常通信，甚至可以造成网络的大范围瘫痪。
- 碰撞攻击：指攻击者和正常节点同时发送数据包，使得数据在传输过程中发生冲突，导致整个包丢失。
- 耗尽攻击：指使用某种可以耗费感知节点能量的方式与节点保持连续通信，如利用协议漏洞不断发送重传报文或确认报文，最终耗尽感知节点能源。
- 非公平攻击：指攻击者通过某种方式占据通信信道，通过持续发送优先级比较高的数据通信包以阻碍其他节点的信息通信。
- 选择转发攻击：攻击者拒绝转发特定的消息并将其丢弃，使这些数据包无法传播，或者修改特定节点发送的数据包，并将其可靠地转发给其他节点。
- 黑洞攻击：指攻击者以某种方式设计一个高优先级的路由，从而导致这个区域内的数据信息都流经敌手所控制的节点。
- 女巫攻击：攻击者通过向网络中的其他节点申明多个身份，达到攻击的目的。
- 泛洪攻击：指攻击者通过某种方式向整个网络传输数量庞大的报文信息，从而影响网络的正常通信能力，极大降低网络的处理能力。

3.2 密码学的基本概念

使用密码加密是实现数据安全的重要手段。密码学（cryptology）是一门古老的科学，自人类社会出现战争便产生了密码，之后逐渐发展成为一门独立的学科。第二次世界大战的爆发促进了密码学的飞速发展，在战争期间，德国人共生产了大约10万多部"ENIGMA"密码机。

3.2.1 密码学的发展历史

密码学的发展大致经历以下三个阶段：

1）1949 年之前是密码学发展的第一阶段——古典密码体制。古典密码体制是通过某种方式的文字置换进行的，这种置换一般是通过某种手工或机械变换方式进行转换，同时简单地使用了数学运算。虽然在古代加密方法中已体现了密码学的若干要素，但它只是一门艺术，而不是一门科学。

2）1949 年到 1975 年是密码学发展的第二阶段。1949 年，香农（Shannon）发表了题为《保密系统的通信理论》的著名论文，把密码学置于坚实的数学基础之上，标志着密码学作为一门学科的形成，这是密码学的第一次飞跃。然而，在该时期，密码学主要用在政治、外交、军事等方面，其研究是秘密进行的，密码学理论的研究工作进展不大，公开发表的密码学论文很少。

3）1976 年至今是密码学发展的第三阶段——现代密码体制。1976 年，W.Diffie 和M.Hellman 在《密码编码学新方向》一文中提出了公开密钥的思想，这是密码学的第二次飞跃。1977 年，美国数据加密标准（DES）的公布使密码学的研究公开，密码学得到了迅速发展。1994 年，美国联邦政府颁布的密钥托管加密标准（EES）和数字签名标准（DSS）以及 2001 年颁布的高级数据加密标准（AES），都是密码学发展史上的重要里程碑。

古典密码学包含两个互相对立的分支，即密码编码学（cryptography）和密码分析学（cryptanalytics）。前者编制密码以保护秘密信息，而后者则研究加密消息的破译以获取信息，二者相辅相成。现代密码学除了包括密码编码学和密码分析学外，还包括密钥管理、安全协议、散列函数等内容。密钥管理包括密钥的产生、分配、存储、保护、销毁等环节，秘密寓于密钥之中，所以密钥管理在密码系统中至关重要。随着密码学的进一步发展，涌现了大量的新技术和新概念，如零知识证明、盲签名、量子密码学等。

3.2.2 数据加密模型

在密码学中，伪装（变换）之前的信息是原始信息，称为明文（plain text）；伪装之后的信息看起来是一串无意义的乱码，称为密文（cipher text）。把明文伪装成密文的过程称为加密（encryption），该过程使用的数学变换称为加密算法；将密文还原为明文的过程称为解密（decryption），该过程使用的数学变换称为解密算法。

加密与解密通常需要参数控制，该参数称为密钥，有时也称为密码。加、解密密钥相同时称为对称性或单钥型密钥，不同时就称为不对称或双钥型密钥。

密码算法是用于加密和解密的数学函数。通常情况下，有两个相关的函数，一个用于加密，另一个用于解密。简单地说，密码就是一组含有参数 K 的变换 E。设已知消息 m，通过变换 E_k 得密文 C，这个过程称为加密，E 为加密算法，k 不同，密文 C 亦不同。传统的保密通信机制的数据加密模型如图 3-2 所示。

图 3-2　数据加密模型

3.2.3 密码体制

加密系统采用的基本工作方式称为密码体制。密码体制的基本要素是密码算法和密钥。密码算法是一些公式、法则或程序；密钥是密码算法中的控制参数。

一个密码体制是满足以下条件的五元组（P，C，K，E，D）：

1）P 表示所有可能的明文组成的有限集（明文空间）。

2）C 表示所有可能的密文组成的有限集（密文空间）。

3）K 表示所有可能的密钥组成的有限集（密钥空间）。

4）对任意的 $k \in K$，都存在一个加密算法 $E_k \in E$ 和相应的解密算法 $D_k \in D$，并且对每一个 $E_k: P \rightarrow C$ 和 $D_k: C \rightarrow P$，对任意的明文 $x \in P$，均有 $D_k(E_k(x)))=x$。

密码体制可以分为对称密码体制（symmetric system,one-key system,secret-key system）和非对称密码体制（asymmetric system,two-key system,public-key system）。对称密码体制中，加密密钥和解密密钥相同，或者一个密钥可以从另一个密钥导出，能加密就能解密，加密能力和解密能力是结合在一起的，开放性差。非对称密码体制中，加密密钥和解密密钥不相同，从一个密钥导出另一个密钥是计算上不可行的，加密能力和解密能力是分开的，开放性好。

除了上述两种密码体制外，还包括其他密码体制，如：

1）确定型密码体制：当明文和密钥确定后，密文也就唯一地确定了。

2）概率型密码体制：当明文和密钥确定后，密文通过客观随机因素从一个密文集合中产生，密文形式不确定。

3）单向函数型密码体制：适用于不需要解密的场合，容易将明文加密成密文，如散列函数。

4）双向变换型密码体制：可以进行可逆的加密、解密变换。

通常，不同的密码体制具有不同的安全强度。评价密码体制的安全因素包括：

- 保密强度：所需要的安全程度与数据的重要性有关；保密强度大的密码系统计算开销往往较大。
- 密钥长度：密钥太短，就会降低保密强度，而密钥太长又不便于传送、保管和记忆。密钥必须经常变换，每次更换新密钥时，通信双方传送新密钥的通道必须保密和安全。
- 算法复杂度：在设计或选择加密和解密算法时，计算复杂度要有限度。通常复杂度越高，计算开销就越大。
- 差错传播性：数据加密过程中不应该由于一点差错致使整个通信失败。
- 密文增加程度：指加密后密文信息长度相比明文长度的增加量；增加量太大将导致通信效率降低，存储空间增大。

3.2.4 密码攻击方法

密码分析是截收者在不知道解密密钥及加密体制细节的情况下，对密文进行分析、试图获取可用信息的行为，密码分析除了依靠数学、工程背景、语言学等知识外，还要靠经验、统计、测试、眼力、直觉，甚至是运气来完成。

破译密码就是通过分析密文来推断该密文对应的明文或者所用密码的密钥的过程，也称为密码攻击。破译密码的方法有穷举法和分析法。穷举法又称强力法或暴力法，即用所有可能的密钥进行测试破译。只要有足够的时间和计算资源，原则上穷举法总是可以成功的。但在实际中，任何一种安全的实际密码都会设计成使穷举法不可行。分析法则有确定性和统计性两类。

1）确定性分析法是利用一个或几个已知量（已知密文或者明文 – 密文对），用数据关系表示出所求未知量。

2）统计性分析法是利用明文的已知统计规律进行破译的方法。

密码分析学的主要目的是研究加密消息的破译和消息的伪造。密码分析也可以发现密码体制的弱点，最终达到上述结果。荷兰人 Kerckhoffs 在 19 世纪就阐明了密码分析的一个基本假设，这个假设就是秘密必须全部寓于密钥当中。Kerckhoffs 假设密码分析者已经掌握密码算法及其实现的全部详细资料。当然，在实际的密码分析中，密码分析者并不总是具有这些详细的信息。例如，在第二次世界大战时期，美国人就是在未知上述信息的情况下破译了日本人的外交密码。

在密码分析技术的发展过程中，产生了各种各样的攻击方法，其名称也是纷繁复杂。根据密码分析者占有的明文和密文条件，密码分析可分为以下 4 类。

（1）已知密文攻击

密码分析者有一些消息的密文，这些消息都用同一加密算法加密。密码分析者的任务是根据已知密文恢复尽可能多的明文，或者通过上述分析，进一步推算出加密消息的加密密钥和解密密钥，以便采用相同的密钥解密出其他被加密的消息。

（2）已知明文攻击

密码分析者不仅可以得到一些消息的密文，而且也知道这些消息的明文。分析者的任务是用加密的消息推出加密消息的加密密钥和解密密钥，或者导出一个算法，此算法可以对用同一密钥加密的任何新的消息进行解密。

（3）选择明文攻击

密码分析者不仅可以得到一些消息的密文和相应的明文，而且还可以选择被加密的明文。这比已知明文攻击更有效。因为密码分析者能选择特定的明文块加密，那些块可能产生更多关于密钥的信息，分析者的任务是推导出用来加密消息的加密密钥和解密密钥，或者推导出一个算法，此算法可以对同一密钥加密的任何新的消息进行解密。

（4）选择密文攻击

密码分析者能够选择不同的密文，并可以得到对应密文的明文，例如，密码分析者存取一个防篡改的自动解密盒，密码分析者的任务是推导出加密密钥和解密密钥。

3.3 传统密码学

传统密码学（或称古典密码体制）采用手工或者机械操作实现加、解密，相对简单。回顾和研究这些密码体制的原理和技术，对于理解、设计和分析现代密码学仍然有借鉴意义。变换和置换（transposition and substitution）是两种主要的古典数据加密方法，它们是实现最简单密码的基础。

3.3.1 基于变换的加密方法

变换密码是将明文字母互相换位，明文的字母保持相同，但顺序被打乱了。

线路加密法是一种变换加密。在线路加密法中，明文的字母按规定的次序排列在矩阵中，然后用另一种次序选出矩阵中的字母，排列成密文。如纵行变换密码中，明文以固定的宽度水平地写出，密文按垂直方向读出。例如，将明文" DEPARTMENT OF COMPUTER SCIENCE AND TECHNOLOGY "在忽略空格的情况下，转换为：

DEPARTMENT

OFCOMPUTER

SCIENCEAND

TECHNOLOGY

然后垂直方向读出，构成密文：

DOSTEFCEPCICAOEHRMNNTPCOMUELETAONEAGTRDY

这种纵行变换形式很多，矩阵的大小也可变化。

无论怎么换位置，密文字符与明文字符保持相同，对密文字母的统计分析很容易决定字母的准确顺序，因而容易破解。

3.3.2   基于置换的加密方法

置换密码就是将明文中每一个字符替换成密文中的另外一个字符，代替后的各字母保持原来位置。对密文进行逆替换就可恢复出明文。有以下 4 种类型的置换密码：

1）单表置换密码：就是明文的一个字符用相应的一个密文字符代替。加密过程是从明文字母表到密文字母表的一一映射。

2）同音置换密码：它与简单置换密码系统相似，唯一的不同是单个字符明文可以映射成密文的几个字符之一，例如，A 可能对应于 5、13、25 或 56，B 可能对应于 7、19、31或 42，所以同音置换的密文并不唯一。

3）多字母组置换密码：字符块被成组加密，例如，ABA 可能对应于 RTQ，ABB 可能对应于 SLL 等。多字母置换密码是字母成组加密，在第一次世界大战中英国人就采用了这种密码。

4）多表置换密码：由多个简单的置换密码构成，例如，可能有 5 个被使用的不同的简单置换密码，单独的一个字符用来改变明文的每个字符的位置。

多表置换密码有多个单字母密钥，每一个密钥被用来加密一个明文字母。第一个密钥加密明文的第一个字母，第二个密钥加密明文的第二个字母，等等。在所有的密钥用完后，密钥又再循环使用，若有 20 个单个字母密钥，那么每隔 20 个字母的明文都被同一密钥加密，这叫做密码的周期。在经典密码学中，密码周期越长越难破译，但使用计算机可以轻松破译具有很长周期的置换密码。

在置换密码中，数据本身并没有改变，它只是被安排成另一种不同的格式，有许多种不同的置换密码，其中一种是用凯撒大帝的名字 Julias Caesar 命名的，即凯撒密码。它的原理是每一个字母都用其前面的第三个字母代替，到了最后的字母后再从头开始计算。字母可以被在它前面的第 *n* 个字母所代替。下面是 *n*=3 的例子：

明文：MEET ME AFTER THE TOGA PARTY

密文：PHHW PH DIWHU WKH WRJD SDUWB

如果已知某给定密文是凯撒密码，可以通过穷举攻击很容易地破解，因为只要简单地测试所有 25 种可能的密钥即可。

3.4   现代密码学

现代密码学最重要的原则之一是"一切秘密寓于密钥之中"，也就是说，算法和其他参数都是可以公开的，只有密钥是保密的。一个好的密码体制只通过保密密钥就能保证加密消息的安全。加密完成后，只有知道密钥的人才能解密。任何人只要能够获得密钥就能解密消息，隐私密钥对于密码系统至关重要。密钥的传递必须通过安全的信道进行。

3.4.1 现代密码学概述

计算机的发展为现代密码学的发展提供了坚实基础，同时，也为密码破译提供了强有力的工具。

1949 年，Shannon 发表了《保密系统的通信理论》，当时并没有引起广泛的重视。但是，20 世纪 70 年代中期，随着信息时代的到来，人们意识到正是这篇论文将密码学的研究纳入了科学的轨道。在该文中，Shannon 把信息论引入密码学，用统计的观点对密码系统进行数学描述，引入了不确定性、冗余度、唯一解距离等作为安全的测度，以便对安全性做定量分析。为了构造实际安全的密码系统，Shannon 又进一步提出了许多创造性的想法，如构造乘积密码、使用"扩散 – 混淆"等，形成了关于对称密码设计的基本观点。这些观点已经成为现代密码设计的基本原则。Shannon 的这些卓越工作为密码学的迅速发展打下了坚实的理论基础，对现代密码系统的设计与分析都产生了深远的影响。

随着理论和技术的逐步成熟，到 20 世纪 70 年代中期，适应时代和技术进步的新型密码应运而生。1972 年，美国国家标准局向社会公开征集新的对称加密算法，并于 1976 年年底正式发布了用于保护网络通信的数据加密标准（Data Encryption Standard，DES），标志着现代对称分组密码的诞生。但对称算法仍有其不足，即加解密双方必须有相同的密钥（称为对称密钥），而长期使用同一密钥必然会增加风险，经常更换密钥又给密钥管理带来了困难。为了解决这个问题，Diffie 和 Hellman 于 1976 年发表了《密码学的新方向》一文，创造性地提出了"公开密钥密码"（简称公钥密码）的新思想。紧接着，Rivest、Shamir 和 Adelman 共同提出了一种完整的公钥密码体制——RSA。这些工作标志着非对称密码的诞生。这两件具有里程碑意义的事件，又共同标志着现代密码学的诞生。

随后，更多扎根于坚实数学理论基础并用现代电子技术实现的现代密码算法相继涌现，转轮密码机也彻底被各种电子密码设备所取代，以适应信息时代的安全需求。从此，密码学的发展日新月异，步入了现代密码学的新时代。

现代密码以数学和计算复杂性理论为重要基础，加、解密算法不仅用到了大量复杂的数学理论，而且运算极为复杂，同时密钥空间远比传统密码大得多。此外，对密码系统的分析、破译通常也归结为求解数学上的难解问题。相比之下，传统密码没有系统的数学理论基础，计算的复杂性也低得多。现代密码的这一特点是由现代电子技术的特点决定的。众所周知，计算机的重要特点和优势是能够在程序控制下自动进行大量的快速运算。所以，容易用电路实现的大量复杂运算自然也是现代密码算法的理想选择，而巨大的密钥空间则使得穷尽搜索变得几乎不可能。

现代密码的研究对象不再局限于加密与解密，即不再局限于保护消息的机密性，还包括完整性、身份认证、非否认等。从对应的内容上说，除了加解密算法，还有散列函数、数字签名、安全协议等许多新内容。

3.4.2　流密码与分组密码

1. 流密码

流密码（stream cipher）也称序列密码，是一种对称密码算法。流密码具有实现简单、便于硬件实施、加解密处理速度快、没有或只有有限的错误传播等特点，因此在实际应用中，特别是专用或机密机构中保持着优势，典型的应用领域包括无线通信、外交通信。1949 年，Shannon 证明了只有一次一密的密码体制是绝对安全的，这给流密码技术的研究以强大的支持，流密码方案的发展是模仿一次一密系统的尝试，或者说"一次一密"的密码方案是流密码的雏形。如果流密码所使用的是真正随机方式的、与消息流长度相同的密钥流，则此时的流密码就是一次一密的密码体制。若能以一种方式产生一个随机序列（密钥流），这一序列由密钥所确定，则利用这样的序列就可以进行加密，即将密钥、明文表示成连续的符号或二进制，对应地进行加密，加、解密时一次处理明文中的一个或几个比特。

流密码可以看成是连续的加密，明文是连续的，密钥也是连续的，如图 3-3 所示。

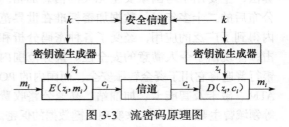

图 3-3　流密码原理图

密钥流生成器输出一系列比特流：z_1, z_2, z_3, $\cdots$, z_i。密钥流跟明文流 m_1, m_2, m_3, $\cdots$, m_i 进行异或运算产生密文比特流。

$$c_i = m_i \oplus z_i \tag{3-1}$$

在解密端，密文流与完全相同的密钥流进行异或运算恢复出明文流。

$$m_i = c_i \oplus z_i \tag{3-2}$$

常见的流密码算法有：

1）RC4 算法：由 Rivest 于 1987 年开发的一种流密码，它已被广泛应用于 Windows、Lotus Notes 和其他软件。

2）A5 算法：A5 算法是数字蜂窝移动电话系统（GSM）采用的流密码算法，用于加密从终端到基站的通信。

2. 分组密码

分组密码就是数据在密钥的作用下，一组一组等长地被处理，且通常情况是明、密文等长。这样做的好处是处理速度快，节约了存储，避免了带宽的浪费。因此，它成为许多密码组件的基础。另外，由于其固有的特点（高强度、高速率、便于软硬件实现）而成为标准化进程的首选体制。分组密码又可分为三类：代替密码、移位密码和乘积密码。随着计算技术的发展，早期的替代和移位密码已无安全性可言。因此，将二者有机结合形成乘积密码将有效地增加密码强度。若在应用乘积密码时，对明文运用轮函数，迭代多次产生密文，即可称为迭代分组密码，例如 DES。

分组密码的加密变换一般是由一个简单的函数 F 迭代若干次后形成的，其结构如图 3-4 所示。

其中 $Y(i-1)$ 是第 i 轮置换的输入，$Y(i)$ 是第 i 轮的输出，$z^{(i)}$ 是第 i 轮的子密钥，k 是种子密钥。每次迭代称为一轮，每轮的输出是输入和该轮子密钥的函数，每轮子密钥由 k 导出。函数 F 称为圆函数或轮函数，一个适当选择的轮函数通过多次迭代可实现必要的混淆和扩散。DES 算法是一个典型的分组迭代密码算法，它通过 16 轮迭代实现。

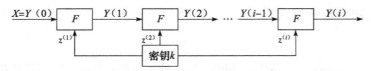

图 3-4 以轮函数 F 构造的迭代密码

3.4.3 DES 算法

DES 是 Data Encryption Standard 的缩写，即数据加密标准。该标准中的算法是第一个并且是最重要的现代对称加密算法，是美国国家安全标准局于 1977 年公布的由 IBM 公司研制的加密算法，主要用于与国家安全无关的信息加密。在公布后的二十多年里，数据加密标准在世界范围内得到了广泛的应用，经受了各种密码分析和攻击，体现出了令人满意的安全性。世界范围内的银行普遍将它用于资金转账安全，而国内的 POS、ATM、磁卡及智能卡、加油站、高速公路收费站等领域曾主要采用 DES 来实现关键数据的保密。

DES 采用分组加密方法，待处理的消息被分为定长的数据分组。以待加密的明文为例，明文按 8 个字节为一个分组，而 8 个二进制位为一个字节，即每个明文分组为 64 位二进制数据，每组单独加密处理。在 DES 加密算法中，明文和密文均为 64 位，有效密钥长度为 56 位。也就是说 DES 加密和解密算法输入 64 位的明文或密文消息和 56 位的密钥，输出 64 位的密文或明文消息。DES 的加密和解密算法相同，只是解密子密钥与加密子密钥的使用顺序刚好相反。

DES 算法加密过程的整体描述如图 3-5 所示，主要可描述为三步：

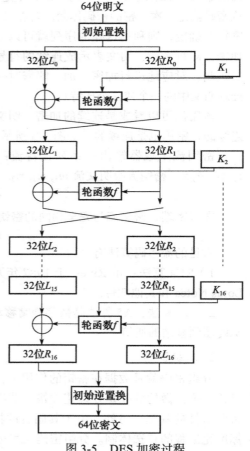

图 3-5 DES 加密过程

第一步：对输入的 64 位的明文分组进行固定的"初始置换"（Initial Permutation, IP），即按固定的规则重新排列明文分组的 64 位二进制数据，再将重排后的 64 位数据前后 32 位分为独立的左右两个部分，前 32 位记为 L_0，后 32 位记为 R_0。我们可以将这个初始置换写为：

$$(L_0, R_0) \leftarrow IP（64 位分组明文）$$

因初始置换函数是固定且公开的，故初始置换并无明显的密码意义。

第二步：进行 16 轮相同函数的迭代处理。将上一轮输出的 R_{i-1}（注：$i=1\cdots15$）直接作为 L_i 输入，同时将 R_{i-1} 与第 i 个 48 位的子密钥 k_i 经"轮函数 f"转换后，得到一个 32 位的中间结果，再将此中间结果与上一轮的 L_{i-1} 做异或运算，并将得到的新的 32 位结果作为下一轮的 R_i。如此往复，迭代处理 16 次。每次的子密钥不同，16 个子密钥的生成与轮函数 f 在后面单独阐述。可以将这一过程写为：

$$L_i \leftarrow R_{i-1}$$
$$R_i \leftarrow L_{i-1} \oplus f(R_{i-1}, k_i)$$

这个运算的特点是交换两个半分组，一轮运算的左半分组输入是上一轮的右半分组的输出，交换运算是一个简单的换位密码，目的是获得很大程度的"信息扩散"。显而易见，DES 的这一步是代换密码和换位密码的结合。

第三步：将第 16 轮迭代结果左右两半组 L_{16}、R_{16} 直接合并为 64 位（L_{16}，R_{16}），输入到初始逆置换来消除初始置换的影响。这一步的输出结果即为加密过程的密文。可将这一过程写为

$$\text{输出 64 位密文} \leftarrow \text{IP}^{-1}(L_{16}, R_{16})$$

需要注意的是，最后一轮输出结果的两个半分组在输入初始逆置换之前，还需要进行一次交换。如图 3-5 所示，在最后的输入中，右边是 L_{16}，左边是 R_{16}，合并后左半分组在前，右半分组在后，即（L_{16}，R_{16}），需进行一次左右交换。

1. 初始置换 IP 和初始逆置换 IP^{-1}

表 3-1 和表 3-2 分别定义了初始置换及初始逆置换。置换表中的数字为 1 ~ 64，意为输入的 64 位二进制明文或密文数据从左至右的位置序号。置换表中的数字位置即为置换后，数字对应的原位置数据在输出的 64 位序列中新的位置序号。比如表中第一个数字 58，58 表示输入 64 位明文或密文二进制数据的第 58 位；而 58 位于表 3-1 中第一位，则表示将原二进制数的第 58 位置换到输出的第 1 位。

表 3-1 DES 的初始置换表

58	50	42	34	26	18	10	2	60	52	44	36	28	20	12	4
62	54	46	38	30	22	14	6	64	56	48	40	32	24	16	8
57	49	41	33	25	17	9	1	59	51	43	35	27	19	11	3
61	53	45	37	29	21	13	5	63	55	47	39	31	23	15	7

表 3-2 DES 的初始逆置换表

40	8	48	16	56	24	64	32	39	7	47	15	55	23	63	31
38	6	46	14	54	22	62	30	37	5	45	13	53	21	61	29
36	4	44	12	52	20	60	28	35	3	43	11	51	19	59	27
34	2	42	10	50	18	58	26	33	1	41	9	49	17	57	25

2. 轮函数 f

DES 的轮函数 f 的工作原理如图 3-6 所示，可描述为如下四步。

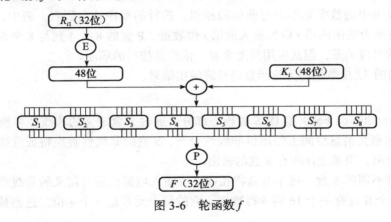

图 3-6 轮函数 f

第一步：扩展 E 变换（expansion box，E 盒），即将输入的 32 位数据扩展为 48 位。其扩展 E 变换如表 3-3 所示，表中元素的意义与初始置换表基本相同，按行顺序，从左至右共 48 位。比如第一个元素为 32，表示 48 位输出结果的第一位数据为原输入 32 位数据中的第 32 位上的数据。

表 3-3　E 盒扩展表

32	1	2	3	4	5
4	5	6	7	8	9
8	9	10	11	12	13
12	13	14	15	16	17
16	17	18	19	20	21
20	21	22	23	24	25
24	25	26	27	28	29
28	29	30	31	32	1

E 盒的真正作用是确保最终的密文与所有的明文都有关，具体原理不在此详述。

第二步：将第一步输出结果的 48 位二进制数据与 48 位子密钥 K_i 按位做异或运算，结果自然为 48 位。然后将运算结果的 48 位二进制数据自左到右以 6 位为一组，共分 8 组。

第三步：将 8 组 6 位二进制数据分别进入 8 个不同的 S 盒，每个 S 盒输入 6 位二进制数据，输出 4 位二进制数据（S 盒相对复杂，后面单独阐述），然后再将 8 个 S 盒输出的 8 组 4 位数据，依次连接，重新合并为 32 位数据。

第四步：将上一步合并生成的 32 位数据，经 P 盒（permutation box）置换，输出新的 32 数据。表 3-4 给出了 P 盒置换。

表 3-4　P 盒置换

16	7	20	21
29	12	28	17
1	15	23	26
5	18	31	10
2	8	24	14
32	27	3	9
19	13	30	6
22	11	4	25

P 盒置换表中的数字基本上与前面的相似。按行的顺序从左到右，表中第 i 个位置对应的数据 j 表示为输出的第 i 位为输入的第 j 位数据。P 盒的 8 行 4 列与 8 个 S 盒在设计准则上有一定的对应关系，但从应用角度来看，依然是按行的顺序。

P 盒输出的 32 位数据即为轮函数的最终输出结果。

3. S 盒

S 盒（substitution box）是 DES 的核心部分。通过 S 盒定义的非线性替换，DES 实现了明文消息在密文消息空间上的随机非线性分布。S 盒的非线性替换特征意味着，给定一组输入 - 输出值，很难预计所有 S 盒的输出。

共有 8 种不同的 S 盒，每个 S 盒将接收 6 位输入数据，通过定义的非线性映射变换为 4 位输出。一个 S 盒有一个 16 列 4 行数表，它的每个元素是一个 4 位二进制数，通常表示成十进制数 0 ~ 15。8 个 S 盒如表 3-5 所示，IBM 公司已经公布 S 盒与 P 盒的设计准则，感兴趣的同学可以查阅相关资料。

表 3-5 S1~S8 盒

S1	0	1	2	3	4	5	6	7	8	9	10	11	12	13	14	15
0	14	4	13	1	2	15	11	8	3	10	6	12	5	9	0	7
1	0	15	7	4	14	2	13	1	10	6	12	11	9	5	3	8
2	4	1	14	8	13	6	2	11	15	12	9	7	3	10	5	0
3	15	12	8	2	4	9	1	7	5	11	3	14	10	0	6	13

S2	0	1	2	3	4	5	6	7	8	9	10	11	12	13	14	15
0	15	1	8	14	6	11	3	4	9	7	2	13	12	0	5	10
1	3	13	4	7	15	2	8	14	12	0	1	10	6	9	11	5
2	0	14	7	11	10	4	13	1	5	8	12	6	9	3	2	15
3	13	8	10	1	3	15	4	2	11	6	7	12	0	5	14	9

S3	0	1	2	3	4	5	6	7	8	9	10	11	12	13	14	15
0	10	0	9	14	6	3	15	5	1	13	12	7	11	4	2	8
1	13	7	0	9	3	4	6	10	2	8	5	14	12	11	15	1
2	13	6	4	9	8	15	3	0	11	1	2	12	5	10	14	7
3	1	10	13	0	6	9	8	7	4	15	14	3	11	5	2	12

S4	0	1	2	3	4	5	6	7	8	9	10	11	12	13	14	15
0	7	13	14	3	0	6	9	10	1	2	8	5	11	12	4	15
1	13	8	11	5	6	15	0	3	4	7	2	12	1	10	14	9
2	10	6	9	0	12	11	7	13	15	1	3	14	5	2	8	4
3	3	15	0	6	10	1	13	8	9	4	5	11	12	7	2	14

S5	0	1	2	3	4	5	6	7	8	9	10	11	12	13	14	15
0	2	12	4	1	7	10	11	6	8	5	3	15	13	0	14	9
1	14	11	2	12	4	7	13	1	5	0	15	10	3	9	8	6
2	4	2	1	11	10	13	7	8	15	9	12	5	6	3	0	14
3	11	8	12	7	1	14	2	13	6	15	0	9	10	4	5	3

S6	0	1	2	3	4	5	6	7	8	9	10	11	12	13	14	15
0	12	1	10	15	9	2	6	8	0	13	3	4	14	7	5	11
1	10	15	4	2	7	12	9	5	6	1	13	14	0	11	3	8
2	9	14	15	5	2	8	12	3	7	0	4	10	1	13	11	6
3	4	3	2	12	9	5	15	10	11	14	1	7	6	0	8	13

S7	0	1	2	3	4	5	6	7	8	9	10	11	12	13	14	15
0	4	11	2	14	15	0	8	13	3	12	9	7	5	10	6	1
1	13	0	11	7	4	9	1	10	14	3	5	12	2	15	8	6
2	1	4	11	13	12	3	7	14	10	15	6	8	0	5	9	2
3	6	11	13	8	1	4	10	7	9	5	0	15	14	2	3	12

S8	0	1	2	3	4	5	6	7	8	9	10	11	12	13	14	15
0	13	2	8	4	6	15	11	1	10	9	3	14	5	0	12	7
1	1	15	13	8	10	3	7	4	12	5	6	11	0	14	9	2
2	7	11	4	1	9	12	14	2	0	6	10	13	15	3	5	8
3	2	1	14	7	4	10	8	13	15	12	9	0	3	5	6	11

S 盒的替代运算规则：设输入 6 位二进制数据为 $b_1b_2b_3b_4b_5b_6$，则以 b_1b_6 组成的二进制数为行号，$b_2b_3b_4b_5$ 组成的二进制数为列号，取出 S 盒中行列交点处的数，并转换成二进制输出。由于表中十进制数的范围是 0 ~ 15，以二进制表示正好 4 位。

下面以 6 位输入数据 011001 经 S_1 盒变换为例进行说明。

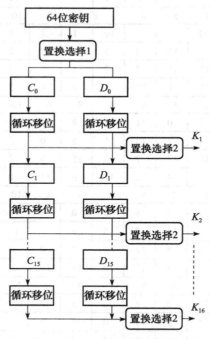

行标取首尾两位，即 $(01)_2=1$

011001

列标取中间四位，即 $(1100)_2=12$

S1	0	1	2	3	4	5	6	7	8	9	10	11	12	13	14	15
0	14	4	13	1	2	15	11	8	3	10	6	12	5	9	0	7
1	0	15	7	4	14	2	13	1	10	6	12	11	9	5	3	8
2	4	1	14	8	13	6	2	11	15	12	9	7	3	10	5	0
3	15	12	8	2	4	9	1	7	5	11	3	14	10	0	6	13

取出1行12列处元素9，$9=(1001)_2$，故输出4位为：1001。

4. DES 的子密钥

由前述可知，DES 加密过程中需要 16 个 48 位的子密钥。子密钥由用户提供 64 位密钥，经 16 轮迭代运算依次生成。DES 子密钥生成算法如图 3-7 所示，主要可分为如下三个阶段。

图 3-7　DES 子密钥生成过程

第一阶段：用户提供 8 个字符密钥，转换成 ASCII 码的 64 位，经置换选择 1（如表 3-6 所示），去除 8 个奇偶校验位，并重新排列各位，置换选择 1 如表 3-6 所示，表中各位置上的元素意义与前面置换相同。由表可知，8、16、24、32、40、48、56、64 位舍去了，重新组合后得 56 位。

由于舍去规则是固定的，因而实际使用的初始密钥只有 56 位。

表 3-6 置换选择 1

57	49	41	33	25	17	9
1	58	50	42	34	26	18
10	2	59	51	43	35	27
19	11	3	60	52	44	36
63	55	47	39	31	23	15
7	62	54	46	38	30	22
14	6	61	53	45	37	29
21	13	5	28	20	12	4

第二阶段：将上一步置换选择后生成的 56 位密钥，分成左右两部分，前 28 位记为 C_0，后 28 位记为 D_0。然后分别将 28 位的 C_0、D_0 循环左移位一次，移位后分别得到的 C_1、D_1 作为下一轮子密钥生成的位输入。每轮迭代循环左移位的次数遵循固定的规则，每轮左移次数如表 3-7 所示。

表 3-7 循环左移次数

迭代次数	1	2	3	4	5	6	7	8	9	10	11	12	13	14	15	16
移位次数	1	1	2	2	2	2	2	2	1	2	2	2	2	2	2	1

第三阶段：将 C_1、D_1 合并得到 56 位数据 (C_1, D_1)，经表 3-8 中的置换选择 2，也就是经固定的规则，置换选出重新排列的 48 位二进制数据，即为子密钥 k_1。

表 3-8 置换选择 2

14	17	11	24	1	5	3	28
15	6	21	10	23	19	12	4
26	8	16	7	27	20	13	2
41	52	31	37	47	55	30	40
51	45	33	48	44	49	39	56
34	53	46	42	50	36	29	32

将 C_1、D_1 作下一轮的输入，采用前面相同的二、三两个阶段进行迭代，即可得到 k_2。依此类推，经过 16 轮迭代即可生成 16 个 48 位的子密钥。

5. DES 的解密算法

DES 的解密算法与加密相同，只是子密钥的使用次序相反。即第一轮用第 16 个子密钥，第二轮用第 15 个子密钥，依此类推，最后一轮用第 1 个子密钥。

6. DES 的安全性

自从 DES 被采纳为美联邦标准以来，其安全性一直充满着思考和争论。实际使用的 56 位密钥，共有 $2^{56} \approx 7.2 \times 10^{16}$ 种可能。一台每毫秒执行一次 DES 加密的计算机，要搜索一半的密钥空间，需要用一千年才能破译密文。所以，在 20 世纪 70 年代的计算机技术条件下，穷举攻击明显不太实际。因此，DES 是一种非常成功的密码技术。

而每毫秒执行一次运算的假设过于保守，随着计算机硬件与网络技术的快速发展，56 位的密钥显得太短，无法抵抗穷举攻击，尤其是 20 世纪 90 年代后期。1997 年美国科罗拉多州程序员利用 Internet 上 14000 多台计算机，花费 96 天时间，成功破解 DES 密钥。更为严重的是，1998 年电子前哨基金会 (Electronic Frontier Foundation，EFF) 设计出专用的

DES 密钥搜索机，该机器只需要 56 个小时就能破解一个 DES 密钥。更糟的是，电子前哨基金会公布了这种机器设计的细节，随着硬件速度提高和造价下降，使得任何人都能拥有一台自己的高速破译机，最终必然导致 DES 毫无价值。1998 年底，DES 开始淡出商业领域。

克服短密钥缺陷的一个解决办法是使用不同的密钥，多次运行 DES 算法。这样的一个方案称为"加密—解密—加密"三重 DES 密码方案，即 3DES，如图 3-8 所示，两组 56 位密钥实现三次加密。1999 年 3DES 颁布为新标准。

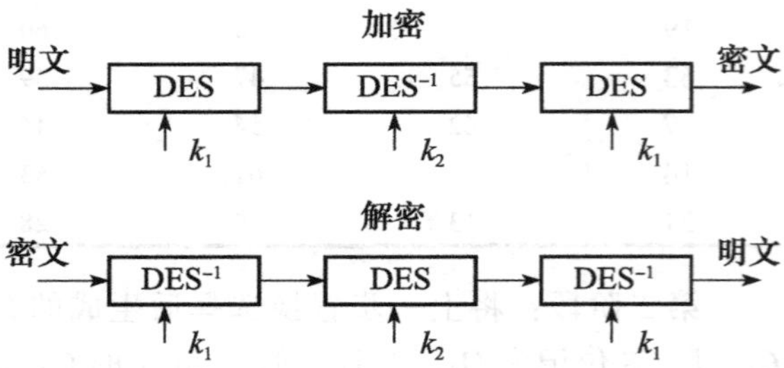

图 3-8　三重 DES 密码方案

3.4.4 RSA 算法

如前所述，传统的对称密钥加密方法（如 DES）是加密、解密使用同样的密钥，由发送者和接收者分别保存，在加密和解密时使用。采用这种方法的主要问题是密钥的生成、注入、存储、管理、分发等很复杂，特别是随着用户的增加，密钥的需求量成倍增加。当某一通信方有"n"个通信关系，那么他就要维护"n"个专用密钥（即每把密钥对应一个通信方）。在网络通信中，大量密钥的分配是一个难以解决的问题。

因此，为了解决常规密码体制的密钥分配问题，满足用户对数字签名的需求，1976 年美国学者 Diffie 和 Hellman 发表了著名论文《密码学的新方向》，提出了建立"公开密钥密码体制"的思想：若用户 A 有加密密钥 ka（公开），不同于解密密钥 ka'（保密），要求 ka 的公开不影响 ka' 的安全。若 B 要向 A 保密送去明文 m，可查 A 的公开密钥 ka，利用 ka 加密得密文 c，A 收到 c 后，利用只有 A 自己才掌握的解密密钥 ka' 对 c 进行解密得到 m。

1978 年，美国麻省理工学院 (MIT) 的研究小组成员：Rivest、Shamir 和 Adleman 提出了一种基于公钥密码体制的优秀加密算法——RSA 算法。RSA 是第一个比较完善的公开密钥算法，它既能用于加密，也能用于数字签名。RSA 以它的三个发明者的名字首字母命名，目前已经成为最流行的公开密钥算法。

1. 基本概念

RSA 加 / 解密算法是一种分组密码体制算法，它的保密强度建立在"具有大素数因子的合数，其因子分解是困难的"这一数学难题基础上。其公钥和私钥选择一对大素数（100 到 200 位十进制数或更大）的函数。显然从一个公钥和密文恢复出明文的难度，等价于分解两个大素数之积（这是公认的数学难题），但是否为 NP 问题尚不确定。表 3-9 列出了不同位数大整数进行素数分解运算的次数和估算的运算时间。

表 3-9　大整数分解难度举例

整数 n 的十进制位数	因子分解的运算次数	所需计算时间（每微秒一次）
50	1.4×10^{10}	3.9 小时
75	9.0×10^{12}	104 天
100	2.3×10^{15}	74 年
200	1.2×10^{23}	3.8×10^{9} 年
300	1.5×10^{29}	4.0×10^{15} 年
500	1.3×10^{39}	4.2×10^{25} 年

素数：素数又称质数。指在大于1的自然数中，除了1和此整数自身外，不能被其他自然数整除的数。例如，15 = 3 × 5，所以15不是素数。又如，12 = 6 × 2 = 4 × 3，所以12也不是素数。另一方面，13除了等于13 × 1以外，不能表示为其他任何两个整数的乘积，所以13是一个素数。

互为素数：公约数只有1的两个自然数叫做互质数，即互为素数。

两个自然数是否互为素数的判别方法主要有以下几种（不限于此）：

1）两个质数一定是互质数。例如，2与7、13与19。

2）一个质数如果不能整除另一个合数，这两个数为互质数。例如，3与10、5与26。

3）1不是质数也不是合数，它和任何一个自然数在一起都是互质数。如1和9908。

4）相邻的两个自然数是互质数。如15与16。

5）相邻的两个奇数是互质数。如49与51。

6）大数是质数的两个数是互质数。如97与88。

7）小数是质数，大数不是小数的倍数的两个数是互质数。如7和16。

8）两个数都是合数（两数之差又较大），小数所有的质因数，都不是大数的约数，这两个数是互质数。如357与715，357=3 × 7 × 17，而3、7和17都不是715的约数，这两个数为互质数。

模运算：模运算是整数运算，如有一个整数 m，以 n 为模做模运算，即 $m \bmod n$。使 m 被 n 整除，只取所得的余数作为结果，就叫做模运算。

例如，10 mod 3=1；26 mod 6=2；28 mod 2 =0 等等。

模运算的性质：

● 同余式：若 $a \bmod n = b \bmod n$，则正整数 a、b 同余。

● 对称性：若 $a=b \bmod n$ 则 $b=a \bmod n$。

● 传递性：若 $a=b \bmod n$，$b=c \bmod n$，则 $a=c \bmod n$。

Fermat 小定理：若 m 是素数，且 a 不是 m 的倍数，则 $a^{m-1} \bmod m=1$。或者若 m 是素数，则 $a^m \bmod m=a$。

例如：$4^6 \bmod 7=4096 \bmod 7=1$，$4^7 \bmod 7=16384 \bmod 7=4$。

欧拉定理：欧拉函数 $\varphi(n)$ 表示不大于 n 且与 n 互素的正整数的个数。当 n 是素数，$\varphi(n)=n-1$。$n=pq$，p、q 均为素数时，则 $\varphi(n) =\varphi(p)\varphi(q) = (p-1)(q-1)$。

欧拉推论：对于互素的 a 和 n，有 $a^{\varphi(n)}\bmod n=1$。

大整数素因子分解困难问题：给定大数 $n=pq$，其中 p 和 q 为大素数，则由 n 计算 p 和 q 是非常困难的，即目前还没有算法能够在多项式时间内有效求解该问题。

2. RSA 密码算法

RSA密码算法基于"大整数素因子分解困难问题"进行设计。整个RSA密码算法主要由密钥产生算法、加密算法和解密算法三部分组成。

（1）密钥产生

密钥产生的步骤主要包括：

1）选择两个保密的大素数 p 和 q；

2）计算 $m=pq$，$\varphi(n) =(p-1)(q-1)$，其中 $\varphi(n)$ 是 n 的欧拉函数值；

3）选一整数 e，满足 $1 < e < \varphi(n)$，且 $\gcd(\varphi(n) , e)=1$（$\varphi(n)$ 与 e 的最大公约数为1）；

4）计算 d，满足 $de \equiv 1 \bmod \varphi(n)$，即 d 是 e 在模 $\varphi(n)$ 下的乘法逆元，因 e 与 $\varphi(n)$ 互素，由模运算可知，它的乘法逆元一定存在；

5）以 $\{e, n\}$ 为公钥，$\{d, n\}$ 为私钥。

（2）加密

加密时首先将明文分组，使得每个分组对应的十进制数小于 n，即分组长度小于 $\log_2 n$。然后对每个明文分组 m 做加密运算：

$$c = m^e \bmod n \qquad\qquad (3\text{-}3)$$

（3）解密

对密文分组的解密运算为：

$$m = c^d \bmod n \qquad\qquad (3\text{-}4)$$

3. RSA 密码算法实例

下面用一个简单的例子来说明 RSA 公开密钥密码算法的工作原理。设 $p=13$，$q=17$，明文 $m=20$。下面说明 RSA 密码算法的工作过程。

（1）密钥产生

计算 $n=pq=221$，$\varphi(n) =(p-1)(q-1)=192$。取 $e=7$，满足 $1 < e < \varphi(n)$，且 $\gcd(\varphi(n), e)=1$。确定满足 $de \equiv 1 \bmod 192$ 且小于 192 的 d，因为 $55 \times 7=385=2 \times 192+1$，所以 $d=55$，因此公钥为 $\{7, 221\}$，私钥为 $\{55, 221\}$。

（2）加密

密文 $c=m^e \bmod n=20^7 \bmod 221=45$。

（3）解密

明文 $m=c^d \bmod n=45^{55} \bmod 221=20$。

4. RSA 密码算法的安全性

RSA 密码应用中，公钥 $\{e, n\}$ 是被公开的，即 e 和 n 的数值可以被授权的第三方得到。破解 RSA 密码的问题就是从已知的 e 和 n 数值（n 等于 pq），求出密钥 $\{d, n\}$ 中 d 的数值，这样就可以得到私钥来破解密文。从上文中的公式：$d \equiv e-1(\bmod((p-1)(q-1)))$ 或 $de \equiv 1(\bmod((p-1)(q-1)))$ 我们可以看出，密码破解的实质问题是：从 pq 的数值求出 $(p-1)$ 和 $(q-1)$。换句话说，只要求出 p 和 q 的值，我们就能求出 d 的值而得到私钥。

当 p 和 q 是一个大素数的时候，从它们的积 $n=pq$ 去分解因子 p 和 q，这是一个公认的数学难题。比如当 pq 大到 1024 位时，迄今为止还没有人能够利用任何计算工具去完成分解因子的任务。因此，RSA 从提出到现在已近二十年，经历了各种攻击的考验，逐渐为人们接受，普遍认为是目前最优秀的公钥方案之一。

然而，虽然 RSA 的安全性依赖于大数的因子分解，但并没有从理论上证明破译 RSA 的难度与大数分解难度等价。即 RSA 的重大缺陷是无法从理论上证明它的保密性能。

此外，RSA 的缺点还有：

1）产生密钥很麻烦，受到素数产生技术的限制，因而难以做到一次一密。

2）分组长度太大，为保证安全性，n 至少也要 600 位以上，使运算代价很高，尤其是速度较慢，较对称密码算法慢几个数量级；且随着大数分解技术的发展，这个长度还在增加，不利于数据格式的标准化。

因此，使用 RSA 只能加密少量数据，大量的数据加密还要依靠对称密码算法。

3.4.5 新型密码算法

除了经典的 DES、RSA 等加密算法，还有其他一些新型的密码算法。本节主要介绍两种，分别是椭圆曲线加密体制和支持计算的加密技术。

1. 椭圆曲线密码体制

绝大部分公钥系统都采用 RSA 算法，但是，随着安全使用 RSA 算法所要求的比特长度的增加，使用 RSA 算法的信息处理负载越来越大，这种计算负载对于那些要进行大量的安全交易的电子商务网站尤其明显。自 20 世纪 80 年代中期，椭圆曲线理论被引入数据加密领域，逐步形成一个挑战 RSA 系统的公钥系统——椭圆曲线密码学（Elliptic Curve Cryptography，ECC）。

椭圆曲线密码是基于椭圆曲线数学的一种公钥密码方法。1985 年，V. Miller 和 N. Koblitz 分别独立提出了椭圆曲线密码体制，从而使人们对椭圆曲线的研究再度掀起高潮，并且围绕椭圆曲线密码体制的快速算法、安全性和实现进行了大量的工作。ECC 的依据就是定义在椭圆曲线点群上的离散对数问题的难解性。ECC 之所以受到人们的重视，主要是由于其良好的密码特性，如安全强度高、密钥长度短、带宽要求低、加解密速度快。

【定义】椭圆曲线离散对数问题：给定群中的点 P 和 Q，求数 k，使得 $kP=Q$。

目前，解决该问题的最快算法比解决标准的离散对数问题的最快算法要慢得多。

椭圆曲线密码体制可描述如下：

密码参数：设 E 是一个定义在 Z_p（$p>3$ 的素数）上的椭圆曲线，令 $\alpha \in E$，则由 α 生成的子群 H 满足其上的离散对数问题是难计算的，选取 b，计算 $\beta=b\alpha$，则可以得到私钥为 $k_2=b$，公钥为 $k_1=(\alpha, \beta, p)$。

加密算法：对于明文 m，随机选取正整数 $k \in Z_{p-1}$，则密文 c 为：

$$c = e_{k_1}(x,k) = (y_1, y_2) \tag{3-5}$$

其中，$y_1=k\alpha$，$y_2=x+k\beta$。

解密算法：

$$m = d_{k_2}(y_1, y_2) = (y_2 - \alpha y_1) \tag{3-6}$$

【例】令 $y^2=x^3+x+1$ 是 Z_{23} 上的一个方程，设 $\alpha=(6,4)$，取私钥 $b=3$，则 $\beta=b\alpha=(7,12)$。

若明文 $m=(5,4)$，如果随机选取 $k=2$，那么 $y_1=k\alpha=(13,7)$，$y_2=m+k\beta=(6,4)+2(7,12)=(5,9)$，最终得到密文为 $y=(y_1, y_2)=((13,7),(5,19))$。

解密时，$m=y_2-by_1=(5,19)-3(13,7)=(5,4)$。

2. 支持计算的加密技术

对加密计算的研究源于外包数据的隐私安全问题。近年来发生的 Google、MediaMax 和 Salesforce.com 等云服务商泄露或丢失用户数据的事实引起了人们的担忧。为了保证自身的隐私不被泄露，加密是一种常用的保护方法。但由于目前的大多数加密方案都不支持对密文的运算，如对加密的公司财务信息进行统计分析等，因而严重妨碍了云服务商为用户提供更进一步的数据管理和运算服务。因此加密计算的出现显得尤为重要。

支持计算的加密技术是指能够对密文进行计算（包括算术运算、关系运算、检索等）

的加密体制。在本书中，主要介绍同态加密技术、支持算术运算的加密技术、支持关系运算的加密技术和支持检索的加密技术。

（1）同态加密技术

许多专家学者开始研究支持密文运算的加密方案，称为同态加密。如 Unpadded RSA 和 ElGamal 支持加法同态，Goldwasser-Micali 和 Paillier 支持乘法同态，但以上方案都不能同时支持加法与乘法同态。Gentry 提出了基于理想格的全同态加密方案，使用了矩阵和矢量进行加密，并利用重加密技术更新密文，从而实现了任意类型、任意次数的密文运算。但该算法还在理论研究阶段，密文长度和计算复杂度都使其难以实用。Dijk 对 Gentry 的方法进行了改进，使用整数进行加密，更利于理解，但计算复杂度并未降低。Coron 和 Yang 则在 Dijk 的基础上，降低了复杂度，但依然非常高，不适用于云计算。国内对于同态加密的研究还比较少，黄汝维基于向量和矩阵运算提出了支持四则运算的加密可计算方案（Computable Encryption Scheme based on Vector and Matrix Calculations,CESVMC），并应用到云计算的隐私保护中，但 CESVMC 的运算方案只支持一次乘法和除法运算，而且解密时需要指出密文经过的运算类型。

（2）支持算术运算的加密技术

针对加密数据的算术运算问题，学者们提出了一些解决方案。例如，Benaloh 提出了具有语义安全性的支持加法同态的加密算法。Chen 经过对 ElGamal 算法的改进提出了 NHE 算法，NHE 能够抵御 CCA（Chosen Ciphertext Attack）攻击。Chan 等人提出了支持加法同态的基于希尔密码理论的加密算法 IHC 和基于离散对数理论的加密算法 MRS，两种算法均是对称加密算法，但只能抵御 COA（Ciphertext Only Attack）攻击。

（3）支持关系运算的加密技术

针对加密数据的关系运算（>，<，>=，<=，==，!=）问题，Belazzougui 等人通过建立相关分级树和前缀匹配的方法实现了一个单调变化的最小完美散列函数，该函数没有隐藏原数据的值，而是把该数据映射到与该值相近的桶中。Czech 等人通过以两个任意函数的函数值作为顶点构造带权无环图实现了一个保序的最小完美散列函数。以上的散列函数都是针对静态数据域的，计算复杂度随着数据域中元素个数的增加而增加，当数据域很大或者是动态变化时，保序的最小完美散列函数的方法是不适用的。另外，用散列函数实现对数据的加解密运算，需要保存一份映射表，这无疑增加了数据拥有者的存储负担。Agrawal 等人基于桶划分和分布概率映射的思想提出了保序对称加密算法 OPES，支持对加密数据的各种关系运算，其不足是当定义域较大时桶划分的计算负载较大，而且面对已知明文的攻击时，当输入分布的桶与对应的输出分布的桶中点的个数足够多时，可以通过解方程的方式破解。

（4）支持检索的加密技术

针对加密数据的精确检索问题，Song 等人提出了基于对称加密和数据异或运算的加密关键字检索算法；Boneh 等人提出了基于双线性映射的加密关键字检索算法 PEKS；Ohtaki 等人使用 Bloom Filter 存储关键字的各种布尔组合信息实现了支持逻辑运算的密文检索；Liu 等人提出了基于双线性映射的加密关键字检索算法 EPPKS，它在 PEKS 的基础上增加了对外包数据（而不仅仅是外包数据的关键字）的加密部分，并让服务提供者参与了一部分解密工作，减轻了数据拥有者的计算负载。

针对加密数据的模糊检索问题，Li 等人采用编辑距离来量化字符串的相似度，并为每个字符串附加一个基于通配符的模糊字符串组，用多个精确匹配来实现模糊检索。该方法的不足是它不能对满足检索条件的字符串按相似度进行排序，而且计算、存储 / 通信负载较大。Liu 等人使用 Bloom Filter 存储明文的相关模糊关键字的密文，从而实现对密文的模糊检索，但 Bloom Filter 的计算复杂度较高，具有误检率，且计算复杂度与误检率成反比，使得该方法在应用上受到了一定的限制。

3.5 散列函数与消息摘要

在网络安全目标中，要求信息在生成、存储或传输过程中保证不被偶然或蓄意地删除、修改、伪造、乱序、重放、插入等破坏。基于散列函数的消息摘要和数字信封可以有效保证数据的完整性。

3.5.1 散列函数

Merkle 于 1989 年提出散列函数（hash function）模型；散列（hash）函数 H 也称为哈希函数或杂凑函数，是典型的多到一的函数，其输入为一可变长的串 x（可以足够长），输出一固定长的串 h（一般为 128 位、160 位，比 x 短），该串 h 被称为输入 x 的散列值，计作 $h=H(x)$。为防止传输和存储的消息被有意或无意地篡改，采用散列函数对消息进行运算，生成消息摘要，附在消息之后发出或与信息一起存储，它在报文防伪中具有重要应用。

提取数据特征的算法叫做单向散列函数，单向散列函数还必须具有以下几个性质：

1）能处理任意大小的信息，生成的消息摘要数据块长度总是具有固定的大小，对同一个源数据反复执行该函数得到的消息摘要相同。

2）对给定的信息，很容易计算出消息摘要。

3）给定消息摘要和公开的散列函数算法，要推导出信息是极其困难的。

4）想要伪造另外一个信息，使它的消息摘要和原信息的消息摘要一样，也是极其困难的。

散列函数的输出值有固定的长度，该散列值是消息 M 的所有位的函数并提供错误检测能力，消息中的任何一位或多位的变化都将导致该散列值的变化。从散列值不可能推导出消息 M，也很难通过伪造消息 M 来生成相同的散列值。

单向散列函数 $H(M)$ 作用于一个任意长度的数据 M，它返回一个固定长度的散列 h，其中 h 的长度为 m，h 称为数据 M 的摘要。单向散列函数有以下特点：

1）给定 M，很容易计算出 h。

2）给定 h，无法推算出 M。

3）除了单向性的特点外，散列函数还要求具有"防碰撞性"的特点：给定 M，很难找到另一个数据 N，满足 $H(M)=H(N)$。

对散列函数有两种穷举攻击。一是给定消息的散列函数 $H(x)$，破译者逐个生成其他文件 y，以使 $H(x)=H(y)$。二是攻击者寻找两个随机的消息：x、y，并使 $H(x)=H(y)$。这就是所谓的冲突攻击。穷举攻击方法没有利用散列函数的结构和任何代数弱性质，它只依赖于散列值的长度。

单向散列函数通常用于提供消息或文件的指纹。与人类的指纹类似，由于散列指纹是唯一的，因而提供了消息的完整性和认证。

3.5.2 消息摘要

消息摘要又称报文摘要、信息摘要或数字摘要。对要发送的信息进行某种变换运算，提取信息的特征，得到的固定长度的密文就是消息摘要，亦称为数字指纹。发送方向接收方发送消息的基本过程是：先提取发送信息的消息摘要，并在传输信息时将之加入文件一同发送给接收方；接收方收到文件后，用相同的方法对接收的信息进行变换运算得到另一个摘要；然后将自己运算得到的摘要与发送过来的摘要进行比较，从而验证数据的完整性。图 3-9 给出了消息摘要的原理。

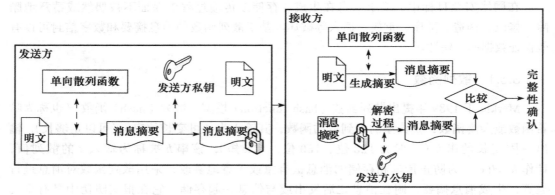

图 3-9　消息摘要模型

常见的消息摘要算法有：

- MD（Message Digest，消息摘要）算法：Ron Rivest 于 1990 年设计了 MD4 算法，又于 1992 年提出 MD5（RFC 1321）算法。
- SHA-1 算法：NSA 设计的 SHA（Secure Hash Algorithm，安全散列算法）被美国国家标准（NIST,1994）授予为密码学散列函数簇。其中 SHA-1 是在应用协议簇中最通用的一个散列函数。SHA 是现行的美国安全标准，以 512 位的输入数据块为单位，以 MD5 的前身 MD4 为基础，支持输入任意长度的消息，输出 128 位的消息摘要。

曾经，MD5 算法被认为是最安全的散列算法之一，在相当长的一段时间内被当成标准用于需要保证安全的应用中。其算法过程如下：MD5 算法是对杂凑压缩信息块按 512 位进行处理的，它对杂凑信息进行填充，使信息的长度等于 512 的倍数。填充方法是首先在压缩信息后填充以字节长的信息长度，然后再用首位为 1，后面全为 0 的填充信息填充，使经过填充后的信息长度为 512 的倍数，然后对信息依次处理，每次处理 512 位，每次进行 4 轮，每轮 16 步总共 64 步的处理，每次输出结果为 128 位，然后把前一次的输出作为下一次信息变换的输入初始值（第一次初始值算法已经固定），这样最后输出一个 128 位的杂凑结果。

与 MD5 类似的 SHA 算法也是首先填充消息数据，使其长度为 512 位的倍数。不同的是，其杂凑运算总共进行 80 轮迭代运算，每轮运算都要改变 5 个 32 位寄存器的内容，且 SHA 产生的是一个 160 位的杂凑值。

3.5.3 数字签名

1999 年美国参议院已通过了立法，规定数字签名与手写签名的文件、邮件在美国具有同等的法律效力。数字签名（Digital Signature）实现的基本原理很简单，假设 A 要发送一个电子文件给 B，A、B 双方只需经过下面 3 个步骤即可：

1）A 用其私钥加密文件，这便是签名过程。

2）A 将加密的文件送到 B。

3）B 用 A 的公钥解开 A 送来的文件。

数字签名技术是保证信息传输的保密性、数据交换的完整性、发送信息的不可否认性、交易者身份的确定性的一种有效的解决方案，是保障计算机信息安全性的重要技术之一。

1. 数字签名的概念

数字签名就是通过某种密码运算生成一系列符号及代码，组成电子密码进行签名，来代替书写签名或印章。对于这种电子式的签名还可进行技术验证，其验证的准确度是一般手工签名和图章的验证无法比拟的。数字签名是目前电子商务、电子政务中应用最普遍、技术最成熟、可操作性最强的一种电子签名方法。它采用了规范化的程序和科学化的方法，用于鉴定签名人的身份以及对一项电子数据内容的认可。它还能验证出文件的原文在传输过程中有无变动，确保传输电子文件的完整性、真实性和不可抵赖性。

数字签名在 ISO7498-2 标准中定义为："附加在数据单元上的一些数据，或是对数据单元所作的密码变换，这种数据和变换允许数据单元的接收者确认数据单元来源和数据单元的完整性，并保护数据，防止被人（例如接收者）伪造"。美国电子签名标准（DSS，FIPS186-2）对数字签名作了如下解释："利用一套规则和一个参数对数据计算所得的结果，用此结果能够确认签名者的身份和数据的完整性"。

数字签名是由公钥密码发展而来，通过某种密码运算生成一系列符号及代码组成电子密码进行签名，来代替书写签名或印章。利用散列函数和公钥算法生成一个加密的信息摘要（即数字签名）附在消息后面，来确认信息的来源和数据信息的完整性，并保护数据，防止接收者或者他人伪造。当通信双方发生争议时，仲裁机构就能够根据信息上的数字签名来进行正确的裁定，从而实现防抵赖性的安全服务。其过程如图 3-10 所示。

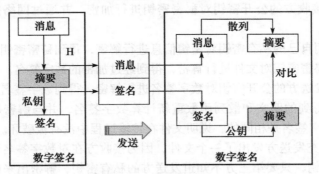

图 3-10　数字签名过程

数字签名的具体过程描述如下：

1）信息发送者采用散列函数对消息生成数字摘要。

2）将生成的数字摘要用发送者的私钥进行加密，生成数字签名。

3）将数字签名与原消息结合在一起发送给信息接收者。

4）信息的接收者接收到信息后，将消息与数字签名分离开来，发送者的公钥解密签名得到数字摘要，同时对原消息经过相同的散列算法生成新的数字摘要。

5）最后比较两个数字摘要，如果相等则证明消息没有被篡改。

数字签名主要解决否认、伪造、篡改和冒充等问题。单向散列函数的不可逆的特性保证了消息的完整性，如果信息在传输过程中遭到篡改或破坏，接收方根据接收到的报文还原出来的消息摘要不同于用公钥解密得出的摘要。由于公钥与私钥通常与某个具体的人是相对应的，因而可以根据密钥来查出对方的身份，提供了认证服务，同时也保证了发送者的不可抵赖性。因为保证了消息的完整性和不可否认性，所以凡是需要对用户的身份进行判断的情况都可以使用数字签名来解决。

2. 数字签名的算法

应用广泛的数字签名方法主要有 3 种，即 RSA 签名、DSS 签名和散列签名。这 3 种算法可单独使用，也可综合在一起使用。数字签名是通过密码算法对数据进行加、解密变换实现的，用 DES 算法、RSA 算法都可实现数字签名。

用 RSA 或其他公开密钥密码算法的最大方便是没有密钥分配问题（网络越复杂、网络用户越多，其优点越明显）。因为公开密钥加密使用两个不同的密钥，其中有一个是公开的，另一个是保密的。公开密钥可以保存在系统目录内、未加密的电子邮件信息中、电话黄页（商业电话）上或公告牌里，网上的任何用户都可获得公开密钥。而私有密钥是用户专用的，由用户本身持有，它可以对由公开密钥加密信息进行解密。

RSA 算法中数字签名技术实际上是通过一个散列函数来实现的。数字签名的特点是它代表了文件的特征，文件如果发生改变，数字签名的值也将发生变化。不同的文件将得到不同的数字签名。一个最简单的散列函数是把文件的二进制码相累加，取最后的若干位。散列函数对发送数据的双方都是公开的，只有加入数字签名及验证才能真正实现在公开网络上的安全传输。加入数字签名和验证的文件传输过程如下：

1）发送方首先用散列函数从原文得到数字签名，然后采用公开密钥体系用发送方的私有密钥对数字签名进行加密，并把加密后的数字签名附加在要发送的原文后面。

2）发送方选择一个秘密密钥对文件进行加密，并把加密后的文件通过网络传输到接收方。

3）发送方用接收方的公开密钥对秘密密钥进行加密，并通过网络把加密后的秘密密钥传输到接收方。

4）接收方使用自己的私有密钥对密钥信息进行解密，得到秘密密钥的明文。

5）接收方用秘密密钥对文件进行解密，得到经过加密的数字签名。

6）接收方用发送方的公开密钥对数字签名进行解密，得到数字签名的明文。

7）接收方用得到的明文和散列函数重新计算数字签名，并与解密后的数字签名进行对比。如果两个数字签名是相同的，说明文件在传输过程中没有被破坏。

如果第三方冒充发送方发出了一个文件，因为接收方在对数字签名进行解密时使用的是发送方的公开密钥，只要第三方不知道发送方的私有密钥，解密出来的数字签名和经过计算的数字签名必然是不相同的。这就提供了一个安全的确认发送方身份的方法。

安全的数字签名使接收方可以得到保证：文件确实来自声称的发送方。鉴于签名私钥只有发送方自己保存，他人无法做一样的数字签名，因此他不能否认他参与了交易。

数字签名的加密、解密过程和私有密钥的加密、解密过程虽然都使用公开密钥体系，但实现的过程正好相反，使用的密钥对也不同。数字签名使用的是发送方的密钥对，发送方用自己的私有密钥进行加密，接收方用发送方的公开密钥进行解密，这是一个一对多的关系。即任何拥有发送方公开密钥的人都可以验证数字签名的正确性。而私有密钥的加密、解密则使用的是接收方的密钥对，这是多对一的关系。即任何知道接收方公开密钥的人都可以向接收方发送加密信息,只有唯一拥有接收方私有密钥的人才能对信息解密。在实用过程中,通常一个用户拥有两个密钥对,一个密钥对用来对数字签名进行加密、解密,一个密钥对用来对私有密钥进行加密、解密。这种方式提供了更高的安全性。

3.5.4　MD5 算法案例

人们获得消息的渠道是不可控的(病毒、木马和广告程序等恶意代码经常被不法分子植入正常消息中),经常会给使用者造成很大的威胁和不便。因此,信息的完整性验证对于保障信息和系统的安全有着十分重要的意义。以下将通过对 MD5 算法的运用解决对软件完整性的验证。

首先,搜集大量常用软件的可信版本(例如,软件的官方网站版本,大的软件市场的高下载量无恶评版本),将 APK 文件做 MD5 的散列,用软件名、版本、散列值共同形成白名单。其次,搜集大量恶意软件的样本,将 APK 文件做 MD5 的散列,用软件名、版本、散列值共同形成黑名单。在用户安装软件前,先要获得需安装的 APK 文件的软件名、版本、散列值,并与白、黑名单中的内容进行对比分析。在确定此软件安全可靠后再进行安装。分析方法如下:

若白名单中有相应软件名、版本,且校验值完全匹配,则说明用户要安装的软件是可信的。若白名单中有相应软件名、版本,但校验值不匹配,则说明用户要安装的软件被篡改过,是危险的。若白名单中没有相应软件名、版本,则开始查询黑名单。如果黑名单中有相应软件名、版本,且校验值完全匹配,说明用户要安装的软件是已知的恶意软件(需要说明的是,如果仅校验值完全匹配,也可以说明是恶意软件),是危险的。如果黑名单中也没有相应软件名、版本、校验值,说明白、黑名单未收录该软件,完整性未知。

以下对其中的 MD5 算法过程进行详细介绍。实验中原消息为数字 1 ~ 2001。

1)消息填充。对原始消息进行填充,使得其比特长在模 512 下是 448。填充方式:若原本的消息长度已满足,则仍需填充 512 比特。因此填充长度应介于 1 ~ 512 之间,且端点可取。

2)附加消息的长度。用步骤 1)留出的 64 比特以 little-endian 方式来表示消息被填充前的长度。如果消息长度大于 2^{64},则以 2^{64} 为模数取模。

注意:前两步执行完后,消息的长度为 512 的倍数(设为 L 倍),则可将消息表示为分组长为 512 的一系列分组 $Y_0, Y_1, \cdots, Y_{L-1}$。而每一分组又可表示为 16 个 32 比特长的字,则消息中的总字数为 $N = L \times 16$,因此消息又可按字表示为 $M[0, 1, \cdots, N-1]$。填充好的消息如图 3-11 所示。

图 3-11　填充消息

3)对 MD 缓冲区初始化。算法使用 128 比特长的缓冲区以存储中间结果和最终杂凑值,缓冲区可表示为 4 个 32 比特长的寄存器 (A, B, C, D),每个寄存器都以 little-endian 方式存储数据,其初值取 A=01234567,B=89ABCDEF,C=FEDCBA9,D=76543210。实际上为 A=67452301,B=EFCDAB89,C=98BADCFE,D=10325476。

4)以分组为单位对消息进行处理。每一分组 $Y_q(q=0, 1, \cdots, L-1)$ 都经过一次压缩函数 H_{MD5} 处理。H_{MD5} 是该算法的核心,其中又有 4 轮处理过程,如图 3-12 所示。

H_{MD5} 的 4 轮处理过程结构一样,但所用的逻辑函数不同,分别表示为 F、G、H、I。每轮的输入为当前处理的消息分组 Y_q 和缓冲区当前值 A、B、C、D,输出仍放在缓冲区中以产生新的 A、B、C、D。每轮处理过程还需要加上常数表 T 中四分之一个元素，分别为 $T[1\cdots16]$，$T[17\cdots32]$，$T[33\cdots48]$，$T[49\cdots64]$。表 T 有 64 个元素，第 i 个元素 $T[i]$ 为 $2^{32}\times abs(\sin(i))$ 的整数部分，i 以弧度为单位。一轮迭代的结果如图 3-13 所示。

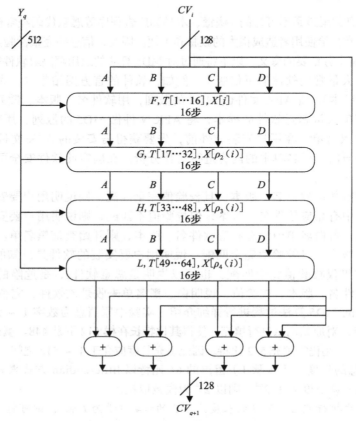

图 3-12　MD5 分组处理框架

5）输出。消息的 L 个分组都被处理完后，最后一个 H_{MD5} 的输出即为产生的消息摘要。最终结果如图 3-14 所示。

3.5.5　数字签名案例

如今的网络用户大都是在进行远程活动，由此会造成无权用户对资源地肆意或恶意使用。故在允许用户使用资源前先对用户的身份进行验证显得尤为重要。另外，在网络中传输消息时有可能经过噪声干扰或是黑客的恶意攻击，会使得消息无法正确传输。因此通过一个消息认证系统，发送方在发送消息的同时附

```
第1轮:
7D496233   A41E954E   A34E3640   BE569385
第2轮:
C467D9AB   CD85E9EA   F4243B78   E23B37A1
第3轮:
000B4391   5CAFD0DA   85AFFA6B   4C81A933
第4轮:
E5F35BCA   7CB05FE1   83897083   F80D9299
本组结果:
E616A131   055C2DD1   81662B1C   6E62C4A9
```

图 3-13　一轮迭代结果

```
MD5校验值:
C3469C0280E541667ED2328144939104
```

图 3-14　MD5 输出结果

上他的签名，接收者在接收到消息后验证此条消息的正确性及完整性，即可避免上述情况的发生。如今在实现网络安全中的身份认证和消息认证方面数字签名应用的最为广泛，其中包括电子出版物的版权保护、电子商务中客户的账号识别、电子投票中选民身份的确认问题等。以下以数字证书为例，说明数字签名是如何应用在其中的。

首先，数字证书将身份绑定到一对可用来加密和签名数字信息的密钥上。其次，由认证中心对其做数字签名。随后，用户可以通过验证一个数字证书中所包含的认证中心签名的有效性来判断数字证书的真伪。数字证书是 PKI 体系中最基本的元素，PKI 系统中所有的活动和所有的安全操作都是通过数字证书来实现的。5.5 节会详细介绍 PKI 中数字证书的格式、授权及使用方法。在此只对遵循 X.509 标准的证书作简要介绍。

X.509 数字证书的发展经历了 3 个版本，目前最常见的是第三个版本。3 个版本均包含以下最基本的内容。

- 版本号：用来表示使用的 X.509 版本号。
- 序列号：在 CA 的管理中用来区分证书，是唯一存在的。
- 签名算法标识：用来指定 CA 签发证书时所使用的签名算法。
- 认证机构：该证书的签发机构的名称。
- 有效期：证书的有效期，包括证书的生效时间和过期时间。
- 主题：证书持有人的姓名等信息。
- 数字签名：CA 对基本数字证书内容进行的数字签名数据。
- 公钥信息：证书持有人的公钥。

除此之外，证书还有许多扩展域，用来对证书的其他信息进行附加说明。例如，证书用途、密钥用途等。

在对数字证书的基本内容有了了解后，我们先来学习下如果安装和配置一个数字证书管理机构。

在企业内部可以通过创建数字证书认证中心获得一系列相应的安全服务。如身份认证、内部电子邮件和安全 Web 服务等。本节以 Windows Server 2003 为例，介绍创建数字证书管理机构的方法。

1. 证书服务器的安装和配置

1）选择"开始"→"设置"→"控制面板"，打开"添加/删除程序"，单击"添加/删除 Windows 组件"，选择安装"证书服务"，如图 3-15 所示。

2）单击"详细信息"按钮，查看证书服务的组件选项，如图 3-16 所示。单击"确定"按钮回到"Windows 组件"对话框。

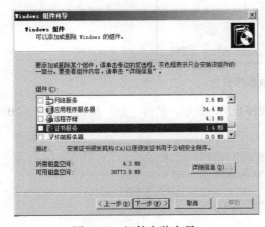

图 3-15　组件安装向导

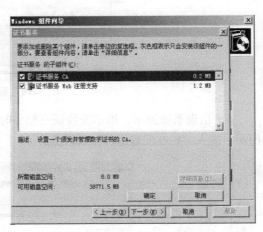

图 3-16　证书服务选项

3）单击"下一步"按钮，在"CA 类型"对话框中选择合适的 CA 类型，这里选择"独立根 CA"单选按钮，如图 3-17 所示。如果要改变默认密钥设置，需要选中"用自定义设置生成密钥对和 CA 证书"复选框。也可以直接单击"下一步"按钮。

4）在"CA 识别信息"对话框中输入所要搭建的 CA 的详细信息，如 CA 的公用名称、有效期限等，如图 3-18 所示。

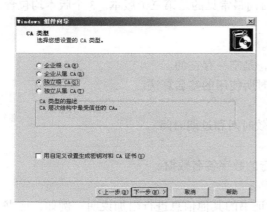 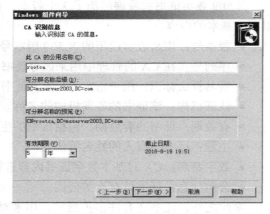

图 3-17　CA 类型　　　　　　　　图 3-18　CA 信息

5）在"证书数据库设置"对话框中，指定存储配置数据库、数据库日志和配置信息的位置，如图 3-19 所示。

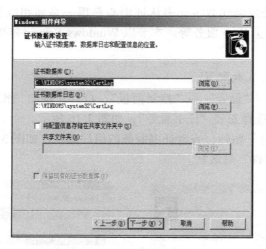

图 3-19　证书数据库设置

6）出现系统提示，提示安装证书服务时需要停止 IIS 服务，单击"是"按钮，如图 3-20 所示，进入"正在配置组件"对话框。

图 3-20　提示安装时停止 IIS 服务

7）系统开始安装 CA 服务，如图 3-21 所示。

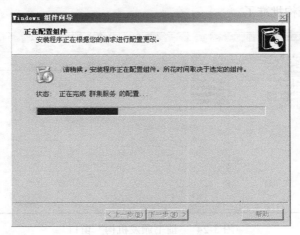

图 3-21　安装过程

8）出现系统提示，提示如果允许使用 Web 注册证书，需要在 IIS 中启用 ASP，单击"是"按钮进入下一步，如图 3-22 所示。

图 3-22　安装提示

9）完成安装向导，CA 服务器安装完成，如图 3-23 所示。

图 3-23　完成安装

2. 数字证书的签发

1）选择"开始"→"控制面板"→"管理工具"→"证书颁发机构"，打开"证书颁发机构"窗口，如图 3-24 所示。

2）在左侧窗格中选择"挂起的申请"，就可以在右侧窗格中看到刚才提交的申请。右击该申请，在弹出的菜单中选择"所有任务"→"颁发"命令，如图3-25所示，该证书的申请就被证书颁发机构批准了。

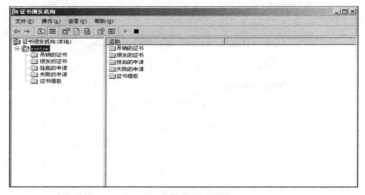

图3-24 "证书颁发机构"窗口

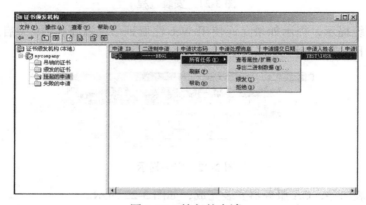

图3-25 挂起的申请

3．数字证书的吊销

1）在"证书颁发机构"窗口中，单击左侧窗格中的"颁发的证书"，如图3-26所示，在右侧窗格中选择需要吊销的证书。

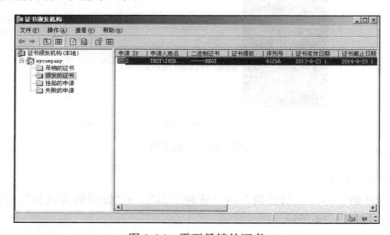

图3-26 需要吊销的证书

2）右击该证书，在弹出的菜单中选择"所有任务"→"吊销证书"命令，如图 3-27 所示，完成对该证书的吊销。

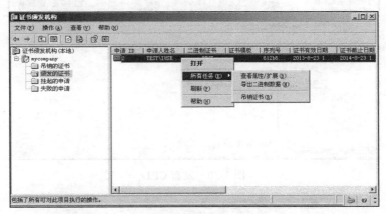

图 3-27　吊销证书

3）在打开的对话框中，选择吊销证书的原因，如图 3-28 所示。需要说明的是，当选择"证书待定"时，对证书的吊销是可恢复的，除此之外选择的任何原因，将使该证书彻底作废。

4）单击左侧窗格中的"吊销的证书"，如图 3-29 所示，就可以看到刚才吊销的证书已经显示在"吊销的证书"列表中了。

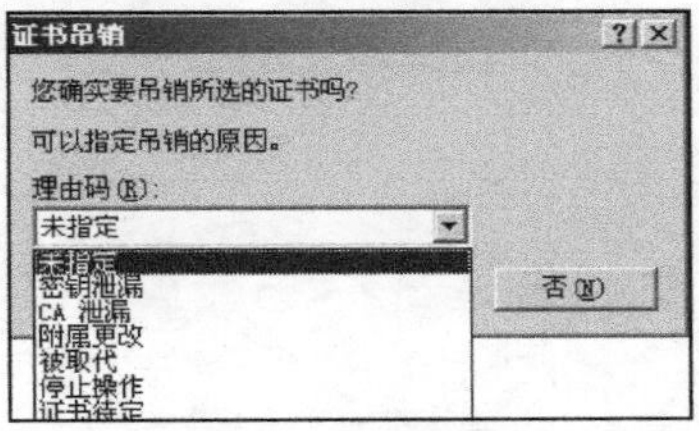

4. 发布证书吊销列表 CRL 和解除吊销

1）在"证书颁发机构"窗口的左侧窗格中选择"吊销的证书"，在右侧窗格中可以看到已经吊销的证书，右击左侧的"吊销的证书"，在弹出的菜单中选择"所有任务"→"发布"命令，就可以发布被吊销的证书列表了，如图 3-30 所示。

图 3-28　证书吊销原因的选择

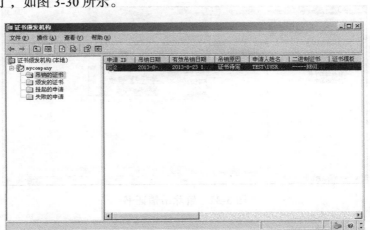

图 3-29　吊销的证书

2）弹出"发布 CRL"对话框，根据需要选择发布"新的 CRL"或"仅增量 CRL"，如图 3-31 所示。

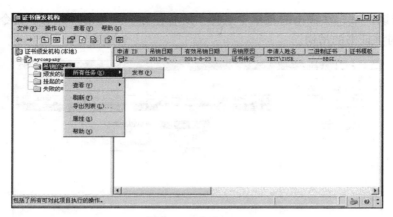

图 3-30   发布 CRL

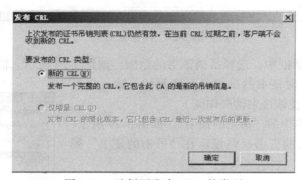

图 3-31   选择要发布 CRL 的类型

3）当一个证书因"证书待定"原因吊销时，如果想对其证书进行恢复，则在左侧窗格中单击"吊销的证书"，在右侧窗格中右击需要恢复的证书，在弹出的菜单中选择"所有任务"→"解除吊销证书"命令，即可重新启用该证书，如图 3-32 所示。

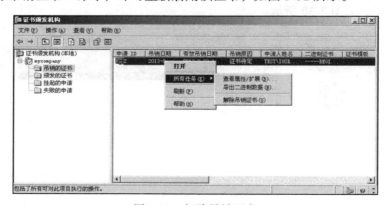

图 3-32   解除吊销证书

5. 数字证书的申请

1）通过 http:// 安装认证服务器 IP 地址 /certsrv 方式访问认证服务器，可以申请一份证书，查看证书请求状态和下载根证书。这里选择"申请一个证书"，如图 3-33 所示。

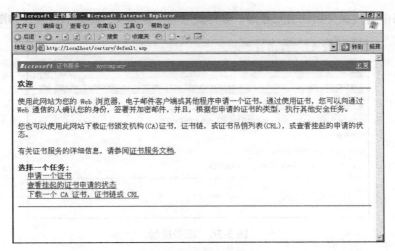

图 3-33　申请证书

2）选择申请一个 Web 浏览器证书，如图 3-34 所示。

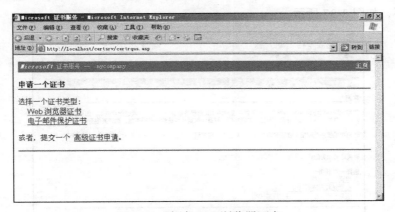

图 3-34　申请 Web 浏览器证书

3）填写浏览器证书的识别信息，如图 3-35 所示，单击"提交"按钮进入下一步。

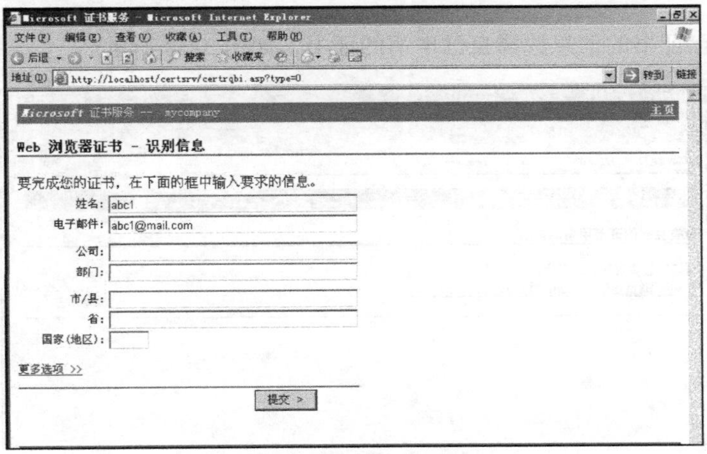

图 3-35　识别信息

4）证书申请被提交到证书服务器，等待证书的审核颁发，即证书挂起，如图 3-36 所示。

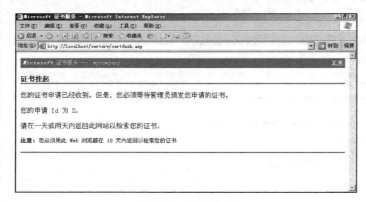

图 3-36　证书挂起

6. 数字证书的安装

1）进入证书申请页面 http:// 安装认证服务器 IP 地址 /certsrv，选择"查看挂起的证书申请的状态"，如图 3-37 所示。

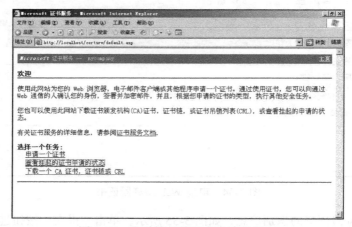

图 3-37　查看挂起的证书申请的状态

2）根据自己证书的信息选择自己申请的证书，如图 3-38 所示。

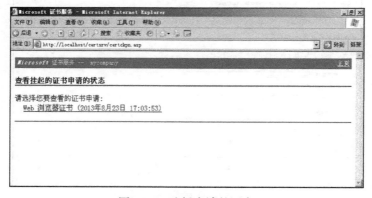

图 3-38　选择申请的证书

3）单击"安装此证书"，安装申请到的证书，如图 3-39 所示。

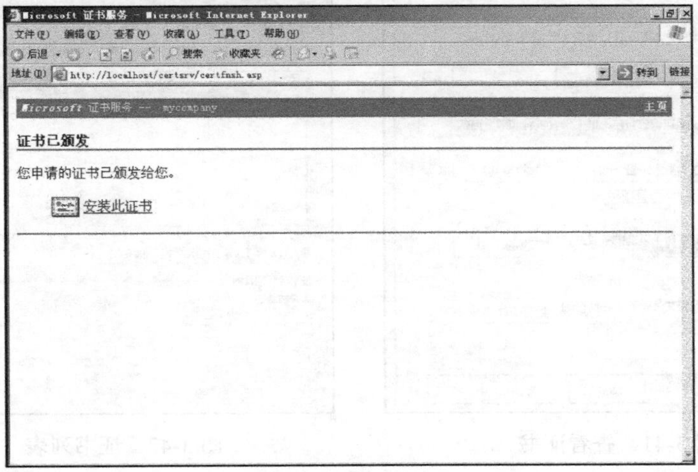

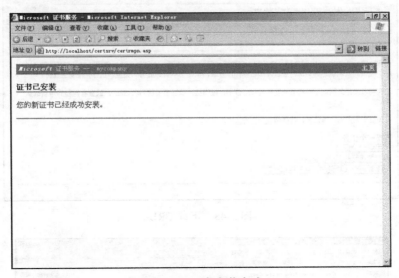

图 3-39　安装证书

4）证书安装完成，如图 3-40 所示。

图 3-40　证书安装完成

5）当完成证书申请之后，打开 IE 浏览器，选择"工具"→"Internet 选项"菜单命令，选择"内容"选项卡，在"证书"区域中单击"证书"按钮，如图 3-41 所示。

6）弹出"证书"窗口，查看已经申请到的个人证书，如图 3-42 所示。

7. 数字证书吊销列表 CRL 的安装

1）在用户端，可以通过 Web 查看吊销的证书列表 CRL，访问认证服务器 http:// 安装认证服务器 IP 地址 /certsrv，如图 3-43 所示。

2）如果用户是第一次下载 CRL，选择"下载最新的基 CRL"，如图 3-44 所示。如果 CA 服务器已多次发布过 CRL，且用户已下载过基 CRL，就会出现"下载最新的增量 CRL"选项，用户可以选择"下载最新的基 CRL"或"下载最新的增量 CRL"。

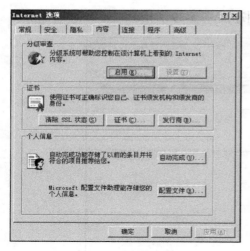

图 3-41　查看证书

图 3-42　证书列表

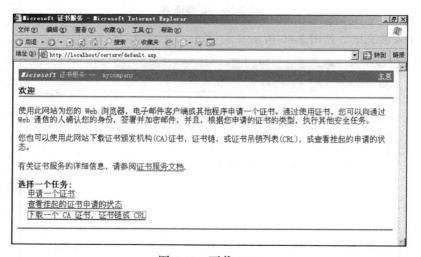

图 3-43　下载 CRL

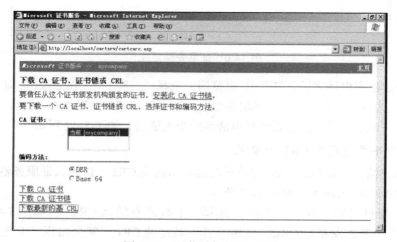

图 3-44　下载最新的基 CRL

3）在弹出的对话框中，选择保存证书吊销列表，如图 3-45 所示。

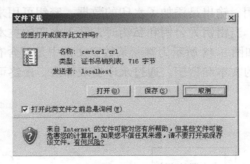

图 3-45　保存 CRL

4）查看吊销的证书列表，如图 3-46 所示。

图 3-46　查看 CRL

3.6　数字水印

随着移动互联网、物联网技术等的蓬勃发展，越来越多的数字作品通过互联网平台发布。与此同时，针对数字作品的非法复制、非法发行及恶意篡改行为也越来越严重。如何实现数字版权保护成为信息时代亟待解决的一个问题。

3.6.1　文本水印

当前，数字水印的研究主要集中在图像、音频、视频等方面，对以文本文档为载体的数字水印（即文本水印）的研究较少。但是，文本数字水印同样具有很重要的价值。

1. 文本数字水印的系统模型

水印嵌入就是把水印信号嵌入原始文档中。水印提取和检测时可以有原始文档的参与，也可以没有原始文档的参与。当前大多数的水印提取检测不需要原始文档，实现了盲检测。

文本数字水印的嵌入和检测系统的基本框架如图 3-47 所示。该模型的输入是水印、载体文本和一个可选的密钥，输出是添加了水印的数据。密钥可用来加强安全性，以避免未授权方回复和修改水印，当密钥为公钥和私钥时，嵌入水印的技术通常可以分为公开水印技术和秘密水印技术。如图 3-48 所示为判断某数字文本中是否含有制定的水印信息的水印检测模型。输入带检测的文本和密钥，通过水印提取算法，最终可以判定待检测文本中是否含有水印信息。

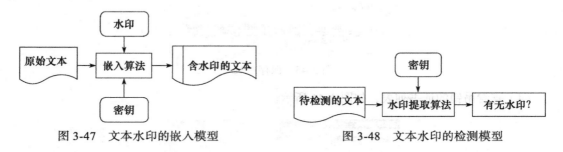

图 3-47　文本水印的嵌入模型　　　　　　　　图 3-48　文本水印的检测模型

2. 文本数字水印的常用算法

（1）文本图像分块法

该方法是将文档扫描成图像形式的文档，然后将文档看做特殊的二值图像（只有黑白两种颜色，内容主要是汉字、英文和一些标点符号等），通过对图像进行分块，利用图像水印技术在每个图像块中嵌入一定量的水印。算法的设计只需兼顾传统的二值图像水印算法和文档的特殊性即可。该方法的鲁棒性差，嵌入水印的图像块质量会明显降低。

（2）文档格式微调法

对于某些高级形式的格式化文档，如 PDF 和 Word 文档，可以将水印隐藏于版面布局信息（如字间距、行间距等）中。通过定义某种变化为"1"，不变化为"0"，由此嵌入的数字水印信号就是具有某种分布形式的水印序列。利用人类的视觉系统的掩蔽效应对文档做细微的改动是难以被察觉的。研究显示，人眼不会察觉小于 1/300 英寸（1 英寸＝2.54 厘米）的垂直位移量，或者小于 1/150 英寸的水平位移量。基于此，Brassil 等人提出了在 PDF 等格式文本中嵌入水印的方案。该方案包括 3 种方法：行移编码、字移编码和特征编码。这是文本数字水印的最基本方法。此后，相继出现对这些方法的改进算法，一般统称为"格式微调法"。

1）行移编码。行移编码利用了初始格式文档中段内各行间距均匀的特性，通过轻微垂直移动文本的某一整行来嵌入水印编码。通常，当一行上移或下移时，与其相邻的两行或其中的一行保持不动。不动的相邻行作为解码过程的参考位置。经验表明，当行距变化等于或小于 1/300 英寸时，人眼将无法辨认。由于文本最初的行间距是均匀的，所以可通过检测被接收文档的行间距是否均匀来判断有无水印，检测过程中不需要任何有关原始文档的附加信息。这种方法适用于格式化文本文件和图像文件。

2）字移编码。字移编码的思想和行移编码基本相同，通过对文本中某一行中的某些单词进行水平移位来嵌入水印标记。通常在编码过程中，将某个单词左移或右移，而与其相邻的单词并不移动。这些不移动的单词作为解码过程的参考位置。经验表明，当字距变化小于 1/150 英寸时，人眼无法感知。因为在最初的文档中的单词间距可能是不均匀的，所以在检测过程中需要参考原始文本中单词的间距。这种方法适用于格式化文本文件和图像形式文件。

3）特征编码。特征编码的方法就是通过改变某些字母的某一特征来插入水印标记。例如，改变某些字母的字体、高度、宽度等。同时，在文本中必须有一些字母特征没有改变来帮助解码。在解码时，通过将那些被认为发生变化的字母与文本中其他地方没有变化的相同字母进行比较，从而得知有无水印。

但是，这种通过改变字母特征在文本中插入不易辨认的标记时需要非常细心，不能改变该字母和上下文的结合关系。如果改变了特征的字母和相同的但未作变化的字母相邻，那么很容易辨认出字母的改变。因为选择将进行特征改变的字母的规律和特征改变的技术不一样，所以在检测过程中是否需要原始文档要视具体情况而定。这种方法同样适用于格式化文件和图像形式文件。

文档格式微调法存在的局限性以及改进的方法如下：

文档格式微调法能够在文本中嵌入水印却不修改文本内容，而且经过纸张复制，也能够检测出其中的水印。但是，从上面的分析可以看出，行移编码方法的鲁棒性较好，但是水印容量较小。字移编码方法的不可见性比行移编码好些，而且可插入的水印容量较大，但在有噪声的情况下，检测水印比较困难。特征编码方法的水印容量相当大，但同时检测的难度很大。

由此，某些学者提出了一些基于文档格式微调法的改进技术。例如，刘东等学者提出了一种系统的基于图论的文本数字水印技术，通过适当改变字符或字符串的拓扑结构，设计出语义上相同的字符或字符串的多种字形，并将这些字形映射为图论中的"图"，对"图"或者"图"的特征量进行恰当的编码，利用这些编码来表示数字水印，并给出了水印嵌入、检测方法的数学模型。该方法的水印容量较大，视觉影响较小，能抵抗扫描旋转攻击，且适用于汉语、英语等多种文字。但是，该方法的可移植性不高，必须安装特定的字符集，且水印信息易被文字识别软件破坏。

由以上的分析可知，这些文本数字水印方法都是完全基于格式的，没能将水印信息加入到文本的内容中去，而是停留在文本的版面布局上和格式属性上。这些方法都是基于空间域的方法，因此无法抵御对于文本格式方面的攻击。只需重设文本和字符格式，就可破坏掉嵌入在文本格式中的水印信息。可见，目前这几种文本水印方案并不很理想，普遍存在抗攻击性不强、鲁棒性较差的缺点。

（3）汉字笔画法

由于汉字的结构独特、字体多样，所以中文文本比英文文本可插入标记的可辨认空间更大，优势更大。基于汉字笔画的水印技术目前主要有两种。

1）基于汉字笔画图像的水印。这种方法也可看做是基于黑白像素比例的方法，是针对汉字文本变换成图像格式而提出的。组成汉字的基本笔画主要有横、竖、撇、捺、折等。考虑这些基本笔画的特征，对最普遍的笔画撇、捺、点等进行修改。将文本图像分为黑色像素部分和白色像素部分，水印嵌入黑色像素部分，而白色像素部分不变化。根据人眼视觉特性，选取汉字笔画在黑色像素区域的 45° 或 135° 方向上，作一些像素上的特征变化（如黑色像素的增减）来嵌入水印信息。当在黑色像素区域的 45° 或 135° 方向上像素的改变比较微小时，人眼对这些方向的视觉不太敏感。

2）基于汉字结构知识的水印。这种方法借助于汉字数学表达式唯一描述汉字的结构特征，从而将水印码加载于左右型汉字的结构拆分中。

汉字数学表达式将汉字表示成由规定部件作为操作数、部件间的 6 种位置关系（左右、上下、包围、左上、左下、右上）作为运算符号的数学表达式。由此，可将任一汉字拆分成部件关系唯一确定的多个字根，然后通过调整字根之间的位置关系使其基本恢复到拆分之前的汉字形态。

通过汉字数学表达式，可获取汉字的笔画数和结构类型。将汉字的笔画数作为水印嵌入的一个控制参数，使水印的嵌入不仅与文本的格式有关，而且与文本的内容有关。利用汉字的结构类型将文本分成两块，在各块中由汉字笔画数和水印比特位共同确定水印加载的位置，通过设置字体下划线以嵌入水印，水印对称地嵌入文本的两块中。该方法能够有效地抗击对文本内容的增减、替换等攻击，具有较好的鲁棒性和透明性。

在水印提取时，无需原始文档，通过块校验和海明校验可将破坏的水印比特位进行恢复。

这两种水印方法由于基于文本内容，即改变了文本部分汉字或英文字母的编码，所以鲁棒性较好，抗格式攻击能力较强。但由于其不可见性均依赖于对文本的格式调整，所以对文本格式的攻击可能破坏水印的不可见性，进而削弱其鲁棒性。

（4）基于文本数据的算法

由于基于文档格式的水印技术局限性较强，鲁棒性较弱，且嵌入水印的容量较小，所以有些研究者提出了对格式化文本文件本身嵌入水印的技术。例如，在文本中故意插入不易察觉的拼写、句法、标点，甚至错误的内容来嵌入水印。

1）基于标点符号等不重要表示的水印技术。在文本中，当一些与文本内容和形式无直接关系的表示出现微小的变化时，不会对文档的处理带来影响。相对于文字数据来说，人们对标点符号的使用不是非常严格，关注性不大，比较不敏感，从而存在嵌入水印的可能。

主要实现的方法有 3 种：①利用中、西文共有的标点符号进行替换，一般不会引起注意，例如中文逗号","用英文逗号","代替等，或者在西文字母之间进行替换，如英文字母用希腊字母代替、英文字母用俄文字母代替等；②添加或删除标点符号；③ N.F.Maxemchuk 等人提出了通过附加空格来加载秘密信息的文本数字水印方法，一般是在行的末尾添加空格或不可见编码，将信息编码隐藏在字处理系统的断行处，行尾是否有空格在视觉上难以区分。

这类方法的隐蔽性不强，鲁棒性较差，毕竟有时标点符号的改变可能会影响文本的清晰甚至含义，而且隐藏的信息量很有限。

2）基于同义词替换的水印技术。Bender 等学者从信息隐藏的角度出发，提出了对文本中特定的单词进行同义词替换的方法。该方法把文本中某些特定的单词挑选出来构成一个同义词替换表，需要替换的单词表示"0"，不需要替换的单词表示"1"。这样就可以在文本中隐藏秘密数据，隐藏的数据多少与文本中同义词组出现的频率有关。

这种方法通过修改文本的内容（单词）来隐藏信息，鲁棒性较好。但是，同义词比较多时，需要更多的比特编码，而且在特定的语境下，语义会发生改变。在检测提取水印信息时需要同义词替换表作为参考。

（5）基于 XML 文档的算法

XML 是一种应用广泛的 Web 结构化文档，只有最基本的逻辑结构。

Shingo Inoue、Osamu Takizawa 和 Ichiro Murase 等学者提出了基于 XML 文档的文本

数字水印技术。在保持文本类型定义（Document Type Definition，DTD）的约定及文档的应用能力不变的情况下，通过改变 XML 文档的语法结构或逻辑结构来嵌入秘密信息。这种方法加入的水印不可见性好，鲁棒性较强。但其局限性也是显而易见的，即受限于特定的文档结构，因而应用范围非常有限。

（6）基于自然语言处理的算法

自然语言处理是为了在一些特定的应用中自动地处理自然语言书写的文本，如机器翻译、信息检索和智能搜索引擎等。

一般认为自然语言文本水印是指通过对语言的理解，在给定文本里，利用等价信息替换、语态转换等办法把水印信息嵌入文本中。被嵌入的信息通常是不可见或不可察的，只有通过特定的算法才可以被检测或者提取。同时，水印信息可以经历一些不破坏源文本使用价值或商用价值的操作而存活下来。

1）基于句子结构的文本水印技术。由于自然语言句子结构的某些转换不会改变原来的语义，所以有学者提出了通过对语句的句法结构进行转换从而在文本中嵌入水印。常用的变换方式有主动式变换为被动式、加入形式主语、改变状语的位置以及插入不影响语义的"透明短语"等方法。

2）基于内容的文本水印技术——语义水印。语义水印是由美国 Prudue 大学的 Mikhail J. Atallah 和 Victor Raskin 等人提出的。该方法基于自然语言的语义，利用自然语言的语义冗余性加载水印，是目前研究文本数字水印的一种新思路，已经在英文文本中取得初步进展。

该方法把文本看做一个基本的结构、语义的整体，而不是表面元素（如单词）的有限序列。在本体语义的基础上，把文本分割成句子的集合，再获取每个句子的文本语义表示（Text Meaning Representation，TMR）树，然后通过对 TMR 树进行操作来实现对文本句子的修改。对 TMR 树的操作主要有 3 种方式：嫁接（grafting）、剪枝（pruning）和等价信息替换（adding/substitution）。嫁接时要根据上下文的有关信息操作；剪枝是根据上下文中某些重复的信息来对句子进行修改；等价信息替换和同义词替换不同，等价信息来源于事实数据库，该数据库是本体语义中的一个静态资源。

该方法将水印隐藏于自然语言文本本身，而不是文本图像或显示格式，已有的实验表明，其鲁棒性较好，可隐藏的信息量较大。但是，加入水印后可能会破坏文本的结构和内容，从而使语句产生歧义。而且，利用计算机对自然语言文本进行句法分析和语义理解的技术尚未成熟，还有诸多问题需要解决。该方法不适用于要求不修改文本任何内容的情况。

3.6.2　图像水印

随着多媒体技术的发展，数字媒体在人们生活中扮演着越来越重要的角色，广泛应用在教育、科研、工程等各个领域。但是数字媒体（主要是数字图像、视频、音频等）在提供了大量便捷的同时，本身也具有一个严重的缺陷，即很容易被非法修改、复制和传播。特别是现在 Internet 的迅速发展和普及，使网上数字媒体所面临的安全问题更加严峻，如果它们的知识产权不能得到有效的保护，将造成巨大的经济损失。

为了保护数字媒体的知识产权，最早人们采用了加密的方法，即将数据加密，使得只有掌握密钥的授权用户才能解密数据，从而使用数字媒体产品。但加密的方法只能控制用户是否能够存取数据，与数据本身并无直接关系，因此一旦被破解，这些数据就会很轻易地被修改、复制、传播。为解决这个隐患，人们又提出了新的知识产权保护手段——图像数字水印。图像数字水印是将一段标志版权所有者的信息（如一个伪随机序列或一个经过处理的标志媒体）嵌入要保护的媒体产品中，但在这个过程中通常采用特定的技术手段使被嵌入的信息不会被人感知到，只有知识产权的所有者才能通过检测器确定数字水印是否存在。

1. 图像数字水印概述

一个数字图像水印系统主要包括水印的生成、嵌入和检测三个部分，如图 3-49 所示。

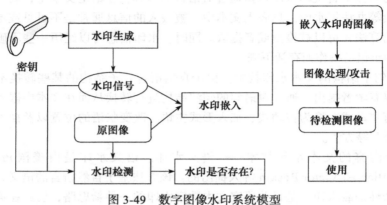

图 3-49　数字图像水印系统模型

一个成熟的数字图像水印系统具有如下的特性。

（1）保真性（fidelity）

嵌入图像中的水印应该在视觉上是不可见的（perceptual invisible），不会影响原图像的质量。但值得注意的是，I. J. Cox 等人指出，假如一个信号是视觉上不可见的，那么基于视觉可见性的有损压缩算法就有可能忽略这个信号，从而除去水印。随着图像压缩算法的不断改进，这个矛盾也更加严重。为了解决这个问题，可以考虑让水印在一定程度上是视觉可见的。当然只有图像的发布者才知道这一点，而观察者是无法知晓的，他不可能从视觉上判断图像中是否存在水印。

（2）鲁棒性（robustness）

图像在发布、传播和使用过程中可能遭到一定程度的破坏，产生的原因包括有损压缩、数模/模数转换、低通滤波、几何变换（如平移、缩放、旋转、剪切、镜像、投影）、对比度改变、图像格式转换等。这些破坏可能是无意的，也可能是恶意攻击的。所以，水印必须具有很强的鲁棒性，抵挡住这些破坏。正如 Matt L. Miller 等人强调的，所谓鲁棒性，不仅指在图像遭到破坏后水印能否仍然存在，还指它是否仍能被检测出来。事实上，很多水印系统在鲁棒性上的缺陷并不在于前者，而是后者，这对于检测器的设计提出了很高的要求。

（3）可靠的检测机制（trustworthy detection）

水印的检测算法必须是足够可靠的，不能误报也不能漏报。一方面，如上所述，图像可能遭到各种各样的破坏，妨碍水印的检测；另一方面，由于所设计的水印系统自身算法的固有缺陷，在检测的正确率上受到限制。这些都使水印的检测成为一个至关重要的问题。

（4）相关的密钥（associated key）

嵌入图像中的水印必须与一个唯一的密钥相关，而且密钥的生成必须是安全的，难以伪造的。只有密钥的所有者才能够获得水印并对其进行各种操作。

（5）可接受的计算开销（acceptable computational cost）

水印的计算开销（主要是检测时的计算开销）不能太大，必须在可接受的范围内，否则过于复杂的计算将使设计的水印系统很难用于实际应用中。

（6）多重水印（multiple watermark）

在一些场合下，允许在一幅图像中嵌入多种水印是非常必要的。因为目前还没有一种水印算法能够在各种攻击下都具有很强的鲁棒性，所以一个实用的水印系统往往需要在图像中嵌入多种不同类型的水印以提高其鲁棒性。而且，从图像的产生、发布到最终用户那里，中间可能存在多个环节，每一步都会嵌入新的水印，以掌握发布的途径。

2. 经典数字图像水印算法

（1）空域算法

Schyndel 等学者阐明了水印的重要概念和鲁棒水印检测的通用方法（相关性检测方法），首先把一个密钥输入一个 m 序列发生器来产生水印信号，然后此 m 序列被重新排列成二维水印信号，并按像素点逐一插入原始图像像素值的最低位。由于水印信号被安排在最低位上，因此是不可见的，不过可以轻易地移去水印，鲁棒性差。

Bender 等人 1995 年提出了一种"拼凑"算法：在嵌入过程中，版权所有者根据密钥 K_s 伪随机选择 n 个像素对，然后简单计算 $a_i = a_i + 1$ 和 $b_i = b_i + 1$，以更改这 n 个像素对的亮度值（a_i, b_i）。在提取过程中，使用密钥 K_s 挑选包含水印信息的 n 个像素对，计算 $S = \sum_i (a_i - b_i)$。如果确实包含水印，可以预计其值为 $2n$，否则近似为零，因为随机选取像素对，并且假设它们是独立同分布的，所以 $E(S) = \sum_i (E[a_i] - E[b_i]) \approx 0$。该算法的主要缺点是鲁棒性差。

Coltue 等提出了基于图像灰度直方图的水印算法，其主要思想是使用图像灰度直方图的定义作为水印。首先根据人类对灰度的感知特点，对图像中所有的像素灰度值从小到大进行排序，如果像素灰度值相同则参照它们周围的灰度值进行排序，直到分出顺序为止，最后图像所有像素的灰度值排成从小到大的序列；在此基础上将特定的灰度直方图定义作为水印。由于水印的嵌入仅仅改变了图像的灰度直方图，该算法水印的不可感知性很好，但鲁棒性较差。

（2）变换域算法

空域水印算法的主要缺点是鲁棒性不好。1995 年，Cox 等最先将水印嵌入在离散余弦变换（Discrete Cosine Transform，DCT）域中，并由此开辟了变换域水印的先河。该算法成为引用频率最高的算法。后来又出现了其他变换域的水印算法，主要包括离散傅里叶变换（Discrete Fourier Transform，DFT）算法、离散小波变换(Discrete Wavelet Transform，DWT)算法和梅琳 – 傅里叶变换（Mellin-Fourier Transform，MFT）算法。

在本书中，主要介绍 DCT 域水印算法和 DWT 域水印算法。

1）DCT 域水印算法。Cox 等人基于扩展频谱的思想，提出了在 DCT 域嵌入水印的算法。该算法实际上给出了设计鲁棒性水印的重要原则：

● 水印信号应该嵌入图像中对人的感知重要的部分，在 DCT 域中，比较重要的部分就是低频 DCT 分量。这样，攻击者在破坏水印的时候，不可避免地会破坏图像质量。基于同样的道理，一般的图像处理技术也并不会改变这部分数据。

● 水印信号应该由具有高斯独立同分布性质的随机实数序列构成，这使得水印具备多拷贝联合攻击的能力。

Cox 算法的基本实现过程是：首先用 DCT 变换将图像变换为频域表示。从变换后数据 D 的 DCT 系数中选取 n 个最重要的频率分量，组成序列 $V=\{v_1, v_2, \cdots, v_n\}$，以提高对 JPEG 压缩的鲁棒性。然后，以密钥为种子产生伪随机序列，即水印序列 $=\{x_1, x_2, \cdots, x_n\}$，其中 x_i 是满足高斯分布 $N(0, 1)$ 的随机数，再用伪随机高斯序列来调制（叠加）选定的 DCT 系数，产生带水印的序列 $V'=\{v_1', v_2', \cdots, v_n'\}$。最后，将 V' 转换为 D'，再反变换为含有水印的图像。该算法对整幅图像进行 DCT 变换，用于嵌入水印的系数是除直流（DC）分量外的 1000 个最大的低频系数。

水印检测依赖于一个阈值，当相关性检测结果超过阈值时，判断含有水印，否则相反。这实际上是一个假设检验问题，当提高阈值时，虚检概率降低，漏检概率升高；当降低阈值时，虚检概率升高，漏检概率降低。所谓虚检（false positive）就是将没有水印信号的数据误认为含有水印信号。所谓漏检（false negative）就是未能从含有水印信号的数据中检测到水印信号。在实际应用中，更注重对虚检概率的控制。

上述算法通过计算提取水印与原始水印的相关度是否大于一个阈值来判断水印是否存在，可称为单比特水印算法。Burgett 等提出在 8×8 块 DCT 变换域中，通过调整系数对（两个一对或三个一对）之间的关系来嵌入比特串。假定有一个比特序列 m 要隐藏在一幅图像里，版权所有者根据密钥在图像里选择 k 个 8×8 的像素块，对每个块进行 DCT 变换，并从中频区域选择两个 DCT 系数（不妨设为 $(a_1)_k$ 和 $(a_2)_k$），再根据 JPEG 量化表和较低的 JPEG 质量因子对选定的系数进行量化。然后版权所有者观察一个块的两个 DCT 系数和对应水印比特之间的关系，并对所有的水印比特 m_k 进行如下操作：如果 $m_k=1$ 且 $((a_1)_k>(a_2)_k)$ 或者 $m_k=0$ 且 $((a_1)_k \leqslant (a_2)_k)$，则对系数对不作任何改变；否则，交换这两个 DCT 变数。最后，版权所有者对所有修改过的图像块作逆 DCT 变换，得到嵌入水印后的图像。通过嵌入过程，一个图像块恰好嵌入一个水印比特。提取水印时，检测选定系数之间的关系，如果 $(a_1)_k>(a_2)_k$，则水印的第 k 个比特是 1，否则是 0。

2）DWT 域水印算法。小波分析在时域和频域同时具有良好的局部化特性，人们能以不同的尺度（或分辨率）来观察信号，从而既能看到信号的全貌，又能看到信号的细节。对数字图像来说，小波变换是对图像的一种多尺度空间频率分解。

Kunder 等人最早提出将水印嵌入 DWT 域。其依据是图像经过多分辨率小波分解后，被分解为若干子带，非常类似于视网膜将图像分成若干部分，因此小波变换的空 – 频分解特性能很好地匹配人类视觉系统。该算法首先将图像和水印进行小波变换，然后将特定子带的水印信号缩放后加到相应图像子带上，最后经过小波逆变换得到嵌入水印的图像。

由于小波变换和新一代图像压缩标准 JPEG2000 兼容，有广阔的应用前景。利用图像小波变换零树结构，自适应地确定被嵌入水印序列的长度，并根据小波域的量化噪声自适应确定水印嵌入的强度，可以保证水印序列的能量小于图像可容忍的噪声上限，使水印图像同时具有良好的视觉效果和鲁棒性。

（3）基于内容的水印算法

为了保证水印的不可感知性，很多学者对人类视觉系统的感知模型、如何嵌入不可见水印等进行了研究，并提出了很多建议，但是没有利用图像的内容特征。1999 年，Kutter 等人最先提出第二代水印的概念，建议水印的嵌入应该在感知有意义的特征区域进行。这些特征可以是宿主数据抽象的或者语义上的特征。对于图像来说，可能是边缘、拐角和纹理区域，或者是突出点所在的区域。当然并不是所有的特征都适合嵌入水印，例如，图像平滑区域。一般来说，适合于水印的特征应该具有以下特性：

- 对噪声的不变性（如有损压缩、加性或乘性噪声等）。
- 对于几何变换的不变性（旋转、平移、缩放等）。
- 局部性（剪切数据不会影响到剩余的特征点）。

第一个特性是确保选择有意义的特征。为了保证数据的商业价值，攻击一般不会改变数据的特征。因此，选择突出的特征暗示这个特征对噪声是不变的。第二个特性是指选定的特征对几何变形来说是不敏感的。第三个特性是指特征应该具有较好的局部性，可以抵抗剪切攻击。

Bas 等学者提出了基于图像特征点的水印方案，首先提取特征点，然后将水印嵌入在图像特征点组成的三角网格中。华先胜等提出了一个局部化数字水印算法，该算法利用图像中相对稳定的特征点标示水印嵌入的位置，并在每个特征点对应的局部区域内独立地嵌入水印。这样，当只有部分图像时，仍能够通过这些特征点来定位并提取水印。

Alghoniemy 和 Dong 提出了基于图像归一化算法的水印。归一化算法的参数是通过图像的几何矩计算得到的，这些几何矩对于旋转、平移、缩放具有不变性，即几何变形后的图像将被归一化算法转变成相同的图像。水印的嵌入和提取都是在图像归一化后的结果图像中进行，因此该算法可以有效抵抗几何变形攻击。

3. 针对数字图像水印的常见攻击手段

到目前为止，还没有一个水印算法能够抵抗所有已经提出的攻击。在实际应用中，虽然水印并不需要抵抗所有攻击，但是了解攻击方法对于设计水印算法和水印应用方案还是非常有意义的。

（1）几何攻击

几何攻击主要是指以旋转、缩放、平移、剪切、镜像、投影等空域变换为手段的攻击方法。这种攻击目前仍然是许多水印算法的严重缺陷，因为它虽然并不直接除去图像中的水印，但却能使其很难被检测出来。

StirMark 是一种水印系统的测试工具，能对图像进行几何变形。如果 A、B、C、D 是图像的 4 个角，任一点 M 可以表示成：

$$M=\alpha(\beta A+(1-\beta)D)+(1-\alpha)(\beta B+(1-\beta)C) \tag{3-7}$$

式中，$0 \leq \alpha, \beta \leq 1$ 是 M 相对于 4 个角的坐标，如图 3-50 所示。StirMark 中随机双线性失真变形就是通过用一个很小的随机数从两个方向上改变角度来实现的。注意，这种变换是可逆的。虽然它不能从根本上删除水印，但是它可以阻止检测或恢复水印。

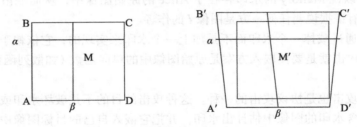

图 3-50　StirMark 中的随机双线性失真

另外，还可以对图像中的每个像素进行微小偏离，用 (x,y) 表示一个像素的坐标，$0 \leq x \leq X$, $0 \leq y \leq Y$，变化以后的新坐标为 (x',y')，它满足：

$$x' = x + \lambda\sin(\pi y/Y) \tag{3-8}$$
$$y' = y + \lambda\sin(\pi x/X) \tag{3-9}$$

然后再做一个高频随机位移，即 $\delta = \lambda\sin(\omega_x x)\sin(\omega_y y)(1+n(x,y))$，$n$ 是随机数，合成后得到：$x'' = x' + \delta$，$y'' = y' + \delta$，那么 (x'', y'') 就是处理后的坐标。

所有这些变形与适度的 JPEG 压缩结合在一起，虽不能从根本上删除水印，但能阻止检测器找到水印，使检测器失去同步。StirMark 可以实现一系列攻击测试，已成为图像水印攻击测试的标准工具。

（2）协议攻击

协议攻击的概念最早是由 Craver 提出来的。理论上，在图像 I 上加水印 w，产生水印图像 $I' = I + w$。图像 I' 被分发到顾客手中。当创建者找到可疑图像 I'' 时，计算 $I'' - I = x$，如果 I'' 和 I' 相同，那么 x 就等于 w，如果 I'' 是从 I' 衍生出来的，x 就接近于 w。相关函数 $c(w,x)$ 可以用来确定原始水印 w 和所提取的数据 x 之间的相似性。这样，大体上可以从两幅图像的差别中找出水印。很多水印方案都是基于这个模型。协议攻击就是基于这种模型而产生的。

如图 3-51 所示，Alice 把水印 w 加到图像 I 中得到 $I' = I + w$，然后发布到网上。

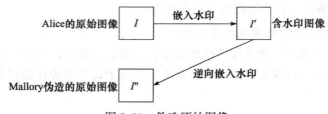

图 3-51　伪造原始图像

Mallory 想把图像偷来自己处理，他先构造自己的水印 x，然后减掉而不是加入这个水印 x，得到图像 $I'' = I' - x = I + w - x$。现在 Mallory 声称 I'' 是他的原始图像，反而把 Alice 拉上法庭告她侵权。通过比较原始图像，Alice 将会发现她的水印 w 出现在 Manory 的图像 I'' 中：

$$I'' - I = w - x, \ c(w-x, w) = 1 \tag{3-10}$$

既然两个水印可以在同一个图像中存在，那么减掉 x 应该对 w 的伤害不是很大。所以，Mallory 并没有删除 Alice 的水印。然而，Mallory 也可以证明：

$$I - I'' = x - w, \ c(x-w, x) = 1 \tag{3-11}$$

那么，也可以说 Mallory 的水印存在于 Alice 的原始图像中，从而混淆了原始图像的真正所有者，没有证据说明任何一方是图像 I 的作者。

这种攻击是通过减掉一个水印而不是加上一个水印来实现的，它依赖于水印方案的可用性。抵抗这种攻击就是要使嵌入方案是原始图像中的单向函数（如散列函数），从而使攻击者难以伪造。

另外，拷贝攻击也是协议攻击的一种。这种攻击的目的不是破坏水印或者降低检测器性能，而是要从含水印的图像中估计出水印，并把它嵌入自己的目标图像中，达到混淆图像真正所有者的目的。

（3）消除攻击

消除攻击就是移除水印。这种方法的前提是把水印看成是已知概率分布的噪声。攻击过程就是通过一系列的高通滤波或中值滤波把这些噪声滤掉。具体方法有去噪声、量化、有损压缩、重调制、求平均和共谋。

JPEG 是当前广泛应用的压缩算法。在有损压缩时删除了一些对可视性影响微小的高频分量，保持了低频分量。如果水印嵌入在中频或高频分量中，就会减弱甚至检测不到。

去噪声是一种最典型的消除攻击，它主要是采用滤波方法。对于不同的水印分布模型，选择与之对应的滤波算法。量化和有损压缩攻击方法具有与去噪声攻击相同的影响。

重调制的攻击方法最先是 Langgelaar 提出的，如图 3-52 所示。这种攻击方法在水印信号近似高斯分布的情况下，有较好的攻击效果，但是如果水印分布与原始图像的分布相匹配，那么攻击效果就不尽如人意了。

图 3-52　重调制去除水印攻击模型

求平均和共谋的攻击方法一般应用于可以得到大量的嵌入水印的图像集的情况，比如视频流每帧可能嵌入了不同的水印图像或者用不同的密钥进行嵌入，那么在图像帧足够多的情况下，通过求平均的方法可以去掉水印从而使检测器无法检测。

另外，"马赛克攻击"也是一种试图迷惑检测器的攻击方法。很明显，图像越大，越容易隐藏信息。反过来说也是对的，这就是"马赛克攻击"的基础，即一个图像可以小到不能嵌入水印。这种攻击是由版权盗版检测系统所激发的，版权盗版检测系统从网上下载图片并检查它是否含有水印。盗版者把图像分成许多子图，放到网页中合适的地方。网络浏览器则把子图重新组合在一起，看起来与原图一致。因此，马赛克攻击就是把水印图像剪切成许多小块，这些小块无法隐藏信息，水印检测器将会被迷惑。

3.6.3　数字水印技术的应用

1. 文本数字水印技术的应用

文本数字水印技术的应用是广泛的，从广义上讲，凡是有文字存在的地方，都是文本数字水印技术可能的应用场合。当前，以互联网为代表的网络技术迅速发展，各党政机关、事业单位、公司企业、民间团体、国防及国家安全等部门的文字材料越来越多地以数字形式存在，并经常需要通过网络进行传播，如何保证文字材料涉及的国家秘密、商业机密、商务合同、个人隐私信息的安全是非常重要的问题。此外，如何保护互联网众多网页上的文字数字产品的知识产权、保证各种电子文件数据库的知识产权，都是新的形势下的重要应用领域，而文本数字水印技术可以在这些方面发挥积极的作用，其可能的应用领域如下：

（1）数字文本文件的网络发行

目前，互联网上存在大量需要版权保护的数字文本文件（包括文章、杂志及书籍等），向这些数字文件中嵌入文本数字水印以宣示文件的版权信息，并作为打击盗版行为的证据，是一种促进数字文本文件网络发行的有力手段。

（2）证件、合同的防伪（内容认证）

结合数据加密技术（PKI/CA），将载体文本的内容认证信息（签名信息）作为文本数字水印嵌入载体文本文件中，从而形成有防篡改功能的各种证件、合同，与其他防伪手段相比，文本数字水印技术有成本小、使用方面，以及不影响证书、合同外观质量等特点。

（3）重要文件的安全审计

安全审计属于操作跟踪范畴，在很多应用中，需要对涉及国家秘密信息、商业秘密信息的文件进行非常细致的安全防范管理。这些数字文本文件在传输、使用、输出过程中的操作人员、时间、存储设备、输出设备等安全审计信息需要被详细记录，而将这些信息作为文本数字水印嵌入原文件中，可以极大地方便使用过程的管理与事后的审计。

（4）按属性搜索文本文件

当前互联网上的搜索引擎是按照内容进行搜索的，同时，按照文件的题名、作者、所有者、发布日期、所属领域等属性信息进行在线搜索也存在着广泛需求。将文本文件的属性信息作为数字水印嵌入文本文件中，并利用现有的互联网内容搜索引擎进行文件属性的搜索是一种有价值的应用。

2. 图像数字水印技术的应用

（1）版权保护

作为水印嵌入图像中的信息可用于标识版权所有者。在有关版权的法律纠纷中，如果图像的版权所有者事先已加入水印，则可利用掌握的密钥从图像中提取出水印，证明自己的知识产权，从而有效维护自己的利益。

（2）加指纹

水印（指纹）还可以用于标识使用图像的用户，这是在发布时由用户信息生成并嵌入的。一旦发现未经授权的非法拷贝，即可根据从中提取出的水印（指纹）确定其来源，这可以用来追踪非法拷贝和非法使用。

（3）内容验证

由于数字图像很容易被修改，所以为了校验图像内容的完整性，必须有相应的内容验证措施。传统的做法是采用数字签名（digital signature），但由于数字签名对于图像内容的改变非常敏感，因此大大限制了其应用。有了数字水印技术后，可通过对水印的检测判断图像是否被修改过。

3.7　本章小结和进一步阅读指导

本章主要分析了数据安全的相关基础知识，包括数据安全面临的挑战及保障数据安全的技术、方法等。首先，介绍了数据安全的基本概念，包括数据安全的三要素、数据安全保障技术分类、物联网环境下面临的数据安全问题等。其次，介绍了密码学的基本概念，包括密码学的发展历程、密码体制的分类及密码攻击方法等。最后，介绍了传统密码学和现代密码学中的经典算法、散列函数与消息摘要及数字水印等数据安全保障技术。通过这些内容的介绍，旨在使读者对数据安全的原理和技术及物联网环境下面临的数据安全问题有进一步的了解。

由于篇幅有限，很多问题都未能展开说明。建议读者通过阅读其他书籍、文献补充相关知识：通过阅读［37］，获取更多关于物联网数据的相关内容，包括物联网数据特点、海量数据的存储技术等；通过阅读［38］，了解更多关于传统密码学的相关技术；通过阅读

［39］，了解更多关于现代密码学的相关理论基础知识；通过阅读［40］，了解更多关于椭圆曲线密码体制的相关理论和基础知识。

习题

3.1 密码学是研究什么的？它的两个分支研究的问题有什么不同？

3.2 什么是密码算法、加密算法、解密算法、密钥、明文、密文、签名、同态加密？

3.3 设 26 个英文字母 A、B、C、⋯、Z 的编码依次为 0、1、⋯、25。已知单表仿射变换为 $c=(5m+7)\bmod 26$，其中 m 是明文的编码，c 是密文的编码。试对明文 "HELPME" 进行加密，得到相应的密文。

3.4 分组密码的基本特征是什么？加密过程的基本特点是什么？

3.5 给定 DES 的初始密钥为 k=(FEDCBA9876543210)（十六进制），试求出子密钥 k_1 和 k_2。

3.6 给定 AES 的 128 比特位的密钥 k=(2B7E151628AED2A6ABF7158809CF4F3C)，在 10 轮 AES 下计算下列明文（以十六进制表示）的加密结果：

3243F6A8885A308D313198A2E0370734

3.7 流密码体制和分组密码体制有什么不同？

3.8 设计流密码体制的关键是什么？

3.9 已知流密码的密文串 1010110110 和相应的明文串 0100010001，并且知道密钥流是由一个 3 级线性反馈移位寄存器产生的，试破译该密码系统。

3.10 在公钥密码体制中，每个用户端都有自己的公钥 PK 和私钥 SK。若任意两个用户端 A、B 按以下方式进行通信：A 发送给 B 的信息为（EPK$_B$(m), A），B 返回给 A 的信息为 (EPK$_A$(m), B)，以使 A 确信 B 收到了报文 m。攻击者 V 能用什么方法获得 m？

3.11 简述基于身份密码体制与传统公钥密码体制之间的异同点。

3.12 设散列函数输出空间大小为 2^{160}，找到该散列函数的一个碰撞概率大于 1/2 所需要的计算量是多少。

3.13 简述数字签名算法。

3.14 简述消息摘要的生成方法。

3.15 简述支持计算的加密技术解决了什么问题。

3.16 试分析数字版权保护的重要性。

3.17 试总结数字版权保护管理系统的运行流程。

3.18 试论述数字版权保护对物联网发展的意义。

3.19 请编程实现至少一种信息隐藏方法。

3.20 请基于已有的文本水印设计思路，设计一种新的文本水印算法。

3.21 请编程实现自然语言扩频向量水印算法，针对不同的输入信息，分析该算法的性能。

3.22 请编程实现基于混沌映射的文本零水印原理，分析该算法的性能。

3.23 分析图像水印与文本水印的相同与不同之处。

3.24 实现至少一种图像水印攻击算法。

3.25 利用水印评估方法评估已有文本水印和图像水印算法。

参考文献

[1] 石文昌，梁朝辉. 信息系统安全概述 [M]. 北京：电子工业出版社，2009.

[2] CEAC 国家信息化计算机教育认证项目电子政务与信息安全认证专项组，北京大学电子政务研究院电子政务与信息安全技术实验室 . 数据安全基础 [M]. 北京：人民邮电出版社，2008.

[3] 冯登国，赵险峰 . 信息安全技术概述 [M]. 北京：电子工业出版社，2009.

[4] Van Kranenburg R. The Internet of Things. Amsterdam: Waag Society, 2008, pp. 17-21.

[5] 妍韬 . 物联网隐私保护及密钥管理机制中若干关键技术研究 [D]. 北京：北京邮电大学出版社 , 2012.

[6] Harald S, Patrick Q Peter F, Sylvie W. Vision and Challenges for ealizing the Internet of things. Brusseles: European Commission-Information Society and Media DG, 2010.

[7] 李益发，赵亚群，张习勇，等 . 应用密码学基础 [M]. 武汉：武汉大学出版社 , 2009.

[8] Eli Biham, Adi Shamir. Differential cryptanalysis of DES-like cryptosystems. Journal of Cryptology. 1991, 4(1). doi: 10. 1007/BF00630563.

[9] Mitsuru Matsui. The First Experimental Cryptanalysis of the Data Encryption Standard, CRYPTO. 1994. doi: 10. 1007/3-540-48658-5_1.

[10] 北京大学电子政务研究院电子政务与信息安全技术实验室 . 数据安全基础 [M]. 北京：人民邮电出版社，2008.

[11] 杨文峰 . 几类流密码分析技术研究 [D]. 西安：西安电子科技大学，2011.

[12] 唐明，王后珍，韩海清，等 . 计算机安全与密码学 [M]. 北京：电子工业出版社，2010.

[13] RIVEST R, SHAMIR A, ADLEMANL. A method for obtaining digital signatures and public-key cryptosystems [J]. Communications of the ACM, 1978, 21(2): 120-126.

[14] TaherElGamal. A Public-Key Cryptosystem and a Signature Scheme Based on Discrete Logarithms [J]. IEEE Transactions on Information Theory, 1985, 31(4): 469-472.

[15] Goldwasser S, Micali S. Probabilistic encryption [J]. Journal of Computer and System Sciences, 1984, 28(2): 270-299.

[16] Gemplus PP. Public-Key Cryptosystems Based on Composite Degree Residuosity Classes [C]. Advances in Cryptology-EUROCRYPT '99. Heidelberg, Germany: Springer, 1999: 223-238.

[17] GENTRY C. A fully homomorphic encryption scheme [D]. CA: Stanford University, 2009.

[18] GENTRY C. Fully homomorphic encryption using ideal lattices [C]. 41st Annual ACM Symposium on Theory of Computing. New York, USA: ACM, 2009: 169-178.

[19] DIJK V M, GENTRY C, HALEVI S, et al. Fully homomorphic encryption over the integers [C]. Advances in Cryptology-EUROCRYPT 2010. Heidelberg, Germany: Springer, 2010: 24-43.

[20] CORON J, MANDAL A, NACCACHE D, et al. Fully homomorphic encryption over the integers with shorter public KEYS [C]. Advances in Cryptology-CRYPTO 2011. Heidelberg, Germany: Springer, 2011: 487-504.

[21] YANG Haomiao, XIA Q, WANG Xiaofen, et al. A new somewhat homomorphic encryption scheme over integers [C]. Computer Distributed Control and Intelligent Envir. Piscataway, NJ, USA: IEEE, 2012: 61-64.

[22] 黄汝维，桂小林，余思，等 . 云环境中支持隐私保护的可计算加密方法 [J]. 计算机学

报 , 2011, 34(12): 2391-2402.

[23] Y C Chang, M Mitzenmacher. Privacy preserving keyword searches on remote encrypted data [C]. ACNS, 2005.

[24] R Curtmola, J A Garay, S Kamara, et al. Searchable symmetric encryption: improved definitions and efficient constructions [C].ACM CCS, 2006.

[25] D Boneh, G D Crescenzo, R Ostrovsky, et al. Public key encryption with keyword search [C]. EUROCRYPT, 2004.

[26] M Bellare, A Boldyreva, A Oneill. Deterministic and efficiently searchable encryption [C]. CRYPTO, 2007.

[27] M Abdalla, M Bellare, D Catalano, et al. Searchable encryption revisited: Consistency properties, relation to anonymous ibe, and extensions [J]. J. Cryptol. , 2008, 21(3): 350-391.

[28] J Li, Q Wang, C Wang, et al. Fuzzy keyword search over encrypted data in cloud computing [C]. IEEE INFOCOM '10 Mini-Conference, San Diego, CA, USA, March 2010.

[29] D Boneh, E Kushilevitz, R Ostrovsky, et al. Public key encryption that allows pir queries [C]. CRYPTO, 2007.

[30] P Golle, J Staddon, B Waters. Secure conjunctive keyword search over encrypted data [C]. ACNS, 2004: 31-45.

[31] 李晓强 . 数字图像水印研究 [D]. 上海：复旦大学出版社 , 2004.

[32] 常敏，卢超，蒋明，等 . 数字图像水印综述 [J]. 计算机应用研究 .2003, 1-4.

[33] S Craver, N Memon, B L Yeo, et al. Can invisible watermark resolve rightful ownerships? [C].Proceedings of SPIE, Fifth Conference on Storage and Retrieval for Image and Video Database, Vol. 3022, San Jose, CA, USA, pp. 310-321, Feb. 1997.

[34] 刘彤，裘正定 . 小波域自适应图像水印算法研究 [J]. 计算机学报，2002, 25(11): 1195-1199.

[35] 周佳文 . 数字图像水印技术研究 [M]. 南昌：南昌大学出版社，2010.

[36] S Burgett, E Koch, J Zhao. Copyright labeling of digitized image data [J]. IEEE Communication Magzine, 1998: 94-100

[37] 桂小林，安健，张文东，等 . 物联网技术导论 [M]. 清华大学出版社 , 2012.

[38] R Spillman. 经典密码学与现代密码学 [M]. 清华大学出版社 , 2005.

[39] 章照止 . 现代密码学基础 [M]. 北京：北京邮电大学出版社 , 2004.

[40] 汉克森 . 椭圆曲线密码学导论 [M]. 北京：电子工业出版社 , 2005.

第4章 隐私安全

　　隐私对个人发展以及建立社会成员之间的信任都是绝对重要和必不可少的。然而，随着智能手机、无线传感网络、RFID等信息采集终端在物联网中的广泛应用，物联网中将承载大量涉及人们日常生活的隐私信息（如位置信息、敏感数据等），隐私保护问题也显得越来越重要。如不能很好地解决隐私保护问题，人们对隐私泄露的担忧势必成为物联网推行过程中的最大障碍之一。本章将介绍隐私的概念、度量、威胁以及数据库隐私、位置隐私和数据隐私等的相关内容。

4.1　隐私的定义

4.1.1　隐私的概念

　　到底什么是隐私，可能每个人都有自己不同的理解。据文献记载，隐私的词义来自于西方，一般认为最早关注隐私权的文章是美国人沃伦（Samuel D.Warren）和布兰代斯（Louis D.Brandeis）发表的论文《隐私权》(The Right to Privacy)。此文发表在1890年12月出版的《哈佛法律评论》（Harvard Law Review）上。在这篇论文中，作者首次提出了保护个人隐私、个人隐私权利不受干扰等观点，这对后来隐私侵权案件的审判和隐私权的研究起到了重要的影响。2002年，全国人大起草《民法典草案》，对隐私权保护的隐私做了规定，包括私人信息、私人活动、私人空间和私人的生活安宁4个方面。中国人民大学的王利明教授在题为《隐私权的新发展》中指出"隐私是凡个人不愿意对外公开的、且隐匿信息不违反法律和社会公共利益的私人生活秘密，都构成受法律保护的隐私"。狭义的隐私是指以自然人为主体而不包括商业秘密在内的个人秘密；广义隐私的主体是自然人与法人，客体包括商业秘密。隐私蕴涵的内容很广泛，而且对不同的人、不同的文化和民族，隐私的内涵各不相同。简单来说，隐私就是个人、机构或组织等实体不愿意被外部世界知晓的信息。在具体应用中，隐私即为数据拥有者不愿意被披露的敏感信息，包括敏感数据以及数

据所表征的特性，如个人的兴趣爱好、身体状况、宗教信仰、公司的财务信息等。但当针对不同数据以及数据拥有者时，隐私的定义也会存在差别。例如，保守的病人会视疾病信息为隐私，而开放的病人却不视之为隐私。从隐私拥有者的角度而言，隐私通常有以下两种类型：

- 个人隐私（individual privacy）：一般是指数据拥有者不愿意披露的敏感信息，如个人的兴趣爱好、健康状况、收入水平、宗教信仰和政治倾向等。由于人们对隐私的限定标准不同，所以对隐私的定义也就有差异。一般来说，任何可以确定是个人的，但个人不愿意披露的信息都可以认为是个人隐私。在个人隐私的概念中主要涉及 4 个范畴：①信息隐私、收集和处理个人数据的方法和规则，如个人信用信息、医疗和档案信息，信息隐私也被认为数据隐私；②人身隐私，涉及侵犯个人生理状况的相关信息，如基因测试等；③通信隐私，邮件、电话、电子邮件以及其他形式的个人通信信息；④空间信息，对干涉自有地理空间的制约，包括办公场所、公共场所，如搜查、跟踪、身份检查等。
- 共同隐私（corporate privacy）：共同隐私不仅包含个人隐私，还包含所有个人共同表现出来但不愿被暴露的信息，如公司员工的平均薪资、薪资分布等信息。

随着 Internet 的发展和普及，隐私安全面临着严峻的挑战。王利明教授在其著作《人格权法新论》中指出"在网络空间的个人隐私权主要指公民在网上享有的私人生活安宁与私人信息依法受到保护，不被他人非法侵犯、知悉、搜集、复制、公开和利用的一种人格权，也指禁止在网上泄露某些与个人有关的敏感信息，包括事实、图像，以及毁损的意见等"。传统个人隐私在网络环境中主要表现为个人数据，包括可用来识别或定位个人的信息（例如电话号码、地址和信用卡号等）和敏感的信息（例如个人的健康状况、财务信息、公司的重要文件等）。网络环境下对隐私权的侵害也不再简单地表现为对个人隐私的直接窃取、扩散和侵扰，而更多的是收集大量的个人资料，通过数据挖掘方法分析出个人并不愿意让他人知道的信息。

4.1.2　隐私与信息安全的区别

隐私和安全存在紧密的关系，但也存在一些细微的差别：一般，隐私总是相对于用户个人而言的，它是一种与公共利益、群体利益无关，当事人不愿他人知道或他人不便知道的个人信息，当事人不愿他人干涉或他人不便干涉的个人私事，以及当事人不愿他人侵入或他人不便侵入的个人领域。而安全则更多地与系统、组织、机构、企业等相关。另外，安全是绝对的，而隐私则是相对的。因为对某人来说是隐私的事情，对他人则可能不是隐私。信息安全对个人隐私具有重大的影响，但这在不同的文化中的看法差异相当大。

4.2　隐私度量

4.2.1　隐私度量的概念

随着无线通信技术和个人通信设备的飞速发展，各种计算机、通信技术无形地融入人们的日常生活中，深刻影响着人们的生活方式。人们在利用这些技术享受信息时代各种信息服务带来的很多好处的同时，也在遭受个人隐私信息泄露的威胁。虽然这些服务中融入了隐私保护技术，但是，再完美的技术也难免存在漏洞，面对恶意攻击者的强大攻击能力和可变的背景知识，个人隐私信息仍旧会泄露。这些隐私保护技术应用于实际生活中的效果到底如何？它们到底在多大程度上保护了用户的隐私呢？于是隐私度量的概念应运而生。隐私度量就是指用来评估个人的隐私水平及隐私保护技术应用于实际生活中能达到的效果，同时也为了测量"隐私"这个概念。

不同隐私系统的隐私保护技术的度量方法和度量指标都有所不同，本书主要从数据库隐私、位置隐私和数据隐私三个方面介绍隐私的度量方法及标准。

4.2.2 隐私度量的标准

1. 数据库隐私度量标准

数据库隐私保护技术需要在保护隐私的同时，兼顾对数据的可用性。通常从以下两个方面对隐私保护技术进行度量：

1）隐私保护度。隐私保护度通常通过发布数据的披露风险来反映。披露风险越小，隐私保护度越高。

2）数据的可用性。数据的可用性是对发布数据质量的度量，它反映通过隐私保护技术处理后数据的信息丢失。数据缺损越高，信息丢失越多，数据利用率越低。具体的度量有：信息缺损的程度、重构数据与原始数据的相似度等。

2. 位置隐私度量标准

位置隐私保护技术需要在保护用户隐私的同时，能为用户提供较高的服务质量。通常从以下两个方面对隐私保护技术进行度量：

1）隐私保护度。隐私保护度一般通过位置隐私的披露风险来反映。披露风险越小，隐私保护度越高。披露风险依赖于攻击者掌握的背景知识，攻击者掌握的背景知识越多，披露风险越大。

2）服务质量。用于衡量隐私算法的优劣，在相同的隐私保护度下，服务质量越高说明隐私保护算法越好。一般情况下，服务质量由查询响应时间、计算和通信开销、查询结果的精确性等来衡量。

3. 数据隐私度量标准

数据隐私是指个人敏感数据或企业和组织的机密数据被恶意攻击者获取后，可以借助某些背景知识推理出用户个人的隐私信息或企业和组织的机密隐私信息。保护敏感数据安全最常用的方法之一是采用密码技术对敏感数据进行加密，所以对数据隐私度量主要从机密性、完整性和可用性三个方面进行考虑。

1）机密性。数据必须按照数据拥有者的要求保证一定的秘密性，不会被非授权的第三方非法获知。敏感的秘密信息只有得到拥有者的许可，其他人才能够获得该信息，信息系统必须能够防止信息的非授权访问和泄露。

2）完整性。完整性是指信息安全、精确与有效，不因为人为的因素而改变信息原有的内容、形式和流向，即不能被未授权的第三方修改。它包含数据完整的内涵，即要保证数据不被非法的篡改和删除，还包含系统的完整性内涵，即保证系统以无害的方式按照预定的功能运行，不受有意的或者意外的非法操作所破坏。数据的完整性包括正确性、有效性和一致性。

3）可用性。保证数据资源能够提供既定的功能，无论何时何地，只要需要即可使用，而不因系统故障和误操作等使资源丢失或妨碍对资源的使用，使服务不能得到及时的响应。

4.3 隐私威胁

4.3.1 隐私威胁模型

随着通信技术和网络技术的发展与普及，特别是云计算、互联网、移动网以及物联网的快速发展，越来越多的人在日常生活中会与各种计算机和通信系统进行交互。每一次交互的过程中必然会在系统中产生大量的关于如何、什么时候、在哪里、通过谁、和谁、为了什么目的与通信和计算机系统进行交互的个人数据。而这些数据中包含了大量的个人敏感信息，如若处理不当，很容易在数据交互和共享的过程中遭受恶意攻击者攻击而导致机密泄露、财物损失或正常的生产秩序被打乱，构成严重的隐私安全威胁。因为对个人而言，敏感数据信息往往涉及个人行为、兴趣、健康状况、宗教信仰等隐私问题，严重时可能危及人的生命。

在所有的网络通信中，都会包含一系列的参与者。如发送方和接收方。通常，还包含其他的一些参与者、网络服务的传送者、网络服务的提供者或者增值服务的提供者，例如基于位置服务（location-based service）的提供者、云存储提供者等。在实际通信过程中，许多攻击者来自于通信的参与方，也就是通信双方可能会侵犯用户隐私。如果通信参与方是服务的提供者（例如，一个企业），为了商业利益，服务提供者有可能会泄露或滥用用户遗留在通信系统中的个人敏感数据。例如，服务提供商有可能会把用户的医疗数据出售给保险公司从而获得一定的收益。这样保险公司就可以有针对性地对不同身体状况的人收取不同的保险金额。因此，为了保护用户的个人隐私就需要保护用户的私人数据不被泄露给不可信的第三方。

4.3.2 隐私保护方法

隐私保护方法是为了使用户既能享受各种服务和应用，又能保证其隐私不被泄露和滥用。在数据库隐私保护系统、位置隐私保护系统、数据隐私保护系统中已经提出了大量的隐私保护技术。下面对这些技术进行简单的分类。

1. 数据库隐私保护技术

一般来说，数据库中的隐私保护技术大致可以分为三类：

1）基于数据失真的技术。它是使敏感数据失真但同时保持某些数据或数据属性不变的方法。例如，采用添加噪声、交换等技术对原始数据进行扰动处理，但要求保证处理后的数据仍然可以保持某些统计方面的性质，以便进行数据挖掘等操作。

2）基于数据加密的技术。它是采用加密技术在数据挖掘过程中隐藏敏感数据的方法，多用于分布式应用环境，如安全多方计算。

3）基于限制发布的技术。它是根据具体情况有条件地发布数据。例如不发布数据的某些阈值、数据泛化等。

基于数据失真的技术，效率比较高，但是存在一定程度的信息丢失；基于数据加密的技术则刚好相反，它能保证最终数据的准确性和安全性，但计算开销比较大；而基于限制发布的技术的优点是能保证所发布的数据一定真实，但发布的数据会有一定的信息丢失。

2. 位置隐私保护技术

目前的位置隐私保护技术大致可分为三类：

1）基于隐私保护策略的方法。它是指通过制定一些常用的隐私管理规则和可信任的隐私协定来约束服务提供商能公平、安全地使用用户的个人位置信息。

2）基于匿名和混淆技术的方法。它是指利用匿名和混淆技术分隔用户的身份标识和其所在的位置信息、降低用户位置信息的精确度以达到隐私保护的目的。

3）基于空间加密的方法。它是通过对位置加密达到匿名的效果。

基于隐私保护策略的方法实现简单，服务质量高，但其隐私保护效果差；基于匿名和混淆技术的方法在服务质量和隐私保护度上取得了较好的平衡，是目前 LBS 隐私保护的主流技术；基于空间加密的方法能够提供严格的隐私保护，但其需要额外的硬件和复杂的算法支持，计算开销和通信开销较大。

3. 数据隐私保护技术

对于传统的敏感数据的安全可以采用加密、散列函数、数字签名、数字证书、访问控制等技术来保证数据的机密性、完整性和可用性。对于新型计算模式（如云计算、移动计算、社会计算等）下敏感数据的安全则需要考虑计算模式的一些新特点和新要求。本书主要考虑外包数据计算过程中的数据隐私保护技术，按照运算处理方式可分为两种：

（1）支持计算的加密技术

支持计算的加密技术是一类能满足支持隐私保护的计算模式（如算术运算、字符运算等）的要求，通过加密手段保证数据的机密性，同时密文能支持某些计算功能的加密方案的统称。

（2）支持检索的加密技术

支持检索的加密技术是指在数据加密状态下可以对数据进行精确检索和模糊检索，从而保护数据隐私的技术。

4.4 数据库隐私

4.4.1 基本概念和威胁模型

目前隐私保护技术在数据库中的应用主要集中在数据挖掘和数据发布两个领域。数据挖掘中的隐私保护（Privacy Protection Data Mining，PPDM）是如何在保护用户隐私的前提下，能进行有效的数据挖掘；数据发布中的隐私保护（Privacy Protection Data Publish，PPDP）是如何在保护用户隐私的前提下，发布用户的数据以供第三方有效的研究和使用。图 4-1 描述了数据收集和数据发布的一个典型场景。

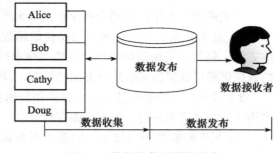

图 4-1　数据收集和数据发布

在数据收集阶段，数据发布者从数据拥有者，如 Alice、Bob 等，收集到了大量的数据。在数据发布阶段，数据发布者发布收集到的数据给挖掘用户或公共用户，这里也称为数据接收者，他能够在发布的数据上进行有效的数据挖掘以便于研究和利用。这里所说的数据挖掘具有广泛的意义，并不仅限于模式挖掘和模型构建。例如，疾病控制中心需收集各医疗机构的病历信息，以进行疾病的预防与控制。某医疗机构收集了大量来自患者的数据，并且把这些数据发布给疾病控制中心。本例中，医院是数据发布者，患者是数据记录拥有者，疾病控制中心是数据接收者。疾病控制中心进行的数据挖掘可以是从糖尿病患者的简单计数到复杂聚类分析等任何事情。

有两种模型的数据发布者。在不可信模型中，数据发布者是不可信的，它可能会尝试从数据拥有者那里识别敏感信息。各种加密方法、匿名通信方法以及统计方法都可用于从数据拥有者那里匿名地收集数据记录而不泄露数据拥有者的身份标识。在可信模式中，数据发布者是可信的，而且数据记录拥有者也愿意提供他们的数据给数据发布者。但是，数据接收者是不可信。

数据挖掘与知识发现在各个领域都扮演着非常重要的角色。数据挖掘的目的在于从大量的数据中抽取出潜在的、有价值的知识（模型或规则）。传统的数据挖掘技术在发现知识的同时会给数据的隐私带来严重威胁。上面例子中，疾病控制中心在收集各医疗机构的病历信息的过程中，传统数据挖掘技术将不可避免地暴露患者的敏感数据（如“所患疾病”），而这些敏感数据是数据拥有者（医疗机构、病人）不希望被揭露或被他人知道的。

4.4.2 数据库隐私保护技术

隐私保护技术就是为了解决数据挖掘和数据发布中的数据隐私暴露问题。隐私保护技术在具体实施时需要考虑以下两个方面：1）如何保证数据应用过程中不泄露数据隐私；2）如何更有利于数据的应用。

1. 基于数据失真的隐私保护技术

数据失真技术是通过扰动原始数据来实现隐私保护的，扰动后的数据需要满足：

1）攻击者不能发现真实的原始数据，即攻击者不能通过发布的失真数据借助一定的背景知识重构出真实的原始数据。

2）经过失真处理后的数据要能够保持某些性质不变，即利用失真数据得出的某些信息和从原始数据上得出的信息要相同，如某些统计特征要一样，这保证了基于失真数据的某些应用是可行的。

基于失真的隐私保护技术主要采用随机化、阻塞、交换、凝聚等技术。

（1）随机化

数据随机化就是在原始数据中加入随机噪声，然后发布扰动后的数据。随机化技术包括随机扰动和随机应答两类。

1）随机扰动。随机扰动采用随机化技术来修改敏感技术，达到对数据隐私的保护。图 4-2a 给出了一个简单的随机扰动模型。

输入	1.原始数据x_1，x_2，…，x_n，服从未知X分布 2.扰动数据y_1，y_2，…，y_n，服从特定Y分布
输出	随机扰动后的数据x_1+y_1，x_2+y_2，…，x_n+y_n

a）随机扰动过程

输入	1.随机扰动后的数据x_1+y_1，x_2+y_2，…，x_n+y_n 2.扰动数据的分布Y
输出	原始数据分布X

b）重构过程

图 4-2 随机化

攻击者只能截获或观察到扰动后的数据，这样就实现了对真实数据X的隐藏，但是扰动后的数据仍然保留着原始数据的分布信息。通过对扰动数据进行重构（如图 4-2b 所示），可以恢复原始数据X的信息，但不能重构原始数据的精确值x_1，x_2，…，x_n。

随机扰动技术可以在不暴露原始数据的情况下进行多种数据挖掘操作。由于扰动后的数据通过重构得到的数据分布几乎和原始数据的分布相同，因此利用重构数据的分布进行决策树分类器训练后，得到的决策树能很好地对数据进行分类。在关联规则挖掘中，通过向原始数据加入大量伪项来隐藏频繁项集，再通过在随机扰动后的数据上估计项集支持度来发现关联规则。

2）随机应答。随机应答是指数据所有者对原始数据扰动后再发布，使攻击者不能以高于预定阈值的概率得出原始数据是否包含某些真实信息或伪信息。虽然发布的数据不再真实，但是在数据量比较大的情况下，统计信息和汇聚信息仍然可以被较为精确地估计出来。随机应答和随机扰动的不同之处在于，随机应答的敏感数据是通过一种应答特定问题的方式提供给外界的。

（2）阻塞与凝聚

随机化技术一个无法避免的缺点是：针对不同的应用都需要设计特定的算法对转换后的数据进行处理，因为所有的应用都需要重建数据的分布。凝聚技术可以克服随机化技术的这一缺点，它的基本思想是：将原始数据记录分成组，每一组内存储着由 k 条记录产生的统计信息，包括每个属性的均值、协方差等。这样，只要是采用凝聚技术处理的数据，都可以用通用的重构算法进行处理，并且重构后的记录并不会披露原始数据的隐私，因为同一组内的 k 条记录是两两不可区分的。

与随机化技术修改敏感数据、提供非真实数据的方法不同，阻塞技术采用的是不发布某些特定数据的方法，因为某些应用更希望基于真实数据进行研究。例如，可以通过引入代表不确定值的符号"？"实现对布尔关联规则的隐藏。由于某些值被"？"代替，所以对某些项集的计数则为一个不确定的值，位于一个最小估计值和一个最大估计值范围之内。于是，对敏感关联规则的隐藏就是在阻塞尽量少的数值情况下将敏感关联规则可能的支持度和置信度控制在预定的阈值以下。另外，利用阻塞技术还可以实现对分类规则的隐藏。

2. 基于数据加密的隐私保护技术

基于数据加密的隐私保护技术多用于分布式应用中，如分布式数据挖掘、分布式安全查询、几何计算、科学计算等。在分布式下，具体应用通常会依赖于数据的存储模式和站点的可信度及其行为。

分布式应用采用垂直划分和水平划分两种数据模式存储数据。垂直划分数据是指分布式环境中每个站点只存储部分属性的数据，所有站点存储数据不重复；水平划分数据是将数据记录存储到分布式环境中的多个站点，所有站点存储的数据不重复。对分布式环境下的站点，根据其行为可以分为准诚信攻击者和恶意攻击者。准诚信攻击者是遵守相关计算协议但仍试图进行攻击的站点；恶意攻击者是不遵守协议且试图披露隐私的站点。一般假设所有站点为准诚信攻击者。

基于加密技术的隐私保护技术主要有安全多方计算、分布式匿名化、分布式关联规则挖掘、分布式聚类。

（1）安全多方计算

安全多方计算协议是密码学中非常活跃的一个学术领域，它有很强的理论和实际意义。一个简单安全多方计算的实例就是著名华人科学家姚启智提出的百万富翁问题：两个百万富翁 Alice 和 Bob 想知道他们两个谁更富有，但他们都不想让对方知道自己财富的任何信息。按照文献 [10] 设计的协议运行之后，结果是双方只知道谁更加富有，但是对对方具体有多少财产一无所知。通俗地讲，安全多方计算可以被描述为一个计算过程：两个或多个协议参与者基于秘密输入来计算一个函数。安全多方计算假定参与者愿意共享一些数据用于计算。但是，每个参与者都不希望自己的输入被其他参与者或任何第三方所知。一般来说，安全多方计算可以看成是在具有 n 个参与者的分布式网络中私密输入 $x_1, x_2, \cdots, x_n$ 上的计算函数 $f(x_1, x_2, \cdots, x_n)$，其中参与者 i 仅知道自己的输入 x_i 和输出 $f(x_1, x_2, \cdots, x_n)$，再没有任何其他多余信息。假设有可信第三方存在，这个问题的解决十分容易，参与者只需要将自己的输入通过秘密通道传送给可信第三方，由可信第三方计算这个函数，然后将结果广播给每一个参与者即可。但是在现实中很难找到一个让所有参与者都信任的可信第三方。因此，安全多方计算协议主要是针对无可信第三方的情况下安全计算一个约定函数的问题。

众多分布式环境下基于隐私保护的数据挖掘应用都可以抽象成无可信第三方参与的安全多方计算问题，即如何使两个或多个站点通过某种协议完成计算后，每一方都只知道自己的输入和所有数据计算后的结果。

由于安全多方计算基于"准诚信模型"假设之上，因此应用范围有限。

（2）分布式匿名化

匿名化就是隐藏数据或数据来源。因为大多数应用都需要对原始数据进行匿名处理以保证敏感信息的安全，然后在此基础上进行挖掘、发布等操作。分布式下的数据匿名化都面临：在通信时，如何既保证站点数据隐私又能收集到足够的信息来实现利用率尽量大的数据匿名。

以在垂直划分的数据环境下实现两方分布式 $k-$ 匿名为例来说明分布式匿名化。假设有两个站点 S_1、S_2，它们拥有的数据分别是 $\{ID, A_1, A_2, \cdots, A_n\}$，$\{ID, B_1, B_2, \cdots, B_n\}$，其中 A_i 为 S_j 拥有数据的第 i 个属性。利用可交换加密在通信过程中隐藏原始信息，再构建完整的匿名表判断是否满足 $k-$ 匿名条件，如表 4-1 所示。

表 4-1　分布式 $k-$ 匿名算法

输入：站点 S_1、S_2，数据 $\{ID, A_1, A_2, \cdots, A_n\}$，$\{ID, B_1, B_2, \cdots, B_n\}$
输出：$k-$ 匿名数据表 T^*
过程：1. 两个站点分别产生私有密钥 K_1 和 K_2，且满足：$E_{K_1}(E_{K_2}(D)) = E_{K_2}(E_{K_1}(D))$，其中 D 为任意数据； 2. 表 $T^* \leftarrow NULL$； 3. while T^* 中数据不满足 $k-$ 匿名条件 do 4. 站点 $i (i=1$ 或 2) 4.1 泛化 $\{ID, A_1, A_2, \cdots, A_n\}$ 为 $\{ID, A_1^*, A_2^*, \cdots, A_n^*\}$，其中 A_1^* 表示 A_1 泛化后的值； 4.2 $\{ID, A_1, A_2, \cdots, A_n\} \leftarrow \{ID, A_1^*, A_2^*, \cdots, A_n^*\}$ 4.3 用 K_i 加密 $\{ID, A_1^*, A_2^*, \cdots, A_n^*\}$ 并传递给另一站点； 4.4 用 K_i 加密另一站点加密的泛化数据并回传； 4.5 根据两个站点加密后的 ID 值对数据进行匹配，构建经 K_1 和 K_2 加密后的数据表 $\quad T^* \{ID, A_1^*, A_2^*, \cdots, A_n^*, ID, B_1, B_2, \cdots, B_n\}$ 5. end while

在水平划分的数据环境中，可以通过引入第三方，利用满足性质的密钥来实现数据的 $k-$ 匿名化：每个站点加密私有数据并传递给第三方，当且仅当有 k 条数据记录的准标识符属性值相同时，第三方的密钥才能解决这 k 条数据记录。

（3）分布式关联规则挖掘

在分布式环境下，关联规则挖掘的关键是计算项集的全局计数，加密技术能保证在计算项集计数的同时，不会泄露隐私信息。例如，在数据垂直划分的分布式环境中，需要解决的问题是：如何利用分布在不同站点的数据计算项集计数，找出支持度大于阈值的频繁项集。此时，在不同站点之间计数的问题被简化为在保护隐私数据的同时，在不同站点间计算标量积的问题。

（4）分布式聚类

基于隐私保护的分布式聚类的关键是安全地计算数据间的距离，有 Naïve 聚类模型和多次聚类模型两种，两种模型都利用了加密技术实现信息的安全传输。

1）Naïve 聚类模型。各个站点将数据加密方式安全地传递给可信第三方，由可信第三方进行聚类后返回结果。

2）多次聚类模型。首先各个站点对本地数据进行聚类并发布结果，再通过对各个站点发布的结果进行二次处理，实现分布式聚类。

3. 基于限制发布的隐私保护技术

限制发布是指有选择地发布原始数据、不发布或者发布精度较低的敏感数据以实现隐私保护。当前基于限制发布隐私保护方法主要采用数据匿名化技术，即在隐私披露风险和数据精度之间进行折中，有选择地发布敏感数据及可能披露敏感数据的信息，但保证敏感数据及隐私的披露风险在可容忍的范围内。

数据匿名化一般采用两种基本操作：

1）抑制。抑制某数据项，即不发布该数据项。

2）泛化。泛化即对数据进行更抽象和概括的描述。如可把年龄 30 岁泛化成区间 [20，40] 的形式，因为 30 岁在区间 [20，40] 内。

（1）数据匿名化原则

数据匿名化处理的原始数据一般为数据表形式，表中每一行是一个记录，对应一个人。每条记录包含多个属性（数据项），这些属性可分为 3 类：

1）显示标识符（explicit identifier）。能唯一表示单一个体的属性，如身份证、姓名等。

2）准标识符（quasi-identifier）。几个属性联合起来可以唯一标识一个人，如邮编、性别、出生年月等联合起来可能是一个准标识符。

3）敏感属性（sensitive attribute）。包含用户隐私数据的属性，如疾病、收入、宗教信仰等。

例如，表 4-2 为某家医院的原始诊断记录表，每一条记录（行）对应一个唯一的病人，其中｛"姓名"｝为显示标识符属性，｛"年龄"，"性别"，"邮编"｝为准标识符属性，｛"疾病"｝为敏感属性。

表 4-2 某医院原始诊断记录表

姓 名	年 龄	性 别	邮 编	疾 病
Betty	25	F	12300	艾滋病
Linda	35	M	13000	消化不良
Bill	21	M	12000	消化不良
Sam	35	M	14000	肺炎
John	71	M	27000	肺炎
David	65	F	54000	胃溃疡
Alice	63	F	24000	流行感冒
Susan	70	F	30000	支气管炎

传统的隐私保护方法是先删除表 4-2 中的显示标识符"姓名"，然后再发布出去。表 4-3

给出了表 4-2 的匿名数据。假设攻击者知道表 4-3 中有 Betty 的诊断记录，而且攻击者知道 Betty 年龄是 25 岁，性别是 F，邮编是 12300。那么根据表 4-3，攻击者可以很容易确定 Betty 对应表中第一条记录。因此，攻击者可以肯定 Betty 患了艾滋病。

表 4-3　某医院原始诊断记录表

年　　龄	性　　别	邮　　编	疾　　病
25	F	12300	艾滋病
35	M	13000	消化不良
21	M	12000	消化不良
35	M	14000	肺炎
71	M	27000	肺炎
65	F	54000	胃溃疡
63	F	24000	流行感冒
70	F	30000	支气管炎

　　显然，由传统的数据隐私保护算法得到匿名数据不能很好地阻止攻击者根据准标识符信息推测目标个体的敏感信息。因此，需要有更加严格的匿名处理才能达到保护数据隐私的目的。

- *k*- 匿名。Sweeney 和 Samarati 最先提出使用 *k*- 匿名规则来处理发布数据的隐私泄露问题。*k*- 匿名方法通常采用泛化和压缩技术对原始数据进行匿名化处理以便得到满足 *k*- 匿名规则的匿名数据，从而使得攻击者不能根据发布的匿名数据准确地识别出目标个体的记录。泛化技术的思想是将原始数据中的记录划分成多个等价类，并用更抽象的值替换同一等价类中的记录的准标识符属性值，使得每个等价类中的记录都拥有相同的准标识符属性值。因此，攻击者根据准标识符属性来区分同一个等价类的所有记录。*k*- 匿名规则要求每个等价类中至少包含 *k* 条记录，使得匿名数据中的每条记录都至少不能和其他 *k*-1 条记录区分开来，这样可以防止攻击者根据准标识符属性识别目标个体对应的记录。一般 *k* 值越大对隐私的保护效果越好，但丢失的信息越多。例如，表 4-4 给出了使用泛化技术得到的表 4-2 的 4- 匿名数据。*k*- 匿名规则切断了个体和数据库中某条具体记录之间的联系，在一定程度上保护了个人隐私。但是 *k*- 匿名的缺陷在于它没有对敏感数据作任何约束，攻击者可以利用一致性攻击（homogeneity attack）和背景知识攻击（background knowledge attack）来确认敏感数据与个人的联系，导致隐私泄露。

表 4-4　4- 匿名数据

组 标 识	年　　龄	性　　别	邮　　编	疾　　病
1	[2, 60]	F	[12000, 15000]	艾滋病
1	[2, 60]	M	[12000, 15000]	消化不良
1	[2, 60]	M	[12000, 15000]	消化不良
1	[2, 60]	M	[12000, 15000]	肺炎
2	[61, 75]	M	[23000, 55000]	肺炎
2	[61, 75]	F	[23000, 55000]	胃溃疡
2	[61, 75]	F	[23000, 55000]	流行感冒
2	[61, 75]	F	[23000, 55000]	支气管炎

- *l*-diversity。*l*-diversity 规则仍然将原始数据中的记录划分成多个等价类，并利用泛化技术使得每个等价类中的记录都拥有相同的准标识符属性，但是 *l*-diversity 规则要求每个等价类的敏感属性至少有 *l* 个不同的值。*l*-diversity 使得攻击者最多以 $1/l$ 的概率确认某个体的敏感信息。表 4-3 发布的数据也满足 3-diversity：每个等价类中至少有 3 个不同的敏感属性值。然而，*l*-diversity 规则仍然采用泛化技术来得到满足隐私要求的匿名数据，而泛化技术的根本缺点在于丢失原始数据中的大量信息。因此 *l*-diversity 规则仍没解决 *k*– 匿名丢失原始数据中大量信息的缺点。另一方面，*l*-diversity 规则不能阻止相似攻击（similarity attack）。
- *t*-closeness。*t*-closeness 规则要求匿名数据中的每个等价类中敏感属性值的分布接近于原始数据中的敏感属性值的分布，两个分布之间的距离不超过阈值 *t*。*t*-closeness 规则可以保证每个等价类中的敏感属性值具有多样性的同时在语义上也不相似，从而使得 *t*-closeness 规则可以阻止相似攻击。但是，*t*-closeness 规则只能防止属性泄露，却不能防止身份泄露。因此，*t*-closeness 规则通常与 *k*– 匿名规则同时使用来防止身份泄露。另外，*t*-closeness 规则仍是采用泛化技术的隐私规则，在很大程度上降低了数据发布的精度。
- **Anatomy 方法**。Anatomy 是肖小奎等提出的一种高精度的数据发布隐私保护方法。Anatomy 首先利用原始数据产生满足 *l*-diversity 原则的数据划分，然后将结果分成两张数据表发布，一张表包含每个记录的准标识符属性值和该记录的等价类 ID 号，另一张表包含等价类 ID、每个等价类的敏感属性值及其计数。这种将结果"切开"发布的方法，在提高准标识符属性数据的同时，保证了发布的数据满足 *l*-diversity 原则，对敏感数据提供了较好的保护。

（2）数据匿名化算法

大多数匿名化算法一方面致力于解决根据通用匿名原则，如何更好地发布匿名数据。另一方面致力于解决在具体应用背景下，如何使发布的匿名数据更有利于应用。

- **基于通用原则的匿名化算法**。基于通用原则的匿名化算法通常包括泛化空间枚举、空间修剪、选取最优化泛化、结果判断与输出等步骤。基于通用匿名原则的匿名算法大都基于 *k*– 匿名算法，不同之处仅在于判断算法结束的条件，而泛化策略、空间修剪等都是基本相同的。
- **面向特定目标的匿名化算法**。在特定的应用场景下，通用的匿名化算法可能不能满足特定目标的要求。面向特定目标的匿名化算法就是针对特定应用场景的隐私化算法。例如，考虑到数据应用者需要利用发布的匿名数据构建分类器，那么设计匿名化算法时就需要考虑在隐私保护的同时，怎样使发布的数据更有利于分类器的构建，并且采用的度量指标要能直接反映出对分类器构建的影响。已有的自底向上的匿名化算法和自顶向下的匿名化算法都采用了信息增益作为度量。因为发布的数据信息丢失越少，构建的分类器的分类效果越好。自底向上的匿名化算法通过每一次搜索泛化空间，采用使信息丢失最少的泛化方案进行泛化，重复执行以上操作直到数据满足匿名原则的要求。自顶向下的匿名化算法的操作过程则与之相反。
- **基于聚类的匿名化算法**。基于聚类的匿名化算法将原始记录映射到特定的度量空间，再对空间中的点进行聚类来实现数据匿名。类似 *k*– 匿名，算法保证每个聚类

中至少有 k 个数据点。根据度量的不同，有 r-gather 和 r-cellular 两种聚类算法。在 r-gather 算法中，它以所有聚类中的最大半径为度量，对所有数据点进行聚类，在保证每个聚类至少包含 k 个数据点的同时，所有聚类中的最大半径越小越好。

基于聚类的匿名化算法主要面临两个挑战：如何对原始数据的不同属性进行加权，因为对属性的度量越准确，聚类的效果就越好；如何使不同性质的属性统一映射到同一度量空间。数据匿名化能处理多种类型的数据，并发布真实的数据，能满足众多实际应用的需求。图 4-3 是数据匿名化的场景及相关隐私。可以看到，数据匿名化是一个复杂的过程，需要同时权衡原始数据、匿名数据、背景知识、匿名化技术、攻击等众多因素。

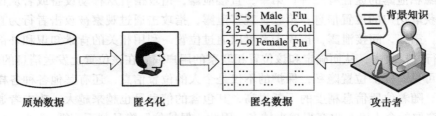

图 4-3　数据匿名化场景

4.5　位置隐私

近年来，随着无线通信技术和定位技术的快速发展，越来越多的移动设备装备了 GPS 精确定位功能，促发基于位置的服务（Location-based Service，LBS）的发展。基于位置的服务已被广泛视为是为移动用户提供的最有前途的服务之一，它是指将一个移动设备的位置或坐标和其他信息整合起来，为移动用户提供的增值服务。例如，在旅游的时候身体出现了不适，可以快速搜索所在地附近的最近医院并获取相关的科室信息；又比如，向咖啡店 200m 范围内的所有移动用户发送电子优惠券等。这一类服务已经在手机平台上大量应用，只要拥有一台具有定位功能的手机，就可以随时享受 LBS 给生活带来的便捷。

然而，LBS 在给移动用户提供极大方便的同时，也对移动用户的隐私安全造成了极大的威胁。通过收集包含在 LBS 查询中的精确位置信息，恶意用户或攻击者（包括位置服务器）能够推断出用户的诸如家庭住址、生活习惯、政治观点、宗教信仰和健康状况等私人敏感信息。研究表明，通过收集 GPS 数据，即使这些 GPS 数据已被匿名处理过，攻击者能很容易推断出出租车司机的家庭住址；利用多目标跟踪算法能够从几个用户的完全匿名 GPS 数据中推断出个人行踪及行为。因此，需要采取一定的措施确保用户在享受各种位置服务带来便利的同时能够保护用户的隐私信息不被泄露和滥用。

4.5.1　基本概念及威胁模型

1. 基本概念

什么是位置隐私呢？这需要先了解信息隐私的概念。所谓信息隐私是由个人、组织或机构定义的何时、何地、用何种方式与他人共享信息，以及共享信息的内容。而位置隐私是一种特殊的信息隐私，它是指防止其他未授权的实体以任何方式获知个人现在以及过去位置的能力。个人的位置代表了个人的所到之处，这些所到之处的位置点集合构成了个人活动的某条轨迹或踪迹。轨迹信息不仅仅代表地图上的某些坐标点，附着在该轨迹上的信息清楚告知了个人的兴趣爱好、生活习惯、社会关系、宗教信仰以及具体活动。个人位置信息的暴露就意味个人的隐私和秘密被泄露。这可能会使人们受到恶意广告、基于位置的垃圾邮件的侵扰，损害个人的社会声誉和经济利益，更有甚者，可能会受到不法分子的拦劫和伤害等。

位置隐私威胁指攻击者能够获得非授权访问原始位置数据以及通过定位传输设备、劫持位置传输通道、利用设备识别对象等手段推理和计算出位置数据的风险。例如，利用获取的位置信息向用户兜售垃圾广告，了解用户的健康状况、生活习惯、政治倾向等；通过用户访问过的地点可以推断用户去过哪些诊所、哪个医生办公室和在哪个娱乐中心消遣过等。位置隐私泄露的途径有三种：第一，直接泄露，指攻击者从移动设备或者从位置服务器中直接获取用户的位置信息；第二，观察泄露，指攻击通过观察被攻击者行为直接获取位置信息；第三，间接泄露，指攻击者可以通过位置，利用相关的背景知识和外部公开的数据源进行连接攻击，从而确定和该位置相联系的用户或者在该位置上发送消息的用户。

由此可见，保护位置隐私，保护的不仅是个人的位置信息，还有其他各种各样的个人隐私信息。随着位置信息精度的不断提高，其包含的信息量也越来越大，攻击者通过截获位置信息窃取的个人隐私也变得越来越多。因此，保护位置隐私刻不容缓。

2. 隐私威胁模型

图 4-4 描述了 LBS 系统的一般架构。它主要由 4 部分组成：移动终端、定位系统、通信网络和服务提供商（服务提供商和 LBS 服务器可替换使用）。移动终端（如智能手机、PDA 等）用于用户向 LBS 服务器发送包含位置信息的查询请求。定位系统可以实时获取用户或移动对象发送查询请求时的位置信息。目前应用最广泛的定位系统无疑是 GPS 系统，此外还有其他一些定位系统，如基于 GSM、RFID、WiFi 等的定位系统。通信网络（如 3G 网络）

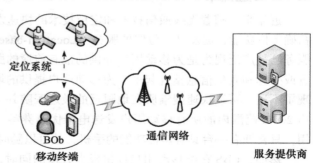

图 4-4　LBS 系统的架构

负责传输用户发送的查询请求和从 LBS 服务器返回的查询结果。LBS 服务器响应用户的查询请求并返回定制的结果。虽然 LBS 中的许多功能和传统的 GIS（Geographic Information System）相似，但是 LBS 和 GIS 有许多本质的区别。GIS 通常可以利用较多的计算资源，为少数专业技术人员提供专业的地理数据的分析和处理，而 LBS 则是为大量普通用户提供有限的地理数据业务，并且这些服务要在资源有限的移动终端上运行。因此，一个 LBS 服务提供商通常具备如下几个方面的特点：

1）高性能：快速处理用户的查询请求，以避免长时间等待；

2）可扩展性：能够支持大规模用户和数据；

3）高可靠性：保证系统长时间稳定运行；

4）实时性：支持实时查询动态信息；

5）移动性：移动终端在任何地点都可以为其提供服务；

6）开放性：支持多种公告协议和标准；

7）安全性：保护服务提供商的数据和用户的隐私；

8）互操作性：LBS 通常需要和其他电子商务服务集成在一起，因此需要有良好的互操作性。

在 LBS 的一般架构中，用户的隐私可能会在三个地方泄露。首先是移动终端，如果用户的移动设备被捕获或劫持，那么就可能会主动泄露用户的私有信息（包括但不限于位置信息），如何保护用户移动终端的安全本身也是一个非常活跃的研究话题；其次是用户的查询请求和返回结果在通过无线通信网络传输时，有可能被窃听或遭受中间人攻击，这种攻击可以通过传统的加密和散列机制解决信息传输的机密性、完整性和新鲜性；最后是 LBS 服务提供商，因为一个恶意的攻击者可能就是 LBS 服务器的拥有者或维护者，也可能是俘获并掌控 LBS 服务器的恶意攻击者。在这两种情况下，恶意攻击者都能够访问存储在 LBS 服务器上的所有信息，如 IP 地址和用户每次查询提交的位置信息等。

不同应用场景中的隐私威胁模型都是在一般架构的基础上，对攻击者的知识做出各种符合实际的假设。例如，在连续查询隐私保护的场景中，可以假设攻击者具有移动用户实时空间位置分布的全局知识、攻击者可以控制匿名服务器和 LBS 服务器之间的通信通道以及攻击者知道隐私保护所采用的匿名算法等。

为了简化隐私保护问题，LBS 系统的通用隐私威胁模型通常都假定 LBS 服务器是恶意的，其他部分则是友好的。虽然在使用 LBS 时没有对该通用隐私威胁模型设定额外的要求（如用户必须登录后才能使用 LBS 系统），但是攻击者仍然能够利用一些侧通道和复杂的对象跟踪算法把连续的匿名 LBS 查询和同一个用户标识关联起来。

3. 位置隐私的挑战

1）保护位置隐私和享受位置服务是一对矛盾。基于位置的服务质量依赖于移动用户当前位置信息的精度。位置信息越精确，服务质量越高。然而，位置信息披露越精确，位置隐私被入侵的风险就越高。因此，在 LBS 提供的服务质量和承担的位置隐私风险之间有一个内在的权衡。一个强有力的位置隐私保护方案应当能够在位置隐私保护水平和服务质量保持水平之间提供一个很好的权衡。对移动用户而言，不同类型的服务提供需要不同精度的位置信息，一个非常重要的问题是需要多大程度的隐私保护。只要有通信发生，就不可能有完美的隐私保护。而且，用户在不同的上下文环境中会有不同的隐私需求。因此，开发个性化的隐私保护机制是非常重要的。它可以帮助用户在完全极端的数据暴露和完全极端的数据保护之间找到平衡。这包括对位置服务提供的服务质量和提供给用户期望的隐私水平之间的内在平衡进行定性和定量的分析，而且在将移动用户的位置信息发送给 LBS 之前，要进行一定程度的混淆处理。

2）位置隐私的个性化需求。和服务质量一样，隐私是一个高度个性化的度量标准。因为不同用户可能需要不同级别的隐私水平；即使是同一用户的隐私需求级别也经常随时间和服务的变化而改变。一般，用户愿意共享位置信息数据取决于一系列的因素，包括用户的不同上下文信息（环境上下文、任务上下文、社会上下文等）、用户需要的服务类型（如高度个性化的服务、高度的企业机密）以及服务要求的位置和时间。

3）位置信息的多维性。位置服务中，移动对象的位置信息是多维的，每一维之间互相影响，无法单独处理。这时采用的隐私保护技术必须把位置信息看做一个整体，在一个多维的空间中，处理每个位置。其中包括存储、索引、查询处理等技术。

4）位置匿名的即时特点。在位置服务中，通常处理器面临大量移动对象连续的服务请求以及连续改变的位置信息，使得匿名处理的数据量巨大而且频繁变化。在这种在线的环境下，处理器的性能是一个重要的影响因素，响应时间也是用户的满意度的一个重要衡量标准，其次，位置隐私还要考虑对用户的连续位置保护的问题，或者说对用户的轨迹提供保护，而不仅仅是处理当前的单一位置信息。因为攻击者有可能积累用户的历史信息来分析用户的隐私。

5）基于位置匿名的查询处理。在位置服务中，用户提出基于位置的服务请求。每一个移动用户不但关注个人的隐私是否受到保护，而且还关心其服务质量是否能得到满足。用户在给位置服务提供商提交位置信息之前，要先对用户的精确位置信息进行模糊化处理使之变成包含用户精确位置信息的位置区域，这样的位置区域提交给位置服务商进行查询处理时，得到结果和精确的位置点查询的结果是不一样的，它是一个包含精确结果的候选结果集。如何找到合适的查询结果集，使得真实的查询结果包含在里面，同时有没有浪费通信和计算开销，是匿名成功之后需要处理的主要问题。

4.5.2 位置隐私保护技术

1. 基于隐私政策的位置隐私保护方法

隐私政策是用于禁止位置信息某些用途的一种基于信任的机制，它的目标是提供足够灵活的适应个体用户以及个别情况和交易需求的隐私保护。基于政策的隐私保护方法主要是依赖经济、社会和监管压力来促使位置服务提供商能够按照隐私管理规则和可信任的隐私协定来公平、安全地使用用户的个人位置信息。IETF 的 GeoPriv 和 W3C 的 P3P 是两个比较有名的基于隐私政策的隐私保护方法。

互联网工程任务组（IETF）的地理位置隐私（GeoPriv）工作组采用“存在信息数据格式”（Presence Information Data Format，PIDF）作为位置隐私的隐私政策系统。它主要关注如何在 Internet 协议中合理地表示位置信息并研究位置信息被创建、存储或使用时的相关隐私问题，工作组的目标是提供能广泛适用于位置感知应用的详细规范。为了保护位置隐私，GeoPriv 规范定义了一个位置对象，其中封装了单个用户的位置和他的隐私政策。隐私政策的核心是描述信息可接受使用的规则。

万维网联盟（W3C）的隐私偏好项目平台（Platform for Privacy Preferences Project，P3P）主要用于保护用户的数据隐私。P3P 可以帮助 Web 用户向服务器表达它们的数据使用和管理规则，并帮助用户理解服务器提供的政策，这大大促进了与隐私相关的一些决策。对于普通 Web 用户，P3P 在 LBS 中的应用被认为是加强对隐私政策的理解以及对 LBS 提供商的信任。虽然有很多优点，但是 P3P 缺乏服务提供商对隐私政策执行的详细说明，这使得 P3P 不是一个完全的解决方案。为了依赖 P3P，用户必须信任服务提供商能完全忠诚地遵守 P3P。基于政策的隐私保护方法既能保护用户位置隐私又能保护用户的查询隐私，这取决于政策的具体设计。

基于隐私政策的方法会继续发展和完善，但是它仅是对 LBS 隐私保护问题的部分回答。首先，隐私政策往往非常复杂，且其在频繁更新、高度动态信息化的位置感知环境中的实用性至今仍未得到检验。其次，隐私政策系统本身通常不能够执行隐私保护，往往是依赖经济、社会和监管压力等来确保隐私政策的执行。因此，隐私政策最终易于导致个人信息的无意或恶意披露。

2. 基于混淆和匿名的隐私保护技术

基于隐私政策的方法仅是对 LBS 隐私保护的部分回答，容易导致用户隐私的泄露，需要有更强执行力的隐私保护技术来保护用户的隐私。在过去几年里，匿名和混淆技术已成为 LBS 隐私保护研究的主流技术。匿名指的是有很多对象组成的一个集合，这个集合中的各个对象从集合外来看是不可区分的。在 LBS 上下文中，隐私保护主要涉及两类信息标识：用户身份标识和位置信息标识。基于匿名的隐私保护技术主要是隐藏用户身份标识，即将用户的身份标识和其绑定的位置信息的关联性分割开，如利用假名代替用户的身份、k-匿名、混合区域等。基于混淆的隐私保护技术主要是隐藏位置信息标识，即模糊化与用户身份绑定的位置信息，通过降低位置信息的精确度来保护隐私，如基于某个区域内多个用户历史轨迹的空间隐形算法等。

简单来说，基于匿名和混淆技术的隐私保护方法主要遵循如下两个原则：

1）隐藏用户的身份标识，切断用户标识和位置信息及查询信息的关联。

2）隐藏用户的位置信息，降低位置数据的质量。

基于匿名和混淆技术的隐私保护方法的关键是如何设计出更强的隐私保护方法来隐藏用户的身份标识或位置信息，从而降低隐私披露风险且尽可能提高服务质量。

根据位置匿名化处理方法的不同，位置匿名技术可以分为 3 类：

（1）位置 k- 匿名

Gruteser 和 Grunwald 最早将数据库中的 k- 匿名概念引入 LBS 隐私保护研究领域，提出位置 k- 匿名，即当一个移动用户的位置无法与其他 $k-1$ 个用户的位置相区别时，称此位置满足位置 k- 匿名。他们把位置信息表示为一个包含三个区间的三元组 $([x_1, x_2], [y_1, y_2], [t_1, t_2])$，其中 $([x_1, x_2], [y_1, y_2])$ 表示用户所在的二维空间区域，$[t_1, t_2]$ 表示用户在 $([x_1, x_2], [y_1, y_2])$ 区域的时间段。在时间 $[t_1, t_2]$ 内，空间区域 $[x_1, x_2], [y_1, y_2])$ 内至少包含 k 个用户。这样的用户集合满足位置 k- 匿名。图 4-5 给出了一个位置 3- 匿名的例子。User1、User2、User3 经过位置匿名后，均用 $([x_{lb}, x_{ru}], [y_{lb}, y_{ru}])$ 表示，如表 4-5 所示。其中，(x_{lb}, y_{lb}) 是匿名框的左下角，(x_{ru}, y_{ru}) 是匿名框的右上角。对攻击者而言，只知道在此匿名区域内有 3 个用户，具体哪个用户在哪个位置他无法确定，因为用户在匿名框中任何一个位置出现的概率相同，所以在 k- 匿名模型中，匿名集由在同一个匿名框中出现的所有用户组成。图 4-5 的匿名集为 {User1，User2，User3}。一般情况下，k 值越大，匿名度越高。所以，可以采用匿名集的大小来表示匿名度。

表 4-5　位置 3- 匿名

用　　户	真实位置	匿名后的位置
User1	x_1，y_1	$([x_{lb}, x_{ru}]$，$[y_{lb}, y_{ru}])$
User2	x_2，y_2	$([x_{lb}, x_{ru}]$，$[y_{lb}, y_{ru}])$
User3	x_3，y_3	$([x_{lb}, x_{ru}]$，$[y_{lb}, y_{ru}])$

1）空间匿名。降低移动对象的空间粒度，即用一个空间区域来表示用户的真实位置。区域位置一般是矩形或者圆形，如图 4-6 所示。用户 User 的真实位置用黑色圆点表示，空间匿名就是将用户位置点扩大为一个区域，如图中的虚线圆。用户在此圆内某个位置出现的概率相同。攻击者仅知道用户 User 在这个空间区域内，但是无法知道在整个区域内的哪个具体位置上。

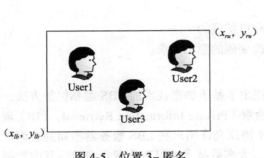

图 4-5　位置 3- 匿名

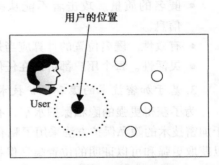

图 4-6　空间匿名示意图

2）时空匿名。在空间匿名的基础上，再增加一个时间轴。在扩大位置区域的同时，延迟响应时间，如图 4-7 所示。延迟响应时间，可以在这段时间内出现更多的查询，隐私匿名度更高。在时空匿名区域中，对象在任何位置出现的概率相同。

（2）假位置

如果不能找到其他 $k-1$ 个用户进行 $k-$ 匿名，则可以通过发布假位置达到以假乱真的效果。用户可以生成一些假位置（dummies），并同真实位置一起发送给服务提供者。这样，服务提供者就不能分辨出用户的真实位置，从而使得用户位置隐私得到保护。如图 4-8 所示，黑色圆点表示用户的真实位置点，白色圆点表示假位置（哑元），方框表示位置数据。为了保护用户的隐私，用户提交给位置服务器的是白色的假位置。因为攻击者不知道用户的真实位置，从而保护了用户的位置隐私。隐私保护水平以及服务质量与假位置和真实位置的距离有关，假位置距离真实位置越远，服务质量越差，但是隐私保护度越高；相反，距离越近，服务质量越好，但是隐私保护度越差。

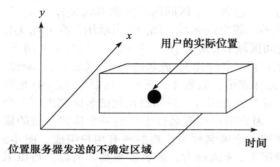

图 4-7　时空匿名示意图

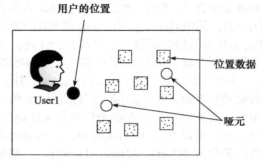

图 4-8　假数据示意图

（3）空间加密

空间加密方法不需要向服务提供者发送其他的位置，而是通过对位置加密达到匿名的效果。例如，Khoshgozaran 等人提出了一种基于 Hilbert 曲线的位置匿名方法。其核心思想是将空间中的用户位置及查询点位置单向转换到一个加密空间，在加密空间中进行查询。该方法首先将整个空间旋转为一个角度，在旋转后的空间中建立 Hilbert 曲线。用户提出查询时，根据 Hilbert 曲线将自己的位置转换成 Hilbert 值，提交给服务提供者；服务提供者从被查询点中找出 Hilbert 值与用户 Hilbert 值最近的点，并将其返回给用户。

对匿名过程的要求如下：

- 精确性。匿名过程应当满足并尽可能和用户的隐私需求相一致。
- 匿名的质量。攻击者不能从提交的位置信息中推断出用户精确位置信息的任何信息。
- 有效性。匿名位置的计算应当是高效和可扩展的。
- 灵活性。每个用户都可以在任何时刻改变他的隐私需求。

3. 基于加密技术的隐私保护技术

为了获得更强的隐私保护水平，有学者提出了基于加密技术的 LBS 隐私保护方法。基于加密技术的隐私保护方法采用了私有信息检索（Private Information Retrieval，PIR）理论以获取更强和可以证明的位置隐私保护。PIR 协议允许用户在 LBS 服务器不知其查询请求的情况下，从数据库中私密地检索所需信息。大多数技术均以理论背景表示，其中数据库

是一个 n 位的二进制字符串 X，如图 4-9 所示。

其过程为：移动用户想查找字符串 X 中的第 i 位的值（如 X_i）。为了保护隐私，用户向
服务器发送一个加密查询请求 $q(i)$，服务器做
出响应并返回查询结果 $r(X, q(i))$，用户对查询
结果 $r(X, q(i))$ 解密计算得到 X_i。

Ghinita 等为二进制数据构建了计算型
PIR 协议 cPIR，cPIR 采用加密技术且基于这
样一个事实：在给定 $q(i)$ 的情况下，攻击者很
难（几乎不可能）通过计算找出 i 的值。但是

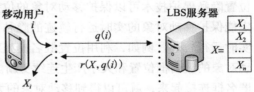

图 4-9　PIR framework

用户能够很容易根据服务器的响应值 $q(i)$ 计算出 X_i 的值。利用 cPIR，Ghinita 等通过解决
理论设置上的近邻查询（NN）保护了 LBS 移动用户的隐私。cPIR 方法的优点是：不会泄
露任何空间信息，而且能够防止任何类型的基于位置的攻击，包括关联攻击。缺点是：仅
能应用在支持基于 PIR 协议的 LBS 服务器，对 LBS 服务器的部署有非常严格的要求；导
致了服务器和移动设备都很难负担起的计算开销和通信开销。Khoshgozaran A 提出的基于
PIR 的 LBS 用户隐私保护方法解决了 cPIR 协议的三个重要限制：每个查询的通信复杂度
很高；不能避免处理每个查询时对整个数据库的线性扫描；仅限于对第一个近邻查询的盲
评。该方法通过模糊用户查询和使用 PIR 保护了用户的查询内容，并获得了比 cPIR 更小
的通信和计算复杂度。

4.5.3　轨迹隐私保护技术

1. 轨迹隐私基本概念

轨迹隐私是一种特殊的个人隐私，它是指个人运行轨迹本身含有的敏感信息，或者由
运行轨迹推导出的其他个人信息，如家庭地址、工作单位、生活习惯、宗教信仰等。因此，
轨迹隐私保护既要保证轨迹本身的敏感信息不泄露，又要防止攻击者通过轨迹推导出其他
的个人信息。

2. 轨迹隐私保护场景

1）数据发布中的轨迹隐私保护。轨迹数据本身包含了丰富的时空信息，对轨迹数据
的分析和挖掘可以支持多种应用。如利用 GPS 轨迹数据分析交通设施的建设，以便科学合
理地更新和优化交通设施；社会学者通过分析人们的日常轨迹研究人类的行为模式；某些
公司通过分析员工的上下班轨迹以提高雇员的工作效率等。但是，假如恶意攻击者在未经
授权的情况下，计算推理获取与轨迹相关的其他个人信息，用户的个人隐私通过其轨迹完
全暴露，数据发布中的轨迹隐私情况大致可分为：

①由轨迹上敏感或频繁访问位置的泄露而导致移动对象的隐私泄露。如轨迹上的敏感或
频繁访问的位置很可能泄露其个人兴趣爱好、健康状况、政治倾向等个人隐私信息。例如，
某人在某个时间段频繁访问医院或诊所，攻击者可以推断出这个人近期患上了某种疾病。

②由移动对象的轨迹与外部知识的关联导致的隐私泄露。如，某人每天早晨 7 点都从地
点 X 出发，大概 1 小时左右到达地点 Y；每天下午 5 点半左右固定从地点 Y 出发，大概 1 小
时左右到达地点 X。攻击者通过分析挖掘可以推断 X 是某人的家庭地址，Y 是其工作单位，
通过查找 X 所在区域和 Y 所在区域的邮编、电话簿等公开信息，可以很容易地确定某人的身

份、姓名、工作地点、家庭地址等信息。某人的个人隐私信息通过其运行轨迹完全泄露。

2）位置服务中的轨迹隐私保护。用户在享受位置服务时，需要提交自己的位置信息。位置隐私保护技术可以保护移动对象的位置隐私，但是保护了移动对象的位置隐私并不一定能保护移动对象的实时运行轨迹的隐私，攻击者极有可能通过其他手段获得移动对象的实时运行轨迹。例如，利用位置匿名模型对发出连续查询的用户进行位置隐私保护时，移动对象的匿名框位置和大小产生连续更新。如果将移动对象发出的 LBS 请求时各个时刻的匿名框连接起来，就可以得到移动对象的大致运行路线。

3. 基于假数据的轨迹隐私保护技术

基于假数据的轨迹隐私保护技术是通过为每条轨迹产生一些非常相近的假轨迹来保护用户的轨迹信息不被攻击者获得。例如，移动对象 MO_1、MO_2、MO_3 在 t_1、t_2、t_3 时刻的位置点如表 4-6 所示，3 个对象在不同时刻的位置点分别构成了 3 条轨迹，存储在数据库中。

表 4-6　原始轨迹

移动对象	t_1	t_2	t_3
MO_1	（1，2）	（3，3）	（5，3）
MO_2	（2，3）	（2，7）	（3，8）
MO_3	（1，4）	（3，6）	（5，8）

通过产生一些假轨迹数据对用户的原始轨迹数据进行扰动，其处理结果如表 4-7 所示。I_1、I_2、I_3 分别是移动对象 MO_1、MO_2、MO_3 的假名，I_4、I_5、I_6 是生成的假轨迹的假名。经过基于假数据隐私保护方法处理后的数据库中含有 6 条轨迹，每条真实的轨迹的披露风险降低为 1/2。

表 4-7　假轨迹

移动对象	t_1	t_2	t_3
I_1	（1，2）	（3，3）	（5，3）
I_2	（2，3）	（2，7）	（3，8）
I_3	（1，4）	（3，6）	（5，8）
I_4	（1，1）	（2，2）	（3，3）
I_5	（2，4）	（2，6）	（4，6）
I_6	（1，3）	（2，5）	（3，7）

一般产生假轨迹的数量越多，披露风险越低，但是同时对真实数据产生的影响也越大。因此，假轨迹的数量通常根据用户的隐私需求选择折中数值。另外，生成的轨迹越与原轨迹交叉或者假轨迹的运动模式越与真实轨迹的运动模式相近，则从攻击者角度看，轨迹越易于混淆。因此，应尽可能产生相交且轨迹运动模式相近的轨迹以降低披露风险。假轨迹一般采用随机生成法和旋转模式生成法生成。

基于假数据的轨迹隐私保护技术的优点是实现简单、计算开销小。缺点是数据失真较严重、算法的移植性较差。

4. 基于泛化法的轨迹隐私保护技术

基于泛化的轨迹隐私保护技术就是采用泛化技术对要发布的轨迹数据进行处理，以降低隐私泄露的风险。最常用的方法就是轨迹 k– 匿名技术，即给定若干条轨迹，对于任意一

条轨迹 T_i，当且仅当在任意采样时刻 t_i 至少有 $k-1$ 条轨迹在相应的采样位置上与 T_i 泛化为同一区域时，称这些轨迹满足轨迹 $k-$ 匿名，满足轨迹 $k-$ 匿名的轨迹被称为在同一个 $k-$ 匿名集中。采样位置的泛化区域，也称匿名区域，可以是最小边界矩形（Minimum Boundary Rectangular，MBR），也可以是最小边界圆形（Minimum Boundary Circle，MBC），可以根据具体需求进行调整。表 4-8 是对表 4-6 中的原始数据进行轨迹 3- 匿名后的结果。表 4-8 中的 I_1、I_2、I_3 分别是移动对象 MO_1、MO_2、MO_3 的假名，3 个时刻的位置也泛化为 3 个移动对象的最小边界矩形。匿名区域采用左下标和右上标来表示。例如，[（2，3），（3，7）] 表示左下角坐标是（2，3），右上角坐标为（3，7）的最小边界矩形。

表 4-8 轨迹 3- 匿名

移动对象	t_1	t_2	t_3
I_1	[（1，2），（2，4）]	[（2，3），（3，7）]	[（3，5），（3，8）]
I_2	[（1，2），（2，4）]	[（2，3），（3，7）]	[（3，5），（3，8）]
I_3	[（1，2），（2，4）]	[（2，3），（3，7）]	[（3，5），（3，8）]

基于泛化法的轨迹隐私保护的优点是实现简单、算法移植性好、数据较真实。但是也存在明显的缺点，实现最优化轨迹匿名开销较大、有隐私泄露的风险。

5. 基于抑制法的轨迹隐私保护技术

抑制法是指有选择地发布原始数据，抑制某些数据项，即不发布某些数据项。表 4-9 给出了存储坐标和语义位置之间的对应关系的数据表，该信息可以通过方向地址解析器和黄页相结合得到。如果攻击者得到该信息，就可以作为背景知识对发布的数据进行推理性攻击。

表 4-9 原始位置信息数据

位置点	语义位置名	位置点	语义位置名
（1，2）	诊所	（5，8）	酒吧
（2，7）	宾馆	（3，9）	购物商场

表 4-10 是表 4-9 经过简单抑制之后发布的估计数据，所有敏感位置信息都被限制发布，移动对象的隐私得到了保护。

表 4-10 抑制后的位置信息数据

移动对象	t_1	t_2	t_3
MO_1	—	（3，3）	（5，3）
MO_2	（2，3）	—	（3，8）
MO_3	（1，4）	（3，6）	

一般，抑制发布数据有两个原则：抑制敏感或频繁访问的位置信息；抑制增大整条轨迹披露风险的位置信息。

抑制法简单有效，能够应对攻击者具有部分轨迹数据的情况。在保证数据可用性的前提下，抑制法是一种效率较高的方法。但是上面提到的方法仅适用于了解攻击者具有某种特定背景知识的情况，当隐私保护不能确切知道攻击者背景知识时，这种方法就不再适用。另外，抑制法数据失真较严重。

4.6 外包数据隐私

随着网络的发展和普及，数据呈现爆炸式增长，个人和企业需要更高性能的计算系统来处理，软、硬件维护费用也日益增加，使得个人和企业的设备已无法满足需求。因此网格计算、普适计算、云计算等应运而生，虽然这些新型计算模式解决了个人和企业对设备性能的需求，但也使他们面临对数据失去直接控制的危险。由于传统的加密算法无法直接支持对密文的计算和检索，故研究在密文状态下对数据进行计算和检索的加密方法就显得十分必要了。

4.6.1 基本概念

1. 数据隐私

外包计算模式下的数据隐私比起本章开头介绍的隐私具有以下两个独有的特点：1）外包计算模式下的数据隐私是一种广义的隐私，其主体包括自然人和法人（企业）；2）传统网络中的隐私问题主要发生在信息传输和存储的过程中，外包计算模式下不仅要考虑数据传输和存储中的隐私问题，还要考虑数据计算和检索过程中可能出现的隐私泄露。因此前者的隐私保护难度更大。

2. 支持计算的加密技术

支持计算的加密技术是一类能满足支持隐私保护的计算模式的要求，通过加密手段保证数据的机密性，同时密文能支持某些计算功能的加密方案的统称。

3. 支持计算的加密方案

支持计算的加密方案 $\Sigma = (Gen，Enc，Dec，Cal)$ 由以下 4 个算法组成：

1）密钥生成算法 Gen 为用户 U 产生密钥 Key，$Key \leftarrow Gen(U，d)$，d 为安全参数；

2）加密算法 Enc 可能为概率算法，假设 D 和 V 分别为该算法的定义域和值域，$\forall m \in D, c \leftarrow Enc(Key,m)$ 且 $c \in V$；

3）解密算法 Dec 为确定算法，对于密文 c，$m/\perp \leftarrow Dec(Key，c)$，$\perp$ 表示无解，$m \in D$；

4）密文计算算法 Cal 可能为概率算法，对于密文集合 $\{c_1，c_2，\cdots，c_t\}(c_i \in V)$，$Cal'(Dec(Key，c_1)，Dec(Key，c_2)，\cdots，Dec(Key，c_t)，op) \leftarrow Dec(Cal(c_1，c_2，\cdots，c_t，op))$，其中 op 为计算类型（例如模糊匹配、算术运算或关系运算等），Cal' 是与 Cal 对应的对明文数据运算的算法。

4.6.2 隐私威胁模型

外包计算的参与者有数据拥有者、数据使用者和服务提供者，他们之间的交互过程如图 4-10 所示。在这种典型的交互过程中，可能存在以下几种隐私威胁：

1）数据从数据拥有者传递到服务提供者的过程中，外部攻击者可以通过窃听的方式盗取数据；

2）外部攻击者可以通过无授权的访问、木马和钓鱼软件等方式来破坏服务提供者对用户数据和程序的保护，从而实现非法访问；

3）外部攻击者可以通过观察用户发出的请求，从而获得用户的习惯、目的等隐私信息；

4）由于数据拥有者的数据存放在服务提供者的存储介质上，程序运行在服务提供者的服务器中，因此内部攻击者要发起攻击更为容易。

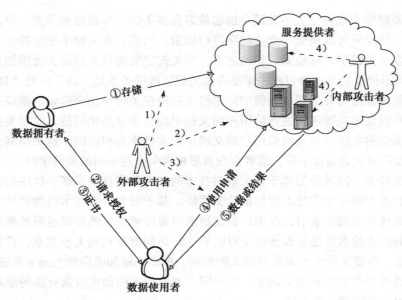

图 4-10   外包计算模式下的隐私威胁模型

在以上 4 种威胁中，1）、2）和 3）是传统网络安全中涉及的问题，可以通过已有的访问控制机制来限制攻击者的无授权访问，通过 VPN、OpenSSH 或 Tor 等方法来保证通信线路的安全；4）是在外包计算模式下出现的新的隐私威胁，也是破坏性最大的一种隐私威胁。因此，我们亟待一种技术能同时抵御以上 4 种隐私威胁。

4.6.3   外包数据加密检索

1. 外包数据加密检索模型

加密检索涉及的三类实体分别为：数据拥有者、被授权的数据使用者和云端服务器。数据拥有者想要将其拥有的资料存储在租用的云存储服务器端，以供被授权的数据使用者使用。但考虑到数据存放在云端时会存在泄露的可能，故其希望可以以加密形式存放在云端。当被授权的使用者想要调回数据（文档）时，先对关键字进行加密，再上传至云端，在云端服务器进行处理后，选出需要的数据，返回给被授权的使用者。模型如图 4-11 所示。

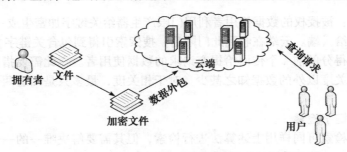

图 4-11   加密检索模型

2. 加密检索分类

目前存在的加密检索算法可按以下三种评判标准进行分类：检索关键字个数、检索精确程度以及使用的技术手段。

按检索关键字个数可分为单关键字加密检索和多关键字加密检索两类。单关键字加密检索是指用户每次只可以提交一个关键字进行检索。同理，多关键字加密检索是指用户一次只可以对多个关键字一起检索。相比之下，多关键字加密检索是更为通用的加密检索方法。但其在对返回文档的选择过程中需要考虑关键字间的关系是"或"还是"且"。

按检索精确程度可分为精确关键字加密检索和模糊关键字加密检索。精确关键字加密检索是指用户提交的关键字和返回给用户的文档中的关键字是相同的。模糊关键字加密检索是指用户提交的关键字和返回给用户的文档中的关键字是相似的。这种模糊关键字检索适用于由于使用者无意输错字符，或者存在意思相同但表述不同的关键字时。

按使用的技术手段可分为基于密文索引技术的加密检索算法、基于保序加密技术的加密检索算法和基于同态加密技术的加密检索算法。基于密文索引技术的加密检索算法顾名思义是对密文建立关键字索引，在用户提交请求时通过索引找到需要返回的密文。基于保序加密技术的加密检索算法是根据明文对应的 ASCII 码值存在的大小关系，设计出一种保序的加密算法，令密文的大小关系与明文的相同。根据比较加密后的关键字和密文的大小，推断密文中是否存在需检索的关键字。基于同态加密技术的加密检索算法的原理与基于保序加密技术的加密检索算法类似。

3. 加密检索算法

（1）按相关度排序的检索

按相关度排序的加密检索算法要求在用户提交关键字进行检索请求后，系统返回给用户的是前 k 个（用户提前指定的文档个数）最相关的文档。其运行过程大体分为索引建立过程和用户检索过程。

在索引建立过程中，数据拥有者需要对文档的全部关键字建立含相关度的索引，索引结构如图 4-12 所示。将加密后的密文连同索引一起放到云端服务器中，并利用密钥产生函数初始化生成密钥对，将公钥分发给被授权的数据使用者。

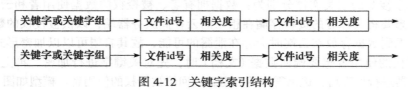

图 4-12　关键字索引结构

检索过程为：被授权的数据使用者利用门限产生器给关键字加密生成一个安全的门限，并将此门限提交给云端。云端在收到此门限后，搜索索引得到包含关键字文档 id 和加密后的相关得分。将得分的前 k 个传回给提交请求的数据使用者。在此需要指出的是，云端服务器应该对除相关度以外的数据知之甚少。对于相关度，最多只是知道两个文档的相对相关度。

（2）模糊关键字检索

模糊关键字检索可同样用上述算法进行检索，但其需要解决唯一的一个问题：模糊关键字集应如何建立。目前采用的有以下三种方法：

1）对关键字中的每一位进行插入、删除、替换操作，即枚举每一位上出现不同的字符的可能。

2）对需要改变的字母用通配符 * 代替。

3）将需要改变的字母删去，其余字母位置均不变。

从以上三种方法可以看出：第一种方法的模糊关键字集需要存储的数据量是巨大的，因此不适于实际使用；第二种方法虽然在数据存储量上有所减少，但其无法解决缺字符的情况；第三种方法虽然克服了以上两点不足，但在其使用性方面远不如第一种方便。因此，如何解决这一问题已成为模糊关键字检索的一个重要问题。

4.6.4 外包数据加密计算

1. 外包数据加密计算模型

加密计算涉及与加密检索同样的三类实体，它们分别为：数据拥有者、被授权的数据使用者和云端服务器。首先，数据拥有者用加密算法 E 对敏感数据 $d_i(i \in [1, n]n \geqslant 1)$ 加密得到 $E(d_i)$，然后存储到服务器上。当数据使用者获得数据拥有者的授权后，对敏感计算参数 $(para)$ 加密得到 $E(para)$，并将 $E(para)$ 和计算要求 $(type)$ 提交给云端服务器。当服务器验证了使用者的权限后，根据使用者的计算要求，对其权限范围的 $E(d_i)$ 和计算参数 $E(para)$ 进行计算，得到计算结果 $E(result)$，并将 $E(result)$ 返回给使用者。使用者对 $E(result)$ 进行解密，得到明文 $result$。其计算模型如图 4-13 所示。

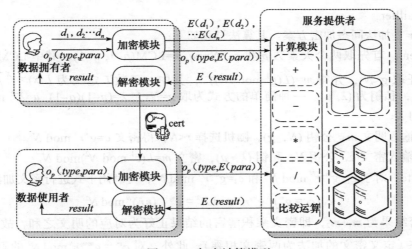

图 4-13   加密计算模型

2. 加密计算分类

对于加密计算可根据其可参加的运算和可运算的次数分为同态加密计算和全同态加密计算。

同态加密计算：一个加密方案若对 $\forall r_1, r_2, \cdots, r_t \in \mathcal{P}$，满足

$$Dec(Cal((\psi_1, \psi_2, \cdots, \psi_t), o_p)) = o_p(r_1, \cdots, r_t)$$

则称该加密方案支持 o_p 同态运算，其中 ψ_i 是 r_i 的密文，o_p 表示一类运算。

同态加密方案通常包括 4 个算法：密钥生成算法 KeyGen、加密算法 Enc、解密算法 Dec、运算算法 Evaluate。

相比于同态加密算法的只支持部分运算类型或运算次数有限，全同态加密算法可以进行无限次的所有运算。其中，Gentry 基于理想格的性质提出了一种全同态加密方案。理论上可以支持任意次数的各种同态运算。Gentry 的重要思想是在同态的基础之上，利用重加

密技术刷新密文，使得密文总是能够继续进行同态运算。

3. 加密计算算法

（1）Unpadded RSA

Unpadded RSA 是乘法同态加密方案。其算法过程如下：

KeyGen：首先取两个大素数 p 和 q，$N=pq$，$Q=(p-1)(q-1)$，任取一素数 e，可得 d 使得 $de \equiv 1 \bmod Q$，其中，d 可以利用欧几里得分解法在多项式时间内获得，则公钥为 (N, e)，私钥为 (p, q, d)。

Enc：输入明文 m，公钥 (N, e)，得密文 $c=m^e \bmod N$。

Dec：输入密文 c，公钥 N，私钥 d，计算 $c^d= \bmod N=m^{ed} \bmod N$，因为 $de \equiv 1 \bmod Q$，故，$m^{ed} \circ m \bmod N$，由此可得明文 m。

Evaluate：对于 $c_1=m_1^e \bmod N$ 和 $c_2=m_2^e \bmod N$，可利用下式进行密文乘法计算

$$c_1 \cdot c_2 = m_1^e m_2^e \bmod N = (m_1 m_2)^e \bmod N$$

上式的解密结果为 $m_1 m_2$，即密文乘积解密的结果正好为对应的明文乘积，故 Unpadded RSA 满足乘法同态。

（2）Paillier

Paillier 是加法同态加密方案。其算法过程如下：

KeyGen：首先取两个大素数 p 和 q，$N=pq$，$\lambda=\text{LCM}(p-1, q-1)$，其中 LCM 表示最小公倍数。任取 $g<N^2$，并得 $m=(L(g^1 \bmod N^2))^{-1}$，其中，函数 L 定义为 $L(x) = \dfrac{x-1}{N}$，则公钥为 (N, g)，私钥为 (λ, μ)。一种简单的方式为取 $g=N+1$，$\lambda=(p-1)(q-1)$，$\mu=\lambda^{-1} \bmod N$，即 $\lambda\mu \equiv 1 \bmod N$。

Enc：输入明文 m，公钥 (N, g)，随机选择 $r<N$，得密文 $c=g^m r^N \bmod N^2$。

Dec：输入密文 c，公钥 N，私钥 (λ, μ)，密文 $m=L(c^1 \bmod N^2)\bmod N$。

Evaluate：对于 $c_1=g^{m_1}r^N \bmod N^2$ 和 $c_2=g^{m_2}r^N \bmod N^2$，可利用下式进行密文加法计算

$$c_1 \cdot c_2 = g^{m_1} r_1^N g^{m_2} r_2^N \bmod N^2 = g^{m_1+m_2}(r_1 r_2)^N \bmod N^2$$

上式的解密结果为 m_1+m_2，即密文乘积解密的结果正好为对应的明文之和，故 Paillier 满足加法同态（定义密文的加法为两密文相乘）。此外，对 $c_1^m = g^{m_1 m}r^N \bmod N^2$ 的解密结果为 $m_1 m_2$，即密文可以通过与明文的指数运算得到对应明文的乘积，但是两密文无法进行这样的运算，故 Paillier 不支持乘法同态。

4.7 本章小结和进一步阅读指导

本章从隐私的概念入手，介绍了隐私与信息安全的区别以及隐私威胁；着重介绍了隐私保护技术的分类和度量标准；分别从数据库隐私、位置隐私和数据隐私三个方面详细介绍了各种隐私保护技术及相关概念。

隐私保护是多学科交叉问题，随着移动网络、物联网、云计算、服务计算、数据挖掘等新型技术的出现和发展，隐私保护的研究必将面临更大的挑战。已有的很多隐私保护技术并不能很好地直接应用于新的应用环境中，需要更加深入的研究。隐私保护涉及的内容很多，本章仅介绍了一些基本的概念和方法，更多内容和研究请参阅本章列出的文献和最新的研究成果。

习题

4.1　试说明隐私的概念。

4.2　试说明隐私与信息安全的练习与区别。

4.3　试说明隐私威胁的概念。

4.4　试说明物联网是否会侵犯用户的隐私。

4.5　实施隐私保护需要考虑哪两个方面的问题？

4.6　试论述数据库隐私保护技术的分类及度量标准。

4.7　试论述位置隐私保护技术的分类及度量标准。

4.8　试论述数据隐私保护技术的分类及度量标准。

4.9　请列出你认为的外包数据加密计算技术的进一步研究方向。

4.10　请列出你认为的外包数据加密检索技术的进一步研究方向。

4.11　外包数据加密计算和检索之间有什么关系？

4.12　试说明数据库隐私的概念及威胁模型。

4.13　数据库隐私保护技术有哪几类？每一类都有哪些技术？

4.14　试说明位置隐私的概念及威胁。

4.15　详述位置隐私的体系结构及威胁模型。

4.16　位置隐私保护技术有哪几类？都有哪些技术？

4.17　什么是轨迹隐私？

4.18　轨迹隐私保护技术有哪几类？都有哪些技术？有哪些缺点？

4.19　讨论数据隐私保护技术的应用场景，并举例说明。

参考文献

[1] 范九伦，王娟，赵峰. 网络安全：现状与展望 [M]. 北京：科学出版社，2010.

[2] 周水庚，李丰，陶宇飞，等. 面向数据库应用的隐私保护研究综述 [J]. 计算机学报，2009, 32(5): 847-861.

[3] Xiao X, Tao Y. Anatomy: Simple and effective privacy preservation. Proceedings of the 32nd Very Large Data Bases Conference. Seoul, Korea, 2006: 139-150.

[4] Sweeney L. k-anonymity: A model for protecting privacy. International Journal on Uncertainty, Fuzziness and Knowledge-based System, 2002, 10(5): 557-570.

[5] Sweeney L. Achieving k-anonymity privacy protection using generalization and suppression. International Journal on Uncertainty, Fuzziness and Knowledge-based Systems. 2002, 10(5): 571-588.

[6] Li N, Li T. t-closeness: Privacy beyond k-anonymity and l-diversity. Proceedings of the 23nd International conference on Data Engineering. Istanbul, Turkey, 2007: 106-115.

[7] 周傲英，杨彬，金澈清，等. 基于位置的服务：架构与进展 [J]. 计算机学报，2011, 34(7): 1155-1171.

[8] 霍峥，孟晓峰. 轨迹隐私保护技术研究 [J]. 计算机学报，2011, 34(10): 1820-1830.

[9] 潘晓，肖珍，孟小峰. 位置隐私研究综述 [J]. 计算机科学与探索 .2007, 1(3): 268-280.

[10] Yao A C. Protocols for secure computations [A]. In Proceedings of the 23rd Annual

Symposium on Foundations of Computer Science [C]. USA, Washington: IEEE computer society, 1982, 160-164.

[11] 罗军舟，吴文甲，杨明.移动互联网：终端、网络与服务 [J].计算机学报，2011, 34(11): 2029-2051.

[12] Khoshgozaran A, Shirani-Mehr H. Blind evaluation of location based queries using space transfromaiton to preserve location privacy [J]. Geoinformatical, 2012, 11: 1-36.

[13] Khoshgozaran A, Shahabi C. Blind evaluation of nearest neighbor queries using space transformation to preserve location privacy. Proceedings of the 10th International Conference on Advaces in Spatial and Temporal Databases. Boston, USA, 2007: 239-257.

[14] Beresford A R, Stajano F. Location privacy in pervasive computing. IEEE Pervasive Computing, 2003, 2(1): 46-55.

[15] Ghinita G. Private queries and trajectory anonymization: A dual perspective on location privacy. Transactions on Data Privacy, 2009, 2(1): 3-19.

[16] Krumm J. A survey of computational location privacy. Personal and Ubiquitous Computing, 2008, 13(6): 391-399.

[17] Ghinita G, Kalnis P, Khoshgozaran A, et al. Private queries in location based services: anonymizers are not necessary. Proceedings of the 2008 ACM SIGMOD, Vancouver, Canada, 2008: 121-132.

[18] Khoshgozaran A, Shahabi C, Shirani-Mehr H. Location privacy: going beyond K-anonymity, cloaking and anonymizers. Knowledge and Information Systems, 2011, 26(3): 435-465.

[19] Papadopoulos S, Bakiras S, Papadias D. Nearest Neighbor Search with strong location privacy.Proceedings of the 36th International Conference on Very Large Data Bases, VLDB2010. Singapore, 2010, 3(1): 619-629.

[20] Gruteser M, Grunwald D, Usenix U. Anonymous usage of location-based services through spatial and temporal cloaking. [C]. Proc of the First International Conference on Mobile Systems, Applications, and Services, San Francisco, CA, USA, 2003: 31-42.

[21] B Gedik, L Ling. Location Privacy in Mobile Systems: A Personalized Anonymization Model.Proc of 25th IEEE International Conference on Distributed Computing Systems, 2005: 620-629.

[22] B Gedik, L Ling. Protecting Location Privacy with Personalized k-Anonymity: Architecture and Algorithms. IEEE Transactions on, Mobile Computing 2008, 7: 1-18.

[23] C Zhang, Y Huang. Cloaking locations for anonymous location based services: a hybrid approach [J]. Geoinformatica, 2009, 13: 159-182.

第 5 章 接入安全

　　　　物联网架构层次复杂，且包括多种通信方式。通信是物联网信息传输的一个重要技术环节，感知信息和用户都要通过网络的方式进行信息传输和信息交换。而用户和传感器网络通过何种网络技术和何种方式安全接入物联网，是物联网信息安全中需要考虑的重要问题。

5.1 物联网的接入安全

　　认证技术是信息安全理论与技术的一个重要方面，身份认证是物联网信息安全的第一道防线。用户在访问安全系统之前，首先经过身份认证系统识别身份，然后访问监控器，根据用户的身份和授权数据库决定用户是否能够访问某个资源。授权数据库由安全管理员按照需要进行配置。审计系统根据审计配置记录用户的请求和行为，同时入侵检测系统实时或非实时地检测是否有入侵行为。访问控制和审计系统都要依赖身份认证系统提供的用户身份，所以身份认证在安全系统中的地位非常重要，是最基本的安全服务，其他的安全服务都依赖于它。一旦身份认证系统被攻破，那么系统的所有安全措施将形同虚设。

　　随着物联网的快速发展，大量的智能终端和传感器系统的网络与外部通信的频繁必然会导致进入物联网系统内部网络的外来用户越来越多，网络管理人员也越来越难以控制用户用来登录系统网络的终端设备。事实上，目前一些企业和学校、政府机构的内部网络普遍存在难以监控外来计算机接入内网的情况，而外来用户随意接入内部网络，极有可能导致某些不怀好意者在使用者毫不知情的情况下侵入内部网络，造成敏感数据泄露、病毒传播等严重后果。另外，物联网内部合法用户的终端，也同样会给内部网络带来安全风险，如没有及时升级系统安全补丁和病毒库等，都可能会导致其成为安全隐患，给物联网系统的内部网络安全造成严重的安全威胁。

　　网络接入安全技术正是在这种需求下产生的，它能保证访问网络资源的所有设备得到有效的安全控制，从而消除各种安全威胁对网络资源的影响。它使网络中的所有接入层设备成为安全加强点，而终端设备必须达到一定的安全策略和策略条件才可以通

过路由器和交换机接入网络。这样可以大大消除蠕虫、病毒等对连网业务的严重威胁和影响，帮助用户发现、预防和消除安全威胁。

依据物联网中各个层次接入物联网方式的不同，物联网接入安全分为节点接入安全、网络接入安全和用户接入安全。

5.1.1 节点接入安全

节点接入安全主要考虑物联网感知节点的接入安全。对于物联网感知层的多种技术，选择无线传感技术进行介绍。要实现各种感知节点的接入，需要无线传感网通过某种方式与互联网相连，使得外部网络中的设备可对传感区域进行控制与管理。目前 IPv4 正在向 IPv6 过渡，IPv6 拥有巨大的地址空间，可以为每个传感节点预留一个 IP 地址。

在 IP 基础协议栈的设计方面，IPv6 将 IPSec 协议嵌入基础的协议栈中，通信的两端可以启用 IPSec 加密通信的信息和通信的过程。网络中的黑客将不能采取中间人攻击的方法对通信过程进行劫持和破坏。同时，黑客即使截取了节点的通信数据包，也会因为无法解答而不能窃取通信节点的信息。从整体来看，使用 IPv6 不仅能满足物联网的地址需求，同时还能满足物联网对节点移动性、节点冗余、基于流的服务质量保障的需求，很有希望成为物联网应用的基础网络安全技术。

当前基于 IPv6 的无线接入技术，主要有以下两种方式。

1. 代理接入方式

代理接入方式是指将协调节点通过基站（基站是一台计算机）接入互联网。传感网络把采集到的数据传给协调节点，再通过基站把数据通过互联网发送到数据处理中心，同时有一个数据库服务器用来缓存数据。用户可以通过互联网向基站发送命令，或者访问数据中心。在代理接入方式中，传感器不能直接与外部用户通信，要经过代理主机对接收的数据进行中转。代理接入方式如图 5-1 所示。

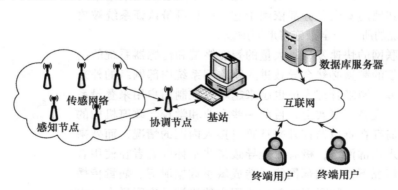

图 5-1　代理接入方式

代理接入方式的优点是安全性较好，利用 PC 作基站，减少了协调节点软硬件的复杂度及能耗。可在代理主机上部署认证和授权等安全技术，且保证传感器数据的完整性。缺点是 PC 作为基站，其代价、体积与能耗都较大，不便于布置，在恶劣环境中不能正常工作。

2. 直接接入方式

直接接入方式是指通过协调节点直接连接互联网与传感网络，协调节点可通过无线通信模块与传感网络节点进行无线通信，也可利用低功耗、小体积的嵌入式 Web 服务器接入互联网，实现传感网与互联网的隔离。这样，传感网就可采用更加适合其特点的 MAC 协议、路由协议以及拓扑控制等协议，以达到网络能量有效性、网络规模扩展性等目标。

直接接入方式主要有以下几种：

1）全 IP 方式：直接在无线传感网所有感知节点中使用 TCP/IP 协议栈，使无线传感网与 IPv6 网络之间通过统一的网络层协议实现互联。对于使用 IEEE 802.15.4 技术的无线传感网，全 IP 方式即指 6LoWPAN 方式，其底层使用 IEEE 802.15.4 规定的物理层与 MAC 层，网络层使用 IPv6 协议，并在网络层和 IEEE 802.15.4 之间增加适配层，用于对 MAC 层接口进行封装，屏蔽 MAC 层接口的不一致性，包括进行链路层的分片与重组、头部压缩、网络拓扑构建、地址分配及组播支持等。6LoWPAN 实现 IEEE 802.15.4 协议与 IPv6 协议的适配与转换工作，每个感知节点都定义了微型 TCP/IPv6 协议栈，来实现互联网络节点间的互联。但 6LoWPAN 这种方式目前存在很大争议。持赞同观点的理由是：通过若干感知节点连到 IPv6 网络，是实现互联最简单的方式；IP 技术的不断成熟，为其与无线传感网的融合提供了方便。持反对观点的理由是：因为 IP 网络遵循以地址为中心，而传感网是以数据为中心，这就使得无线传感网通信效率比较低且能源消耗太大；目前许多以数据为中心的工作机制都将路由功能放到了应用层或 MAC 层实现，不设置单独的网络层。

2）重叠方式：重叠方式是在 IPv6 网络与传感网之间通过协议承载方式来实现互联。可进一步分为：IPv6 over WSN 和 WSN over TCP/IP（v6）两种方式。IPv6 over WSN 的方式提议在感知节点上实现 u-IP，此方法可使外网用户直接控制传感网中的拥有 IP 地址的特殊节点，但并不是所有节点都支持 IPv6，其结构如图 5-2 所示。WSN over TCP/IP（v6）这种方式将 WSN 协议栈部署在 TCP/IP 之上，IPv6 网中的主机被看做是虚拟的感知节点，主机可直接与传感网中的感知节点进行通信，但缺点在于需要主机来部署额外的协议栈，其结构如图 5-3 所示。

3）应用网关方式：应用网关这种方式通过在网关应用层进行协议转换来实现无线传感网与 IPv6 网络的互联，无线传感网与 IPv6 网络在所有层次的协议上都可完全不同，这使得无线传感网可以灵活选择通信协议，但缺点是用户透明度低，不能直接访问无线传感网中特定的感知节点。

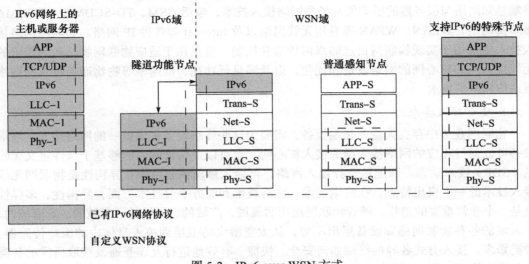

图 5-2　IPv6 over WSN 方式

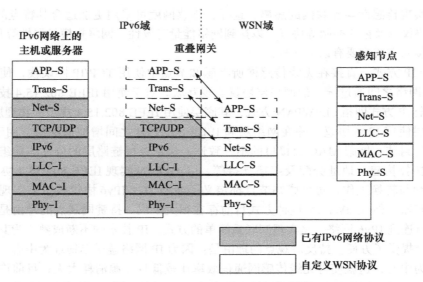

图 5-3 WSN over TCP/IP（v6）方式

与传统方式相比，IPv6 能支持更大的节点组网，但对传感器节点功耗、存储、处理器能力要求更高，因而成本更高。并且，IPv6 协议的流标签位于 IPv6 包头，容易被伪造，易产生服务盗用安全问题。因此，在 IPv6 中应用流标签需要开发相应的认证加密机制。同时为了避免在流标签使用过程中发生冲突，还要增加源节点的流标签使用控制的机制，保证在流标签使用过程中不会被误用。

5.1.2 网络接入安全

网络接入技术最终要解决如何将成千上万个物联网终端快捷、高效、安全地融入物联网应用业务体系中，这关系到物联网终端用户所能得到物联网服务的类型、服务质量、资费等切身利益问题，因此也是物联网未来建设中要解决的一个重要问题。

物联网通过大量的终端感知设备实现对客观世界的有效感知和有力控制。其中，连接终端感知网络与服务器的桥梁便是各类网络接入技术，包括 GSM、TD-SCDMA、WCDMA等蜂窝网络，WLAN、WPAN 等专用无线网络以及 Internet 等各种 IP 网络。物联网网络接入技术主要用于实现物联网信息的双向传递和控制，重点在于适应物联网物物通信需求的无线接入网和核心网的网络改造和优化，以及满足低功耗、低速率等物物通信特点的网络层通信和组网技术。

1. 安全接入要求

物联网业务中存在大量的终端设备，需要为这些终端设备提供统一的网络接入。终端设备可以通过相应的网络接入网关接入核心网，也可以重构终端，能够基于软件定义无线电（SDR）技术动态、智能地选择接入网络，再接入移动核心网中。异构性是物联网无线接入技术的一大突出特点，在终端技术、网络技术和业务平台技术方面，异构性、多样性也是一个非常重要的趋势。随着物联网应用的发展，广域的、局域的、车域的、家庭域的、个人域的各种物联网感知设备层出不穷，从太空游弋的卫星到植入身体内的医疗传感器，种类繁多、接入方式各异的终端如何安全、快捷、有效地进行互连互通及获取所需的各类服务成为物联网发展研究的主要问题之一。

终端设备安全接入与认证是网络安全接入中的核心技术，呈现出新的安全需求：

1）基于多种技术融合的终端接入认证技术。目前，在主流的三类接入认证技术中，网络接入设备上采用 NAC 技术，而客户端上则采用 NAP 技术，从而达到两者互补的目的。TNC 的目标是解决可信接入问题，其特点是只制定详细规范，技术细节公开，各个厂家都可以自行设计并开发兼容 TNC 的产品。从信息安全的远期目标来看，在接入认证技术领域中，芯片、操作系统、安全程序、网络设备等多种技术缺一不可。

2）基于多层防护的接入认证体系。终端接入认证是网络安全的基础，为了保证终端的安全接入，需要从多个层面分别认证、检查接入终端的合法性、安全性。例如，通过网络准入、应用准入、客户端准入等多个层面的准入控制，强化各类终端事前、事中、事后接入核心网络层次化管理和防护。

3）接入认证技术标准化、规范化。目前虽然各核心设备厂商的安全接入认证方案技术原理基本一致，但各厂商采用的标准、协议以及相关规范各不相同。标准与规范是技术长足发展的基石，因此标准化、规范化是接入认证技术的必然趋势。

2. 新型网络接入控制技术

目前，新型网络接入控制技术将控制目标转向了计算机终端。从终端着手，通过管理员制定的安全策略，对接入内部网络的计算机进行安全性检测，自动拒绝不安全的计算机接入内部网络，直到这些计算机符合服务网络内的安全策略为止。新型网络接入控制技术中效果较好的有思科公司的网络接入控制（Network Access Control，NAC）、微软公司的网络准入保护（Network Access Protection，NAP）、Juniper 公司的统一接入控制（Unified Access Control，UAC）、可信计算组（Trusted Computing Group，TCG）的可信网络连接（Trusted Network Connection，TNC）等。

（1）NAC

NAC 是由思科公司主导的产业协同研究成果，NAC 可以协助保证每一个终端在进入网络前均符合网络安全策略。NAC 可以保证端点设备在接入网络前完全遵循本地网络内需要的安全策略，并可保证不符合安全策略的设备无法接入该网络以及设置可补救的隔离区供端点修正网络策略，或者限制其可访问的资源。NAC 主要由以下三个部分组成。

1）客户端软件与思科可信代理。可信代理可以从多个安全软件组成的客户端防御体系收集安全状态信息，如杀毒软件、信任关系等，然后将这些信息传送到相连的网络中，从而实施准入控制策略。

2）网络接入设备。网络接入设备主要包括路由器、交换机、防火墙及无线 AP 等。这些设备收集终端计算机请求信息，然后将信息传送到策略服务器，由策略服务器决定是否采用授权及采取什么样的授权。网络将按照客户定制的策略实施相应的准入控制决策，即允许、拒绝、隔离或限制。

3）策略服务器。策略服务器负责评估来自网络设备的端点安全信息。

（2）NAP

NAP 是微软公司为 Windows Vista 和 Windows Longhorn 设计的一套操作系统组件，它可以在访问私有网络时校验系统平台的健康状态。NAP 平台提供了一套完整性校验方法来判断接入网络的客户端的健康状态，对不符合健康策略需求的客户端限制其网络访问权限。NAP 主要由以下部分组成。

1）适于动态主机配置协议和 VPN、IPSec 的 NAP 客户端计算机。

2）Windows Longhorn（NAP Server）：对于不符合当前系统运行状况要求的计算机采取网络访问强制受限，同时运行 Internet 身份验证服务（IAS），支持系统策略配置和 NAP 客户端的运行状况验证协调。

3）策略服务器：为 IAS 提供当前系统运行情况的信息，并包含可供 NAP 客户端访问以纠正其非正常运行状态所需要的修补程序、配置和应用程序。策略服务器还包括防病毒隔离和软件更新服务器。

4）证书服务器：向基于 IPSec 的 NAP 客户端颁发运行状况证书。

5）管理服务器：负责监控和生成管理报告。

（3）TNC

TNC 是建立在基于主机的可信计算技术之上的，其主要目的在于通过使用可信主机提供的终端技术，实现网络访问控制的协同工作。TNC 的权限控制策略采用终端的完整性校验。TNC 结合已存在的网络控制策略，如 802.1x、IKE 等实现访问控制功能。

TNC 架构分为请求访问者（Access Requestor，AR）、策略执行者（Policy Enforcement Point，PEP）和策略定义者（Policy Decision Point，PDP）。这些都是逻辑实体，可以分布在任意位置。TNC 将传统"先连接，后安全评估"的接入方式变为"先安全评估，后连接"，从而大大增强接入的安全性。

1）网络访问控制层：从属于传统的网络连接和安全层，支持现有的 VPN 和 802.1x 等技术。这一层包括 NAR（网络放弃访问请求）、PER（策略执行）和 NAA（网络访问授权）三个组件。

2）完整性评估层：这一层依据一定的安全策略评估 AR 和完整性状况。

3）完整性测量层：这一层负责收集和验证 AR 的完整性信息。

（4）UAC

UAC 是 Juniper 公司提出的统一接入控制解决方案，它由多个单元组成。

1）Infranet 控制器：Infranet 控制器是 UAC 的核心组件。主要功能是将 UAC 代理应用到用户的终端计算机中，以便收集用户验证、端点安全状态和设备位置等信息；或者在无代理模式中收集相同信息，并将此类信息与策略相结合来控制网络、资源和应用接入。随后，Infranet 控制器在分配 IP 地址前在网络边缘通过 802.1x，或在网络核心通过防火墙将这个策略传递给 UAC 执行点。

2）UAC 代理：UAC 代理部署在客户端，允许动态下载。UAC 代理提供的主机检查器功能允许管理员扫描端点并设置各种应用状态，包括但不限于防病毒、防恶意软件和个人防火墙等。UAC 代理可通过预定义的主机检查策略以及防病毒签名文件的自动监控功能来评估最新定义文件的安全状态。UAC 代理还允许执行定制检查任务，如果对注册表和端口进行检查；并可执行 MD5 校验和检查，以验证应用是否有效。

3）UAC 执行点：UAC 执行点包括 802.1x 交换机 / 无线接入点，或者 Juniper 公司防火墙。

3. 满足多网融合的安全接入网关

多网融合环境下的物联网安全接入需要一套比较完整的系统架构，这种架构可以是一种泛在网多层组织架构。底层是传感器网络，通过终端安全接入设备或物联网网关接入承载网络。物联网的接入方式多种多样，通过网关设备可将多种接入手段整合起来，统一接入电信网络的关键设备上，网关可以满足局部区域短距离通信的接入需求，实现与公共网络的连接，同时完成转发、控制、信令交换和编解码等功能，而终端管理、安全认证等功能保证了物联网的质量和安全。物联网网关的安全接入设计有三大功能。

1）网络可以把协议转换，同时可以实现移动通信网络和互联网之间的信息转换。

2）接入网关可以提供基础的管理服务，对终端设备提供身份认证、访问控制等安全管理服务。

3）通过统一的安全接入网关，将各种网络进行互连整合，可以借助安全接入网关平台迅速开展物联网业务的安全应用。

总之，安全接入网关设计技术需要研究统一建设标准、规范的物联网接入、融合的管理平台，充分利用新一代宽带无线网络，建立全面的物联网网络安全接入平台，提供覆盖广泛、接入安全、高速便捷、统一协议栈的分布网络接入设备。

5.1.3　用户接入安全

用户接入安全主要考虑移动用户利用各种智能移动感知设备（如智能手机、PDA 等）通过无线的方式安全接入物联网。在无线环境下，因为数据传输的无方向性，目前尚无避免数据被截获的有效办法。所以除了使用更加可靠的加密算法外，通过某种方式实现信息向特定方向传输也是一个思路，如利用智能手机作为载体，通过使用二维条码、图形码进行身份认证的方法。

用户接入安全涉及多个方面，首先要对用户身份的合法性进行确认，这就需要身份认证技术，然后在确定用户身份合法的基础上给用户分配相应的权限，限制用户访问系统资源的行为和权限，保证用户安全的使用系统资源，同时在网络内部还需要考虑节点、用户的信任管理问题。下面几节将对这些问题进行介绍。

5.2　信任管理

物联网是一个多网并存的异构融合网络。这些网络包括互联网、传感网、移动网络和一些专用网络，例如广播电视网、国家电力专用网络等。物联网使这些网络环境发生了很大的变化，遇到了前所未有的安全挑战，传统的基于密码体系的安全机制不能很好地解决某些环境下的安全问题。例如，在无线传感器网络中，传统的基于密码体系的安全机制主要用于抵抗外部攻击，无法有效地解决由于节点俘获而发生的内部攻击。而且，由于传感器网络节点能力有限，无法采用基于对称密码算法的安全措施，当节点被俘获时很容易发生秘密信息泄露，如果无法及时识别被俘获节点，则整个网络将被控制。又如，互联网环境是一个开放的、公共可访问的和高度动态的分布式网络环境，传统的针对封闭、相对静态环境的安全技术和手段，尤其是安全授权机制，如访问控制列表、一些传统的公钥证书体系等，就不适用于解决 Web 安全问题。

为了解决这些问题，1996 年，M.Blaze 等人首次提出使用"信任管理"（trust management）的概念，其思想是承认开放系统中安全信息的不完整性，系统的安全决策需要依靠可信的第三方提供附加的安全信息。信任管理的意义在于提供了一个适合开放、分布和动态特性网络环境的安全决策框架。信任管理将传统安全研究中，尤其是安全授权机制研究中隐含的信任概念抽取出来，并以此为中心加以研究，为解决互联网、传感网等网络环境中新的应用形式的安全问题提供了新的思路。

M. Blaze 等人将信任管理定义为采用一种统一的方法描述和解释安全策略（security

policy)、安全凭证（security credential）以及用于直接授权关键性安全操作的信任关系（trust relationship）。信任管理的内容包括：制定安全策略、获取安全凭证、判断安全凭证集是否满足相关的安全策略等。信任管理要回答的问题可以表述为"安全凭证集 C 是否能够证明请求 r 满足本地策略集 P"。在一个典型的 Web 服务访问授权中，服务方的安全策略形成了本地权威的根源，服务方既可以使用安全策略对特定的服务请求进行直接授权，也可以将这种授权委托给可信任的第三方。可信任第三方则根据其具有的领域专业知识或与潜在的服务请求者之间的关系判断委托请求，并以签发安全凭证的形式返回委托请求方。最后，服务方判断收集的安全凭证是否满足本地安全策略，并做出相应的安全决策。为了使信任管理能够独立于特定的应用，M.Blaze 等人还提出了一个基于信任管理引擎（Trust Management Engine，TME）的信任管理模型，如图 5-4 所示。TME 是整个信任管理模型的核心。

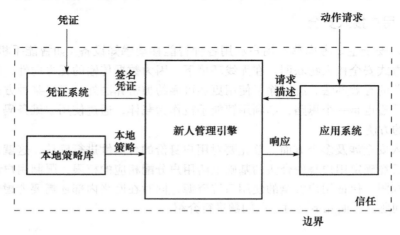

图 5-4　信任管理模型

D. Povey 在 M. Blaze 定义的基础上，结合 A. Adul-Rahman 等人提出的主观信任模型思想，给出了一个更具一般性的信任管理定义，即信任管理是信任意向（trusting intention）的获取、评估和实施。授权委托和安全凭证实际上是一种信任意向的具体表现，而主观信任模型则主要从信任的定义出发，使用数学的方法来描述信任意向的获取和评估。主观信任模型认为，信任是主体对客体特定行为的主观可能性预期，取决于经验并随着客体行为的结果变化而不断修正。在主观信任模型中，实体之间的信任关系分为直接信任关系和推荐信任关系，分别用于描述主体与客体、主体与客体经验推荐者之间的信任关系。也就是说，主体对客体的经验既可以直接获得，也可以通过推荐者获得，而推荐者提供的经验同样可以通过其他推荐者获得，直接信任关系和推荐信任关系形成了一条从主体到客体的信任链，而主体对客体行为的主观预期则取决于这些直接的和间接的经验。信任模型所关注的内容主要有信任表述、信任度量和信任度评估。信任度评估是整个信任模型的核心，因此信任模型也称为信任度评估模型。信任度评估与安全策略的实施相结合同样可以构成一个一般意义上的信任管理系统。

从信任管理模型可以看出，信任管理引擎是信任管理系统的核心。设计信任管理引擎需要涉及以下几个主要问题：

1）描述和表达安全策略和安全凭证；

2）设计策略一致性证明验证算法；

3）划分信任管理引擎和应用系统之间的职能。当前几个典型的信任管理系统 Policy Maker、KeyNote 和 REFEREE 在设计和实现信任管理引擎时采用了不同的方法来处理上述问题。

5.2.1　信任机制概述

1. 信任的定义

信任的研究历史非常悠久，是一种跨学科性的交叉研究，早期的信任理论研究主要涉及心理学、社会学、政治学、经济学、人类学、历史及社会生物学等多个领域。随着时代的发展，它又融入了商业管理、经济理论、工程学、计算机科学等应用领域。长期以来，信任被认为是一种依赖关系。信任是人类社会一切活动的基石。

在社会学的角度看，"信任"一词解释为"相信而敢于托付"。信任是一种有生命的感觉，也是一种高尚的情感，更是一种连接人与人之间的纽带。《出师表》里有这样一句话："亲贤臣，远小人，此先汉所以兴隆也；亲小人，远贤臣，此后汉所以倾颓也。"诸葛亮从两种截然相反的结果中为我们提供了信任对象的品格。信任是架设在人心的桥梁，是沟通人心的纽带，是震荡感情之波的琴弦。

从现有文献可以看出：信任与可预测、可靠性、行为一致性、能力、义务、责任感、动机、专业技能、可信任性、行为预期等概念相关。

由此可见，信任的确是一个相当复杂的社会"认知"现象，牵扯到很多层面和维度，很难定量表示和预测。每个人对"信任"的理解并不完全相同，下面是国外 Webster 和 Oxford 两个著名词典中对信任（Trust）的解释。

- Webster 词典：Firm reliance on the integrity, ability, or character of a person or thing（对某人或某事的正直、能力或性格的坚定依靠）。
- Oxford 词典：The firm belief in the reliability or truth or strength of an entity（对一个主体的可靠性、真实性或实力的坚定信心）。

在上述词典中，简单抽象地描述出了信任的内涵。但是在计算机科学中，这一描述显得不够确切。一般意义上讲，大多数学者对信任的理解可以归纳为："对实体在某方面行为的依赖性、安全性、可靠性等能力的坚定依靠。"将这一理解规范化，再参考 ITUT 推荐标准 X.509 规范，信任的定义可以表述为：当实体 A 假定实体 B 严格地按 A 所期望的那样行动，则 A 信任 B（Entity A trusts entity B when A assumes that B will behave exactly as A expects）。从这个定义可以看出，信任涉及假设、期望和行为，这意味着信任是很难定量测量的，信任是与风险相联系的，并且信任关系的建立不可能总是全自动的。

综上所述，虽然不同的学科领域对信任的理解也不尽相同，但是，基本的共识有以下几点：

- 信任表征着一个实体的诚实、真实、能力以及可依赖程度。
- 信任建立在对实体历史行为认知的基础上。
- 信任会随着时间延续而导致对实体认知程度下降而衰减。
- 信任是实体间相互作用的依据。

显然，信任会在一定范围内随着实体间多次的接触而动态变化。信任关系的建立除了通过直接认知，获取知识进行决策这一途径外，还可以通过间接途径，获取间接知识（如推荐）来参与决策。

根据上面的分析，本书对信任定义如下："信任表征对实体身份的确认和其本身行为的期望，一方面是对实体的历史行为的直接认知，一方面是其他实体对该实体的推荐。信任可以随实体行为动态变化且随时间延续而衰减。"

2. 信任的性质

信任存在于特定的环境下，根据具体环境的不同，影响信任的因素也不同，我们将这些影响信任的因素称为信任的属性。假设在确定的环境和系统中，信任用 T 来表示，信任有它的属性集 $\{a_1, a_2, \cdots, a_n\}$，那么 T 可以表示为：$T=\mu(a_1, a_2, \cdots, a_n)$。信任是其属性的函数，因此可以用属性函数来度量信任，信任是随着其属性的变换而变换的。

根据多个学科对信任的研究可以总结出信任具有以下一些基本性质：

（1）主观性

信任是一个实体对另外一个实体的某种能力的主观判断，而且不同的实体具有不同的判断标准，往往都是建立在对目标实体历史交易行为的评估上。对信任的量化可能随着上下文环境、时间等差异而对同一个实体有着不同的信任值。甚至在相同的上下文环境和相同的时段内的同种行为，由于实体判断标准的不同，也会对实体有不同的信任值。从信任的主观性可以看出信任总是存在于两个实体之间，是主体和客体的二元关系，并且存在于特定上下文环境中，受到特定的属性影响。

（2）动态性

信任会随着环境、时间的变化而动态地演化。影响实体间信任关系变化的原因，既可以由实体自身的能力、性格、心理、意愿、知识等内因变化所引起，也可以由实体外部环境的变化而引起。由于信任的动态性，信任模型往往通过对不同的影响因素的考察来对实体间的信任进行调整，例如对恶意违约的惩罚、随时间的衰减等，使得对信任的度量更加符合现实，并且可以得到更准确的结果。

（3）信任的实体复杂性

信任实体往往受到多种因素的影响，而且不同因素的影响对不同的实体展现出不同的影响程度，在构造信任模型的时候往往需要在多种影响因素之间寻找平衡点，赋予不同的影响权重，使模型的计算相对有效。

（4）可度量性

信任的度量采用信任值来表示，信任值反映了一个实体的可信程度，信任值可以是离散的，也可以是连续的。信任的可度量性是建立信任模型的基础，对信任值的度量是否准确决定了信任系统的准确性。

（5）传递性

信任的一个特性就是具有弱传递性，例如，实体 A 信任实体 B，实体 B 信任实体 C，那么实体 A 信任实体 C 的结论不一定成立。但在一定的约束条件下，实体 A 信任实体 C 的结论是可能成立的。

（6）非对称性

信任受到多种因素影响，不同实体的判断标准也不一样，一般来说信任是不具有对称性的。例如，实体 A 信任实体 B，但不意味着实体 B 也同样信任实体 A，即实体 A 对实体 B 的信任度与实体 B 对实体 A 的信任度不一定是相等的，所以信任一般是单向的。

（7）时间衰减性

信任随着时间往往有递减的趋势，实体之间的信任随时间的动态变化导致长时间没有交易的两个实体之间信任逐步降低。

（8）多样性

信任表现为主体和客体之间的二元关系，但信任关系可以是一对一、多对一、一对多或者多对多的关系，这也显示了信任的复杂性。

3. 信任的分类

信任可以分为基于身份的信任（Identity Trust）和基于行为的信任（Behavior Trust）两部分。后者进一步可以分为直接信任（Direct Trust）和间接信任（Indirect Trust）。间接信任又可称为推荐或者声誉（Reputation）。

基于身份的信任采用静态验证机制（Static Authentication Mechanism）来决定是否给一个实体授权。常用的技术包括认证（Authentication）、授权（Authorization）、加密（Encryption）、数据隐藏（Data Hiding）、数字签名（Digital Signatures）、公钥证书（Public Key Certificate）以及访问控制（Access Control）策略等。当两个实体 A 与 B 进行交互时，首先需要对对方的身份进行验证。这也就是说，信任的首要前提是对对方身份的确认，否则与虚假、恶意的实体进行交互很有可能导致损失。基于身份的信任是信任研究与实现的基础。在传统安全领域，身份信任问题已经得到相对广泛的研究和应用。

基于行为的信任通过实体的行为历史记录和当前行为特征来动态判断实体的可信任度，根据信任度大小给出访问权限。基于行为的信任针对两个或者多个实体之间交互时，某一实体对其他实体在交互中的历史行为所做出的评价，也是对实体所生成的能力可靠性的确认。在实体安全性验证的时候，采用行为信任往往比一个身份或者是授权更具有不可抵赖性和权威性，也更加贴合社会实践中的信任模式，因而更加贴近现实生活。

5.2.2 信任的表示方法

在信任机制的研究中，需要使用数学方法将节点的可信度以及信誉值表示出来，以便在信任计算的时候使用。下面介绍一些在信任机制研究中典型的信任表示方法。

（1）离散表示方法

离散表示方法可以使用值 1 和 –1 分别表示信任和不信任，从而构成最简单的信任表示。也可以用多个离散值表示信任的状况，例如，文献 [9] 把信任状况分为四个等级：vt、t、ut、vut，分别表示非常可信、可信、不可信、非常不可信，具体含义如表 5-1 所示。

表 5-1 信任等级及其含义

信任等级	含　义
vt	非常可信，服务质量非常好且总是响应及时
t	可信，服务质量尚可，偶有响应迟缓或小错误发生
ut	不可信，服务质量较差，总是出现错误
vut	非常不可信，拒绝服务或提供的服务总是恶意的

文献 [10] 引入了信任区间和不确定性来表示信任，例如，区间 [0.4，0.6] 表示主体 A 对主体 B 的信任关系中不确定性是 0.6–0.4=0.2。

离散表示方法的优点是符合人们表达信任的习惯，缺点是可计算性较差，需要借助映射函数把离散值映射成具体数值。

（2）概率表示方法

在概率信任模型中，主体间的信任度可用概率值来表示。主体 i 对主体 j 的信任度定义为 $a_{i,j} \in [0, 1]$，$a_{i,j}$ 的值越大表示主体 i 对主体 j 的信任越高，0 表示完全不信任，而 1

表示完全信任。概率信任值表示方法一方面表示了主体间的信任度，另一方面表示了主体之间不信任的程度。例如，$a_{i,j}$=0.7 表示主体 i 对主体 j 的信任度为 0.7，不信任度为 0.3。主体之间的信任概率可以理解为主体之间是否选择对方为交易对象的概率，信任概率低并不表示没有主体与之交易。

概率表示方法的优点是有很多与概率相关的推理方法可以用于计算主体之间的信任度。缺点是许多概率推理方法对一般用户来说，理解上有一定难度。另外，该表示方法把信任的主观性和不确定性等同于随机性。

（3）信念表示方法

信念理论和概率论类似，差别在于所有可能出现结果的概率之和不一定等于 1。信念理论保留了概率论中隐含的不确定性。因为基于信念模型的信任系统在信任度的推理方法上类似于概率论的信任度推理方法。

文献 [11–13] 采用信念表示主体的可信任度。在文献 [11–12] 中，引入 *opinion* 表示信任度，把 *opinion* 定义为一个四元组 {b, d, u, a}。b、d、u 分别表示信任、怀疑、不确定。$b, d, u \in [0, 1]$ 且 $b+d+u$=1。主体的可信任度为 $b+au$，a 是一个系数，表示信任度中不确定性所占的比例。

（4）模糊表示方法

信任本身就是一个模糊的概念，所以有学者用模糊理论来研究主体的可信度。隶属度可以看成是主体隶属于可信任集合的程度。模糊化评价数据以后，信任系统利用模糊规则等模糊数据，推测主体的可信度。例如，可以使用模糊子集合 T_1、T_2、T_3、T_4、T_5、T_6 分别定义具有不同程度的信任集合，具体代表的信任集合的含义如表 5-2 所示。

表 5-2　6 种不同信任模糊集合

模　糊　集	含　义	模　糊　集	含　义
T_1	不信任	T_4	很信任
T_2	不太信任	T_5	特别信任
T_3	信任	T_6	完全信任

因为这些模糊信任集合之间并不是非彼即此的排他关系，很难说某个主体究竟属于哪个集合。在此情况下，用主体对各个模糊集 T_i 的隶属度组成的向量描述主体的可信程度更具有合理性。如主体 x 的信任度可以用向量 v={v_0, v_1, v_2, $\cdots$, v_n} 表示，其中 v_i 表示 x 对 T_i 的隶属度。

（5）灰色表示方法

灰色模型和模糊模型都可以描述不确定信息，但灰色系统相对于模糊系统来说，可用于解决统计数据少、信息不完全系统的建模与分析。目前已有文献 [14] 用灰色系统理论解决分布系统中的信任推理。在灰色模型中，主体之间的信任关系用灰类描述。如文献 [14] 中，聚类实体集 D={d_1, d_2, d_3}，灰类集 G={g_1, g_2, g_3}，g_1、g_2、g_3 分别依次表示信任度高、一般、低。主体间的评价用一个灰数表示，这些评价经过灰色推理以后，就得到一个聚类实体关于灰类集的聚类向量。如（0.324，0.233，0.800），根据聚类分析认为实体属于灰类 g_3，表示其可信度低。

（6）云模型表示方法

云模型是李德毅院士于 1995 年在模糊集理论中隶属函数的基础上提出的，通常被用来描述不确定性的概念。云模型可以看做是模糊模型的泛化，云由许多云滴组成。主体间的信任关系用信任云描述。信任云是一个三元组 (*Ex*，*En*，*Hx*)，其中 *Ex* 描述主体间的信任度，*En* 是信任度的熵，描述信任度的不确定性，*Hx* 是信任度的超商，描述 *En* 的不确定性。信任云能够描述信任的不确定性和模糊性。如文献 [15] 中，用一维正态云模型描述信任关系。设主体 A 对主体 B 的信任关系记为 $tc_{AB}=nc(Ex，En，He)(0 \leq Ex \leq 1，0 \leq En \leq 1，0 \leq He \leq 1)$。

5.2.3　信任的计算

任何实体间的信任关系均与一个度量值相关联。信任能用与信息或知识相似的方式度量，信任度是信任程度的定量表示，它是用来度量信任大小的。信任度可以用直接信任度和反馈信任度来综合衡量。直接信任度源于其他实体的直接接触，反馈信任度则是一种口头传播的名望。

信任度（Trust Degree，TD）是信任的定量表示，信任度可以根据历史交互经验推理得到，它反映的是主体（Trustor，也叫做源实体）对客体（Trustee，也叫做目标实体）的能力、诚实度、可靠度的认识，对目标实体未来行为的判断。TD 可以称为信任程度、信任值、信任级别、可信度等。

直接信任度（Direct Trust Degree，DTD）是指通过实体之间的直接交互经验得到的信任关系的度量值。直接信任度建立在源实体对目标实体经验的基础上，随着双方交互的不断深入，Trustor 对 Trustee 的信任关系更加明晰。相对于其他来源的信任关系，源实体会更倾向于根据直接经验来对目标实体作出信任评价。

反馈信任度（Feedback Trust Degree，FTD）表示实体间通过第三者的间接推荐形成的信任度，也叫声誉（Reputation）、推荐信任度、间接信任度（Indirect Trust Degree，ITD）等。反馈信任建立在中间推荐实体的推荐信息基础上，根据 Trustor 对这些推荐实体信任程度的不同，会对推荐信任有不同程度的取舍。但是由于中间推荐实体的不稳定性，或者有伪装的恶意推荐实体的存在，使反馈信任度的可靠性难以度量。

总体信任度（Overall Trust Degree，OTD），也叫做综合信任度或者全局信任度。信任关系的评价，就是 Trustor 根据直接交互得到对目标实体的直接信任关系，以及根据反馈得到目标实体的推荐信任关系，这两种信任关系的合成即得到了对目标实体的综合信任评价。

目前，信任模型在获取总体信任度时大多采用直接信任度与反馈信任度加权平均的方式进行聚合计算的：

$$\Gamma (P_i，P_j)=W_1 \times \Gamma_D (P_i，P_j) + W_2 \times \Gamma_F (P_i，P_j) \tag{5-1}$$

$\Gamma (P_i，P_j)$ 是总体信任度，$\Gamma_D (P_i，P_j)$ 是直接信任度，$\Gamma_F (P_i，P_j)$ 是反馈信任度，W_1 和 W_2 分别为直接信任度与反馈信任度的分类权重。

除此之外，目前文献中常见到的计算方法还有：加权平均法、贝叶斯方法、模糊推理方法及灰色推理方法。

（1）加权平均法

目前大多数信任机制采用该方法，该方法借鉴了社会网络中人之间的信任评价方法，其计算方法如下：

$$T_{i,j} = \alpha \cdot (\beta \cdot R_d + (1 - \beta) \cdot R_r) - \gamma R_i \tag{5-2}$$

其中，$T_{i,j}$ 表示主体 i 对主体 j 的信任值，R_d 是根据主体 i 与主体 j 之间的直接交易记录计算出的直接信任值，R_r 是主体 i 根据其他主体的推荐信息计算出的间接信任值，R_i 是交易带来的风险值，α、β、γ 分别表示不同的系数。

（2）极大似然法

极大似然估计方法（Maximum Likelihood Estimation，MLE）是一种基于概率的信任推理方法，主要适用于概率模型和信念模型。在信任的概率分布是已知而概率分布的参数是未知的情况下，MLE 根据得到的交易结果推测这些未知的参数，推测出的参数使得出现这些结果的可能性最大。如信任概率分布为 $p(x)$，主体 i 可信度为 t_i，主体 i 诚实推荐的概率等于其可信度，与主体 j 的交易结果为 $x_{i,j}$，主体 i 的邻居节点记为 $n(i)$，则 MLE 推测方法为求解下式的最大值。

$$\max_{t_i} \arg\log \prod_{k \in n(i)} p(x_{i,k}, t_i, l_k) \tag{5-3}$$

（3）贝叶斯方法

贝叶斯（Bayesian）方法是一种基于结果的后验概率（posterior probability）估计，适用于概率模型和信念模型。与 MLE 不同之处在于，它首先为待推测的参数指定先验概率分布（prior probability），然后根据交易结果，利用贝叶斯规则（Bayes rule）推测参数的后验概率。根据对交易评价可能出现的结果个数不同，为待推测参数指定先验概率分布为 Beta 分布或 Dirichlet 分布，其中 Beta 分布仅适合于二元评价结果的情况，是 Dirichlet 分布的一种特殊形式。这里介绍基于 Dirichlet 分布的推理方法，Dirichlet 分布适合于多元评价结果的情况，如表 5-2 所列的可能评价结果。假设评价有 k 种结果，每种结果出现的先验概率分布为均匀分布（uniform distribution），即每种出现的概率为 $1/k$，共有 n 次交易，且每次交易都给出评价，其中 $i(i=1, 2, \cdots, k)$ 种评价出现的次数为 $m_i (\sum m_i = n)$，则待估测参数 p 的后验概率分布为：

$$f(p, m, k) = \frac{1}{\int_0^1 \prod_{i=1}^{k} x^{(m_i + C/k - 1)} \mathrm{d}x} \prod_{i=1}^{k} p_i^{(m_i + C/k - 1)} \tag{5-4}$$

其中，C 是一个预先设定的常熟，C 越大说明评价结果对参数 p 的期望值就越小，C 一般选为 k，则第 i 种评价结果出现概率的 Bayes 估计期望为：

$$E(p_i) = \frac{m_i + C/k}{C + \sum_{i=1}^{k} m_i} \tag{5-5}$$

（4）模糊推理方法

模糊推理方法主要适用于模糊信任模型。图 5-5 是模糊推理的一个通用框架，模糊推理分为 3 个过程，即模糊化、模糊推理以及反模糊化。

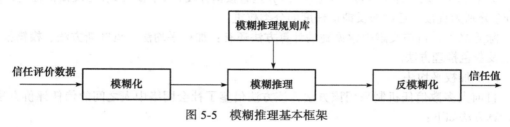

图 5-5　模糊推理基本框架

模糊化过程把评价数据借助隶属度函数进行综合评价，归类到模糊集合中。模糊推理根据模糊规则推理主体之间的信任关系或者主体的可信度隶属的模糊集合。推理规则示例如下所示：

```
IF the Weighted Trustworthiness Value is high
   AND the Opinion Weight is high
   AND the Opinion Credibility is high
THEN Trustworthiness level is high.
```

通过形式化推理规则、反模糊化推理结果就可以得到主体的可信度。

（5）灰色系统方法

灰色系统理论是我国学者邓聚龙首先提出来的用于研究参数不完备系统的控制与决策问题的理论，并在许多行业得到广泛应用。文献[15]提出了一种基于灰色系统理论的信誉报告机制，但目前基于灰色系统理论的信任机制研究并不多。基于灰色系统系统理论的推理过程如图5-6所示。

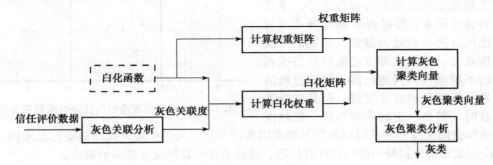

图 5-6　灰色推理基本框架

在灰色推理过程中，首先利用灰色关联分析（grey relational analysis）分析评价结果，得到灰色关联度（grey relational degree），即评价向量；如果评价涉及多个关键属性（比如文件共享系统中，对一个主体的评价可能涉及下载文件的质量、下载速度等属性），确定属性之间的权重关系；利用白化函数和评价向量计算白化矩阵；由白化矩阵和权重矩阵计算聚类向量，聚类向量反映了主体与灰类集（grey level set）中每个灰类（grey level）的关系；对聚类向量进行聚类分析，就可以得到主体所属的灰类。

（6）D-S证据理论法

D-S证据理论的全称是Dempster-Shafer证据理论，是由Dempster在1967年首先提出的，后在1976年经Shafer改进，成为一种成熟、完备的不精确推理理论。Bin Yu将该理论用于分布式任管理模型，田春岐在Bin Yu的基础上将D-S证据理论用在了P2P网络信任模型上。

文献[41]使用$m()$函数来表示节点A对节点B的信任评价关系，用$m\{T\}$表示A对B的满意度，用$m\{\neg T\}$表示A对B不满意的程度，$m(\{T, \neg T\})$则表示A对B的不确定程度。

在$m()$函数中，T表示A认为B是可信的，$\neg T$则表示A认为B是不可信的。在D-S证据理论方法中，下式成立。

$$m(\{T\})+m(\{\neg T\})+m(\{T, \neg T\})=1 \tag{5-6}$$

并且式中三个$m()$函数的关系可以用图5-7来表示。

Ω和ω分别表示信任度的门限值，从图中可以看出，信任的不确定度是基于完全信任和完全不信任之间的。并且在基于D-S证据理论的信任计算方法中，$m()$函数计算的是直接信任，间接信任使用$m_1 \oplus m_2$，假设

$$m_1(\{T\}) = 0.8, m_1(\{\neg T\}) = 0, m_1(\{T, \neg T\}) = 0.2 \qquad (5\text{-}7)$$
$$m_2(\{T\}) = 0.9, m_2(\{\neg T\}) = 0, m_2(\{T, \neg T\}) = 0.1 \qquad (5\text{-}8)$$

则间接信任为:

$$m_{12}\{T\} = 0.72 + 0.18 + 0.08 = 0.98 \qquad (5\text{-}9)$$

总的来说，加权平均法是目前研究中采用最多的信任计算（推理）方法，其主要特点是易于理解，方法简单且容易实现，对原始评价数据没有过多的要求。极大似然推理方法和贝叶斯方法同属于基于概率论的推理方法。概率论研究的是随机不确定现象的统计规律，目标是考察每种随机不确定现象出现结果的可能性大小，要求原始评价（样本）数据服从典型分布。另外，推理方法一般较为复杂，实现的系统复杂度较高。模糊推理方法能够解决推理过程的不精确输入问题，简化推理过程的复杂性，推理过程容易理解。但是选择隶属函数时，需要一定的先验知识。灰色推

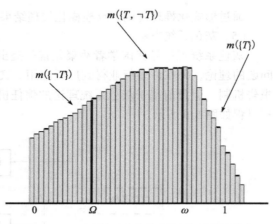

图 5-7　D-S 证据理论中信任评价函数的分布

理方法和模糊推理方法都可以解决不确定因素的推理，灰色推理方法不需要先验知识，可以解决原始评价数据较少的信任计算问题，对原始评价数据没有过多的要求。

上面介绍 P2P 和 Web 网络中的信任表示方法和信任计算方法。对于无线传感器网络（WSN）而言，它具有节点资源有限、网络应用相对单一的特点。而且，一般情况下整个网络从属于一个机构。所以，WSN 的授权策略较为简单，无须采取授权凭证方式的信任管理。而且，基于公钥算法的授权凭证的签署和授权凭证中公钥的使用也不适合资源有限的WSN。所以目前对 WSN 信任管理的研究主要集中在对节点进行信任值评估，借助信任值评估增强 WSN 的安全性和健壮性等。有兴趣的读者可参阅文献 [18]。

5.2.4　信任评估

在主观信任模型中，实体之间的信任关系分为直接信任关系和推荐信任关系，分别用于描述主体与客体、主体与客体经验推荐者之间的信任关系。即主体对客体的经验既可以直接获得，又可以通过推荐者获得，而推荐者提供的经验同样可以通过其他推荐者获得，直接信任关系和推荐信任关系形成了一条从主体到客体的信任链，而主体对客体行为的主观预期则取决于这些直接的和间接的经验。信任模型所关注的内容主要有信任表述、信任度量和信任度评估。信任度评估是整个信任模型的核心，因此信任模型也称信任度评估模型。

在介绍信任评估之前，先给出几个相关概念。

信任（trust）是一种建立在已有知识上的主观判断，是主体 A 根据所处环境，对主体 B 能够按照主体 A 的意愿提供特定服务（或者执行特定动作）的度量。

直接信任度（direct trust）是指主体 A 根据与主体 B 的直接交易历史记录，而得出的对主体 B 的信任。

推荐信任（recommendation trust）是主体间根据第三方的推荐而形成的信任，也称为间接信任。

信任度（trust degree）是信任的定量表示，也可称可信度。

图 5-8 描述了这几个概念之间的关系，实体 A 对实体 B 的直接信任度记为 T_{AB}，实体 B 对实体 C 的直接信任度记为 T_{BC}。而在实体 A 与实体 C 之间由于不存在直接交易的历史记录，实体 A 为获得实体 C 的可信度，需要求助实体 B。根据实体 B 的推荐，实体 A 可以获得实体 C 的推荐信任 T_{AC}。

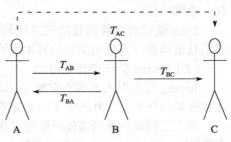

下面介绍了几个有代表性的信任评估模型。信任评估模型主要涉及信任的表达和度量、由经验推荐所引起的信任度推导和综合计算等问题。

图 5-8　信任示例

（1）Beth 信任评估模型

在 Beth 信任评估模型中，经验被定义为对某个实体完成某项任务的情况记录，对应于任务的成败，经验分为肯定经验和否定经验。若实体任务成功则对肯定经验记数增加，若实体任务失败则否定经验记数增加。模型中的经验可以由推荐获得，而推荐经验的可信度问题同样是信任问题。为此，模型将信任分为直接信任和推荐信任。直接信任定义为"若 P 对 Q 的所有（包括直接的或由推荐获得的）经验均为肯定经验，则 P 对 Q 存在直接信任关系"。当 Q 被信任时，Q 能成功完成任务的概率被用于评价这种信任关系，而概率的计算则取决于 P 对 Q 的肯定经验记录。Beth 采用公式（5-10）描述直接信任度与肯定经验记录的关系。

$$v_z(p) = 1 - \alpha^p \tag{5-10}$$

其中，p 是 P 所获得的关于 Q 的肯定经验数，α 则是对 Q 成功完成一次任务的可能性期望。该公式是基于 Q 完成一次任务的可能性在 [0, 1] 上均匀分布这一假设的。推荐信任定义为"若 P 愿意接受 Q 提供的关于目标实体的经验，则 P 对 Q 存在推荐经验关系"。Beth 采用肯定经验与否定经验相结合的方法描述推荐信任度。推荐信任度与经验记录的关系采用公式（5-11）描述：

$$v_r(p, z) = \begin{cases} 1 - \alpha^{p-n}, & p > n \\ 0, & \text{其他} \end{cases} \tag{5-11}$$

其中，p、n 分别是 P 所获得的关于 Q 的肯定经验和否定经验数。

在 Beth 信任评估模型中，经验可通过推荐获得，而对于同一个信任关系，多个不同的经验推荐者可能形成多条不同的推荐路径。假设 A 对 B 的推荐信任度为 V_1，B 对 C 的直接信任度为 V_2，则 A 对 C 的直接信任度 V_3 推导公式表述为：

$$V_3 = V_1 \times V_2 = 1 - (1 - V_2)^{V_1} \tag{5-12}$$

由此可见，如果已知 C 对 D 的直接信任度为 V_4，则 A 对 D 的推荐信任度可简单表示为 $V_3 \times V_4$。推荐信任度综合计算公式为：

$$V_{com} = \frac{1}{n} \sum_{i=1}^{n} V_i \tag{5-13}$$

其中，V_i 是由单个推荐路径推导出的信任度，综合推荐信任度 V_{com} 是这些单个信任度的简单算术平均。设 $P_i (i=1, \cdots, m)$ 是推荐路径上各不相同的最终推荐实体，V_{i*} 表示其最终推荐实体为 P_i 的各条推荐路径的信任度，则直接信任度综合计算公式表述为：

$$V_{com} = 1 - \prod_{i=1}^{m} n_i \sqrt{\prod_{j=1}^{n_i} 1 - V_{i,j}} \tag{5-14}$$

公式（5-14）考虑了同一个经验推荐者出现在不同推荐路径上的情况。相同的经验信息经不同的路径被多次传递，产生不同的推导结果，该公式采用取推导值的平均值方法得到一个唯一值。

Beth 模型对直接信任的定义比较严格，仅采用肯定经验对信任关系进行度量。另外，其信任度综合计算采用简单的算术平均，无法很好地消除恶意推荐所带来的影响。

（2）Jøsang 信任度评估模型

Jøsang 等人引入了事实空间（evidence space）和观念空间（opinion space）的概念来描述和度量信任关系，并提供了一套主观逻辑"运算子"用于信任度的推导和综合计算。

事实空间由一系列实体产生的可观察到的事件组成。实体产生的事件被简单地划分为肯定事件（positive event）和否定事件（negative event）。Jøsang 基于 Beta 分布函数描述二项事件（binary event）后验概率的思想，给出了一个由观察到的肯定事件数和否定事件数决定的概率确定性密度函数 pcdf，并以此来计算实体产生某个事件的概率的可信度。设概率变量为 θ、r 和 s 分别表示观测到的实体所产生的肯定事件和否定事件数，则 pcdf 公式表述为：

$$\varphi\,(\theta\,|\,r,s) = \frac{\Gamma\,(r+s+2)}{\Gamma\,(r+1)\,\Gamma\,(s+1)}\,\theta^r(1-\theta)^s, 0 \leqslant \theta \leqslant 1, r \geqslant 0, s \geqslant 0 \qquad （5-15）$$

观念空间则由一系列对陈述的主观信任评估组成。主观信任度由三元组 $\omega=\{b, d, u\}$ 描述，该三元组满足 $b+d+u=1$，$\{b, d, u\} \in [0, 1]^3$，b, d, u 分别描述对陈述的信任程度、不信任程度和不确定程度。Jøsang 使用公式（5-16）将 ω 定义为事实空间中肯定事件数 r 和否定事件数 s 的函数：

$$\begin{cases} b = \dfrac{r}{r+s+1} \\ d = \dfrac{s}{r+s+1} \\ u = \dfrac{1}{r+s+1} \end{cases} \qquad （5-16）$$

Jøsang 认为 ω 与 pcdf 在主观信任度的表达上是等价的，即可以通过事实空间的统计事件来描述主观信任度。

Jøsang 信任度评估模型提供了一套主观逻辑算子，用于信任度之间的运算，主要的算子有合并（conjunction）、合意（consensus）和推荐（recommendation）。其中，合并用于不同信任内容的信任度综合计算。合意根据参与运算的观念（信任度）之间的关系分为独立观念间的合意、依赖观念间的合意和部分依赖观念间的合意 3 类。所谓观念依赖是指观念是否部分或全部由观察相同的事件所形成。合意主要用于对多个相同信任内容的信任度综合计算。推荐主要用于信任度的推导计算。

与 Beth 模型相比，Jøsang 模型对信任的定义较宽松，同时使用了事实空间中的肯定事件和否定事件对信任关系进行度量。模型没有明确区分直接信任和推荐信任，但提供了推荐算子用于信任度的推导。另外，其信任度使用三元组来表示，而不是 Beth 模型中的单一数值。该模型同样无法有效地消除恶意推荐带来的影响。

5.3 身份认证

5.3.1 身份认证的概念

身份认证是指用户身份的确认技术，它是物联网信息安全的第一道防线，也是最重要的一道防线。身份认证可以实现物联网终端用户安全接入物联网中，使用户合理地使用各种资源。身份认证要求参与安全通信的双方在进行安全通信前，必须互相鉴别对方的身份。在物联网应用系统中，身份认证技术要能够密切结合物联网信息传送的业务流程，阻止对重要资源的非法访问。身份认证技术可以用于解决访问者的物理身份和数字身份的一致性问题，给其他安全技术提供权限管理的依据。可以说，身份认证是整个物联网应用层信息安全体系的基础。

1. 基本认证技术

传统的身份认证有如下两种方式：

1）基于用户所拥有的标识身份的持有物的身份认证。持有物如身份证、智能卡、钥匙、银行卡（储蓄卡和信用卡）、驾驶证、护照等，这种身份认证方式称为基于标识物（token）的身份认证。

2）基于用户所拥有的特定知识的身份认证。特定知识可以是密码、用户名、卡号、暗语等。

为了增强认证系统的安全性，可将以上的两种身份认证方式结合，实现对用户的双因子认证，如银行的 ATM 系统就是一种双因子认证方式，即用户提供正确的"银行卡 + 密码"。显然，传统的两种身份认证方式存在很多缺点，如表 5-3 所示。

表 5-3   传统身份认证的缺点

认证方式	缺 点
基于标识物的身份认证	携带不方便；易丢失；易伪造；易遭受假冒攻击
基于特定知识的身份认证	长密码难记忆，短密码容易记忆但易于被猜出；攻击者可以窃取账号和口令；易于遭受假冒攻击

在身份认证的基础上，基本的认证技术有双方认证和可信第三方认证两类。

1）双方认证。双方认证是一种双方相互认证的方式，双方都提供 ID 和密码给对方，才能通过认证，如图 5-9 所示。这种认证方式不同于单向认证的是客户端还需要认证服务器的身份，但这样客户端必须维护各服务器所对应的 ID 和密码。

2）可信第三方认证。可信第三方认证也是一种通信双方相互认证的方式，但是认证过程必须借助于一个双方都能信任的可信第三方，一般而

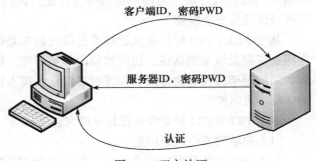

图 5-9   双方认证

言可以是政府的法院或其他可供信赖的机构。当双方欲进行通信时，彼此必须先通过可信第三方的认证，然后才能相互交换密钥，再进行通信，如图 5-10 所示。由这种借助可信第三方的认证方式变化而来的认证协议相当多，其中典型的例子就是 Kerberos 认证协议。

认证必须和标识符共同起作用。认证过程首先需要输入账户名、用户标识或者注册标识，告诉主机是谁。账户名应该是秘密的，任何其他的用户不能拥有它。但为了防止因账户名或 ID 泄露而出现非法用户访问系统资源的问题，需要进一步使用认证技术证实用户的合法身份。口令是一种简单易行的认证手段，但是比较脆弱，容易被非法用户利用。生物

技术则是一种非常严格且有前途的认证方法，如利用指纹、视网膜等，但因技术复杂，目前还没有被广泛采用。

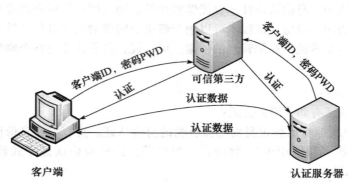

图 5-10　可信第三方认证

2. 基于 PKI/WPKI 轻量级认证技术

物联网应用的一个重要特点是能够提供丰富的 M2M 数据业务，M2M 数据业务的应用具有一定的安全需求，一些特殊业务需要很高的安全保密级别。充分利用现有互联网和移动网络的技术和设施，是物联网应用快速发展和建设的重要方向。随着多网融合下物联网应用的不断发展，为大量的终端设备提供轻量级的认证技术和访问控制应用是保证物联网接入安全的必然需求。

PKI（公钥基础设施）是一个用公钥技术来实施和提供安全服务的、具有普适性的安全基础设施。PKI 技术采用证书管理公钥，通过第三方可信机构（如认证中心）把用户的其他标识信息（设备编号、身份证号、名称等）捆绑在一起，来验证用户的身份。WPKI（Wireless PKI）是为了满足无线通信的安全需求而发展起来的公钥基础设施。WPKI 可用于包括移动终端在内的无线终端，为用户提供身份认证、访问控制和授权、传输保密、资料完整性、不可否认性等安全服务。

基于 PKI/WPKI 轻量级认证技术的研究目标是研究以 PKI/WPKI 为基础，开展物联网应用系统轻量级鉴别认证、访问控制的体系研究，提出物联网应用系统的轻量级鉴别任务和访问控制架构及解决方案，实现对终端设备接入认证、异构网络互联的身份认证及应用的细粒度访问控制。

基于 PKI/WPKI 轻量级认证技术研究包括：

（1）物联网安全认证体系

重点研究在物联网应用系统中，如何基于 PKI/WPKI 系统实现终端设备和网络之间的双向认证，研究保证 PKI/WPKI 能够向终端设备安全发放设备证书的方式。

（2）终端身份安全存储

重点研究终端身份信息在终端设备中的安全存储方式以及终端身份信息的保护。重点关注在重点设备遗失的情况下，终端设备的身份信息、密钥、安全参数等关键信息不能被读取和破解，从而保证整个网络系统的安全。

（3）身份认证协议

研究并设计终端设备与物联网承载网络之间的双向认证协议。终端设备与互联网和移动网络等核心网之间的认证分别采用 PKI 或 WPKI 颁发的证书进行认证，对于异构网络之间在进行通信之前也需要进行双向认证，从而保证只有持有信任的 CA 机构颁发的合法证书的终端设备才能接入持有合法证书的物联网系统。

（4）分布式身份认证技术

物联网应用业务的特点是接入设备多，分布地域广，在网络系统上建立身份认证时，如果采用集中式的方式在响应速度方面不能达到要求，就会给网络的建设带来一定的影响，因此需要建立分布式的轻量级鉴别认证系统。研究分布式终端身份认证技术、系统部署方法、身份信息在分布式轻量级鉴别认证系统中的安全、可靠性传输。

3. 新型身份认证技术

身份认证用于确认对应用进行访问的用户身份。一般基于以下一个或几个因素：静态口令、用户所拥有的东西（如令牌、智能卡等）、用户所具有的生物特征（如指纹、虹膜、动态签名等）。在对身份认证安全性要求较高的情况下，通常会选择以上因素中的两种从而构成"双因素认证"。目前比较常见的身份认证方式是用户口令，其他还有智能卡、动态令牌、USB Key、短信密码和生物识别技术及零知识身份认证等。在物联网中也将会综合运用这些身份认证技术，特别是生物识别技术和零知识身份认证技术。

通常的身份证明需要用户提供用户名和口令等识别用户的身份信息，而零知识身份认证技术不需要这些信息也能够识别用户的身份。零知识身份认证技术的思想是：有两方，认证方 V 和被认证方 P，P 掌握了某些秘密信息，P 想设法让 V 相信他确实掌握了那些信息，但又不想让 V 知道他掌握了那些信息。P 掌握的秘密信息可以是某些长期没有解决的猜想问题的证明（如费尔马最后定理、图的三色问题），也可以是缺乏有效算法的难题解法（如大数因式分解等），信息的本质是可以验证的，即可以通过具体的步骤检验它的正确性。

4. 非对称密钥认证

非对称加密算法的认证要求认证双方的个人秘密信息（如口令）不用在网络上传送，减少了认证的风险。这种认证方式通过请求认证者和认证者之间对一个随机数作数字签名与验证数字签名的方法来实现。

认证一旦通过，双方即建立安全通信通道进行通信，在每一次的请求和响应中进行，即接收信息的一方先从接收到的信息中验证发信人的身份信息，验证通过后才根据发来的信息进行相应的处理。用于实现数字签名和验证数字签名的密钥对必须与进行认证的一方唯一对应。

5.3.2 用户口令

用户口令是最简单易行的认证手段，但易于被猜出来，比较脆弱。口令认证必须和用户标识 ID 结合起来使用，而且用户标识 ID 必须在认证的用户数据库中是唯一的。为了保证口令认证的有效性，还需考虑的下几个问题：

- 请求认证者的口令必须是安全的；
- 在传输过程中，口令不能被窃看、替换；
- 请求认证者请求认证前，必须确认认证者的真实身份，否则会把口令发给假冒的认证者。

口令认证最大的安全隐患是系统管理员通常都能得到所有用户的口令。因此，为了避免这样的安全隐患，通常情况下会在数据库中保存口令的散列值，通过验证散列值的方法来认证身份。

1. 口令认证协议

口令认证协议（PAP）是一种简单的明文验证方式。网络接入服务器（Network Access Server，NAS）要求提供用户名和口令，PAP 以明文方式返回用户信息。显然，这种认证方式的安全性较差，第三方可以很容易获取到传送的用户名和口令，并利用这些信息与 NSA 建立连接获取 NAS 提供的所有资源。所以，一旦用户密码被第三方窃取，PAP 将无法提供避免受到第三方攻击的保障措施。

2. 一次性口令机制

传统的身份认证机制建立在静态口令的识别基础上，这种以静态口令为基础的身份认证方式存在多种口令被窃取的隐患：

1）网络数据流窃听（sniffer）：很多通过网络传输的认证信息是未经加密的明文（如 FTP、Telnet 等），容易被攻击者通过窃听网络数据分辨出认证数据，并提取用户名和口令。

2）认证信息截取/重放（recorder/replay）：简单加密后进行传输的认证信息，攻击者仍然会使用截取/重放攻击推算出用户名和口令。

3）字典攻击：以有意义的单词或数字作为密码，攻击者会使用字典中的单词来尝试用户的口令。

4）穷举尝试（brute force）：又称蛮力攻击，是一种特殊的字典攻击，它使用字符串的全集作为字典尝试用户的口令，如果用户的口令较短，很容易被穷举出来。

为了解决静态口令问题，20 世纪 80 年代初，Leslie Lamport 首次提出利用散列函数产生一次性口令的思想，即用户每次同服务器连接过程中使用的口令在网上传输时都是加密的密文，而且这些密文在每次连接时都是不同的，也就是说，口令明文是一次有效的。当一个用户在服务器上首次注册时，系统给用户分配一个种子值（seed）和一个迭代值（iteration），这两个值就构成了一个原始口令，同时在服务器端还保留有仅用户自己知道的通信短语。当用户每次向服务器发出连接请求时，服务器把用户的原始口令传给用户。用户接到原始口令后，利用口令生成程序，采用散列算法（如 MD5），结合通信短语计算出本次连接实际使用的口令，然后再把口令传回给服务器；服务器先保存用户传来的口令，然后调用口令生成器，采用同一散列算法（MD5），利用用户存在服务器端的通信短信和它刚刚传给用户的原始口令自行计算生成一个口令。服务器把这个口令和用户传来的口令进行比较，进而对用户的身份进行确认；每一次身份认证成功后，原始口令中的迭代值自动减 1。该机制由于每次登录时的口令是随机变化的，每个口令只能使用一次，彻底防止了前面提到的窃听、重放、假冒、猜测等攻击方式。

5.3.3 介质

基于口令的身份认证，因其安全性较低，很难满足一些安全性要求较高的应用场合。基于生物特征的身份认证设备由于价格和技术因素限制，使用还比较有限。基于介质的身份认证（如 USB Key、手机等）以其具有的安全可靠、便于携带、使用方便等诸多优点，正在被越来越多的用户所认识和使用。

1. 基于智能卡的身份认证

智能卡是 IC 卡的一种，它是一种内含集成电路芯片的塑料片，本身具有一定的存储能力和计算能力，可以以适当的方式进行读写，智能卡内封装了微处理芯片（CPU），具备数据安全性保护措施，具有数据判断和数据分析能力，可以对数据进行加密和解密处理。目前，DES、RSA 等能被智能卡支持。智能卡一般都有一个 128KB 的 ROM 用于存放程序代码，一个 64 ~ 128KB 的 EPROM 和最大可达 1MB 的 Flash 内存来存放用户数据，一个 4 ~ 5KB 的 RAM 用作工作区。卡内的 CPU 和外设能以 30MHz 的内部时钟频率进行工作，能够较好地完成计算量大的操作。内部时钟的实现对实时性要求更高的应用也提供了重要保证。32 位的 RSIC 处理器使智能卡能够应用于更多的加密算法，并且对算法中密钥长度的要求也不断放宽。智能卡是一种接触型的认证设备，需要与读卡设备进行对话，而不是由读卡设备直接将存储的数据读出。智能卡自身安全一般受 PIN 码保护，PIN 码是由数字组成的口令，只有读卡机将 PIN 码输入智能卡后才能读出卡中保存的数据。智能卡对微电子技术的要求相当高，所以成本较高。

基于智能卡的身份认证机制要求用户在认证时持有智能卡（智能卡中存有秘密信息，可以是用户密码的加密文件或者是随机数），只有持卡人才能被认证。它的优点是可以防止口令被猜测，但也存在一定的安全因素，如攻击者获得用户的智能卡，并知道他保护智能卡的密码，这样攻击者就可以冒充用户登录。

USB Key 是由带有 EPROM 的 CPU 实现的芯片级操作系统，所有读写和加密运算都在芯片内部完成，具有很高的安全度。它自身所具备的存储器可以用来存储一些个人信息或证书，用来标识用户身份，内部密码算法可以为数据传输提供安全的传输信道。

采用硬件令牌进行身份认证的技术是指通过用户随身携带身份认证令牌来进行身份认证的技术。主要的硬件设备有智能卡和目前流行的 USB Key 等。基于 USB Key 的硬件令牌身份认证系统将是未来的趋势。

基于硬件令牌的认证方式是一种双因子的认证方式（PIN+ 物理证件），即使 PIN 或硬件设备被窃取，用户仍不会被冒充。双因子认证比基于口令的认证方法增加了一个认证要素，攻击者仅仅获取了用户口令或者仅仅拿到了用户的硬件令牌，都无法通过系统的认证。因此，这种方法比基于口令的认证方法具有更好的安全性。

2. 基于智能手机的身份认证

当前，智能手机非常普及，它给身份认证带来了新的机遇。所谓智能手机，是指具有独立操作系统，支持第三方软件，并可以用软件对手机功能进行扩充的一类手机的总称。智能手机不仅提供通信功能，而且还有 PDA 的部分功能，并可以接入移动通信网络上网。目前，智能手机以其强大的功能受到了广大消费者的喜爱，并占据了手机市场的主导地位。

首先，智能手机是一个相对安全的环境。手机是私人物品，不像个人计算机一样同一台计算机可能被多人共享，这样用户就对他的手机拥有绝对的控制权。

其次，智能手机比 USB Key、Token 更容易携带。手机通常是人们随身必带的物品，不会发生使用相关网络应用时，而没有带手机的情况。从而大大方便了用户的使用。再次，智能手机功能强大，可以方便地扩展其功能。动态口令技术，尤其是数字签名技术需要具有复杂的实现机制，需要强大的计算能力。一方面，智能手机的硬件配置往往较高，可以高速地进行运算，为数字签名的实现提供了硬件上的支持。另一方面，智能手机操作系统提供了方便的编程接口，使得复杂身份认证机制的实现更加容易，从而大大降低了开发成本。因此，基于智能手机强大的软硬件功能，可以设计更为复杂、安全的身份认证机制，如可采用动态口令技术和数字签名技术相结合的方式。

5.3.4 生物特征

口令认证容易被猜出,比较脆弱,存在很多缺陷。为了克服传统身份认证方式的缺点,尤其是假冒攻击,迫切需要寻求一种新的身份认证方式,即能与人本身建立一一对应的身份认证技术,或许利用不断发展与成熟的生物特征识别技术是替代传统身份认证的最佳选择。

生物识别技术(biometric identification technology)是利用人体生物特征进行身份认证的一种技术。生物特征是唯一的(与他人不同)、可测量或自动识别和可验证的生理特征或行为方式,分为生理特征和行为特征。生理特征与生俱来,多为先天性的;行为特征则是习惯使然,多为后天性的。将生理和行为特征统称为生物特征。常用的生理特征包括DNA、指纹、虹膜、人脸、手指静脉、视网膜、掌纹、耳廓、手形、手上的静脉血管和体味等,行为特征包括联机签名、击键打字、声波和步态等。与传统的身份鉴定技术相比,基于生物特征识别的身份鉴定技术具有以下优点:

1)终生不变或只有非常轻微的变化;

2)随身携带,不易被盗、丢失或遗忘;

3)防伪性好,难伪造或模仿。

基于生物特征识别技术的典型成功应用案例有:

1)2008年,人脸识别系统在北京奥运会中出色地完成了人员的身份认证;

2)基于指纹识别技术的美国的访客计划(US-VISIT);

3)2004年,澳大利亚国际机场采用了基于人脸识别技术的生物特征护照系统来进行身份认证。

研究表明,采用指纹、虹膜、人脸、手指静脉、掌纹、DNA等的任何一个特征,两个人相同的概率极其微小。因此,可以唯一证明个人身份,满足个人身份的确定性和不可否认性。在这些特征中,终生不变,易于获取,应用广泛,全世界各个行业都接受的个人特征应首选指纹。基于生物识别技术的身份认证被认为是最安全的身份认证技术,将来能够被广泛地应用在物联网环境中。

1. 指纹识别

目前所有生物特征识别技术中,指纹识别无论在硬件设备还是软件算法上都是最成熟、开发最早、应用最广泛的。据相关资料显示,我国古代最早的指纹应用可追溯至秦朝。唐朝时,以"按指为书"为代表的指纹捺印已经在文书、契约等民用场合被广泛采用。自宋朝起,指纹则开始被用做刑事诉讼的物证。虽然我国对指纹的应用历史比较悠久,但由于缺乏专门性的研究,未能将指纹识别技术上升为一门科学。在欧洲,1788年,J.Mayer首次提出没有两个人的指纹会完全相同;1889年,E.R.Henry在总结前人研究成果的基础上,提出了指纹细节特征识别理论,奠定了现代指纹学的基础。

指纹识别技术从被发现时起,就被广泛地应用于契约等民用领域。由于人体指纹具有终身稳定性和唯一性,很快就被用于刑事侦查,并被尊为"物证之首"。但早期的指纹识别采用的方法是人工比对,效率低、速度慢,不能满足现代社会的需要。20世纪60年代末,在美国开始有人提出用计算机图像处理和模式识别方法进行指纹分析以代替人工比对,这就是自动指纹识别系统(简称AFIS)。因为成本及对运行环境的特殊要求,开始时其应用主要限于刑侦领域。随着计算机图像处理和模式识别理论以及大规模集成电路技术的不断发展与成熟，指纹自动识别系统的体积不断缩小，其价格也不断降低，因而被应用到民用领域。20 世纪 80 年代，个人计算机、光学扫描这两项技术的革新，使得它们作为指纹取像的工具成为现实，从而使指纹识别可以在其他领域中得以应用，比如代替 IC 卡。20世纪 90 年代后期，低价位取像设备的引入及其飞速发展，以及可靠的比对算法的发现为个人身份识别应用的增长提供了舞台。指纹自动识别技术已在警察司法活动和出入口控制、信息编码、银行信用卡、重要证件防伪等许多领域广泛使用。

指纹是手指末端正面皮肤上的呈有规则定向排列的纹线。每个人指纹纹路在图案、断点和交叉点上各不相同，是唯一的，并且终生不变。人的指纹特征可大致分为两类：总体特征和局部特征。总体特征是用肉眼就可以直接观察到的纹路图案：环型、弓型、螺旋型，即我们俗称的斗、簸箕、双箕斗。但仅靠这些基本的图案来进行分类识别还远远不够。在实际应用中，常提取某人指纹的节点（指纹纹路中经常出现的中断、分叉或转折）这个局部特征信息，进行身份认证。指纹节点的信息特征多达 150 多种，但一些细节特征却极为罕见，常见的节点类型有以下 7 种：终结点（一条纹路在此终结）、分叉点（一条纹路在此分开成为两条或更多的纹路）、分歧点（两条平行的纹路在此分开）、孤立点（一条特别短的纹路，以至于成为一点）、环点（一条纹路分开成为两条之后，立即合并成为一条，这样形成的一个小环）、短纹（一端较短但不至于成为一点的纹路）。其中，最典型和最常用的是终结点和分叉点，在自动指纹识别技术中，一般只检测这两种类型的节点数量，并结合节点的位置、方向和所在区域纹路的曲率，得到唯一的指纹特征。指纹识别的准确率与输入指纹图像的质量有着非常重要的关系。由于噪声、不均匀接触等原因，可能导致指纹图像获取时产生许多畸变。在分析指纹特征时，就会产生大量的可疑特征点，淹没真实特征点，所以采用平滑、滤波、二值化、细化等图像处理方法来提高纹路的清晰度，同时删除被大量噪声破坏的区域。指纹识别主要包括指纹图像增强、特征提取、指纹分类和指纹匹配。

（1）指纹图像增强

指纹图像增强的目的是提高可恢复区域的脊信息清晰度，同时删除不可恢复区域，一般包括以下几个环节：规格化、方向图估计、频率图估计、生成模板、滤波，其主要问题在于利用脊的平行性设计合适的自适应方向滤波器和取得合适的阈值。

（2）特征提取

美国国家标准局提出用于指纹匹配细节的四种特征为脊终点、分叉点、复合特征（三分叉或交叉点）以及未定义。但目前最常用细节特征的定义是美国联邦调查局（FBI）提出的细节模型，它定义指纹图像的最显著特征分为脊终点和分叉点，每个清晰指纹一般有40 ~ 100 个这样的细节点。指纹特征的提取采用链码搜索法对指纹纹线进行搜索，自动指纹识别系统（AFIS）依赖于这些局部脊特征及其关系来确定身份。另外，指纹图像的预处理和特征提取也可采用基于脊线跟踪的方法。其基本思想是沿纹线方向自适应地追踪指纹脊线，在追踪过程中，局部增强指纹图像，最后得到一幅细化后的指纹脊线骨架图和附加在其上的细节点信息。由于该算法只在占全图比例很少的点上估算方向并滤波处理，计算量相对较少，在时间复杂度上具有一定的优势。

（3）指纹分类

常见的有基于神经网络的分类方法、基于奇异点的分类方法、基于脊线几何形状的分类方法、隐马尔可夫分类器的方法、基于指纹方向图分区和遗传算法的连续分类方法。

（4）指纹匹配

指纹匹配是指纹识别系统的核心步骤，匹配算法包括图匹配、结构匹配等，但最常用的方法是用 FBI 提出的细节模型来做细节匹配，即点模式匹配。点模式匹配问题是模式识别中的经典难题，研究者先后提出过很多的算法，如松弛算法、模拟退火算法、遗传算法、基于 Hough 变换的算法等，在实践中可以同时采用多种匹配方法以提高指纹识别系统的可靠性及识别率。

2. 虹膜识别

与指纹识别一样，虹膜识别也是以人的生物特征为基础，而虹膜也同样具有高度不可重复性。虹膜是眼球中包围瞳孔的部分，每一个虹膜都包含一个独一无二的基于像冠、水晶体、细丝、斑点、结构、凹点、射线、皱纹和条纹等特征的结构，这些特征组合起来形成一个极其复杂的锯齿状网络花纹。与指纹一样，每个人的虹膜特征都不相同，到目前为止，世界上还没有发现虹膜特征完全相同的案例，即便是同卵双胞胎，虹膜特征也大不相同，而同一个人左右两眼的虹膜特征也有很大的差别。此外，虹膜具有高度稳定性，其细部结构在胎儿时期形成之后就终身不再发生改变，除了白内障等少数病理因素会影响虹膜外，即便用户接受眼角膜手术，虹膜特征也与手术前完全相同。高度不可重复性和结构稳定性让虹膜可以作为身份识别的依据，事实上，它也许是最可靠、最不可伪造的身份识别技术。

基于虹膜的生物识别技术同指纹识别一样，主要由 4 个部分构成：虹膜图像获取、图像预处理、虹膜特征提取、匹配与识别。

（1）虹膜图像获取

虹膜图像获取时，人眼不与 CCD、CMOS 等光学传感器直接接触，采用的是一种非侵犯式的采集技术。所以，作为身份鉴别系统中的一项重要生物特征，虹膜识别凭借虹膜丰富的纹理信息，稳定性、唯一性和非侵犯性，越来越受到学术界和工业界的重视。虹膜图像的获取是非常困难的一步。一方面由于人眼本身就是一个镜头，许多无关的杂光会在人眼中成像，从而被摄入虹膜图像中；另一方面，由于虹膜直径只有十几毫米，不同人种的虹膜颜色有着很大的差别。白种人的虹膜颜色浅，纹理显著，而黄种人的虹膜则多为深褐色，纹理非常不明显。在普通状态下，很难拍到可用的图像。

（2）虹膜图像预处理

虹膜图像的预处理包括对虹膜图像定位、归一化和增强 3 个步骤。虹膜图像定位是去除采集到的眼睑、睫毛、眼白等，找出虹膜的圆心和半径。为了消除平移、旋转、缩放等几何变换对虹膜识别的影响，必须把原始虹膜图像调整到相同的尺寸和对应位置。虹膜的环形图案特征决定了虹膜图像可采用极坐标变换形式进行归一化。虹膜图像在采集过程中的不均匀光照会影响纹理分析的效果。一般采取直方图均衡化的方法进行图像增强，减少光照不均匀分布的影响。虹膜的特征提取和匹配识别方法最早由英国剑桥大学的 John Daugman 博士于 1993 年提出，以后许多虹膜识别技术都是以此为基础展开的。Daugman 博士用 Gabor 滤波器对虹膜图像进行编码，基于任意一个虹膜特征码都与其他的不同虹膜生成的特征码统计不相关这一特性，比对两个虹膜特征码的 Hamming 距离实现虹膜识别。

随着虹膜识别技术研究和应用的进一步发展，虹膜识别系统的自动化程度越来越高，神经网络算法、模糊识别算法也逐步应用到虹膜识别之中。进入 21 世纪后，随着外围硬件技术的不断进步，虹膜采集设备技术越来越成熟，虹膜识别算法所要求的计算能力也越来越不是问题。虹膜识别技术，由于其在采集、精确度等方面独特的优势，必然会成为未来社会的主流生物认证技术。未来的安全控制、海关进出口检验、电子商务等多种领域的应用，也必然会以虹膜识别技术为重点。这种趋势现在已经在全球各地的各种应用中逐渐开始显现。

5.3.5 行为

生物识别技术是利用人体生物特征进行身份认证的。生物特征是唯一的（与他人不同），可测量或自动识别和可验证的生理特征或行为方式。生理特征与生俱来，多为先天性的；行为特征则是习惯使然，多为后天性的，通常包括联机签名、击键打字、声波和步态等动作行为。目前关于生物特征行为的识别方法研究比较多的是基于步态的身份识别技术。

步态识别是一种新兴的生物特征识别技术，旨在根据人们走路的姿势进行身份识别。步态特征是在远距离情况下唯一可提取的生物特征，早期的医学研究证明了步态具有唯一性，因此可以通过对步态的分析来进行人的身份识别。它与其他的生物特征识别方法（如指纹、虹膜、人脸等）相比有其独特的特点：

1）远距离性：传统的指纹和人脸识别只能在接触或近距离情况下才能感知，而步态特征可以在远距离情况下感知。

2）侵犯性：在信息采集过程中，其他的生物特征识别技术需要在与用户的协同合作（如接触指纹仪、注视虹膜捕捉器等）下来完成，交互性很强，而步态特征却能够在用户并不知情的情况下获取。

3）难于隐藏和伪装：在安全监控中，作案对象通常会采取一些措施（如戴上手套、眼镜和头盔等）掩饰自己，以逃避监控系统的监视，此时，人脸和指纹等特征已不能发挥它们的作用。然而，人要行走，使得步态难以隐藏和伪装，否则，在安全监控中只会令其行为变得可疑，更加容易引起注意。

4）便于采集：传统的生物特征识别对所捕捉的图像质量要求较高，然而，步态特征受视频质量的影响较小，即使在低分辨率或图像模糊的情况下也可获取。

目前有关步态识别的研究尚处于理论探索阶段，还没有应用于实际当中。但基于步态的身份识别技术具有广泛的应用前景，重点应用在智能监控中，适于监控那些对安全敏感的场合，如银行、军事基地、国家重要安全部门、高级社区等。在这些敏感场合，出于管理和安全的需要，人们可以采用步态识别方法，实时地监控该区域内发生的事件，帮助人们更有效地进行人员身份鉴别，从而快速检测危险并提供不同人员不同的进入权限级别。因此，对于开发实时稳定的基于步态识别的智能身份认证系统具有重要的理论和实际意义。

关于这方面更详细的内容可参阅相关文献。

5.4 访问控制

5.4.1 访问控制系统

访问控制是对用户合法使用资源的认证和控制。物联网应用系统是多用户、多任务的工作环境，为非法使用系统资源打开了方便之门。因此，迫切要求人对计算机及其网络系统采取有效的安全防范措施，防止非法用户进入系统及合法用户对系统资源的非法使用，这就需要采用访问控制系统。

1. 访问控制的功能

访问控制应具备身份认证、授权、文件保护和审计等主要功能。

（1）认证

认证就是证实用户的身份。认证必须和标识符共同起作用。认证过程首先需要输入账户名、用户标识或者注册标识，告诉主机是谁。账户名应该是秘密的，任何其他用户不能拥有它。但为了防止账户名或用户标识的泄露而出现非法用户的访问，还需要进一步用认证技术证实用户的合法身份。口令是一种简单易行的认证手段，但是因为容易被猜出来而比较脆弱，容易被非法用户利用。生物技术是一种严格而有前途的认证方法，如指纹、视网膜、虹膜等，但因技术复杂，目前还没有被广泛采用。

（2）授权

系统正确认识用户之后，根据不同的用户标识分配给不同的使用资源，这项任务称为授权。授权的实现是靠访问控制完成的。访问控制是一项特殊的任务，它用标识符 ID 做关键字来控制用户访问的程序和数据。访问控制主要用在关键节点、主机和服务器上，一般节点很少使用。但如果在一般节点上增加访问控制功能，则应该安装相应的授权软件。在实际应用中，通常需要从用户类型、应用资源以及访问规则 3 个方面来明确用户的访问权限。

1）用户类型。对于一个已经被系统识别和认证了的用户，还要对他的访问操作实施一定的限制。对于一个通用计算机系统来讲，用户范围很广、层次不同、权限也不同。用户类型一般有系统管理员、一般用户、审计用户和非法用户。系统管理员权限最高，可以对系统任何资源进行访问，并具有所有类型的访问操作权力。一般用户的访问操作要受到一定的限制。根据需要，系统管理员对这类用户分配不同的访问操作权力。审计用户负责对整个系统的安全控制与资源使用情况进行审计。非法用户则被取消访问权力或者被拒绝访问系统的用户。

2）应用资源。系统中的每个用户共同分享系统资源。系统内需要保护的是系统资源，因此需要对保护的资源定义一个访问控制包（Access Control Packet，ACP），访问控制包对每一个资源或资源组勾画出一个访问控制列表（Access Control List，ACL），它描述哪个用户可以使用哪个资源以及如何使用。

3）访问规则。访问规则定义了若干条件，在这些条件下可准许访问一个资源。一般来讲，规则使用用户和资源配对，然后指定该用户可以在该资源上执行哪些操作，如只读、不允许执行或不许访问。由负责实施安全政策的系统管理人员根据最小特权原则来确定这些规则，即在授予用户访问某种资源的权限时，只给他访问该资源的最小权限。例如，用户需要读权限时，则不应该授予读写权限。

（3）文件保护

对该文件提供附加保护，使非授权用户不可读。一般采用对文件加密的附加保护。

（4）审计

记录用户的行为，以说明安全方案的有效性。审计是记录用户系统所进行的所有活动的过程，即记录用户违反安全规定使用系统的时间、日期以及用户活动。因为可能收集的数据量非常大，所以良好的审计系统最低限度应具有容许进行筛选并报告审计记录的工具。此外，还应容许对审计记录作进一步的分析和处理。

2. 访问控制的关键要素

访问控制是指主体依据某些控制策略和权限对客体或其他资源进行不同授权的访问。访问控制包括三个要素：主体、客体和控制策略。

（1）主体

主体是可以在信息客体间流动的一种实体。主体通常指的是访问用户，但是进程或设备也可以成为主体。所以对文件进行操作的用户是一个主体；用户调度并运行的某个作业也是一个主体；检测电源故障的设备也是一个主体。大多数交互式系统的工作过程是：用户首先在系统中注册，然后启动某一进程完成某项任务，该进程继承了启动它的用户的访问权限。在这种情况下，进程也是一个主体。一般来讲，审计机制应能对主体涉及的某一客体进行的与安全有关的所有操作都做相应的记录和跟踪。

（2）客体

客体本身是一种信息实体，或者是从其他主体或客体接收信息的载体。客体不受它们所依存的系统的限制，它可以是记录、数据块、存储页、存储段、文件、目录、目录树、邮箱、信息、程序等，也可以是位、字节、字、域、处理器、通信线路、时钟、网络节点等。主体有时也可以当作客体处理，例如，一个进程可能含有许多子进程，这些子进程就可以认为是一种客体。在一个系统中，作为一个处理单位的最小信息集合就称为一个文件，每一个文件都是一个客体。但是如果文件可以分成许多小块，并且每个小块又可以单独处理，那么每个小块也都是一个客体。另外，如果文件系统组织成一个树形结构，这种文件目录也是客体。

有些系统中，逻辑上所有客体都作为文件处理。每种硬件设备都作为一种客体来处理，因而，每种硬件设备都具有相应的访问控制信息。如果一个主体准备访问某个设备，它必须具有适当的访问权，而对设备的安全校验机制将对访问权进行校验。例如，某主体想对终端进行写操作，需要将想写入的信息先写入相应的文件中去，安全机制将根据该文件的访问信息来决定是否允许该主体对终端进行写操作。

（3）控制策略

控制策略是主体对客体的操作行为集和约束条件集，简记为 KS。即控制策略是主体对客体的访问规则集，这个规则集直接定义了主体对客体可以的作用行为和客体对主体的条件约束。访问策略体现了一种授权行为，也就是客体对主体的权限允许，这种允许不超越规则集，由其给出。

访问控制系统的三个要素可以使用三元组 $(S、O、P)$ 来表示，其中 S 表示主体，O 为客体，P 为许可。当主体 S 提出一系列正常请求信息 I_1，I_2，…，I_n 时，通过物联网系统的入口到达控制规则集 KS 监视的监控器，由 KS 判断允许或拒绝这次请求。在这种情况下，必须先确认是合法的主体，而不是假冒的欺骗者，也就是对主体进行认证。主体通过验证，才能访问客体，但并不保证其有权限可以对客体进行操作。客体对主体的具体约束由访问控制表来控制实现，对主体的验证一般都是鉴别用户标志和用户密码。用户标志是一个用来鉴别用户身份的字符串，每个用户有且只能有唯一的一个用户标志，以便与其他用户有所区别。当一个用户进行系统注册时，他必须提供其用户标志，然后系统执行一个可靠的审查来确信当前用户是对应用户标志的那个用户。

当前访问控制实现的模型普遍采用了主体、客体、授权的定义和这三个定义之间的关系的方法来描述。访问控制模型能够对计算机系统中的存储元素进行抽象表达。访问控制要解决的一个根本问题便是主动对象（如进程）对被动的受保护对象（如被访问的文件等）进行访问，按照安全策略进行控制。主动对象称为主体，被动对象称为客体。

针对一个安全的系统，或者是将要在其上实施访问控制的系统，一个访问可以对被访问的对象产生如下两种作用：一是对信息的抽取；二是对信息的插入。对于对象来说，可以有"只读不修改"、"只读修改"、"只修改不读"、"既读又修改"四种类型。

访问控制模型可以根据具体安全策略的配置，来决定一个主体对客体的访问属于以上四种访问方式中的哪一种，并且根据相应的安全策略来决定是否给予主体相应的访问权限。

3. 访问控制策略的实施

访问控制策略是物联网信息安全核心策略之一，其任务是保证物联网信息不被非法使用和非法访问，为保证信息基础的安全性提供一个框架，提供管理和访问物联网资源的安全方法，规定各要素要遵守的规范及应负的责任，使得物联网系统的安全有了可靠的依据。

（1）访问控制策略的基本原则

访问控制策略的制定与实施必须围绕主体、客体和安全控制规则集三者之间的关系展开。具体原则如下。

1）最小特权原则。最小特权原则指主体执行操作时，按照主体所需权力的最小化原则分配给主体权力。最小特权原则的优点是最大限度地限制了主体实施授权行为，可以避免来自突发事件、错误和未授权主体的危险。即为了达到一定的目的，主体必须执行一定的操作，但它只能做它所允许的。

2）最小泄漏原则。最小泄漏原则指主体执行任务时，按照主体所需要知道的信息最小化的原则分配给主体权力。

3）多级安全策略。多级安全策略指主体和客体间的数据流向和权限控制按照安全级别的绝密、秘密、机密、限制和无级别5级来划分。多级安全策略的优点是可避免敏感信息的扩散。对于具有安全级别的信息资源，只有安全级别比它高的主体才能够访问。

（2）访问控制策略的实现方式

访问控制的安全策略有：基于身份的安全策略和基于规则的安全策略。目前使用这两种安全策略建立的基础都是授权行为。

1）基于身份的安全策略。基于身份的安全策略与鉴别行为一致，其目的是过滤对数据或资源的访问，只有能通过认证的那些主体才有可能正常使用客体的资源。基于身份的策略包括基于个人的策略和基于组的策略。

①基于个人的策略：基于个人的策略是指以用户为中心建立的一种策略，这种策略由一些列表来组成，这些列表限定了针对特定的客体，哪些用户可以实现何种策略操作行为。

②基于组的策略：基于组的策略是基于个人的策略扩充，指一些用户被允许使用同样的访问控制规则访问同样的客体。

基于身份的安全策略有两种基本的实现方法：访问能力表和访问控制列表。访问能力表提供了针对主体的访问控制结构；访问控制列表提供了针对客体的访问控制结构。

2）基于规则的安全策略。基于规则的安全策略中的授权通常依赖于敏感性。在一个安全系统中，对数据或资源应该标注安全标记。代表用户进行活动的进程可以得到与其原发者相应的安全标记。

基于规则的安全策略在实现时，由系统通过比较用户的安全级别和客体资源的安全级别来判断是否允许用户进行访问。

5.4.2　访问控制的分类

访问控制可以限制用户对应用中关键资源的访问，防止非法用户进入系统及合法用户对象系统资源的非法使用。在传统的访问控制中，一般采用自主访问控制（Discretionary Access control，DAC）、强制访问控制（Mandatory Access Control，MAC）和基于角色的访问控制（RBAC）技术。随着分布式应用环境的出现，又发展出来基于属性的访问控制（Attribute-Based Access Control，ABAC）、基于任务的访问控制（Task-Based Access Control，TBAC）、基于对象的访问控制（Object-Based Access Control，OBAC）等多种访问控制技术。

1. 基于角色的访问控制

基于角色的访问控制模型（Role-Based Access Control，RBAC）中，权限和角色相关，角色是实现访问控制策略的基本语义实体。用户（user）被当作相应角色（role）的成员而获得角色的权限。

基于角色访问控制的核心思想是将权限同角色关联起来，而用户的授权则通过赋予相应的角色来完成，用户所能访问的权限就由该用户所拥有的所有角色的权限集合的并集决定。角色可以有继承、限制等逻辑关系，并通过这些关系影响用户和权限的实际对应。在整个访问控制过程中，访问权限和角色相关联，角色再与用户相关联，实现了用户与访问权限的逻辑分离，角色可以看成是一个表达访问控制策略的语义结构，它可以表示承担特定工作的资格。

2. 基于属性的访问控制

基于属性的访问控制主要针对面向服务的体系结构和开放式网络环境，在这种环境中，要能够基于访问的上下文建立访问控制策略，处理主体和客体的异构性和变化性。基于角色的访问控制模型已不能适应这样的环境。基于属性的访问控制不能直接在主体和客体之间定义授权，而是利用它们关联的属性作为授权决策的基础，并利用属性表达式描述访问策略。它能够根据相关实体属性的变化，适时更新访问控制决策，从而提供一种更细粒度的、更加灵活的访问控制方法。

3. 基于任务的访问控制

基于任务的访问控制是一种采用动态授权且以任务为中心的主动安全模型。在授予用户访问权限时，不仅仅依赖主体、客体，还依赖于主体当前执行的任务和任务的状态。当任务处于活动状态时，主体就拥有访问权限；一旦任务被挂起，主体拥有的访问权限被冻结；如果任务恢复执行，主体将重新拥有访问权限；任务处于终止状态时，主体拥有的权限马上被撤销。TBAC从任务的角度，对权限进行动态管理，适合分布式环境和多点访问控制的信息处理控制，但这种技术的模型比较复杂。

4. 基于对象的访问控制

基于对象的访问控制将访问控制列表与受控对象相关联，并将访问控制选项设计成为用户、组或角色及其对应权限的集合；同时允许策略和规则进行重用、继承和派生操作。这对信息量大、信息更新变化频繁的应用系统非常有用，可以减轻由于信息资源的派生、演化和重组带来的分配、设定角色权限等的工作量。

5.4.3　访问控制的基本原则

访问控制机制是用来实施对资源访问加以限制的策略的机制，这种策略把对资源的访问只限于那些被授权用户。应该建立起申请、建立、发出和关闭用户授权的严格的制度，以及管理和监督用户操作责任的机制。

为了获取系统的安全，授权应该遵守访问控制的三个基本原则。

（1）最小特权原则

最小特权原则是系统安全中最基本的原则之一。所谓最小特权（least privilege），指的是"在完成某种操作时所赋予网络中每个主体（用户或进程）必不可少的特权"。最小特权原则则是指"应限定网络中每个主体所必须的最小特权，确保可能的事故、错误、网络部件的篡改等原因造成的损失最小"。

最小特权原则使得用户所拥有的权力不能超过他执行工作时所需的权限。最小特权原则一方面给予主体"必不可少"的特权，这就保证了所有的主体都能在所赋予的特权之下完成所需要完成的任务或操作；另一方面，它只给予主体"必不可少"的特权，这就限制了每个主体所能进行的操作。

（2）多人负责原则

多人负责原则即授权分散化，对于关键的任务必须在功能上进行划分，由多人来共同承担，保证没有任何个人具有完成任务的全部授权或信息。如将责任作分解，使得没有一个人具有重要密钥的完全副本。

（3）职责分离原则

职责分离是保障安全的一个基本原则。职责分离是指将不同的责任分派给不同的人员以期达到互相牵制，消除一个人执行两项不相容的工作的风险。例如，收款员、出纳员、审计员应由不同的人担任。计算机环境下也要有职责分离，为避免安全上的漏洞，有些许可不能同时被同一用户获得。

5.4.4　BLP访问控制

BLP模型是由David Bell和Leonard La Padula于1973年提出，并于1976年整合、完善的安全模型。BLP模型的基本安全策略是"下读上写"，即主体对客体向下读、向上写。主体可以读安全级别比他低或相等的客体，可以写安全级别比他高或相等的客体。"下读上写"的安全策略保证了数据库中的所有数据只能按照安全级别从低到高的流向流动，从而保证了敏感数据不泄露。

1. BLP安全模型

BLP安全模型是一种访问控制模型，它通过制定主体对客体的访问规则和操作权限来保证系统信息的安全性。BLP模型中基本安全控制方法有以下两种：

1）强制访问控制（MAC）。它主要是通过"安全级"来进行，访问控制通过引入"安全级"、"组集"和"格"的概念，为每个主体规定了一系列的操作权限和范围。"安全级"

通常由普通、秘密、机密、绝密4个不同的等级构成，用以表示主体的访问能力和客体的访问要求。"组集"就是主体能访问客体所从属的区域的集合，如"部门"、"科室"、"院系"等。通过"格"定义一种比较规则，只有在这种规则下，主体控制客体时才允许主体访问客体。强制访问控制是BLP模型实现控制手段的主要实现方法。

作为实施强制型安全控制的依据，主体和客体均要求被赋予一定的"安全级"。其中，人作为安全主体，其"部门集"表示他可以涉猎哪些范围内的信息，而一个信息的部门集则表示该信息所涉及的范围。有三点要求：第一，主体的安全级高于客体，当且仅当主体的密级高于客体的密级，且主体的部门集包含客体的部门集；第二，主体可以读客体，当且仅当主体安全级高于或等于客体；第三，主体可以写客体，当且仅当主体安全级低于或等于客体。

BLP强制访问策略将每个用户及文件赋予一个访问级别，如最高秘密级（Top Secret）、秘密级（Secret）、机密级（Confidential）和无级别级（Unclassified），其级别依次降低，系统根据主体和客体的敏感标记来决定访问模式。访问模式包括：

- 下读（read down）：用户级别大于文件级别的读操作。
- 上写（write up）：用户级别小于文件级别的写操作。
- 下写（write down）：用户级别等于文件级别的写操作。
- 上读（read up）：用户级别小于文件级别的读操作。

2）自主访问控制（DAC）。它也是BLP模型中非常重要的实现控制的方法。它通过客体的属主自行决定其访问范围和方式，实现对不同客体的访问控制。在BLP模型中，自主访问控制是强制访问控制的重要补充和完善。

主体对其拥有的客体，有权决定自己和他人对该客体应具有怎样的访问权限。最终的结果是，在BLP模型的控制下，主体要获取对客体的访问，必须同时通过MAC和DAC两种安全控制方法。

依据BLP安全模型所制定的原则是利用不上读/不下写来保证数据的保密性，如图5-11所示。即不允许低信任级别的用户读高敏感度的信息，也不允许高敏感度的信息写入低敏感度区域，禁止信息从高级别流向低级别。强制访问控制通过这种梯度安全标签实现信息的单向流通。

图5-11　Bell-Lapadula安全模型

2. BLP安全模型的优缺点

BLP模型的优点是：

1）它是一种严格的形式化描述。

2）控制信息只能由低向高流动，能满足军事部门等对数据保密性要求特别高的机构的需求。

BLP 模型的缺点是：

1）上级对下级发文受到限制。

2）部门之间信息的横向流动被禁止。

3）缺乏灵活、安全的授权机制。

5.4.5 基于角色的访问控制

基于角色的访问控制（Role-based Access Control，RBAC）是美国 NIST 提出的一种新的访问控制技术。该技术的基本思想是将用户划分成与其在组织结构体系相一致的角色，通过将权限授予角色而不是直接授予主体，主体通过角色分派得到客体操作权限从而实现授权。由于角色在系统中具有相对于主体的稳定性，并便于直观的理解，从而大大减少了系统授权管理的复杂性，降低了安全管理员的工作复杂性和工作量。

在 RBAC 的发展过程中，最早出现的是 RBAC96 模型和 ARBAC97 模型，此处只对 RBAC96 模型进行介绍。RBAC96 模型的成员包括 RBAC0、RBAC1、RBAC2、RBAC3。RBAC0 是基于角色访问控制模型的基本模型，规定了 RBAC 模型所必须的最小需求；RBAC1 为角色层次模型，在 RBAC0 的基础上加入了角色继承关系，可以根据组织内部职责和权力来构造角色与角色之间的层次关系；RBAC2 为角色限制模型，在 RBAC1 的基础上加入了各种用户与角色之间、权限与角色之间以及角色与角色之间的限制关系，如角色互斥、角色最大成员数、前提角色和前提权限等；RBAC3 为统一模型，它不仅包括角色的继承关系，还包括限制关系，是对 RBAC1 和 RBAC2 的集成。

基于角色访问控制的要素包括用户、角色、许可等基本定义。在 RBAC 中，用户就是一个可以独立访问计算机系统中的数据或者用数据表示的其他资源的主体。角色是指一个组织或任务中的工作或者位置，它代表了一种权利、资格和责任。许可（特权）就是允许对一个或多个客体执行的操作。一个用户可经授权而拥有多个角色，一个角色可由多个用户构成；每个角色可拥有多种许可，每个许可也可授权给多个不同的角色。每个操作可施加于多个客体（受控对象），每个客体也可以接受多个操作。上述要素的实现形式包括：

- 用户表（USERS）包括用户标识、用户姓名、用户登录密码。用户表是系统中的个体用户集，随用户的添加与删除动态变化。
- 角色表（ROLES）包括角色标识、角色名称、角色基数、角色可用标识。角色表是系统角色集，由系统管理员定义角色。
- 客体表（OBJECTS）包括对象标识、对象名称。客体表是系统中所有受控对象的集合。
- 操作算子表（OPERATIONS）包括操作标识、操作算子名称。系统中所有受控对象的操作算子构成操作算子表。
- 许可表（PERMISSIONS）包括许可标识、许可名称、受控对象、操作标识。许可表给出了受控对象与操作算子的对应关系。

RBAC 系统由 RBAC 数据库、身份认证模块、系统管理模块、会话管理模块组成。

RBAC 数据库与各模块的对应关系见图 5-12。

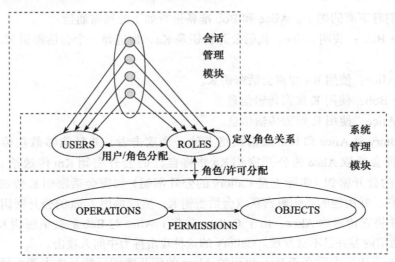

图 5-12 RBAC 数据库与各模块的对应关系图

身份认证模块通过用户标识、用户口令确认用户身份。此模块仅使用 RBAC 数据库的
USERS 表。

系统管理模块主要完成用户增减（使用 USERS 表）、角色增减（使用 ROLES 表）、用
户 / 角色的分配（使用 USERS 表、ROLES 表、用户 / 角色分配表、用户 / 角色授权表）、
角色 / 许可的分配（使用 ROLES 表、PERMISSIONS 表、角色 / 许可授权表）、定义角色间
的关系（使用 ROLES 表、角色层次表、静态互斥角色表、动态互斥角色表），其中每个操
作都带有参数，每个操作都有一定的前提条件，操作使 RBAC 数据库发生动态变化。系统
管理员使用该模块初始化 RBAC 数据库并维护 RBAC 数据库。

系统管理模块的操作包括添加用户、删除用户、添加角色、删除角色、设置角色可用
性、为角色增加许可、取消角色的某个许可、为用户分配角色、取消用户的某个角色、设
置用户授权角色的可用性、添加角色继承关系、取消角色继承、添加一个静态角色互斥关
系、删除一个静态角色互斥关系、添加一个动态角色互斥关系、删除一个动态角色互斥关
系、设置角色基数。

会话管理模块结合 RBAC 数据库管理会话。包括会话的创建与取消以及对活跃角色的
管理。此模块使用 USERS 表、ROLES 表、动态互斥角色表、会话表和活跃角色表。

RBAC 系统的运行步骤如下：

1）用户登录时向身份认证模块发送用户标识、用户口令，确认用户身份。

2）会话管理模块从 RBAC 数据库检索该用户的授权角色集并送回用户。

3）用户从中选择本次会话的活跃角色集，在此过程中会话管理模块维持动态角色
互斥。

4）会话创建成功，本次会话的授权许可体现在菜单与按钮上，如不可用则显示为
灰色。

5）在此会话过程中，系统管理员若要更改角色或许可，可在此会话结束后进行或终
止此会话立即进行。

5.5 公钥基础设施

首先我们看下面的例子。Alice 和 Bob 准备进行如下的秘密通信：

Alice → Bob：我叫 Alice，我的公开密钥是 Ka，你选择一个会话密钥 K，用 Ka 加密后传送给我。

Bob → Alice：使用 Ka 加密会话密钥 K。

Alice → Bob：使用 K 加密传输信息。

Bob → Alice：使用 K 解密传输信息。

如果 Callory 是 Alice 和 Bob 通信线路上的一个攻击者，并且能够截获传输的所有信息，Callory 将会截取 Alice 的公开密钥 Ka 并将自己的公开密钥 Km 传送给 Bob。当 Bob 用"Alice"的公开密钥（实际上是 Callory 的公开密钥）加密会话密钥 K 传送给 Alice 时，Callory 截获它，并用他的私钥解密获取会话密钥 K，然后再用 Alice 的公开密钥重新加密会话密钥 K，并将它传送给 Alice。由于 Callory 截获了 Alice 与 Bob 的会话密钥 K，从而可以获取他们的通信内容并且不被发现。Callory 的这种攻击称为中间人攻击。

上述攻击成功的本质在于 Bob 收到的 Alice 的公开密钥可能是攻击者假冒的，即无法确定获取的公开密钥的真实身份，从而无法保证信息传输的保密性、不可否认性、数据交换的完整性。为了解决这些安全问题，目前初步形成了一套完整的 Internet 安全解决方案，即广泛采用的公钥基础设施（Public Key Infrastructure，PKI）。

5.5.1 PKI 结构

PKI 的核心是证书授权（Certificate Authority，CA）中心。CA 中心是受一个或多个用户信任，提供用户身份验证的第三方机构，承担公钥体系中公钥的合法性检验的责任。

目前，我国一些单位和部门已建成了自己的 CA 中心体系。其中较有影响的如中国电信 CA 安全认证体系（CTCA）、上海电子商务 CA 认证中心（SHECA）和中国金融认证中心（CFCA）等。

根据 CA 中心间的关系，PKI 的体系结构可以有三种情况：单个 CA 中心、分级（层次）结构的 CA 中心和网状结构的 CA 中心。

（1）单个 CA 中心

单个 CA 中心的结构是最基本的 PKI 结构，PKI 中的所有用户对此单个 CA 给予信任，它是 PKI 系统内单一的用户信任点，它为 PKI 中的所有用户提供 PKI 服务。

这种结构只需建立一个根 CA，所有的用户都能通过该 CA 实现相互认证，但单个 CA 的结构不易扩展到支持大量的或者不同的群体的用户。

（2）分级（层次）结构的 CA 中心

一个以主从 CA 关系建立的 PKI 称做分级（层次）结构的 PKI。在这种结构下，所有的用户都信任最高层的根 CA，上一层 CA 向下一层 CA 发放公钥证书。若一个持有由特定 CA 发证的公钥用户要与由另一个 CA 发放公钥证书的用户进行安全通信，需要解决跨域的认证，这一认证过程在于建立一个从根出发的可信赖的证书链。

分级结构的 PKI 依赖于一个单一的可信任点根 CA。根 CA 安全性的削弱，将导致整个 PKI 系统安全性的削弱，根 CA 的故障对整个 PKI 系统是灾难性的。

（3）网状结构的 CA 中心

以对等 CA 关系建立的交叉认证扩展了 CA 域之间的第三方信任关系，这样的 PKI 系统称为网状结构的 PKI。

完整的 PKI 包括认证策略的制定、认证规则、运作制度的制定、所涉及的各方法律关系内容以及技术的实现。从功能上来说，一个 CA 中心可以划分为接受用户证书申请的证书受理者（RS）、证书发放的审核部门（Registration Authority，RA）、证书发放的操作部门（CP），以及记录证书作废的证书作废表（又叫黑名单 CRL）。

- RA：负责对证书申请者进行资格审查，并决定是否同意给该申请者发放证书，如果审核错误或为不满足资格的人发放了证书，所引起的一切后果都由该部门承担。
- CP：负责为已授权的申请者制作、发放和管理证书，并承当因操作运营错误所造成的一切后果，包括失密和为没有获得授权者发放证书等，它可以由审核授权部门自己担任，也可以委托给第三方担任。
- RS：用于接受用户的证书申请请求，转发给 CP 和 RA 进行响应处理。
- CRL：记录尚未过期但已经声明作废的用户证书序列号，供证书使用者在认证与之通信的对方证书是否作废时查询。

5.5.2 证书及格式

证书是公开密钥体制的一种密钥管理媒介。证书提供了一种在 Internet 上验证身份的方式，其作用类似于司机的驾驶执照或日常生活中的身份证。证书包含了能够证明证书持有者身份的可靠信息，是持有者在网络上证明自己身份的凭证。

证书是由权威机构 CA 中心发行的。证书一方面可以用来向系统中的其他实体证明自己的身份，另一方面由于每份证书都携带着证书持有者的公钥，所以证书也可以向接收者证实某人或某个机构对公开密钥的拥有，同时也起着公钥分发的作用。

证书的格式遵循 ITU-T X.509 标准。该标准是为了保证使用数字证书的系统间的互操作性而制定的。证书内容包括：版本、序列号、签名算法标识、签发者、有效期、主体、主体公开密钥信息、CA 的数字签名、可选项等。

5.5.3 证书授权中心

证书授权中心在 PKI 中扮演可信任的代理角色。只要用户相信一个 CA 及其发行和管理证书的商业策略，用户就能相信由该 CA 颁发的证书，即第三方信任。CA 负责产生、分配并管理 PKI 结构下的所有用户的证书，把用户的公钥和其他信息捆绑在一起，在证书上的 CA 的签名保证了证书的内容不被篡改。

认证机构在发放证书时要遵循一定的准则，如要保证自己发出的证书的序列号没有相同的，没有两个不同的实体获得的证书中的主体内容是一致的，不同主体内容的证书所包含的公开密钥要不相同等。

CA 的功能包括证书发放、证书更新、证书撤销和证书验证，它的核心功能就是发放和管理数字证书，具体描述如下：签发自签名的根证书、审核和签发其他 CA 系统的交叉认证证书、向其他 CA 系统申请交叉认证证书、受理和审核各注册审批机构（RA）的申请、为 RA 机构签发证书、接收并处理各 RA 服务器的证书业务请求、证书的审批（确定是否接受用户数字证书的申请)、证书的发放(向申请者颁发或拒绝颁发数字证书)、证书的更新(接收并处理最终用户的数字证书更新请求)、接收用户数字证书的撤销请求、产生和发布证书废止列表 CRL、管理全系统的用户资料、管理全系统的证书资料、维护全系统的证书作废表、维护全系统的证书在线验证系统(Online Certificate Status Authentication System,OCSAS)查询数据、密钥备份、历史数据归档。

5.5.4 PKI 实现案例

本节将利用已搭建好的数字签名实验平台,实现一个安全电子邮件系统。此系统的操作流程大致为:首先,用户向 CA 申请一个用于邮件加密的数字证书;然后,将数字证书安装到电子邮件客户端。此后,用户就可以发送安全的电子邮件了。

1. 在邮件客户端上安装和配置数字证书

首先在 CA 服务器上申请一份电子邮件证书,具体步骤如下。

1)打开 Outlook Express,选择"工具"→"账户"菜单命令,如图 5-13 所示。分别建立两个账户,abc0 和 abc2,其中 abc0 用来发送邮件,abc2 用来接收邮件。

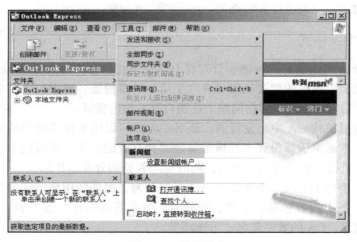

图 5-13 设置账户

2)在打开的"Internet 账户"对话框中,对邮件账户的属性进行设置,如图 5-14 所示。

3)选择账户属性中的"安全"选项卡。在"签署证书"区域中单击"选择"按钮选择对自己的电子邮件进行签名的数字证书。此外,还可以在"加密首选项"区域选择用于加密自己的电子邮件的数字证书,如图 5-15 所示。

4)在出现的对话框中可以看到申请到的电子邮件证书,如图 5-16 所示。

5)单击"查看证书"按钮,可以查看证书的信息,如图 5-17 所示。单击"确定"按钮,证书安装成功。

6)在 Outlook Express 中选择"工具"→"选项"菜单命令,打开"选项"对话框,选择"安全"选项卡,在最下面的区域中,选中"在所有待发邮件中添加数字签名"复选框,如图 5-18 所示。

7)单击"高级"按钮,在打开的"高级安全设置"对话框中,选择加密邮件的位数、签名方案等,如图 5-19 所示。

图 5-14 设置账户属性

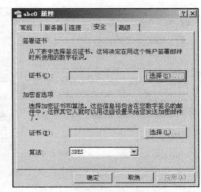

图 5-15 设置证书选项

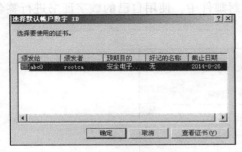

图 5-16 选择证书

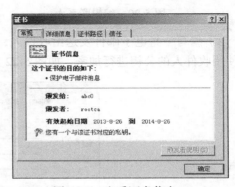

图 5-17 查看证书信息

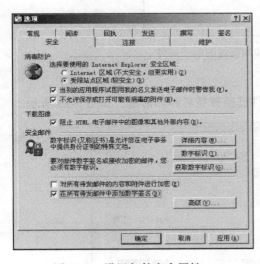

图 5-18 设置邮件安全属性

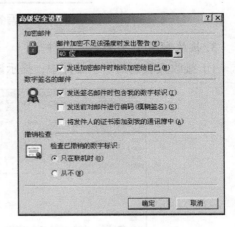

图 5-19 设置加密选项

2. 发送安全的电子邮件

1）首先得到收件人的数字证书，将收件人添加到邮件通讯录中，其中的默认电子邮件应为真实邮件地址，如图 5-20 所示。

2）在编辑收件人通讯录时，在"数字标识"选项卡中，导入收件人的数字证书，如图 5-21 所示。

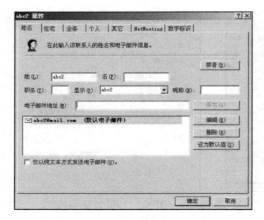

图 5-20　编辑联系人　　　　　　　图 5-21　导入收件人的数字证书

3）编写一封电子邮件发送给收件人，在这封邮件中，使用自己的数字证书进行签名，并使用收件人的公钥进行加密，如图 5-22 所示。

图 5-22　编写签名和加密过的电子邮件

3. 接收和验证安全电子邮件

1）接收人收到的电子邮件中，提示该邮件已经被签名和加密过，如图 5-23 所示。

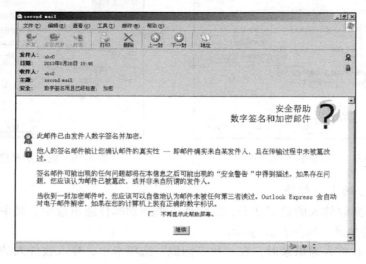

图 5-23　邮件提示

2）单击"继续"按钮，就可以看到邮件的内容了，如图 5-24 所示。

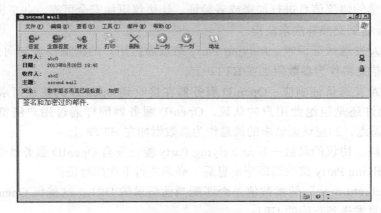

图 5-24   查看邮件内容

5.6   物联网接入安全案例

5.6.1   基于 PKI 的身份认证系统

本节将应用 OpenID 实现一个基于 PKI 的身份认证系统。

1. OpenID 认证原理及流程

OpenID 是一个以用户为中心的数字身份标识框架，是一个以 URL 为身份标识的分散式身份解决方案，它具有开放、分散、自由等特性。OpenID 的创建基于这样一个概念：可以通过 URL 来认证一个网站的唯一身份。同理，可以让每个人通过一个 URL（一个 OpenID 身份就是一个 URL）作为用户标识在多个网站上进行登录。

OpenID 系统由三部分组成：

1）End User——终端用户，使用 OpenID 作为网络通行证的互联网用户。

2）Relying Part（RP）——OpenID 依赖方（第三方系统），支持 End User 用 OpenID 登录的系统。

3）OpenID Provider（OP）——OpenID 提供方（OpenID 服务器），提供 OpenID 注册、存储等服务，OpenID 依赖方通过和它的加密交互实现对用户所提供身份标识的认证。

图 5-25 给出了 OpenID 工作流程：

①发送标识符。此步骤非常简单：用户将自己的身份标识（以 URL 格式）提供给外部站点，使后者能够识别用户，用户标识类似 http://myname.myhost.com/，或者是 http://www.myhost.com/myname。

②执行发现。Relying Party 根据用户提供的身份标识来查询 OpenID 服务器的地址。例如，如果用户标识是 http://www.myhost.com/myname，RP 会访问此地址，在此页面的 head 部分会提供 OpenID 服务器的地址。如下的 HTML 片段说明 OpenID 服务器的地址是 http://www.myhost.com /server。

```
<head>
<link rel="openid2.provider" href="http:// www.myhost.com /server" />
<title>Identity Endpoint For qinlinwang</title>
</head>
```

③关联。关联主要是为了在服务器和外部站点之间建立起一个共享密钥，这个密钥可以用来对后续的协议信息进行加密或者验证，让协议更加安全可靠。共享密钥主要通过Diffie-Hellman 密钥交换算法来获得。

④通过 UA 发送认证请求。Relying Party 站点通过用户的浏览器重定向到 OpenID 的服务器，请求信息将作为参数附加在 HTTP 上。

⑤通过 UA 发送认证响应。OpenID 服务器在接收到 OpenID 的认证请求后，OpenID服务器决定允许还是拒绝此用户的认证。OpenID 服务器同样通过用户浏览器重定向到Relying Party 站点，回应认证请求的消息作为参数附加在 HTTP 上。

⑥验证回应。协议的最后一步是 Relying Party 验证发自 OpenID 服务器的间接认证回应消息。当 Relying Party 接收到回应消息后，必须进行下面的验证：

- "openid.return_to" 的参数值是否匹配当前请求的 URL。这确保 OpenID 服务器将回应信息发送到正确的 URL。
- 在回应信息中的签名是否有效、要求的签名域是否都被签名。这保证认证信息没有被篡改过。

在上面的 6 个步骤中，需要服务器完成的是第②、③、⑤步。

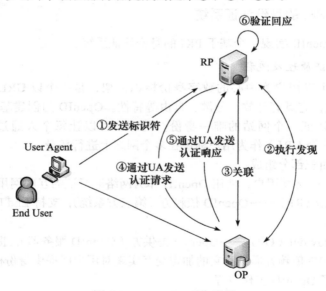

图 5-25　OpenID 工作流程

由于上述原始的 OpenID 存在某些附加信息长期不被使用，需要使用的信息没有被录入的情况。故对原有的 OpenID 的属性交互协议进行了扩展，形成给予角色交换的属性交换方法。除此之外，原有的 OpenID 存在容易被钓鱼网站攻击的危险，故使用安全令牌作为第三方介质。针对以上两点改进，重新构造了 OpenID 的认证时序图，如图 5-26 所示。

2. 改进的 OpenID 系统展示

（1）系统运行及测试环境

该系统运行在 Windows Server 2003 上，其 IP 地址为 202.117.10.109，开发工具为JDK 1.6，Java 开发工具包 Java 程序 IDE 采用 eclipse3.1；Web 服务器采用 Tomcat6.0；Spring 框架采用 Spring2.5.5；Hibernate 采用 Hibernate 3.2.6；Velocity 采用 1.4 版本。测试

软件的地址为 http://202.117.10.252:8080/openIDRP/。硬件环境配置如表 5-4 所示。系统的初始参数如表 5-5 和表 5-6 所示。

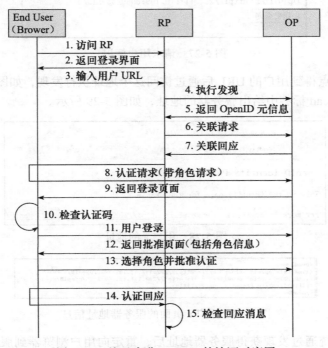

图 5-26 基于改进 OpenID 的认证时序图

表 5-4 服务器硬件环境配置

参 数 名	参 数 值	参 数 名	参 数 值
CPU 架构	Intel Xeon® CPU L5420	磁盘	200GB
CPU 主频	2.5GHz	网卡	双千兆网卡
CPU 核心	4	数量（台）	1
内存	4GB		

表 5-5 系统用户信息

用 户 名	交互信任值	证书信任值	推荐信任值	综合信任值	用户保留信息
a	0.493 307 14	0.55	0	0.658 307 14	I am a
b	0	0	0	0	I am b
c	0	0	0	0	I am c

表 5-6 系统信赖 CA 中心及信任值

CA 名称	信 任 值
C=CN, O=XJTU, CN=AdminCA	0.65
CN=CARoot, O=XJTU, OU=CS, L=XI'AN, ST=SHAN'XI, C=CN	0.87
CN=Root, O=XJTU, OU=CS, L=XI'AN, ST=SHAN'XI, C=CN	0.55

（2）身份认证测试

该系统中对于身份认证部分的测试步骤如下。

1）第三方站点请求用户标识，在此输入用户 a 的 URL，如图 5-27 所示。

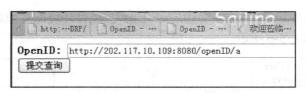

图 5-27　请求用户标识

2）第三方站点得到用户的 URL 后通过访问这个地址执行发现，如图 5-28 所示。在这个地址的页面的 head 标签中给出服务器的地址，如图 5-29 所示。

图 5-28　用户 a 的地址

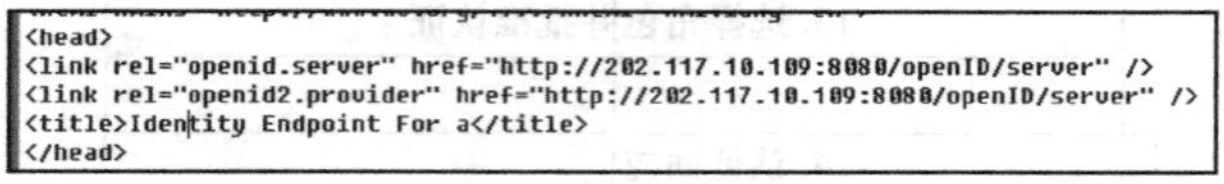

```
<head>
<link rel="openid.server" href="http://202.117.10.109:8080/openID/server" />
<link rel="openid2.provider" href="http://202.117.10.109:8080/openID/server" />
<title>Identity Endpoint For a</title>
</head>
```

图 5-29　用户 a 页面的服务器地址信息

3）第三方系统通过发现获得服务器地址后，重定向用户浏览器到服务发送认证请求，系统会让 a 登录，登录后会让用户批准认证请求，如果有角色请求信息，还会让用户选择一个角色。批准认证页面如图 5-30 所示。

图 5-30　用户批准认证页面

4）当用户批准后会返回给用户认证成功信息，认证消息中还会有用户的信任值和惩罚页面。返回的信息如图 5-31 所示。

图 5-31　认证成功返回信息

5.6.2 基于信任的访问控制系统

本节将对 WS-TBAC 模型进行简要介绍。

1. WS-TBAC 模型概述

WS-TBAC（Trust-Based Access Control for WebService）是一种应用于 Web 服务下的基于信任的访问控制模型。它是服务供方与请求方之间的类似于认证中心的独立实体。对于请求方的请求，WS-TBAC 代替服务提供方，利用来自于提供方的信任度算法和数据，计算对请求方的信任度，并依据授权策略文件进行授权决策，最终将决策结果以信任令牌的方式发送回请求方，作为请求方向提供方申请服务的凭证。带有 WS-TBAC 功能的 Web 服务体系结构如图 5-32 所示。

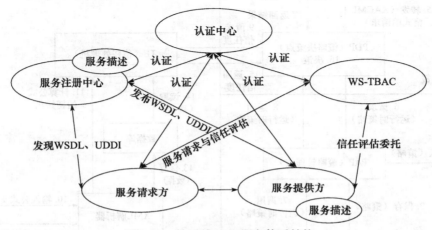

图 5-32 扩展的 Web 服务体系结构

其工作流程如下：首先，服务请求方必须向认证中心请求身份认证，在获得认证令牌（authentication token）之后，服务请求方用此认证令牌向 WS-TBAC 申请信任令牌（trust token）；WS-TBAC 验证其认证令牌之后，利用服务提供方提供的信任信息，对请求方进行信任评估，作出授权决策，并将结果以信任令牌的形式发送给请求方，请求方使用信任令牌向服务提供方申请服务。图 5-33 显示了 Web 服务下基于信任访问控制中各实体的交互过程。

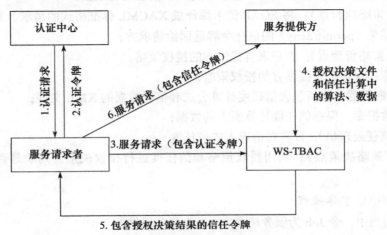

图 5-33 Web 服务下基于信任访问控制中各实体的交互图

在 WS-TBAC 模型中，采用信任度来表示对请求方的信任评估结果，采用信任阈值来表达信任条件。WS-TBAC 模型由身份认证、授权策略管理、信任度计算和决策授权 4 个核心部分构成。图 5-34 显示了 WS-TBAC 的内部架构以及主要流程。

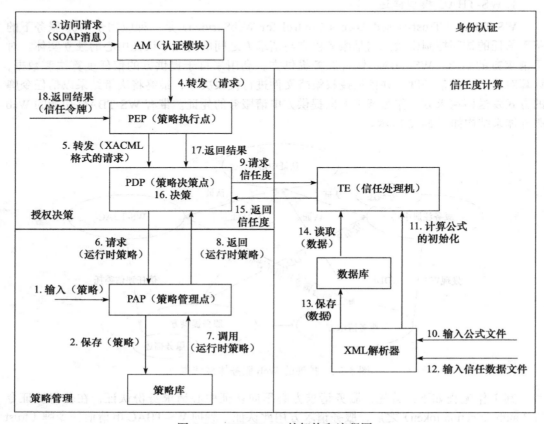

图 5-34　WS-TBAC 的架构和流程图

图中各模块的主要功能是：

- AM（认证模块）：验证 SOAP 请求中的认证信息的有效性；
- PEP（策略执行点）：将 SOAP 请求翻译成 XACML 标准格式的请求，制作包含授权决策结果（permit/deny）的信任令牌返回给请求方；
- PAP（策略管理点）：管理来自提供方的授权策略；
- 策略库：保存来自提供方的授权策略；
- XML 解析器：解析包含信任度计算公式和信任数据的 XML 文件；
- 信任数据库：保存信任度计算所需的数据；
- TE（信任处理机）：计算对请求方的信任度；
- PDP（策略决策点）：利用授权策略和信任度进行授权决策，判断是否授予请求方权限。

2. WS-TBAC 整体流程

在该实例当中，令 Job 为服务请求方，P 为服务提供方。

对于提供方 P：Service Set = { LPS，HPS，SPS}，Action Set = {execute}，故 Permission Set =

{< LPS，execute >，< HPS，execute >，< SPS，execute>}。由于权限 < LPS，execute> 的信任阈值低于 < HPS，execute >，权限 < HPS，execute> 的信任阈值低于 < SPS，execute >。所以，对以上三个权限按照所对应信任阈值由低到高进行编号，1 代表权限 < LPS，execute>，2 代表权限 < HPS，execute>，3 代表权限 < SPS，execute >。

采用 WS-TBAC 的基于信任的访问控制总体流程如下：

1）服务提供方 P 进行初始设定。服务提供方需要对所有的权限进行到信任阈值的指派，产生授权策略文件。确定信任度算法，包括权限权重矩阵 W_p、权限中的标准权重矩阵 W_{ps}、函数 g^{ij}、各权限各标准的预期基本收益 R^E，以及各请求方与提供方 P 过往直接交互的实际收益 R^R。服务提供方 P 需要把授权策略文件、信任度算法和信任度计算所需的数据（各权限各标准的预期基本收益 R^E 和各请求方与提供方 P 过往直接交互的实际收益 R^R）用 XML 文件发送给 WS-TBAC。

2）WS-TBAC 的初始化。WS-TBAC 模型在接收到提供方的授权策略文件、保存有信任度算法和信任度计算所需的数据（各权限各标准的预期基本收益 R^E 和各请求方与提供方 P 过往直接交互的实际收益 R^R）的 XML 文件之后，初始化 WS-TBAC。策略权限文件保存在策略库中。

3）服务请求的访问控制。经过前面两步，就可以对服务方的请求进行访问控制了。对于 Job 的服务请求，首先进行身份认证，然后查询适合的授权策略 policy，调用信任数据库中的数据，计算对 Job 的信任度，最后进行访问控制授权决策，返回信任令牌。

5.7 本章小结和进一步阅读指导

本章首先将物联网的接入安全分为节点接入安全、网络接入安全和用户接入安全，分析了其相关的概念及涉及的安全问题。然后对物联网接入安全中的信任管理、身份认证、访问控制、PKI 进行了全面的介绍，分析了其各自的优缺点。最后给出物联网接入安全的两个案例：基于 PKI 的身份认证系统和基于信任管理的访问控制。

接入安全是物联网安全的基础和核心，对物联网的安全研究具有十分重要的意义。本章仅是对物联网接入安全技术进行了初步分析和介绍，限于篇幅，很多内容都没有包含进来，要了解更多内容和技术，请阅读相关的研究文献和资料。本章列出了较多的包含最新研究成果的参考文献，有兴趣的读者可以参考。

习题

5.1 试参考相关文献，对物联网接入安全问题进行归纳。

5.2 试对物联网的接入安全和互联网的安全进行对比分析。

5.3 信任管理是近年来安全领域的一个研究热点，其涉及无线传感网络、Web 网络、P2P 网络，特别是 P2P 网络中的研究成果较多，试通过参阅相关的参考文献，总结一些典型信任管理系统的优缺点。

5.4 如何理解信任的概念？

5.5 信任管理的研究主要包括哪几个方面？选取 1 ~ 2 个典型的信任评估模型对新人管理研究包含的几个方面进行说明。

5.6 试说明身份认证的重要性以及常采用的方法和技术。

5.7　试参考相关文献，对基于生物特征识别技术的身份认证技术的优缺点进行总结。

5.8　访问控制有哪些基本原则？

5.9　试给出访问控制的分类，并说明这样分类的理由。

5.10　试分析 PKI 的功能和包含的内容。

参考文献

[1] 郑琼琼. 基于 IPv6 的物联网感知层接入研究 [D]. 广州：华南理工大学出版社，2012.

[2] 李晓记. 无线传感器网络同步与接入技术研究 [D]. 西安：西安电子科技大学出版社，2012.

[3] 徐光侠，肖云鹏，刘宴兵. 物联网及其安全技术解析 [M]. 北京：电子工业出版社，2013.

[4] 雷吉成. 物联网安全技术 [M]. 北京：电子工业出版社，2012.

[5] 沈玉龙. 无线传感器网络数据传输及安全技术研究 [D]. 西安：西安电子科技大学出版社，2007.

[6] 冯林，孙焘，吴昊，等. 基于手机和二维条码的无线身份认证方法 [J]. 计算机工程，2012，36(3): 167-170.

[7] Blaze M, Feigenbaum J, Ioannidis J, et al. The role of trust management in distributed systems security. In: Secure Internet Programming: Issues for Mobile and Distributed Objects. Berlin: Springer-Verlag, 1999. 185-210.

[8] Blaze M, Feigenbaum J, Lacy J. Decentralized trust management. In: Proc. of the 1996 IEEE Symp. on Security and Privacy. Washington: IEEE Computer Society Press, 1996. 164-173.

[9] Abdul-Rahman A, Hailes S. Supporting trust in virtual communities. Proceedings of the 33rd Annual Hawaii International Conference on System Science. Los Alamitos: IEEE Press, 2000: 132.

[10] Cahill V, Shand B, Gray E, et al. Using trust for secure collaboration in uncertain environments. IEEE Pervasive Computing, 2003, 2(3): 52-61.

[11] Audun J. A logic for uncertain probabilities. International Journal of Uncertainty, Fuzziness and Knowledge-Based Systems, 2001, 9(3): 279-311.

[12] Audun J. Trust-based decision making for electronic transactions. Proceedings of the 4th Nordic Workshop on Secure Computer Systems. Kista: Stockholm University Press, 1999: 1-21.

[13] Yu B, Singh M P. An evidential model of distributed reputation management. Proceedings of the 1st International Joint Conference on Autonomous Agents and Multi-agent Systems. Bologna, Italy, 2002: 294-301.

[14] 徐兰芳，胡怀飞，桑子夏，等. 基于灰色系统理论的信誉报告机制 [J]. 软件学报，2007, 18(7): 1730-1737.

[15] He R，Niu J W，Zhang G W. CBTM：A trust model with uncertainty quantification and reasoning for pervasive computing. Proceedings of the 3rd International Symposium on Parallel and Distributed Processing and Applications. LNCS 3758. Berlin，Heidelberg:

Springer-Verlag, 2005: 541-552.

[16] 李小勇，桂小林．大规模分布式环境下动态信任模型研究 [J]. 软件学报，2007, 18(6): 1510-1521.

[17] 徐锋，吕建．Web 安全中的信任管里研究与进展 [J]. 软件学报，2002, 13(11): 2057-2064.

[18] 荆琦，唐礼勇，陈钟．无线传感器网络中的信任管理 [J]. 软件学报，2008, 19(7): 1716-1730.

[19] 李勇军，代亚非．对等网络信任机制研究 [J]. 计算机学报，2012, 33(3): 390-405.

[20] 曾赛．基于社交网络信任模型的商品推荐系统 [D]. 广州：华南理工大学，2012.

[21] 唐鑫．基于信誉的 P2P 网络信任机制的研究与实现 [D]. 南京：南京邮电大学，2012.

[22] 宋娟．生物识别中的智能算法 [D]. 长沙：湖南师范大学，2007.

[23] 盛大玮．牛眼虹膜识别技术研究 [D]. 上海：华东师范大学，2009.

[24] 夏鸿斌，须文波，刘渊．生物特征识别技术研究进展 [J]. 计算机工程与应用，2003, 20: 77-79.

[25] 鲁莉．基于指纹身份认证的在线考试系统的研究与实现 [D]. 哈尔滨：哈尔滨工程大学，2009.

[26] 张镕麟．基于指纹的安全认证方法与应用研究 [D]. 西安：西安电子科技大学，2012.

[27] 王德松．基于生物特征信息隐藏与身份认证及其应用研究 [D]. 成都：电子科技大学，2012.

[28] 丁士明，刘连忠，陆震．一种基于 USB-Key 的身份认证协议 [J]. 微机发展，2005, 15(10): 1-3.

[29] 吴永英，邓路，肖道举，陈晓苏．一种基于 USB Key 的双因子身份认证与密钥交换 [J]. 计算机科学与工程，2007, 29(5): 56-59.

[30] 叶君耀．基于 USB Key 网络环境下身份认证技术的研究及应用 [D]. 上海：上海水产大学，2007.

[31] 李全乐．智能手机身份认证技术行业解决方案 [D]. 北京：北京邮电大学，2010.

[32] 林元明．基于手机令牌的身份认证系统的研究与实现 [D]. 厦门：厦门大学，2009.

[33] 颜儒．基于步态的身份识别技术研究 [D]. 哈尔滨：哈尔滨工程大学，2011.

[34] 王昌达，鞠时光．BLP 安全模型及其发展 [J]. 江苏大学学报（自然科学版），2004, 25(1): 68-72.

[35] 司天歌，张尧学，戴一奇．局域网中的 L-BLP 安全模型 [J]. 电子学报，2007, 35(5): 1005-1008.

第6章 系统安全

随着互联网的快速发展和广泛应用，如何保护网络系统中软、硬件资源免受偶然或者恶意的破坏成为网络系统亟待解决的根本问题之一。本章将介绍计算机系统中存在的安全问题以及针对该问题应采取的安全措施。

6.1 系统安全的概念

6.1.1 系统安全的范畴

1. 嵌入式节点安全

随着物联网技术的迅猛发展，人们对于嵌入式节点的功能和性能要求也越来越高，嵌入式系统在物联网中的作用也越来越重要。嵌入式系统的安全将成为物联网安全中的一个非常重要的问题。嵌入式设备的互连与移动特性日益突出，从而增强了对互联和安全性的要求。虽然可以借鉴桌面系统的安全增强方法，但因为硬件资源和开发环境电源等因素的限制，嵌入式系统的安全比桌面系统更加复杂。

由于嵌入式系统对计算能力、面积、内存、能量等有着严格的资源约束，因此，直接将通用计算机系统的安全机制应用到嵌入式系统是不合适的。与通用计算机系统相比，嵌入式系统主要面临以下安全挑战。

1）资源受限：在通用计算机系统中，内存容量、CPU 计算能力和能量消耗等资源因素通常不是安全方案的主要关注点，而嵌入式系统对这些方面却十分敏感。

2）物理可获取：一些嵌入式设备具有便携和可移动的特点，这些设备在物理层容易被窃取或破坏，同时对存储在嵌入式设备中的敏感数据构成严重威胁。

3）恶劣的工作环境：与通用计算机系统的工作环境不同，许多嵌入式系统要求在不信任的环境中，甚至在被不信任的实体获取后也能保持正常工作。

4）严格的稳定性和灵活性：一些嵌入式系统控制着关乎国家安全的重大设施，如电网、核设施等，要求更加严格的稳定性

和灵活性。

5）复杂的设计过程：为了满足严密的设计周期和费用限制，复杂的嵌入式系统实现的部件可能来源于不同的公司或组织，即使系统的每一个部件本身是安全的，部件间的集成也可能暴露新的问题。

一个安全的嵌入式系统整体结构包括安全的底层硬件设备、安全的嵌入式操作系统、安全的应用程序。因此，嵌入式系统的设计需要通盘考虑安全问题，综合考虑成本、性能和功耗等因素构建出一个完整的安全体系结构。由于通过软件设计很难保证全面的系统安全性，这就需要借助硬件保证系统的安全性，降低设计的复杂度。由于各类加密算法已经具有比较好的安全强度，因此，嵌入式系统安全设计的重点在硬件保护的设计上，而不是在加密算法上。就目前的软硬环境而言，未来的嵌入式系统安全技术的发展趋势将是以软硬件相结合为主导的。

2. 网络通信系统安全

网络通信系统的安全是系统安全中非常重要的组成部分，安全协议是通信安全保障的灵魂。安全协议是通过一系列步骤定义的分布式算法，这些步骤规定了两方或多方主体为达到某个安全目标要采取的动作。其目的是在网络信道不可靠的情况下，确保通信安全以及传输数据的安全。为了实现不同的信息安全需求，需要借助于不同类型的安全协议来达到相应的目标，使用适当的安全机制加以实现。根据安全目标的不同，安全协议分为保密协议、密钥建立协议、认证协议、公平交换协议、电子投票协议等。

各种安全机制，例如加密、签名、认证码等都是通过安全协议在实际应用中发挥作用。具体的安全机制通常并不直接面向用户的安全需求，而是通过安全协议来实现的。事实上，所有的信息交换必须在一定的协议规范下完成，并且所有密码手段都将通过安全协议来发挥自己的作用。形象地说，门锁就像密码机制一样，是保障房间安全的手段，而协议就像门一样，通过将锁安装在门上，实现对房间的安全保护。协议分析可以比喻为分析一把锁在门上安装的位置、方法等是否合理来确定其能否达到保护房间的目的。根据采用的安全机制不同，安全协议通常被分为对称加密、非对称加密和签名协议、承诺和零知识证明协议等。

安全协议还是各种安全信息系统之间的纽带。因为在网络的层次结构中，从硬件层面来看，网络是计算机的纽带；从软件层面来看，协议是信息系统间的纽带，而安全协议是安全信息系统之间的关键和纽带。人们通常将软件比作计算机的灵魂，那么，在网络环境下，安全协议就是信息安全保障的灵魂。没有安全的协议，就没有信息的安全传输和存储，网络信息的安全需求将无法得到满足。可见，对于信息安全保障来说，安全需求是目标，安全机制是手段，网络是载体，安全协议是关键和灵魂。

安全认证是网络安全中一个非常重要的问题，一般分为节点身份认证和信息认证两种。身份认证又称为实体认证，是接入控制的核心环节，是网络中的一方根据某种协议规范确认另一方身份并允许其做与身份对应的相关操作的过程。

无线传感器节点部署到工作区域之后，首先要进行邻居节点之间以及节点和汇聚节点（sink）或基站之间的合法身份认证，为所有节点接入网络提供安全准入机制。随着不可信节点被发现、旧节点能量耗尽以及新节点的加入等新情况的出现，一些节点需要从合法节点列表中清除，不同时段新部署的节点需要通过旧节点的合法身份认证完成入网手续。来自汇聚节点或基站的控制信息要传达到每个节点需要通过节点间的多跳转发。必须引入认证机制对控制信息发布源进行身份验证，确保信息的完整性，同时防止非法或"可疑"节点在控制信息的发布传递过程中伪造或对控制信息进行篡改。

身份认证和控制信息认证过程都需要使用认证密钥。在无线传感网的安全机制中，密钥的安全性是基础，相应的密钥管理是传感器网络安全中最基本的问题。认证密钥（authentication key）和通信密钥（session key）同属于无线传感网中密钥管理的对象实体，前者保障了认证安全，后者直接为节点间的加、解密安全通信提供服务。

无线传感网的认证过程如图 6-1 所示。

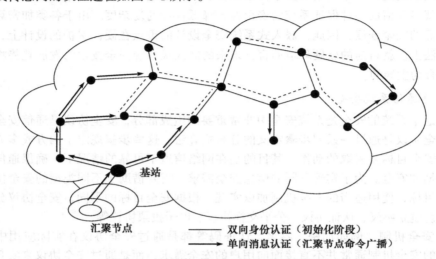

图 6-1　无线传感网应用中的认证过程图

（1）初始化认证阶段

传感节点一旦部署到工作区域，首先要进行相邻节点身份的安全认证，通过认证即成为可信任的合法节点。

（2）身份认证管理

第一种情况：部分节点能量即将耗尽或已经耗尽，这些节点的"死亡"状况以主动通告或被动查询的方式反映到邻居节点并最终反馈到汇聚节点或基站处，这些节点的身份 ID 将从合法节点列表中被剔除。为防止敌方利用这些节点的身份信息发起冒充或伪造节点攻击，这个过程中的认证交互通信必须进行加密保护。此外，当某些节点被敌方俘获，这些节点同样必须被及时从合法列表中剔除并通告全网。

第二种特殊情况：随着老节点能量耗尽以及不可靠节点被剔除，需要新的节点加入网络，新节点到位后要和周围的旧节点实现身份的双向安全认证，以防止敌方发起的节点冒充、伪造新节点、拒绝服务（DoS）等攻击。

（3）控制信息认证

随着工作进程的推进，可能需要节点采集不同的数据信息，采集任务的更换命令一般由汇聚节点或基站向周围广播发布。在覆盖面积大、节点数量多的应用场景中，控制信息必然要经由中转节点路由，以多跳转发的方式传递到目标节点群。与普通节点一样，中转节点面临着被敌方窃听甚至被俘获的安全威胁，要确保控制信息转发过程的安全可靠，就必须对逐跳转发进行安全认证，确保控制信息源头的准确性以及信息本身的完整性和机密性，保证信息不被转发节点篡改和信息内容不被非网内节点掌握。

3. 存储系统安全

数据是最核心的资产，存储系统作为数据的保存空间，是数据保护的最后一道防线。随着存储系统由本地直连向着网络化和分布式的方向发展，并被网络上的众多计算机共享，网络存储系统变得更易受到攻击。存储安全变得至关重要，安全存储技术主要包括存储安全技术、重复数据删除技术、数据备份及灾难恢复技术等。

经过近几年的发展，网络存储已演变为多个系统共享的一种资源。各类存储设备必须保护各个系统上的有价值的数据，防止其他系统未经授权访问数据或破坏数据。相应的，存储设备必须要防止未被授权的设置改动，对所有的更改都要做审计跟踪。

存储安全是客户安全计划的一部分，也是数据中心安全和组织安全的一部分。如果只保护存储的安全而将整个系统向互联网开放，这样的存储安全是毫无意义的。

在实践中，建立存储安全需要专业的知识，留意细节，不断检查，确保存储解决方案继续满足业务不断改动的需要，减少诸如伪造回复地址这样的威胁。安全的本质是在如下三方面达到平衡：即采取安全措施的成本、安全缺口带来的影响、入侵者要突破安全措施所需要的资源。

从原理上来说，安全存储要解决两个问题：第一是保证文件数据完整可靠不泄密；第二是保证只有合法的用户才能够访问相关的文件。

要解决上述两个问题，需要使用数据加密和认证授权管理技术，这也是安全存储的核心技术。在安全存储中，利用技术手段把文件变为密文（加密）存储，在使用文件的时候，用相同或不同的手段还原（解密）。这样，存储和使用文件就在密文和明文状态之间切换，既保证了安全，又能够方便地使用。加解密的核心就是算法和密钥，数据加密算法可以分为对称加密和非对称加密两大类。对称加密以数据加密标准（Data Encryption Standard, DES）算法为典型代表，非对称加密通常以 RSA（Rivest Shamir Adleman）算法为代表。对称加密的加密密钥和解密密钥相同，而非对称加密的加密密钥和解密密钥不同；加密密钥可以公开，而解密密钥需要保密。

一般来说，非对称密钥主要用于身份认证，或者保护对称密钥。而日常的数据加密，一般都使用对称密钥。现代的成熟加密/解密算法，都具有可靠的加密强度，除非能够持有正确的密钥，否则很难强行破解。在安全存储产品实际部署的时候，如果需要更高强度的身份认证，还可以使用 U-key，这种认证设备在网上银行中应用很普遍。

6.1.2　系统的安全隐患

随着计算机网络的迅速发展，信息的交换和传播变得非常容易。由于信息在存储、共享、处理和传输的过程中，存在被非法窃听、截取、篡改和破坏的威胁，导致不可估量的损失。特别是一些重要部门，比如政府部门、军事系统、银行系统、证券系统和商业系统等对在公共通信网络中进行信息的存储和传输的安全问题尤为重视。

安全威胁是指对安全的一种潜在侵害，威胁的实施称为攻击。信息安全的威胁就是指某个主体对信息资源的机密性、完整性、可用性等所造成的侵害。威胁可能来源于对信息直接或间接、主动或被动的攻击，如泄露、篡改、删除等，在信息机密性、完整性、可用性、可控性和可审查性等方面造成危害。攻击就是安全威胁具体实施，虽然人为因素和非人为因素都可能对信息安全构成威胁，但是精心设计的恶意攻击威胁最大。

安全威胁可能来自各方面，从威胁的主体来源来看，可以分为自然威胁和人为威胁两大类。自然威胁是指自然环境对计算机网络设备设施的影响，这类威胁一般具有突发性、自然性和不可抗性。自然威胁通常表现在对系统中物理设施的直接破坏，由自然威胁造成的破坏影响范围通常较大，损坏程度较为严重。自然因素的威胁包括各种自然灾害，如水、火、雷、电、风暴、烟尘、虫害、鼠害、海啸和地震等。系统的环境和场地条件（如温度、湿度、电源、地线）和其他防护设施不良造成的威胁，电磁辐射和电磁干扰的威胁，硬件设备自然老化、可靠性下降的威胁等都属于自然威胁。人为威胁从威胁主体是否存在主观故意来看可以分为故意和无意两种。故意的威胁又可以进一步细分为主动攻击和被动攻击，被动攻击主要威胁的是信息的机密性，因为一般被动攻击不会修改、破坏系统中的信息，比如搭线窃听、网络数据嗅探分析等。主动攻击的目标则是破坏系统中信息的完整性和可用性，篡改系统信息或改变系统的操作状态。无意的威胁主要是指合法用户在信息处理、传输过程中的不当操作所造成的对信息机密性、完整性和可用性等的破坏。无意威胁的事件主要包括操作失误（操作不当、误用媒体、设置错误）、意外损失（电力线搭接、电火花干扰）、编程缺陷（经验不足、检查漏项、不兼容文件）、意外丢失（被盗、被非法复制、丢失媒体）、管理不善（维护不利、管理松懈）、无意破坏（无意损坏、意外删除等）。

本书主要讨论人为的安全威胁。人为恶意攻击主要有窃听、重传、伪造、篡改、拒绝服务攻击、行为否认、非授权访问和病毒等形式。人为的恶意攻击具有智能性、严重性、隐蔽性和多样性的特点。智能性是指恶意攻击者大都具有相当高的专业技术和熟练的技能，攻击前都经过周密的预谋和精心策划。严重性是指涉及金融资产的网络信息系统受到恶意攻击，往往由于资金损失巨大而使金融机构和企业蒙受重大损失。如果涉及对国家政府部门的攻击，则会引起重大的政治和社会问题。隐蔽性是指攻击者在进行攻击后会及时删除入侵痕迹信息和证据，具有很强的隐蔽性，很难被发现。多样性是指随着计算机网络的发展，各种攻击手段、攻击目标等在不停变化。

目前对信息安全的威胁尚无统一的分类方法，由于信息安全所面临的威胁与环境密切相关，不同威胁带来的危害程度随环境变化而变化。

1. 系统缺陷

系统缺陷又称为系统漏洞，是指应用软件、操作系统或系统硬件在逻辑设计上无意造成的设计缺陷或错误。攻击者一般利用这些缺陷，植入木马、病毒来攻击或控制计算机，窃取信息，甚至破坏系统。系统漏洞是应用软件和操作系统的固有特性，不可避免，因此，防护系统漏洞攻击的最好办法就是及时升级系统和漏洞补丁。

2. 恶意软件攻击

恶意软件的攻击主要表现在各种木马和病毒软件对信息系统的破坏。

（1）木马

木马是一种具有特殊功能的后门程序，与病毒相比，木马不会自动复制和感染。木马通常包含客户端和服务端两个可执行程序，服务端程序是被植入目标计算机的，客户端是攻击者用来控制植入并运行服务端程序的目标计算机。一旦计算机运行被植入的服务端程序，服务端程序就会自我销毁，并产生一个可供客户端程序连接的进程或线程，攻击者就可以利用客户端程序完全控制目标计算机，获取目标计算机的管理员权限。木马程序一般通过修改图标、捆绑到系统文件、定制常用端口和自我销毁等方式伪装和隐藏自己，很难发现，危害巨大。

（2）病毒

计算机病毒是目前信息系统面临的最主要的一类威胁，其涉及范围广，危害性巨大。计算机病毒是指编制者在计算机程序中插入的破坏计算机功能或破坏数据，影响计算机使用并能够自我复制的一组计算机指令或程序代码。计算机病毒借用了医学上病毒的概念，但是却不是同义词，计算机病毒不是天然存在的，是编制者利用计算机软件和硬件的固有脆弱性编制的一组指令或程序代码，它能通过某种途径潜伏在计算机的存储介质中，当达到设定的某个特定条件时被激活，感染其他程序并破坏计算机系统。

计算机病毒有自我繁殖性、破坏性、传染性、隐蔽性、潜伏性和可触发性几个特点。自我繁殖性是指计算机病毒能像生物病毒一样进行自我复制，自我繁殖性是判断是否为计算机病毒的首要条件。破坏性是指感染病毒后，会对计算机系统造成不同程度的损坏，比如修改、删除数据或程序文件，导致系统无法正常运行。传染性是指计算机病毒像生物病毒一样会自动向外传播，利用计算机网络和各种存储介质感染其他计算机，实现病毒的快速扩散，比如网络蠕虫病毒，可以在几分钟之内感染几万台网络上的计算机。传染性是计算机病毒的一个基本特征。隐蔽性是指病毒为了避免被用户发现，一般会伪装为正常系统文件或附加在正常文件中。潜伏性是指病毒感染后不会马上表现出来，而是潜伏在系统中，等待特定的触发条件激活，比如黑色星期五病毒，只有系统时间为星期五时病毒才会发作，其他时候病毒不会进行任何操作。可触发性是指某个事件或数值的出现，会激发病毒实施感染或进行攻击的特性。病毒的触发机制就是用来控制感染和破坏动作的频率，病毒具有预定的触发条件，这些条件可能是时间、日期、文件类型或某些特定数据等。病毒运行时，触发机制检查预定条件是否满足，如果满足，启动感染或破坏动作，使病毒进行感染或攻击；如果不满足，使病毒继续潜伏。

计算机病毒所造成的危害主要表现在以下几个方面：

- 格式化磁盘，致使信息丢失；
- 删除可执行文件或者数据文件；
- 破坏文件分配表，使得无法读取磁盘信息；
- 修改或破坏文件中的数据；
- 迅速自我复制，占用空间；
- 影响内存常驻程序的运行；
- 在系统中产生新的文件；
- 占用网络带宽，造成网络堵塞。

3. 外部网络攻击

拒绝服务攻击（Denial of Services，DoS）是典型的外部网络攻击的例子，它利用网络协议的缺陷和系统资源的有限性实施攻击，导致网络带宽和服务器资源耗尽，致使服务器无法对外正常提供服务，破坏信息系统的可用性。常用的拒绝服务攻击技术主要有 TCP flood 攻击、Smurf 攻击和 DDoS 攻击技术等。

（1）TCP flood 攻击

标准的 TCP 协议的连接过程需要三次握手完成连接确认。起初由连接发起方发出 SYN 数据报到目标主机，请求建立 TCP 连接，等待目标主机确认。目标主机接收到请求的 SYN 数据报后，向请求方返回 SYN+ACK 响应数据报。连接发起方接收到目标主机返回的 SYN+ACK 数据报并确认目标主机愿意建立连接后，再向目标主机发送确认 ACK 数据报，目标主机收到 ACK 后，TCP 连接建立完成，进入 TCP 通信状态。一般来说，目标主机返回 SYN+ACK 数据报时需要在系统中保留一定缓冲区，准备进一步的数据通信并记录本次连接信息，直到再次收到 ACK 信息或超时为止。攻击者利用协议本身的缺陷，通过向目标主机发送大量的 SYN 数据报，并忽略目标主机返回的 SYN+ACK 信息，不向目标主机发送最终的 ACK 确认数据报，致使目标主机的 TCP 缓冲区被大量虚假连接信息占满，无法对外提供正常的 TCP 服务，同时目标主机的 CPU 也由于要不断处理大量过时的 TCP 虚假连接请求，其资源也被耗尽。

（2）Smurf 攻击

ICMP 协议用于在 IP 主机、路由器之间传递控制信息，包括报告错误、交换受限状态、主机不可达等状态信息。ICMP 协议允许将一个 ICMP 数据报发送到一个计算机或一个网络，根据反馈的报文信息判断目标计算机或网络是否连通。攻击者利用协议的功能，伪造大量的 ICMP 数据报，将数据报的目标私自设为一个网络地址，并将数据报中的原发地址设置为被攻击的目标计算机 IP 地址。这样，被攻击目标计算机就会收到大量的 ICMP 响应数据报，目标网络中包含的计算机数量越多，被攻击计算机接收到的 ICMP 响应数据报就越多，导致目标计算机资源被耗尽，不能正常对外提供服务。由于 ping 命令是简单网络测试命令，采用的是 ICMP 协议，因此，连续大量向某个计算机发送 ping 命令也可以对目标计算机造成危害。这种使用 ping 命令的 ICMP 攻击称为"Ping of Death"攻击。要防范这种攻击，一种方法是在路由器上对 ICMP 数据报进行带宽限制，将 ICMP 占用的带宽限制在一定范围内，这样即使有 ICMP 攻击，由于其所能占用的网络带宽非常有限，也不会对整个网络造成太大影响；另一种方法是在主机上设置 ICMP 数据报的处理规则，比如设定拒绝 ICMP 数据报。

（3）DDoS（Distributed Denial of Service）攻击

攻击者为了进一步隐蔽自己的攻击行为，并提升攻击效果，常常采用分布式拒绝服务攻击（DDoS）。DDoS 攻击是在 DoS 攻击基础上演变出来的一种攻击方式。攻击者在进行 DDoS 攻击前已经通过其他入侵手段控制了互联网上的大量计算机，其中部分计算机已被攻击者安装了攻击控制程序，这些计算机称为主控计算机。攻击者发起攻击时，首先向主控计算机发送攻击指令，主控计算机再向攻击者控制的其他大量的计算机（称为代理计算机或僵尸计算机）发送攻击指令，大量代理计算机向目标主机进行攻击。为了达到攻击效果，一般攻击者所使用的代理计算机数量非常惊人，据估计能达到数十万或百万。DDoS 攻击中，攻击者大多使用多级主控计算机以及代理计算机进行攻击，所以非常隐蔽，一般很难查找到攻击的源头。

其他的拒绝服务攻击方式还有邮件炸弹攻击、刷 Script 攻击和 LAND attack 攻击等。

（4）钓鱼攻击

钓鱼攻击是一种在网络中通过伪装成信誉良好的实体以获得如用户名、密码和信用卡明细等个人敏感信息的犯罪诈骗过程。这些伪装的实体假冒为知名社交网站、拍卖网站、网络银行、电子支付网站或网络管理者，以此来诱骗受害人点击登录或进行支付。网络钓鱼通常通过 E-mail 或者即时通讯工具进行，它常常引导用户到界面外观与真正网站几无二致的假冒网站输入个人数据。就算使用强加密的 SSL 服务器认证，也很难侦测网站是否仿冒。由于网络钓鱼主要针对的是银行、电子商务网站以及电子支付网站，因此常常会对用户造成非常大的经济损失。目前针对网络钓鱼的防范措施主要有浏览器安全地址提醒、增加密码注册表和过滤网络钓鱼邮件等方法。

4. 非授权和认证的访问

（1）行为否认

行为否认又称抵赖，是指合法的授权用户在进行某个操作后，企图否认自己已经发生的行为，比如否认自己发送过某条信息，否认自己访问过某些敏感信息，否认自己签发过某些文件等。信息安全目标中的不可否认性主要就是针对行为否认的威胁。

（2）非授权访问

非授权访问指无授权用户或低授权用户非法获取更高系统和数据访问权限、扩大权限、越权访问信息，比如假冒或盗用合法用户身份，非法进入信息系统访问资源，合法用户访问未授权的系统资源。

6.2 恶意攻击

6.2.1 恶意攻击的概念

网络恶意攻击通常是指利用系统存在的安全漏洞或弱点，通过非法手段获得某信息系统的机密信息的访问权，以及对系统部分或全部的控制权，并对系统安全构成破坏或威胁。目前常见的技术手段有：用户账号及密码破解；程序漏洞中可能造成的"堆栈溢出"；程序中设置的"后门"；通过各种手段设置的"木马"；网络访问的伪造与劫持；各种程序设计和开发中存在的安全漏洞等。每一种攻击类型在具体实施时针对不同的网络服务又有多种技术手段，并且随时间的推移、版本的更新还会不断产生新的手段，呈现出不断变化演进的特性。

通过分析会发现，除破解账号及口令等手段外，最终一个系统被"黑客"攻陷，其本质原因是系统或软件本身存在可被"黑客"利用的漏洞或缺陷，它们可能是设计上的、工程上的，也可能是配置管理疏漏等原因造成的。解决这些问题通常有两种方式：一是提高软件安全设计及施工的开发力度，保障产品的安全，这是目前可信计算研究的内容之一；二是用技术手段来保障产品的安全（如身份识别、加密、IDS/IPS、防火墙等）。人们更寄希望于后者，原因是造成程序安全性漏洞或缺陷的原因非常复杂，能力、方法、经济、时间，甚至情感诸多方面都可能对软件产品的安全质量带来影响。另一方面，由于软件产品安全效益的间接性、安全效果难以用一种通用的规范加以测量和约束，以及人们普遍存在的侥幸心理，使得软件产品的开发在安全性与其他方面产生冲突时，前者往往处于下风。虽然一直有软件工程规范来指导软件的开发，但似乎完全靠软件产品本身的安全设计与施工还很难解决其安全问题。这也是诸多产品，甚至大公司的号称安全加强版的产品仍不断暴露安全缺陷的原因所在。于是人们更寄希望于通过专门的安全防范工具来解决信息系统的安全问题。

6.2.2 恶意攻击的来源

网络恶意攻击类型多样，很难给出一个统一的标准。这里主要从攻击来源角度介绍一些网络攻击行为。

1. 恶意软件

恶意软件是指在未明确提示用户或未经用户许可的情况下，在用户计算机或其他终端上安装运行，侵犯用户合法权益的软件。

计算机遭到恶意软件入侵后，黑客会通过记录击键情况或监控计算机活动试图获取用户个人信息的访问权限。他们也可能会在用户不知情的情况下，控制用户的计算机，以访问网站或执行其他操作。恶意软件主要包括特洛伊木马、蠕虫和病毒三大类。

1）特洛伊木马。木马是一种后门程序，黑客可以利用其盗取用户的隐私信息，甚至远程控制对方的计算机。特洛伊木马程序通常通过电子邮件附件、软件捆绑和网页挂马等方式向用户传播。

2）蠕虫。蠕虫是一种恶意程序，不用将自己注入其他程序就能传播自己，它可以通过网络连接自动将其自身从一台计算机分发到另一台计算机上，一般这个过程不需要人工干预。蠕虫会执行有害操作，例如，消耗网络或本地系统资源，这样可能会导致拒绝服务攻击。某些蠕虫无须用户干预即可执行和传播，而其他蠕虫则需用户直接执行蠕虫代码才能传播。

3）病毒。病毒是一种人为制造的、能够进行自我复制的、会对计算机资源造成破坏的一组程序或指令的集合，病毒的核心特征就是可以自我复制并具有传染性。病毒尝试将其自身附加到宿主程序，以便在计算机之间进行传播。它可能会损害硬件、软件或数据。宿主程序执行时，病毒代码也随之运行，并会感染新的宿主。

恶意软件的特征：

- 强制安装：指在未明确提示用户或未经用户许可的情况下，在用户计算机或其他终端上安装软件的行为。
- 难以卸载：指未提供通用的卸载方式，或在不受其他软件影响、人为破坏的情况下，卸载后仍活动程序的行为。
- 浏览器劫持：指未经用户许可，修改用户浏览器或其他相关设置，迫使用户访问特定网站或导致用户无法正常上网的行为。
- 广告弹出：指未明确提示用户或未经用户许可的情况下，利用安装在用户计算机或其他终端上的软件弹出广告的行为。
- 恶意收集用户信息：指未明确提示用户或未经用户许可，恶意收集用户信息的行为。
- 恶意卸载：指未明确提示用户、未经用户许可，或误导、欺骗用户卸载非恶意软件的行为。
- 恶意捆绑：指在软件中捆绑已被认定为恶意软件的行为。
- 其他侵犯用户知情权、选择权的恶意行为。

2. DDoS

DDoS（Distributed Denial of Service，分布式拒绝服务攻击）是目前互联网最严重的威胁之一，攻击的核心思想是消耗攻击目标的计算资源，阻止目标为合法用户提供服务。Web 服务器、DNS 服务器为最常见的攻击目标，可消耗的计算资源可以是 CPU、内存、带宽、数据库服务器等，国内外知名互联网企业，比如 Amazon、eBay、Sina、Baidu 等网站都曾受到过 DDoS 攻击。DDoS 攻击不仅可以实现对某一个具体目标，如 Web 服务器或 DNS 服务器的攻击，还可以实现对网络基础设施（如路由器）的攻击。利用巨大的攻击流量，可以使攻击目标所在的互联网区域网络基础设施过载，导致网络性能大幅度下降，影响网络所承载的服务。近年来，DDoS 攻击事件层出不穷，各种相关报道也屡见不鲜。比较典型的事件如 2009 年 5 月 19 日发生的暴风影音事件。该事件导致了中国南方六省电信用户的大规模断网，预计经济损失超过 1.6 亿元人民币，其根本原因是由于服务于暴风影音软件的域名服务器 DNS 遭到黑客的 DDoS 攻击，而无法提供正常域名请求。

6.2.3 病毒攻击的原理

计算机病毒（computer virus）的广义定义是一种人为制造的、能够进行自我复制的、具有对计算机资源的破坏作用的一组程序或指令的集合。计算机病毒把自身附着在各种类型的文件上或寄生在存储媒介中，能对计算机系统和网络进行破坏，同时有独特的复制能力和传染性，能够自我复制和传染。

在 1994 年 2 月 18 日公布的《中华人民共和国计算机信息系统安全保护条例》中，计算机病毒被定义为："计算机病毒是指编制或者在计算机程序中插入的破坏计算机功能或者破坏数据，影响计算机使用并且能够自我复制的一组计算机指令或者程序代码"。

计算机病毒与生物病毒一样，有其自身的病毒体（病毒程序）和寄生体（宿主，HOST）。所谓感染或寄生，是指病毒将自身嵌入宿主指令序列中。寄生体为病毒提供一种生存环境，是一种合法程序。当病毒程序寄生于合法程序之后，病毒就成为程序的一部分，并在程序中占有合法地位。这样合法程序就成为病毒程序的寄生体，或称为病毒程序的载体。病毒可以寄生在合法程序的任何位置。病毒程序一旦寄生于合法程序之后，就随原合法程序的执行而执行，随它的生存而生存，随它的消失而消失。为了增强活力，病毒程序通常寄生于一个或多个被频繁调用的程序中。

1. 病毒的特征

计算机病毒种类繁多、特征各异，但一般具有自我复制能力、感染性、潜伏性、触发性和破坏性。计算机病毒的基本特征包括：

（1）计算机病毒的可执行性

计算机病毒与其他合法程序一样，是一段可执行程序。计算机病毒在运行时与合法程序争夺系统的控制权，例如，病毒一般在运行其宿主程序之前先运行自己，通过这种方法抢夺系统的控制权。只有当计算机病毒在计算机内得以运行时，才具有传染性和破坏性等活性。计算机病毒一经在计算机上运行，在同一台计算机内病毒程序与正常系统程序或某种病毒与其他病毒程序争夺系统控制权时往往会造成系统崩溃，导致计算机瘫痪。

（2）计算机病毒的传染性

计算机病毒的传染性是指病毒具有把自身复制到其他程序和系统的能力。计算机病毒也会通过各种渠道从已被感染的计算机扩散到未被感染的计算机，在某些情况下造成被感染的计算机工作失常甚至瘫痪。计算机病毒一旦进入计算机并得以执行，就会搜寻符合其传染条件的其他程序或存储介质，确定目标后再将自身代码插入其中，达到自我繁殖的目的。而被感染的目标又成为新的传染源，当它被执行以后，便又去感染另一个可以被其传染的目标。计算机病毒可通过各种可能的渠道，如 U 盘、计算机网络传染其他的计算机。

（3）计算机病毒的非授权性

一般正常的程序是由用户调用，再由系统分配资源，完成用户交给的任务，其目的对用户是可见的、透明的。而病毒隐藏在正常程序中，其在系统中的运行流程一般是：做初始化工作→寻找传染目标→窃取系统控制权→完成传染破坏活动，其目的对用户是未知的，是未经用户允许的。可见，计算机病毒只有非授权性。

（4）计算机病毒的隐蔽性

计算机病毒通常附在正常程序中或磁盘较隐蔽的地方，也有个别病毒以隐含文件形式出现，目的是不让用户发现它的存在。如果不经过代码分析，病毒程序与正常程序很难区别，而一旦病毒发作表现出来，往往已经给计算机系统造成了不同程度的破坏。

（5）计算机病毒的潜伏性

一个编制精巧的计算机病毒程序，进入系统之后一般不会马上发作。潜伏性越好，其在系统中的存在时间就会越长，病毒的传染范围就会越大。病毒程序必须用专用检测程序才能检查出来，并有一种触发机制，不满足触发条件时，计算机病毒只传染计算机但不做破坏，只有当触发条件满足时，才会激活病毒的表现模块而出现中毒症状。

（6）计算机病毒的破坏性

计算机病毒一旦运行，会对计算机系统造成不同程度的影响，轻者降低计算机系统工作效率、占用系统资源（如占用内存空间、磁盘存储空间以及系统运行时间等），重者导致数据丢失、系统崩溃。计算机病毒的破坏性决定了病毒的危害性。

（7）计算机病毒的寄生性

病毒程序嵌入宿主程序中，依赖于宿主程序的执行而生存，这就是计算机病毒的寄生性。病毒程序在侵入宿主程序后，一般对宿主程序进行一定的修改，宿主程序一旦执行，病毒程序就被激活，从而可以进行自我复制和繁衍。

（8）计算机病毒的不可预见性

从对病毒的检测来看，病毒还有不可预见性。不同种类的病毒，它们的代码千差万别，但有些操作是共有的（如驻内存、改中断）。计算机病毒新技术的不断涌现，也加大了对未知病毒的预测难度，决定了计算机病毒的不可预见性。事实上，反病毒软件的预防措施和技术手段往往滞后于病毒的产生速度。

（9）计算机病毒的诱惑欺骗性

某些病毒常以某种特殊的表现方式，引诱、欺骗用户不自觉地触发、激活病毒，从而实施其感染、破坏功能。某些病毒会通过引诱用户点击电子邮件中的相关网址、文本、图片等进行激活和传播。

2. 病毒分类

根据病毒传播和感染的方式，计算机病毒主要有以下几种类型：

（1）引导型病毒

引导型病毒（Boot Strap Sector Virus）藏匿在磁盘片或硬盘的第一个扇区。DOS（磁盘操作系统）的架构设计使得病毒可以在每次开机时，在操作系统被加载之前就被加载到内存中，这个特性使得病毒可以针对DOS的各类中断进行完全控制，并且拥有更强的传染与破坏能力。

（2）文件型病毒

文件型病毒（File Infector Virus）通常寄生在可执行文件（如 *.COM，*.EXE 等）中。当这些文件被执行时，病毒程序就跟着被执行。文件型病毒依传染方式的不同分成非常驻型和常驻型两种。非常驻型病毒将自己寄生在 *.COM、*.EXE 或是 *.SYS 文件中。当这些中毒的程序被执行时，就会尝试去传染另一个或多个文件。常驻型病毒隐藏在内存中，通常寄生在中断服务程序中，通过磁盘访问操作传播。由于这个原因，常驻型病毒往往会对磁盘造成更大的伤害。一旦常驻型病毒进入内存，只要执行文件，文件就会被感染。

（3）复合型病毒

复合型病毒（Multi-Partite Virus）兼具引导型病毒以及文件型病毒的特性。它们可以传染 *.COM、*.EXE 文件，也可以传染磁盘的引导区。由于这个特性，这种病毒具有相当强的传染力。一旦发作，其破坏的程度将相当大。

（4）宏病毒

宏病毒（Macro Virus）主要是利用软件本身所提供的宏能力来设计病毒，所以凡是具有写宏能力的软件都有宏病毒存在的可能，如 Word、Excel、PowerPoint 等。

（5）计算机蠕虫

在非 DOS 操作系统中，"蠕虫"（Worm）是典型的病毒，它不占用除内存以外的任何资源，不修改磁盘文件，利用网络功能搜索网络地址，便可将自身传播到下一地址，有时也在网络服务器和启动文件中存在。

（6）特洛伊木马

木马病毒的共有特性是通过网络或者系统漏洞进入用户的系统并隐藏，然后向外界泄露用户的信息，或对用户的计算机进行远程控制。随着网络的发展，特洛伊木马（Trojan）和计算机蠕虫之间的依附关系日益密切，有越来越多的病毒同时结合这两种病毒形态，破坏能力更大。

3. 病毒攻击原理分析

下面以引导型病毒为例来分析病毒攻击原理。

想要了解引导型病毒的原理，首先要了解引导区的结构。硬盘有两个引导区，在 0 面 0 道 1 扇区的称为主引导区，内有主引导程序和分区表，主引导程序查找激活分区，该分区的第一个扇区即为 DOS BOOT SECTOR。绝大多数病毒可以感染硬盘主引导扇区和软盘 DOS 引导扇区。

计算机在引导到 Windows 界面之前，需要基于传统的 DOS 自举过程，从硬盘引导区读取引导程序。图 6-2 描述了正常的 DOS 自举过程和带病毒的 DOS 自举过程。

正常的 PC DOS 启动过程是：

1）加电开机后进入系统的检测程序，并执行该程序对系统的基本设备进行检测；

2）检测正常后从系统盘 0 面 0 道 1 扇区，即逻辑 0 扇区，读入 Boot 引导程序到内存的 0000∶7C00 处；

3）转入 Boot 执行；

4）Boot 判断是否为系统盘，如果不是系统盘则给出提示信息；否则，读入并执行两个隐含文件，并将 COMMAND.COM 装入内存；

5）系统正常运行，DOS 启动成功。

如果系统盘已感染了病毒，DOS 的启动将是另一种情况，其过程为：

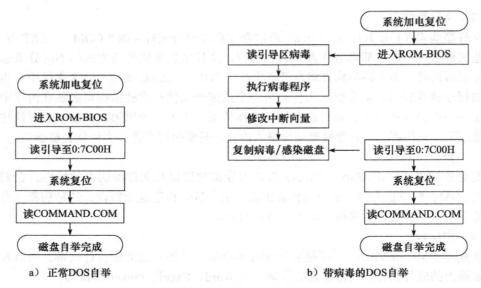

图 6-2　DOS 自举过程

1）将 Boot 区中的病毒代码首先读入内存的 0000：7C00 处；

2）病毒将自身全部代码读入内存的某一安全区域、常驻内存，监视系统的运行；

3）修改 INT 13H 中断服务处理程序的入口地址，使之指向病毒控制模块并执行它。因为任何一种病毒要感染软盘或者硬盘，都离不开对磁盘的读写操作，修改 INT 13H 中断服务程序的入口地址是一项不能缺少的操作；

4）病毒程序全部被读入内存后才读入正常的 Boot 内容到内存的 0000：7C00 处，进行正常的启动过程；

5）病毒程序等待机会准备感染新的系统盘或非系统盘。

如果发现有可攻击的对象，病毒要进行下列工作：

1）将目标盘的引导扇区读入内存，判别该盘是否传染了病毒；

2）当满足传染条件时，则将病毒的全部或者一部分写入 Boot 区，把正常的磁盘引导区程序写入磁盘特定位置；

3）返回正常的 INT 13H 中断服务处理程序，完成对目标盘的传染。

6.2.4　木马攻击的原理

木马是一种后门程序，黑客可以利用其盗取用户的隐私信息，甚至远程控制对方的计算机。木马全称特洛伊木马，其名称源于古希腊神话中特洛伊木马记的故事。在公元前 12 世纪，希腊向特洛伊城宣战，交战了 10 年也没有取得胜利。最后，希腊军队佯装撤退，并在特洛伊城外留下很多巨大的木马。这些木马是空心的，里面藏着希腊最好的战士。在希腊人撤走后，特洛伊人把这些木马作为战利品拉进了城。当晚，希腊战士从木马中出来与城外的希腊军队里应外合攻下特洛伊城，这就是特洛伊木马名字的由来。顾名思义，特洛伊木马一般伪装成合法程序植入系统中，对系统安全构成威胁。完整的木马程序一般由两个部分组成，一个是服务器被控制端程序，一个是客户端控制端程序。黑客主要利用植入目标机的客户端来控制目标主机。

从木马技术的发展来看，基本上可分为四代：

第一代木马功能单一，只是实现简单的密码的窃取、发送等，在隐藏和通信方面均无特别之处。

第二代木马在隐藏、自启动和操纵服务器等技术上进步很大。国外代表性的木马病毒有 BOZ000 和 Sub7，冰河可以说是国内木马的典型代表之一，它可以对注册表进行操作以实现自动运行，通过将程序设置为系统进程来进行伪装隐藏。

第三代木马在数据传递技术上有了根本性的进步，出现了 ICMP 等特殊报文类型传递数据的木马，增加了查杀的难度。这一代木马在进程隐藏方面也做了很大改进，采用了内核插入式的嵌入方式，利用远程插入线程技术，嵌入 DLL 线程，实现木马程序的隐藏，达到了良好的隐藏效果。

第四代木马实现了与病毒的紧密结合，利用操作系统漏洞，直接实现感染、传播的目的，而不必像以前的木马（如磁碟机和机器狗木马病毒）那样需要欺骗用户主动激活。

木马程序是一种客户机/服务器程序，典型结构为客户端/服务器（Client/Server，C/S）模式，服务器端（植入被攻击的主机）程序在运行之后，黑客可以使用对应的客户端直接控制目标主机。操作系统用户权限管理中有一个基本规则，就是在本机直接启动运行的程序拥有与使用者相同的权限，假设你是以管理员的身份使用机器，那么从本地硬盘启动的一个应用程序就享有管理员权限，可以操作本机的全部资源。但对从外部接入的程序，则一般没有对硬盘操作访问的权限。木马服务器端就是利用了这个规则，植入目标主机后，诱导用户执行，获取目标主机的操作权限，以达到控制目标主机的目的。木马程序的服务器端程序是需要植入目标主机的部分，植入主机后作为响应程序。客户端程序是用来控制目标主机的部分，安装在控制者的计算机上，它的作用是连接木马服务器端程序，监视或控制远程计算机。

典型的木马工作原理是：当服务器端在目标计算机上被执行后，木马打开一个默认的端口进行监听，当客户端（控制端）向服务器端（被控主机部分）提出连接请求后，被控主机上的木马程序就会自动应答客户端的请求，服务器端程序与客户端建立连接后，客户端（控制端）就可以发送各类控制指令对服务器端（被控主机）进行完全控制，其操作几乎与在被控主机的本机操作权限完全相同。

木马软件的终极目标是实现对目标主机的控制，但是为了达到此目的，木马软件必须采取多种方式伪装，确保更容易地传播，更隐蔽地驻存在目标主机中。

1. 木马植入原理

木马最核心的一个要求必须是能够将服务器端植入目标主机，木马传播的方式通常包括以下几种：

- 通过电子邮件附件夹带的方式。这是最常用也是比较有效的一种方法。木马传播者将木马服务器端程序以邮件附件的方式附加在邮件中，针对特定主机或漫无目的的群发，邮件的标题和内容一般都非常吸引人，当用户点击阅读邮件时，附件中的程序就在后台悄悄地下载到本机。

- 捆绑在各类软件中。黑客经常把木马程序捆绑在各类所谓的补丁、注册机、破解程序等软件中进行传播，当用户下载相应的程序时，木马程序也被下载到用户的机器上，这类方式隐蔽度和成功率都比较高。
- 网页挂马。网页挂马是在正常浏览的网页中嵌入特定的脚本代码，当用户浏览到该网页时，嵌入网页的脚本就会在后台自动下载其指定的木马并执行。其中网页是网页木马的核心部分，特定的网页代码使得网页被打开时，木马能随之下载和执行。网页挂马大多利用浏览器的漏洞来实现，也有的是利用 ActiveX 控件或钓鱼网页来实现的。

2. 木马隐藏原理

木马程序为了能更好地躲过用户的检查，悄悄地控制用户系统，必须采用各种方式将其隐藏在用户系统中。一般木马为了达到长期隐藏的目的，会同时采用多种隐藏技术。木马隐藏的方式很多，主要有以下几类：

（1）木马程序隐藏

木马文件本身在目标主机中存储隐藏的主要方法有以下几种：
- 通过将木马程序文件设置为系统、隐藏或只读属性来实现隐藏；
- 通过将木马文件命名为和系统文件的文件名极度相似的文件名，从而使用户误认为是系统文件而忽略；
- 将文件存放在不常用或难以发现的系统文件目录中；
- 将木马存放的区域设置为坏扇区。

（2）木马启动隐藏

1）文件伪装。木马最常用的文件隐藏方法是将木马文件伪装成本地可执行文件。比如木马程序经常会将自己伪装成图片文件，修改其图标为 Windows 默认的图片文件图标，同时修改木马文件扩展名为类似 .JPG、.EXE 等形式，由于 Windows 默认设置不显示已知的文件后缀名，文件将会显示为 .JPG，当用户以正常方式浏览图片文件时就启动了木马程序。

2）修改系统配置。利用系统配置文件的特殊作用，木马程序很容易隐藏在系统启动项中。比如 Windows 系统配置文件 MSCONFIG.SYS 中的系统启动项 system.ini 是众多木马的隐藏地。Windows 安装目录下的 system.ini[boot] 字段中，正常情况下 boot="Explorer.exe"，如果后面有其他的程序，如 boot="Explorer.exe file.exe"，那么这里的 file.exe 可能就是木马服务端程序。

3）利用系统搜索规则。Windows 系统搜寻一个不带路径信息的文件时遵循"从外到里"的规则，它会由系统所在的盘符的根目录开始向系统目录深处递进查找，而不是精确定位。这就意味着，如果有两个同样名称的文件分别放在"C:\"和"C:\WINDOWS"下，搜索会执行 C:\ 下的程序，而不是 C:\WINDOWS 下的程序。这样的搜寻规则就给木马提供了一个机会，木马可以把自己改为系统启动时必定会调用的某个文件，并复制到比原文件浅一级的目录里，操作系统就会执行这个木马程序，而不是正常要启动的那个程序。要提防这种占用系统启动项而做到自动运行的木马，用户必须了解自己机器里所有正常的启动项信息。

4）替换系统文件。木马病毒会利用系统里那些不会危害到系统正常运行而又经常会被调用的程序文件，像输入法指示程序 INTERNAT.EXE。木马程序会替换掉原来的系统文件，并把原来的系统文件名改成只有木马程序知道的一个生僻文件名。只要系统调用那个被替换的程序，木马就能继续驻留内存了。木马作为原来的程序被系统启动时，会获得一个由系统传递来的运行参数，木马程序就把这个参数传递给被改名的程序执行。

（3）木马进程隐藏

进程隐藏有两种情况：一种是木马程序的进程存在，只是不出现在进程列表里，采用 APIHOOK 技术拦截有关系统函数的调用实现运行时的隐藏；另一种是木马不以一个进程或者服务的方式工作，而是将木马核心代码以线程或 DLL 的方式注入合法进程中，用户很难发现被插入的线程或 DLL，从而达到木马隐藏的目的。在 Windows 系统中常见的隐藏方式有注册表 DLL 插入、特洛伊 DLL、动态嵌入技术、CreateProcesS 插入和调试程序插入等。

（4）木马通信隐藏

木马通信隐藏主要包括通信内容、流量、信道和端口的隐藏。

木马常用的通信内容隐藏方法是对传输内容加密，隐藏通信内容。通信信道的隐藏一般采用网络隐蔽通道技术。在 TCP/IP 协议族中，有许多信息冗余可用于建立网络隐蔽通道。木马可以利用这些网络隐蔽通道突破网络安全机制。比较常见的有：ICMP 畸形报文传递、HTTP 隧道技术、自定义 TCP/UDP 报文等。采用网络隐蔽通道技术，如果选用一般安全策略都允许的端口通信，如 80 端口，则可轻易穿透防火墙和避过入侵检测系统等安全机制的检测，因而具有很强的隐蔽性。通信流量的隐藏一般采用监控系统网络通信的方式，当监测到系统中存在其他通信流量时，木马程序也启动通信，当不存在其他通信流量时，木马程序处于监听状态，等待其他进程通信。

（5）通过设备驱动或动态链接库隐藏

通过修改虚拟设备驱动程序（vxD）或修改动态链接库（DLL）来加载木马。这种方法基本上摆脱了原有的木马模式——监听端口，而采用替代系统功能的方法（改写 vxD 或 DLL 文件），木马用修改后的 DLL 替换系统原来的 DLL，并对所有的函数调用进行过滤。对于常用函数的调用，使用函数转发器直接转发给被替换的系统 DLL，对于一些事先约定好的特殊情况，木马会自动执行。一般情况下，DLL 只是进行监听，一旦发现控制端的请求就激活自身。这种木马没有增加新的文件，不需要打开新的端口，没有新的进程，使用常规的方法监测不到它。在正常运行时，木马几乎没有任何踪迹，只有在木马的控制端向被控制端发出特定的信息后，隐藏的程序才开始运行。

6.3 入侵检测

入侵检测是网络安全的重要组成部分，根据来源可将入侵检测分为基于网络的入侵检测系统和基于主机的入侵检测系统，目前采用的入侵检测技术主要有异常检测和误用检测两种，同时科技人员正在研究一些新的入侵检测技术，如基于免疫系统的检测方法、遗传算法和基于内核系统的检测方法等。

6.3.1 入侵检测的概念

入侵检测（Intrusion Detection）的概念首先是由 James Anderson 于 1980 年提出来的。入侵是指在信息系统中进行非授权的访问或活动，不仅指非系统用户非授权地登录系统和使用系统资源，还包括系统内的用户滥用权力对系统造成破坏，如非法盗用他人账户、非法获得系统管理员权限、修改或删除系统文件等。

入侵检测可以被定义为识别出正在发生的入侵企图或已经发生的入侵活动的过程。入侵检测包含两层意思：一是对外部入侵（非授权使用）行为的检测；二是对内部用户（合法用户）滥用自身权限的检测。

入侵检测的内容包括：试图闯入、成功闯入、冒充其他用户、违反安全策略、合法用户信息的泄漏、独占资源以及恶意使用。进行入侵检测的软件与硬件的组合便是入侵检测系统（Intrusion Detection System，IDS）。它通过从计算机网络或计算机系统的关键点收集信息并进行分析，发现网络或系统中是否有违反安全策略的行为和被攻击的迹象并且对其做出反应。有些反应是自动的，它包括通知网络安全管理员（控制台、电子邮件）中止入侵进程、关闭系统、断开与互联网的连接，使该用户无效，或者执行一个准备好的命令等。

入侵检测被认为是防火墙之后的第二道安全闸门，提供对内部攻击、外部攻击和误操作的实时保护。这些都通过执行以下任务来实现：

1）监视、分析用户及系统活动，查找非法用户和合法用户的越权操作；

2）系统构造和弱点的审计，并提示管理员修补漏洞；

3）识别反映已知进攻的活动模式并向相关人士报警，能够实时对检测到的入侵行为进行反应；

4）异常行为模式的统计分析，发现入侵行为的规律；

5）评估重要系统和数据文件的完整性，如计算和比较文件系统的校验和；

6）操作系统的审计跟踪管理，并识别用户违反安全策略的行为。

6.3.2 入侵检测系统

如图 6-3 所示给出了一个入侵检测系统各部分之间的关系图。

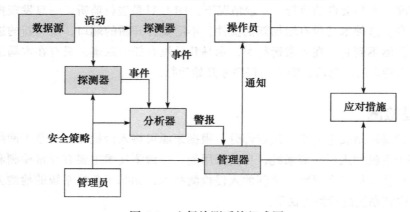

图 6-3 入侵检测系统组成图

- **数据源**为入侵检测系统提供最初的数据来源，IDS 利用这些数据来检测入侵。数据源包括网络包、审计日志、系统日志和应用程序日志等。
- **探测器**从数据源提取出与安全相关的数据和活动，如不希望的网络连接（Telnet）或系统日志中用户的越权访问等，将这些数据传送给分析器做进一步分析。

- **分析器**的职责是对探测器传来的数据进行分析，如果发现未授权或不期望的活动，就产生警报并报告管理器。
- **管理器**是 IDS 的管理部件，其主要功能有配置探测器、分析器；通知操作员发生了入侵；采取应对措施等。管理器接收到分析器的警报后，便通知操作员并报告情况，通知的方式有声音、E-mail、SNMP Trap 等。同时管理器还可以主动地采取应对措施，如结束进程、切断连接、改变文件和网络的访问权等。操作员利用管理器来管理 IDS，并根据管理器的报告采取进一步的措施。
- **管理员**是网络和信息系统的管理者，负责制定安全策略和部署入侵检测系统。
- **安全策略**是预先定义的一些规则，这些规则规定了网络中哪些活动允许发生或者外部的哪些主机可以访问内部的网络等。安全策略通过应用到探测器、分析器和管理器上来发挥作用。

依据不同的标准，可以将入侵检测系统划分成不同的类别。可以依照检测方法、对入侵的响应方式和信息的来源等不同的标准来划分入侵检测系统。但传统的划分方法是根据信息的来源将入侵检测系统分为基于网络的入侵检测系统（Network Intrusion Detection System，NIDS）和基于主机的入侵检测系统（Host-based Intrusion Detection System，HIDS）两大类。

（1）基于网络的入侵检测系统

基于网络的入侵检测系统的信息来源为网络中的数据包。NIDS 通常是在网络层监听并分析网络包来检测入侵，可以检测到非授权访问、盗用数据资源、盗取口令文件等入侵行为。

基于网络的入侵检测系统不需要改变服务器等主机的配置，不会在业务系统的主机中安装额外的软件，从而不会影响这些机器的 CPU、I/O 与磁盘等资源的使用。该方法不像路由器、防火墙等关键设备的工作方式，它不会成为系统中的关键路径。它发生故障不会影响到正常的业务运行。而且，部署一个网络入侵检测系统的风险比主机入侵检测系统的风险小得多。

NIDS 的优势在于它的实时性，当检测到攻击时，就能很快做出反应。另外，NIDS 可以在一个点上监测整个网络中的数据包，不必像 HIDS 那样，需要在每一台主机上都安装检测系统，因此是一种经济的解决方案。并且，NIDS 检测网络包时并不依靠操作系统来提供数据，因此有着对操作系统的独立性。

但 NIDS 也有一些缺陷，面临一些挑战，如：

- 网络入侵检测系统可能会将大量的数据传回分析系统中。
- 不同的网络的最大传输单元（MTU）不同，一些大的网络包常常被分成小的网络包来传递。当大的网络包被拆分时，其中的攻击特征有可能被分拆，NIDS 在网络层无法检测到这些特征，而在上层这些拆分的包又会重新装配起来，造成破坏。
- 随着 VPN、SSH 和 SSL 的应用，数据加密越来越普遍，传统的 NIDS 工作在网络层，无法分析上层的加密数据，从而也无法检测到加密后入侵网络包。
- 在百兆甚至是千兆网上，仅仅通过在一个点上分析整个网络上的数据包是不可行的，必然会带来丢包的问题，从而造成漏报或误报。
- 异步传输模式（ATM）网络以小的、固定长度的包——信元传送信息。53 字节定长的信元与以往的包技术相比具有一些优点：短的信元可以快速交换、硬件实现容易。

但是，交换网络不能被传统网络侦听器监视，从而无法对数据包进行分析。

- 基于网络的入侵检测系统还有一种分布式形式，称为分布式入侵检测系统。目前这种技术在 ISS 的 RealSecure 等产品中已经有了应用。它检测的数据也是来源于网络中的数据包，不同的是它采用分布式检测、集中管理的方法。即在每个网段安装一个黑匣子，该黑匣子相当于基于网络的入侵检测系统，只是没有用户操作界面。黑匣子用来检测其所在网段上的数据流，它根据集中安全管理中心制定的安全策略、响应规则等来分析、检测网络数据，同时向集中安全管理中心发回安全事件信息。集中安全管理中心是整个分布式入侵检测系统面向用户的界面。它的特点是对数据保护的范围比较大，但对网络流量有一定的影响。

（2）基于主机的入侵检测系统

基于主机的入侵检测系统的信息来源为操作系统事件日志、管理工具审计记录和应用程序审计记录。它通过监视系统运行情况（文件的打开和访问、文件权限的改变、用户的登录和特权服务的访问等）、审计系统日志文件（Syslog）和应用程序（关系数据库、Web服务器）日志来检测入侵。HIDS 可以检测到用户滥用权限、创建后门账户、修改重要数据和改变安全配置等行为，同时还可以定期对系统关键文件进行检查，计算其校验值来确信其完整性。

HIDS 检测发生在主机上的活动，处理的都是操作系统事件或应用程序事件而不是网络包，所以高速网络对它没有影响。同时它使用的是操作系统提供的信息，经过加密的数据包在到达操作系统后，都已经被解密，所以 HIDS 能很好地处理包加密的问题。并且，HIDS 还可以综合多个数据源进行进一步的分析，利用数据挖掘技术来发现入侵。

但是，HIDS 也有自身的缺陷，主要有以下几点：

- 降低系统性能：原始数据要经过集中、分析和归档的过程，这都要占用系统资源，因此 HIDS 会在一定程度上降低系统性能。
- 配置和维护困难：每台被检测的主机上都需安装检测系统，每个系统都有维护和升级的任务，安装和维护将是一笔不小的费用。
- 逃避检测：由于 HIDS 安装在被检测的主机上，有权限的用户或攻击者可以关闭检测程序，擦除自己的行为记录，以此逃避检测，使得系统更加容易遭受破坏。
- 存在数据欺骗问题：攻击者或有权限的用户可以插入、修改或删除审计记录，逃避HIDS 检测。
- 实时性较差：HIDS 进行的多是事后检测，因此当发现入侵时，系统通常已经受到了破坏。

此外，根据工作方式，入侵检测系统可分为离线检测系统与在线检测系统。离线检测系统是非实时工作的系统，它在事后分析审计事件，从而检查入侵活动。在线检测系统是实时联机的检测系统，它包含实时网络数据包分析和实时主机审计分析。其工作过程是实时入侵检测在网络连接过程中进行，一旦发现入侵迹象立即断开入侵者与主机的连接，并收集证据和实施数据恢复；这个检测过程是不断循环进行的。

6.3.3 入侵检测方法

入侵检测系统常用的检测方法有特征检测、统计检测与专家系统。目前，大多数入侵检测系统是使用入侵模板进行模式匹配的特征检测系统，还有一些是采用概率统计的统计检测系统与基于日志的专家知识库系统。

1. 特征检测

特征检测对已知的攻击或入侵的方式作出确定性的描述，形成相应的事件模式。当被审计的事件与已知的入侵事件模式相匹配时，立刻报警。其原理与专家系统相仿，检测方法与计算机病毒的检测方式类似。目前基于对包特征描述的模式匹配应用较为广泛。

该方法预报检测的准确率较高，但对于无经验知识的入侵与攻击行为无能为力。

2. 统计检测

统计模型常用异常检测。在统计模型中常用的测量参数包括：审计事件的数量、间隔时间、资源消耗情况等。常用的入侵检测的统计模型有：马尔科夫过程模型和时间序列分析模型。这种入侵检测方法是基于对用户历史行为建模以及在早期的证据或模型的基础上，审计系统实时地检测用户对系统的使用情况，根据系统内部保存的用户行为概率统计模型进行检测，当发现有可疑的用户行为时，保持跟踪并监测、记录该用户的行为。

统计方法的最大优点是它可以"学习"用户的使用习惯，从而具有较高检出率与可用性。但是它的"学习"能力也给入侵者以机会，通过逐步"训练"使入侵事件符合正常操作的统计规律，从而透过入侵检测系统。

3. 专家系统

用专家系统对入侵进行检测，经常是针对有特征入侵行为。所谓的规则即是知识，不同的系统与设置具有不同的规则，且规则之间往往无通用性。专家系统的建立依赖于知识库的完备性，知识库的完备性又取决于审计记录的完备性与实时性。入侵的特征抽取与表达是入侵检测专家系统的关键。

该技术根据安全专家对可疑行为的分析经验形成一套推理规则，然后在此基础上建立相应的专家系统，由此专家系统自动对所涉及的入侵行为进行分析。该系统应当能够随着经验的积累而利用其自学习能力进行规则的扩充和修正。

另外，入侵检测技术可以分为异常检测（anomaly detection）和误用检测（misuse detection）。异常检测提取正常模式下审计数据的数学特征，检查事件数据中是否存在与之相违背的异常模式。误用检测搜索审计事件数据，查看其中是否存在预先定义好的误用模式。为了提高准确性，入侵检测又引入了数据挖掘、人工智能、遗传算法等技术。但是，入侵检测技术还没有达到尽善尽美的程度，该领域的许多问题还有待解决。

4. 其他入侵检测方法

在入侵检测系统的发展过程中，研究人员提出了一些具有普遍意义的分析技术，这些技术有基于免疫系统的检测方法、遗传算法和基于内核的检测方法等。

（1）基于免疫系统的检测方法

免疫系统是保护生命机体不受病原体侵害的系统，它对病原体和非自身组织的检测是相当准确的，不但能够记忆曾经感染过的病原体的特征，还能够有效地检测未知的病原体。

免疫系统具有分层保护、分布式检测、各部分相互独立和检测未知病原体的特性，这些都是计算机安全系统所缺乏和迫切需要的。

免疫系统最重要的能力就是识别自我（Self）和非我（Nonself）的能力，这个概念和入侵检测中的异常检测的概念很相似。因此，研究人员从免疫学的角度对入侵检测问题进行了探讨。

（2）遗传算法

另一种较为复杂的检测技术是使用遗传算法对审计事件记录进行分析。遗传算法是进化算法（evolutionary algorithm）的一种，引入了达尔文在进化论里提出的自然选择概念对系统进行优化。遗传算法利用对"染色体"的编码和相应的变异和组合，形成新的个体。算法通常针对需要进行优化的系统变量进行编码，作为构成个体的"染色体"，再利用相应的变异和组合，形成新的个体。

在遗传算法的研究人员看来，入侵的检测过程可以抽象为：为审计记录定义一种向量表示形式，这种向量或者对应于攻击行为，或者表示正常行为。通过对所定义向量进行测试，提出改进的向量表示形式，并不断重复这个过程，直到得到令人满意的结果（攻击或正常）。

（3）基于内核的检测方法

随着开放源代码的操作系统 Linux 的流行，基于内核的检测成为入侵检测领域的新方向。这种方法的核心是从操作系统的层次上看待安全漏洞，采取措施避免甚至杜绝安全隐患。该方法主要通过修改操作系统源码或向内核中加入安全模块来实现，可以保护重要的系统文件和系统进程。OpenWall 和 LIDS 就是基于内核的入侵检测系统。

6.3.4 蜜罐和蜜网

现有的入侵检测系统及其入侵检测技术都存在一些缺陷。为了避免这一问题，科技人员引入了网络诱骗技术，即蜜罐（Honeypot）和蜜网（Honeynet）技术。

1. 蜜罐

Honeypot 是一种网络入侵检测系统，它诱导攻击者访问预先设置的蜜罐而不是工作中的网络，从而提高检测攻击和攻击者行为的能力，降低攻击带来的破坏。

Honeypot 的目的有两个：一是在不被攻击者察觉的情况下监视他们的活动、收集与攻击者有关的所有信息；二是牵制他们，让他们将时间和资源都耗费在攻击Honeypot 上，从而远离实际的工作网络。为了达到这两个目的，Honeypot 的设计方式必须与实际的系统一样，还应包括一系列能够以假乱真的文件、目录及其他信息。这样一旦攻击者入侵 Honeypot 会以为自己控制了一个很重要的系统，刺激他充分施展他的"才能"。而 Honeypot 就像监视器一样监视攻击者的所有行动：记录攻击者的访问企图，捕获击键，确定被访问、修改或删除的文件，指出被攻击者运行的程序等。从捕获的数据中可以学习攻击者的技术分析系统存在的脆弱性和受害程序，以便做出准确快速的响应。

Honeypot 可以是这样一个系统：模拟某些已知的漏洞或服务、模拟各种操作系统、在某个系统上做了设置使它变成"牢笼"环境，或者是一个标准的操作系统，在其上可以打开各种服务。

Honeypot 与 NIDS 相比，具有如下特点：

- 较小的数据量：Honeypot 仅仅收集那些对它进行访问的数据。在同样的条件下，NIDS 可能会记录成千上万的报警信息，而 Honeypot 却只有几百条。这使得 Honeypot 收集信息更容易，分析起来也更为方便。
- 减少误报率：Honeypot 能显著减少误报率。任何对 Honeypot 的访问都是未授权的、非法的，这样 Honeypot 检测攻击就非常有效，从而大大减少了错误的报警信息，甚至可以避免。网络安全人员可以集中精力采取其他的安全措施，例如及时打软件补丁。
- 捕获漏报：Honeypot 可以很容易地鉴别、捕获针对它的新的攻击行为。由于针对 Honeypot 的任何操作都是不正常的，从而使得任何新的以前没有见过的攻击很容易暴露。
- 资源最小化：Honeypot 所需要的资源很少，即使工作在一个大型网络环境中也是如此。一个简单的 Pentium 主机就可以模拟具有多个 IP 地址的 C 类网络。

2. 蜜网

Honeynet 的概念是由 Honeypot 发展起来的。起初人们为了研究黑客的入侵行为，在网络上放置了一些专门的计算机，并在上面运行专用的模拟软件，使得从外界看来这些计算机就是网络上运行某些操作系统的主机。将这些计算机联入网络，并为之设置较低的安全防护等级，使入侵者可以比较容易地进入系统。入侵者进入系统后，一切行为都会被系统软件监控和记录，通过系统软件收集描述入侵者行为的数据，就可以对入侵者的行为进行分析。目前 Honeypot 的软件已经有很多，可以模拟各种各样的操作系统，如 Windows、RadHat、FreeBSD，甚至 Cisco 路由器的 IOS，但是模拟软件不能完全反映真实的网络状况，也不可能模拟实际网络中所出现的各种情况，在其上所收集到的数据有很大的局限性，所以就出现了由真实计算机组成的网络 Honeynet。

（1）Honeynet 与 Honeypot 的异同

Honeynet 与传统意义上的 Honeypot 的不同在于：

1）一个 Honeynet 是一个网络系统，而并非某台单一主机，这一网络系统是隐藏在防火墙后面的，所有进出的数据都受到关注、捕获及控制。这些被捕获的数据可以用于研究、分析入侵者使用的工具、方法及动机。在这个 Honeynet 中，我们可以使用各种不同的操作系统及设备，如 Solaris、Linux、Windows NT、Cisco Switch 等，这样建立的网络环境看上去会更加真实可信，同时还在不同的系统平台上运行不同的服务，比如 Linux 的 DNS Server、Windows NT 的 Web Server 或者一个 Solaris 的 FTP Server，我们可以学习不同的工具以及不同的策略——或许某些入侵者仅仅把目标定于几个特定的系统漏洞上，而我们这种多样化的系统就可能更多地揭示出它们的一些特性。

2）Honeynet 中的所有系统都是标准的机器，上面运行的都是真实完整的操作系统及应用程序——就像在互联网上找到的系统一样。没有刻意地模拟某种环境或者故意地使系统不安全。在 Honeynet 里面找到的存在风险的系统，与互联网上一些公司或组织的真实系统毫无二致。你可以把你的操作系统直接放到 Honeynet 中，并不会对整个网络造成影响。

3）Honeypot 是通过把系统的脆弱性暴露给入侵者或是故意使用一些具有强烈诱惑性的信息（如战略性目标、年度报表等）的假信息来诱骗入侵者，这样虽可以对入侵者进行跟踪，但也会引来更多的潜在入侵者（他们因好奇而来）。而更进一步，应该是在实际的系统中运行入侵检测系统，当检测到入侵行为时，才能进行诱骗，从而更好地保护自己。Honeynet 是在入侵检测的基础上实现入侵诱骗，这与目前 Honeypot 理论差别很大。

（2）Honeynet 原型系统

图 6-4 将防火墙、IDS、二层网关和 Honeynet 有机地结合起来，设计了一个 Honeynet 的原型系统。

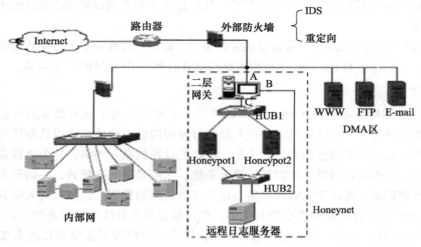

图 6-4　Honeynet 原型系统

在图 6-4 中，外部防火墙与系统原有安全措施兼容，只需对其安全策略进行调整，使之适应加入的 Honeynet 诱骗系统。其上实现 Honeynet 的入侵检测子系统和入侵行为重定向子系统。

图 6-4 中采用了二层网关（也称网桥）。由于网桥没有 IP 协议栈，也就没有 IP 地址、路由通信量及 TTL 缩减等特征，入侵者难以发现网桥的存在，也不会知道自己正处于被分析和监控之中。而且所有出入 Honeynet 的通信量必须通过网关，这意味着在单一的网关设备上就可以实现对全部出入通信量的数据控制和捕获。通过对网桥上 rc.firewall 和 snort. sh 等脚本的配置可以实现 Honeynet 的防火墙与 IDS 的智能连接控制、防火墙日志以及 IDS 日志功能。

网关有 A、B、C 三个网络接口。A 接口用于和外部防火墙相连，接收重定向进来的可疑或真正入侵的网络连接；B 接口用于 Honeynet 内部管理以及远程日志等功能；C 接口用于和 Honeypot 主机相连，进行基于网络的入侵检测，实时记录 Honeynet 系统中的入侵行为。可以根据需要在网桥上运行网络流量仿真软件，通过仿真流量来麻痹入侵者。路由器、外部防火墙和二层网关为 Honeynet 提供了较高的安全保障。

两台 Honeypot 主机各自虚拟两个客户操作系统，四个客户操作系统分别拥有各自的网络接口，根据 DMZ 区的应用服务来模拟部署脆弱性服务，并应用 IP 空间欺骗技术来增加入侵者的搜索空间，运用网络流量仿真、网络动态配置和组织信息欺骗等多种网络攻击诱骗技术来提高 Honeynet 的诱骗质量。通过这种虚实结合的方式来构建一个虚拟 Honeynet 脆弱性模拟子系统，与入侵者进行交互周旋。

为了进行隐蔽的远程日志和 Honeynet 管理工作，可以在 Honeypot 主机的宿主操作系统、网关和远程日志服务器上分别添加一个网卡，互连成一个对入侵者透明的私有网络。远程日志服务器除了承担远程传来的防火墙日志、IDS 日志以及 Honeypot 系统日志三重日志的数据融合工作以外，还充当了 Honeynet 的入侵行为控制中心，对 Honeynet 各个子系统进行协调、控制和管理。远程日志服务器的安全级别最高，关闭了所有不需要的服务。

6.3.5　病毒检测

计算机病毒（computer virus）是一种人为制造的、能够进行自我复制的、具有对计算机资源的破坏作用的一组程序或指令的集合。计算机病毒把自身附着在各种类型的文件上或寄生在存储媒介中，能对计算机系统和网络进行各种破坏，同时有独特的复制能力和传染性，能够自我复制和传染。

计算机病毒种类繁多、特征各异，但一般具有自我复制能力、感染性、潜伏性、触发性和破坏性。目前典型的病毒检测方法包括以下几种。

（1）直接观察法

感染病毒的计算机系统内部会发生某些变化，并在一定的条件下表现出来，因而可以通过直接观察法来判断系统是否感染病毒。

（2）特征代码法

特征代码法是检测已知病毒最简单、开销最小的方法。

特征代码法的实现步骤如下：采集已知病毒样本，依据如下原则抽取特征代码：1）抽取的代码比较特殊，不大可能与普通正常程序代码吻合；2）抽取的代码要有适当长度，一方面维持特征代码的唯一性，另一方面尽量使特征代码长度短些，以减少空间与时间开销。

特征代码法的优点是：检测准确快速、可识别病毒的名称、误报警率低、依据检测结果可做解毒处理。

其缺点是：不能检测未知病毒、搜集已知病毒的特征代码，费用开销大、在网络上效率低（在网络服务器上，因长时间检索会使整个网络性能降低）。

（3）校验和法

计算正常文件的内容的校验和，将该校验和写入文件中或写入别的文件中保存。在文件使用过程中，定期地或每次使用文件前，检查文件现在内容算出的校验和与原来保存的校验和是否一致，可以发现文件是否感染。

病毒感染的确会引起文件内容的变化，但是校验和法对文件内容的变化太敏感，又不能区分正常程序引起的变动，导致频繁报警。遇到软件版本更新、口令变更、运行参数修改时，校验和法都会误报警；该法对隐蔽性病毒无效。隐蔽性病毒进驻内存后，会自动剥去染毒程序中的病毒代码，使校验和法受骗，对一个有毒文件算出正常校验和。

运用校验和法查病毒一般采用三种方式：在检测病毒工具中纳入校验和法、在应用程序中放入校验和法自我检查功能、将校验和检查程序常驻内存实时检查待运行的应用程序。

校验和法的优点是：方法简单，能发现未知病毒，能发现被查文件的细微变化。其缺点是：可能误报警、不能识别病毒名称、不能对付隐蔽型病毒。

（4）行为监测法

利用病毒的特有行为特征来监测病毒的方法，称为行为监测法。通过对病毒多年的观察、研究，发现有一些行为是病毒的共同行为，而且比较特殊。在正常程序中，这些行为比较罕见。当程序运行时，监视其行为，如果发现了病毒行为，立即报警。

行为监测法的优点是可发现未知病毒、可相当准确地预报未知的多数病毒。其缺点是可能误报警、不能识别病毒名称、实现时有一定难度。

（5）软件模拟法

多态性病毒每次感染都变化其病毒密码，这种病毒是无法用特征代码法来解决的。因为多态性病毒代码实施密码化，而且每次所用密钥不同，把染毒的病毒代码相互比较，也无法找出相同的可能作为特征的稳定代码。虽然行为检测法可以检测多态性病毒，但是在检测出病毒后，因为不知病毒的种类，难以做消杀处理。为了检测多态性病毒，可应用新的检测方法——软件模拟法，即用软件方法来模拟和分析程序的运行。

新型检测工具纳入了软件模拟法，该类工具开始运行时，使用特征代码法检测病毒，如果发现隐蔽病毒或多态性病毒嫌疑时，启动软件模拟模块，监视病毒的运行，待病毒自身的密码译码以后，再运用特征代码法来识别病毒的种类。

6.4　攻击防护

对于目前层出不穷的恶意软件攻击，需要采用多种策略提高系统的安全性，本节将结合几个案例介绍攻击防护的相关内容。

6.4.1　防火墙

防火墙（firewall）是一种用来加强网络之间访问控制的特殊网络设备，常常被安装在受保护的内部网络连接到 Internet 的点上，它按照一定的安全策略对传输的数据包和连接方式进行检查，来决定网络之间的通信是否被允许。防火墙能有效控制内部网络与外部网络之间的访问及数据传输，从而达到保护内部网络的信息不受外部非授权用户的访问和对不良信息的过滤。

本节以 Android 系统下基于服务申请拦截的恶意软件检测防护工具为例介绍防火墙。Android 系统的重要系统资源都是以服务的形式提供给应用程序的，基于这一点，可以对服务进行拦截、判定，从而防止恶意软件非法申请资源。

Android 系统下基于服务申请拦截的恶意软件检测防护工具的工作原理如图 6-5 所示。

当 Android 系统启动后，恶意软件检测防护工具的服务管理器跟踪和入侵系统的服务管理进程，修改服务申请响应函数，拦截服务申请供后续判断；应用程序运行时，会申请其所需的各种服务，此时，服务管理器会对该服务申请进行拦截，获得服务申请的各个参数，判定服务的类型；接下来，根据应用程序申请的服务类型，查询行为规则库，判定该服务申请是否安全；若该服务申请危险，则拒绝服务申请，并中止提出申请的应用程序；若该服务申请的安全性为未知，则提示用户，由用户自行拒绝或接受服务申请。通过这样的方法，我们可以在运行时发现和阻止软件的恶意行为，增强系统安全性。

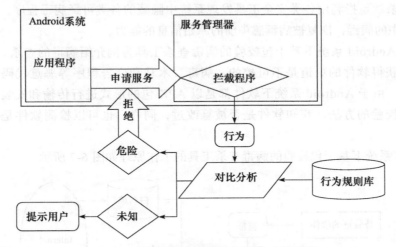

图 6-5　恶意软件检测防护工具的工作原理

　　图 6-6 为 Android 系统下一款基于服务申请拦截的恶意软件检测防护工具的原型，以拦截短信发送、通讯录读取、通话记录读取为例，展示了对应用程序恶意行为的拦截。

图 6-6　恶意软件检测防护工具运行截图

6.4.2　病毒查杀

　　计算机病毒的防治要从防毒、查毒、解毒三方面来进行，系统对于计算机病毒的实际防治能力和效果也要从防毒能力、查毒能力和解毒能力三方面来评判。防毒是指预防病毒侵入的能力；查毒是指发现和追踪病毒的能力；解毒是指从感染对象中清除病毒、恢复被病毒感染前的原始信息的能力，该恢复过程不能破坏未被病毒修改的内容。

病毒查杀就是指利用各类安全工具发现系统中隐藏的各类可疑病毒程序，并且能够清除感染对象中的病毒，恢复被病毒感染前的原始信息的能力。

本节以 Android 系统下基于包校验的病毒查杀工具为例介绍病毒的查杀。Android 系统下，人们获得软件的渠道是不可控的，病毒、木马和广告程序等恶意代码经常被植入正常软件中。由于 Android 系统下软件都是以 APK 包的形式进行传输和安装，因而可以通过软件包校验的方法，获知软件是否被篡改过，同样，也可以检测软件是否为已知的恶意软件。

Android 系统下基于包校验的病毒查杀工具的工作原理如图 6-7 所示。

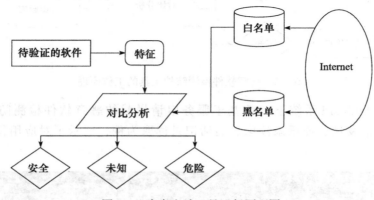

图 6-7　病毒查杀工具运行原理图

病毒查杀工具的高效运行依赖于软件黑白名单的建立，通过搜集大量常用软件的可信版本（例如，软件的官方网站版本，大的软件市场的高下载量无恶评版本），将 APK 文件做 MD5 和 SHA-1 的散列，用软件名、版本、散列值共同形成白名单；与此类似，通过搜集大量恶意软件的样本，用 APK 文件做 MD5 和 SHA-1 的散列，通过软件名、版本、散列值共同形成黑名单。

对待验证的软件，病毒查杀工具获得其 APK 文件的软件名、版本、hash 值，与白、黑名单中的内容进行对比分析，若白名单中有相应软件名、版本，且校验值完全匹配，说明用户要安装的软件是安全的；若白名单中有相应软件名、版本，但校验值不匹配，说明用户要安装的软件受过篡改，是危险的；如果白名单中没有相应软件名、版本，则查询黑名单，若黑名单中有相应软件名、版本，且校验值完全匹配，说明用户要安装的软件是已知的恶意软件，是危险的（仅校验值完全匹配也可以说明是恶意软件）；若黑名单中也没有相应软件名、版本、校验值，说明白、黑名单未收录该软件，安全性未知。通过这样的方法，我们可以快速有效地识别软件的安全性，直接查杀部分恶意软件，归类未知软件，为其他安全策略提供参考。

图 6-8 为我们开发的基于包校验的病毒查杀工具的原型，以系统已安装软件检测为例，从快速检测和深度检测两方面展示了对恶意软件的查杀结果。

主界面　　　　　　快速扫描检测结果　　　　　深度扫描检测结果

图 6-8　病毒查杀工具运行截图

6.4.3　沙箱工具

沙箱（sandbox）工具是为一些来源不可信、具有破坏力或无法判定意图的程序提供的实验环境，它是在受限的安全环境中运行应用程序的一种做法，这种做法是要限制授予应用程序的代码访问权限。

沙箱技术是安全厂商和计算机安全研究人员常用的一种恶意软件和病毒的检测技术，本节以 Android 系统下的一个沙箱工具为例具体介绍沙箱技术。此沙箱工具结合服务申请监控和软件自动化测试方法，可以自动地检测软件运行时有无恶意行为，从而判定软件的安全性，为黑白名单的扩充提供基础。

Android 系统下的软件安全判定沙箱工具的工作原理如图 6-9 所示。

软件安全判定沙箱工具由行为规则库、测试管理分析环境以及 Android 测试环境三部分组成。首先，准备封闭可监控的 Android 测试环境，用于待测试软件的运行；接下来，待测试软件会被推送安装到 Android 测试环境中；在 Android 测试环境中，通过采用各种手段（模拟用户操作，有随机操作、页面爬行等方法；模拟关键事件，激发软件恶意行为）自动测试应用程序，使其表现出运行时行为，并对其进行监控和记录；当运行测试完成后，处理行为记录，采用行为规则或数据挖掘等方法分析应用的行为，判定应用的安全性。其中，行为规则的方法需要事先总结归纳恶意行为的一般特征，数据挖掘的方法则需要依赖大量的样本数据；最后，积累分析结果，结合其他分析成果扩充行为规则库，扩充样本集，从而持续提高行为分析的准确率。通过这样的方法，我们可以自动地大量地测试应用软件，判定其安全性，获取行为规则，用来扩充行为规则库和病毒库。

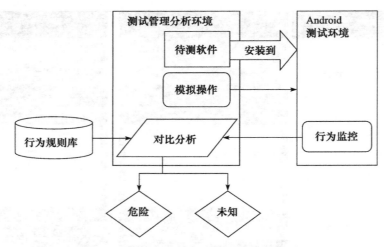

图 6-9　软件安全判定沙箱工具的工作原理

图 6-10 为我们开发的 Android 系统下的软件安全判定沙箱工具的原型，展示了对批量应用程序安全性判定的结果。

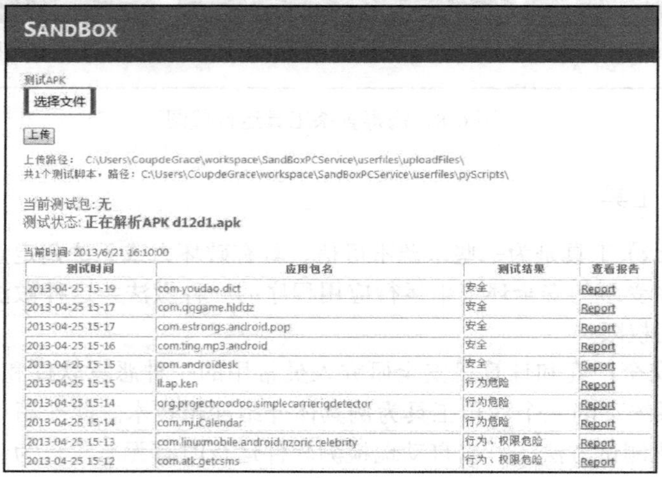

图 6-10　软件安全判定沙箱工具运行截图

6.5　网络安全通信协议

网络协议的弱安全性已经成为当前互联网不可信任的主要原因之一。不安全协议导致源接入地址不真实、源数据难以标识和验证。本节介绍几种主要网络安全协议，包括 IPSec、SSL 和 VPN 等。

6.5.1　IPSec

IP 包本身没有任何安全特性，攻击者很容易伪造 IP 包的地址、修改包内容、重播以前的包以及在传输途中拦截并查看包的内容。因此，我们收到的 IP 数据包地址可能不是来自真实的发送方；包含的原始数据可能遭到更改；原始数据在传输途中可能被其他人看过。

　　IPSec（Internet Protocol Security）是 IETF（因特网工程任务组）于 1998 年 11 月公布的 IP 安全标准，其目标是为 IPv4 和 IPv6 提供透明的安全服务。IPSec 在 IP 层上提供数据源地验证、无连接数据完整性、数据机密性、抗重播和有限业务流机密性等安全服务，可以保障主机之间、网络安全网关（如路由器或防火墙）之间或主机与安全网关之间的数据包的安全。

　　使用 IPSec 可以防范以下几种网络攻击。

　　1）Sniffer：IPSec 对数据进行加密对抗 Sniffer，保持数据的机密性。

　　2）数据篡改：IPSec 用密钥为每个 IP 包生成一个消息验证码（Message Authentication Code，MAC），密钥由数据的发送方和接收方共享。对数据包的任何篡改，接收方都能够检测，保证了数据的完整性。

　　3）身份欺骗：IPSec 的身份交换和认证机制不会暴露任何信息，依赖数据完整性服务实现了数据起源认证。

　　4）重放攻击：IPsec 防止了数据包被捕获并重新投放到网上，即目的地会检测并拒绝老的或重复的数据包。

　　5）拒绝服务攻击：IPSec 依据 IP 地址范围、协议，甚至特定的协议端口号来决定哪些数据流需要受到保护，哪些数据流可以允许通过，哪些需要拦截。

　　1. IPSec 基本概念

　　IPsec 是通过对 IP 协议的分组进行加密和认证来保护 IP 协议的网络传输协议族，用于保证数据的机密性、来源可靠性、无连接的完整性并提供抗重播服务。IPsec 由两部分组成：

　　1）建立安全分组流的密钥交换（Internet Key Exchange，IKE）协议：为 IPSec 提供了自动协商交换密钥、建立安全联盟的服务，能够简化 IPSec 的使用和管理，大大简化了 IPSec 的配置和维护工作。

　　2）加密分组流的封装安全有效载荷（Encapsulating Security Payload，ESP）协议和验证头（Authentication Header，AH）协议：ESP 协议主要用来处理对 IP 数据包的加密，此外对认证也提供某种程度的支持。AH 协议只涉及认证，不涉及加密。AH 协议虽然在功能上和 ESP 有些重复，但 AH 协议除了可以对 IP 的有效负载进行认证外，还可以对 IP 头部实施认证。

　　IPSec 首先协商建立安全关联（Security Association，SA），IPSec 通过查询安全策略数据库决定对接收到的 IP 数据包的处理方式。IPSec 的基本功能包括在 IP 层提供安全服务、选择需要的安全协议、决定服务使用的算法和保存加密使用的密钥等。

　　2. IPSec 的体系结构

　　IPSec 是一种开放标准的框架结构，通过使用加密的安全服务确保在 Internet 协议（IP）网络上进行保密且安全的通信。IPSec 对于 IPv4 是可选使用的，对于 IPv6 是强制使用的。IPsec 协议工作在 OSI 模型的第三层，使其在单独使用时适于保护基于 TCP 或 UDP 的协议（如，安全套接子层（SSL）就不能保护 UDP 层的通信流）。这就意味着，与传输层或更高层的协议相比，IPsec 协议必须处理可靠性和分片的问题，这同时也增加了它的复杂性和处理开销。

　　IPSec 的体系结构如图 6-11 所示，各部分功能论述如下：

- 体系结构：包含了一般的概念、安全需求、定义和定义 IPSec 的技术机制；
- 封装安全有效载荷：包含用于包加密（可选身份验证）和使用 ESP 相关的包格式以及常规问题；

- 验证头：包含使用 AH 进行包身份验证相关的包格式和一般问题；
- 加密算法：描述各种加密算法如何用于 ESP 中；
- 验证算法：描述各种身份验证算法如何用于 AH 和 ESP 身份验证选项；
- 密钥管理：密钥管理的一组方案，其中 IKE 是默认的密钥自动交换协议，IKE 适合为任何一种协议协商密钥，并不仅限于 IPSec 的密钥协商，协商的结果通过解释域（IPSec DOI）转化为 IPSec 所需的参数；
- 解释域：彼此相关各部分的标识符及运作参数；
- 策略：决定两个实体之间能否通信，以及如何进行通信。策略的核心由三部分组成：安全关联 SA、安全关联数据库 SAD、安全策略数据库 SPD。SA 表示了策略实施的具体细节，包括源 / 目的地址、应用协议、SPI（安全策略索引）、所用算法 / 密钥 / 长度；SAD 为进入和外出包处理维持一个活动的 SA 列表；SPD 决定了整个系统的安全需求。策略部分是唯一尚未成为标准的组件。

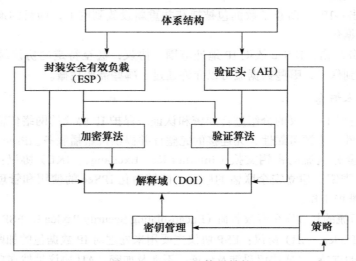

图 6-11　IPSec 的体系结构

3. IPSec 的工作模式

IPSec 协议可以工作在传输模式和隧道模式。

1）传输模式：传送模式用来保护上层协议，用于两个主机之间端对端的通信。图 6-12 给出了 IPSec 在 IPv4 和 IPv6 中的传输模式的数据格式。在 IPv4 中，传输模式的 IPSec 头插入 IP 报头之后、高层传输协议（如 TCP、UDP）之前；在 IPv6 中，该模式的 IPSec 头出现在 IP 头及 IP 扩展头之后、高层传输协议之前。

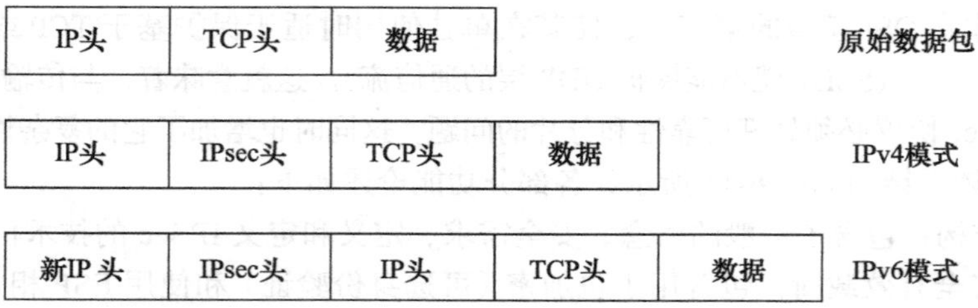

| IP头 | TCP头 | 数据 | | 原始数据包 |

| IP头 | IPsec头 | TCP头 | 数据 | | IPv4模式 |

| 新IP头 | IPsec头 | IP头 | TCP头 | 数据 | IPv6模式 |

图 6-12　传输模式与通道模式保护的数据包

2）隧道模式：也称通道模式，用来保护整个 IP 数据报，通常在 SA 的一端或两端都是安全网关时使用。要保护的整个 IP 包都需封装到另一个 IP 数据包里，同时在外部与内部 IP 头之间插入一个 IPSec 头。外部 IP 头指明进行 IPSec 处理的目的地址，内部 IP 头指明最终的目的地址。在隧道模式下，IPSec 报文要进行分段和重组操作，并且可能要再经过多个安全网关才能到达安全网关后面的目的主机。

两种 IPSec 协议均能同时以传输模式和通道模式工作。表 6-1 给出了两种协议模式的功能比较。

表 6-1　传输模式和隧道模式的功能比较

	传 输 模 式	隧 道 模 式
AH	验证 IP 有效载荷和 IP 报头及 IPv6 扩展报头的选择部分	验证各个内部的 IP 包（内部报头加上 IP 有效载荷），加上外部 IP 报头和外部 IPv6 扩展报头的选择部分
ESP	加密 IP 有效载荷和跟在 ESP 报头后面的任何 IPv6 扩展	加密内部 IP 包
具有身份验证的 ESP	加密 IP 有效载荷和跟在 ESP 报头后面的任何 IPv6 扩展；验证 IP 有效载荷，但没有 IP 报头	加密内部 IP 包和验证内部 IP 包

4. 安全关联

为正确封装及提取 IPSec 数据包，有必要采取一套专门的方案，将安全服务 / 密钥与要保护的通信数据联系到一起；同时要将远程通信实体与要交换密钥的 IPSec 数据传输联系到一起。换言之，要解决如何保护通信数据、保护什么样的通信数据以及由谁来实行保护的问题。这样的构建方案称为安全关联（Security Association，SA）。

SA 是两个应用 IPSec 实体（主机、路由器）间的一个单向逻辑连接，决定保护什么、如何保护以及谁来保护通信数据。它规定了用来保护数据包安全的 IPSec 协议、转换方式、密钥以及密钥的有效存在时间等。SA 是单向的，要么对数据包进行"进入"保护，要么进行"外出"保护。具体采用什么方式，要由三方面的因素决定：第一个是安全参数索引（SPI）；第二个是 IPSec 协议值；第三个是要向其应用 SA 的目标地址。通常，SA 是以成对的形式存在的，每个朝向一个方向。既可人工创建它，又可采用动态方式创建。SA 驻留在安全关联数据库（SAD）内。

SA 的管理就是创建和删除，可以使用手工方式或动态方式。

手工方式下，安全参数由管理员按安全策略手工指定、手工维护。但是，手工维护容易出错，而且手工建立的 SA 没有存活时间的说法，除非再用人工方式将其删除，否则便会一直存在下去。

若用动态方式创建，则 SA 有一个存活时间与其关联在一起。这个存活时间通常是由密钥管理协议在 IPSec 通信双方之间加以协商而确立下来的，存活时间非常重要。若超时使用一个密钥，会为攻击者侵入系统提供更多的机会。SA 的自动建立和动态维护是通过 IKE 进行的。如果安全策略要求建立安全、保密的连接，但却不存在相应的 SA，IPSec 的内核则启动或触发 IKE 协商。

5. 抗重播服务

IPSec 协议提供了抗重播服务。为了抵抗重播攻击，IPSec 数据包使用了一个序列号，以及一个滑动的接收窗口。在每个 IPSec 头内，都包含了一个独一无二，且单调递增的序列号。创建好一个 SA 后，序列号初始化为零，并在进行 IPSec 输出处理前自动递增。新的 SA 必须在序列号为零之前创建。

接收窗口的大小可为大于 32 的任何值，但推荐为 64。从性能考虑，窗口大小最好是最终实施 IPSec 的那台计算机的字长度的整数倍。

窗口"右"边界代表该 SA 接收的最高的有效序列号值。接收到的数据包必须是新的，且必须落在窗口内部，或靠在窗口右侧，否则，便将其丢弃。只要它在窗口内是从未出现过的，我们便认为它是新的。假如收到的一个数据包靠在窗口右侧，那么只要它未能通过真实性检查，就将其丢弃。如果通过了真实性检查，窗口便会向右移动，将那个包包括进来。

6. ESP 协议

ESP 协议主要用来处理对 IP 数据包的加密，此外对认证也提供某种程度的支持。ESP 是与具体的加密算法相独立的，几乎可以支持各种对称密钥加密算法。图 6-13 给出了 ESP 报头的结构示意图。

ESP 协议头部包括：

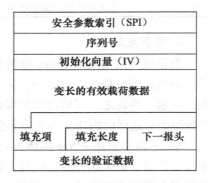

图 6-13 ESP 报头的结构示意图

- 安全参数索引 SPI（32 位）：与 IP 地址一同用来标识安全参数 SA，SPI 本身是任意数，一般是在 IKE 交换过程中由目标主机选定的。
- 序列号（32 位）：单向递增的一个号码。发送方的计数器和接收方的计数器在 SA 建立时初始化为 0，如果激活抗重播服务（默认），传送的序列号不允许循环，发送方计数器和接收方计数器必须重新置位，建立新 SA 和获取新密钥；序列号使 ESP 具有了抵抗重播攻击的能力。
- 载荷数据（可变）：实际要传输的数据。
- 初始化向量 IV：用于数据加密算法的初始化向量，通常不加密，被看做密文的一部分。
- 填充项（0 ~ 255 字节）：某些块加密算法用此将数据填充至块的长度。
- 填充长度（8 位）：指出填充字节的数目。
- 下一报头（8 位）：标识受保护数据的第一个头。例如，IPv6 中的扩展头或者上层协议标识符。
- 验证数据（可变）：支持完整性检查值，长度可变，包含一个完整性校验值（ICV），ESP 分组中该值的计算不包含验证数据本身。该字段是可选的，只有 SA 选择验证服务时，才包含该字段。

ESP 支持传输模式和隧道模式。图 6-14 给出了 IPv4 和 IPv6 中两种协议模式下加入 ESP 协议的位置和情况。

在传输模式中，IPv4 协议发送者封装上层协议信息而保留 IP 报头；ESP 报头插入 IP 头之后 TCP 包之前，ESP 报尾和 ESP 验证信息插入 IP 包的后部。

在隧道模式下，外部报头和内部报头采用不同的处理方式。对于外出包，先进行加密处理；而对于进入包，验证是首先进行的。加密的算法有 DES-CBC、T-DES、RC5、IDEA

和 CAST；验证的算法有 HMAC-MD5-96 和 HMAC-SHA-96。

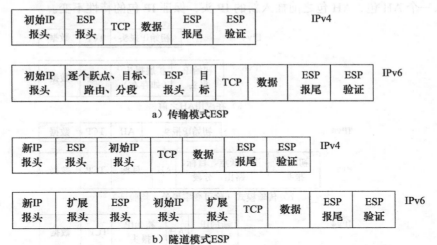

图 6-14   ESP 的两种工作模式

在 IPv4 协议的隧道模式中，不破坏原有 IP 包，在原 IP 包前插入一个 ESP 报头，ESP 报头之前插入新的 IP 头，保证 IP 包的特性不变。ESP 报尾和 ESP 验证信息插入 IP 包的后部。

7. AH 协议

AH 协议用于为 IP 数据包提供数据完整性、数据包源地址验证和一些有限的抗重播服务。与 ESP 协议相比，AH 不提供对通信数据的加密服务，但能比 ESP 提供更广的数据验证服务。

AH 的报头格式如图 6-15 所示，包括：

下一个头	载荷长度	保留
安全参数索引		
序列号		
验证数据		

图 6-15   AH 的报头格式

- 下一个头（8 位）：标识跟在认证头后的下一个头。在传输模式下，将是处于保护中的上层协议的值，比如 UDP 或 TCP 协议的值。
- 载荷长度（8 位）：认证头包的大小。AH 头是一个 IPv6 扩展头，它的长度是从 64 位字表示的头长度中减去一个 64 位字而来的。但 AH 采用 32 位字来计算，因此，我们减去两个 32 位字（或一个 64 位字）。没有使用预留字段时，必须将它设成 0。
- 保留（16 位）：为了将来使用。
- 安全参数索引 SPI（32 位）：和外部 IP 头的目的地址一起，用于识别对这个包进行身份验证的安全关联。
- 序列号（32 位）：一个单向递增的计算器，等同于 ESP 中使用的序列号。序列号提供抗重播功能。
- 验证数据（可变）：包括完整性检查值（ICV）或者 MAC。AH 没有定义身份验证器，但有两个强制实施身份验证器：HMAC-SHA-96 和 HMAC-MD5-96。和 ESP 一样，这些都是键控式的 MAC 功能，输出结果被切短成 96 位。同时，也没有针对 AH 的使用定义公共密钥身份验证算法（比如 RSA 和 DDS）。

AH 可以工作在传输模式和隧道模式。图 6-16 给出了 IPv4 和 IPv6 两种模式下加入 AH 协议的位置和情况。在 IPv4 协议传输模式中，发送者封装上层协议信息而保留 IP 报头，AH 插入 IP 头之后 TCP 包之前。在 IPv4 协议隧道模式中，不破坏原有 IP 包，在原 IP 包前插入一个 AH 包，AH 包之前插入新的 IP 头，保证 IP 包的特性不变。

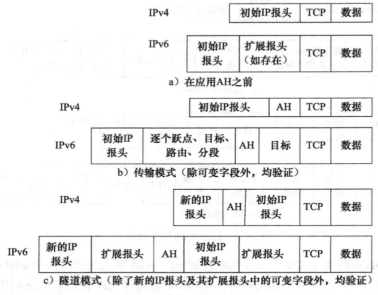

图 6-16　IP 包在两种模式下增加 AH 的位置和效果图

8. IKE 协议

ESP、AH 用来对 IP 报文进行封装、加 / 解密、验证以达到保护 IP 报文的目的，而 IKE 则是通信双方用来进行身份认证、协商封装形式、加 / 解密算法及其密钥、密钥的生命期、验证算法的。IKE 协议是 IPSec 目前唯一正式确定的密钥交换协议。

IKE 是一种混合型协议，由 ISAKMP、Oakley 和 SKEME 组成。

- ISAKMP 为认证和密钥交换提供了一个框架，并没有定义认证和密钥交换。它用来实现多种密钥交换。
- Oakley 描述了多种密钥交换（称为模式）以及每种模式提供的服务（例如，完美向前保护、身份保护和验证）。
- SKEME 描述了一个通用的密钥交换技术，它能提供匿名性，抗抵赖性和快速密钥更新。

IKE 协议用于交换和管理密钥，但是 IETF 安全专家担心 IKEv1 过于复杂，以至于难以证明它是安全的。因此推荐新的协议来代替 IKEv1，并将其称为下一代 IKE（Son of IKE）。现在专家正在研究的有 IKEv2 和 JFK。

9. IPSec 操作案例

1）选择"开始"→"控制面板"→"系统安全"→"Windows 防火墙"，打开 Windows 防火墙，如图 6-17 所示。

2）在打开的 Windows 防火墙主界面的左侧选择"高级设置"，打开高级安全 Windows 防火墙，双击界面左侧的"本地计算机上的高级安全 Windows 防火墙"，再单击界面右侧的"Windows 防火墙属性"，打开"本地计算机上的高级安全 Windows 防火墙属性"，选择"IPSec 设置"选项卡。

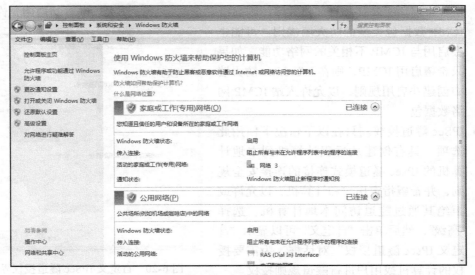

图 6-17　Windows 防火墙界面

- IPSec 默认值。可以配置 IPSec 用来帮助保护网络流量的密钥交换、数据保护和身份验证方法。单击"自定义"可以显示"自定义 IPsec 设置"对话框。当具有活动安全规格时，IPSec 将使用该项设置规则建立安全连接，如果没有对密钥交换（主模式）、数据保护（快速模式）和身份验证方法进行指定，则建立连接时将会使用组策略对象（GPO）中优先级较高的任意设置，顺序如下：最高优先级组策略对象（GPO）——本地定义的策略设置——IPSec 设置的默认值（比如身份验证算法默认是 Kerberos V5 等，更多默认值可以直接点击图 6-19 中的"什么是默认值？"帮助文件）。

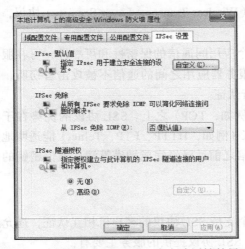

图 6-18　高级安全 Windows 防火墙属性的界面

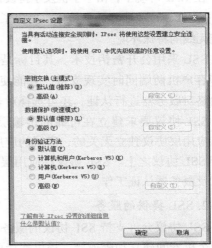

图 6-19　自定义 IPSec 设置界面

- IPSec 免除。此选项设置确定包含 Internet 控制消息协议（ICMP）消息的流量包是否受到 IPsec 保护。ICMP 通常由网络疑难解答工具和过程使用。注意，此设置仅从高级安全 Windows 防火墙的 IPsec 部分免除 ICMP，若要确保允许 ICMP 数据包通过 Windows 防火墙，还必须创建并启用入站规则，另外，如果在"网络和共享中心"中启用了文件和打印机共享，则高级安全 Windows 防火墙会自动启用允许常用 ICMP 数据包类型的防火墙规则。可能也会启用与 ICMP 不相关的网络功能，如果只希望启用 ICMP，则在 Windows 防火墙中创建并启用规则，以允许入站 ICMP 网络数据包。

- IPSec 隧道授权。只在以下情况下使用此选项：具有创建从远程计算机到本地计算机的 IPsec 隧道模式连接的连接安全规则，并希望指定用户和计算机，以允许或拒绝其通过隧道访问本地计算机。选择"高级"，然后单击"自定义"可以显示"自定义 IPsec 隧道授权"对话框，为需要授权的计算机或用户进行隧道规则授权。

图 6-20　自定义 IPSec 隧道授权界面

6.5.2　SSL

1. SSL 的发展历程

SSL 安全通信协议是 Netscape 公司推出 Web 浏览器时提出的。SSL 协议目前已成为 Internet 上保密通信的工业标准。现行 Web 浏览器普遍将 HTTP 和 SSL 相结合，来实现安全通信。IETF（www.ietf.org）将 SSL 作了标准化，即 RFC2246，并将其称为 TLS(Transport Layer Security)，从技术上讲，TLS1.0 与 SSL3.0 的差别非常微小。

在 WAP 环境下，由于手机及手持设备的处理和存储能力有限，WAP 论坛（www.wapforum. org）在 TLS 的基础上做了简化，提出了 WTLS（Wireless Transport Layer Security）协议，以适应无线的特殊环境。

SSL 采用公开密钥技术。其目标是保证两个应用间通信的保密性和可靠性，可在服务器和客户机两端同时实现支持。它能使客户 / 服务器应用之间的通信不被攻击者窃听，并且始终对服务器进行认证，还可选择对客户进行认证。

SSL 协议要求建立在可靠的传输层协议（例如，TCP）之上。SSL 协议的优势在于它是与应用层协议独立无关的，高层的应用层协议（例如，HTTP、FTP、Telnet）能透明地建立于 SSL 协议之上。SSL 协议在应用层协议通信之前就已经完成加密算法、通信密钥的协商以及服务器认证工作。

2. SSL 提供的服务

SSL 协议允许支持 SSL 协议的服务器与一个支持 SSL 协议的客户机相互认证，还允许这两个机器间建立加密连接，提供连接可靠性。SSL 协议提供的服务主要有：

1）认证用户和服务器，确保数据发送到正确的客户机和服务器；

2）加密数据以防止数据中途被窃取；

3）维护数据的完整性，确保数据在传输过程中不被改变。

SSL 服务器认证允许用户确认服务器身份。支持 SSL 协议的客户机软件能使用公钥密码标准技术（如用 RSA 和 DSS 等）检查服务器证书、公用 ID 是否有效和是否由在客户信任的认证机构 CA 列表内的认证机构发放。

SSL 客户机认证允许服务器确认用户身份。使用应用于服务器认证同样的技术，支持 SSL 协议的服务器软件能检查客户证书、公用 ID 是否有效和是否由在服务器信任的认证机构列表内的认证机构发放。

一个加密的 SSL 连接要求所有在客户机与服务器之间发送的信息由发送方软件加密和由接收方软件解密，对称加密法用于数据加密（如用 DES 和 RC4 等），从而连接是保密的。所有通过加密 SSL 连接发送的数据都被一种检测篡改的机制所保护，使用消息认证码（MAC）的消息完整性检查、安全散列函数（如 SHA 和 MD5 等）用于消息认证码计算，这种机制自动地决定传输中的数据是否已经被更改，从而连接是可靠的。

3. SSL 提供的工作流程

SSL 主要工作流程包括：网络连接建立；与该连接相关的加密方式和压缩方式选择；双方的身份识别；本次传输密钥的确定；加密的数据传输；网络连接的关闭。

具体工作流程包括两个阶段：

第一阶段：服务器认证阶段，主要过程如下：

● 客户端向服务器发送一个开始信息"Hello"，以便开始一个新的会话连接；
● 服务器根据客户的信息确定是否需要生成新的主密钥，如需要，则服务器在响应客户的"Hello"信息时将包含生成主密钥所需的信息；
● 客户根据收到的服务器响应信息，产生一个主密钥，并用服务器的公开密钥加密后传给服务器；
● 服务器恢复该主密钥，并返回给客户一个用主密钥认证的信息，以此让客户认证服务器。

第二阶段：用户认证阶段。

在此之前，服务器已经通过了客户认证，这一阶段主要完成对客户的认证。经认证的服务器发送一个提问给客户，客户则返回（数字）签名后的提问和其公开密钥，从而向服务器提供认证。

从 SSL 协议所提供的服务及其工作流程可以看出，SSL 协议运行的基础是商家对消费者信息保密的承诺，这就有利于商家而不利于消费者。在电子商务初级阶段，由于运作电子商务的企业大多是信誉较高的大公司，因此这些问题还没有充分暴露出来。但随着电子商务的发展，各中小型公司也参与进来，这样在电子支付过程中的单一认证问题就越来越突出。虽然在 SSL3.0 中通过数字签名和数字证书可实现浏览器和 Web 服务器双方的身份验证，但是 SSL 协议仍存在一些问题，比如，只能提供交易中客户与服务器间的双方认证，在涉及多方的电子交易中，SSL 协议并不能协调各方间的安全传输和信任关系。在这种情况下，Visa 和 MasterCard 两大信用卡公司组织制定了 SET 协议，为网上信用卡支付提供了全球性的标准。

4. SSL 协议集

SSL 协议建立在传输层和应用层之间，包括两个子协议：SSL 记录协议和 SSL 握手协议，其中记录协议在握手协议下端。SSL 记录协议定义了要传输数据的格式，它位于一些可靠的传输协议之上（如 TCP），用于各种更高层协议的封装。SSL 握手协议就是这样一个被封装的协议。SSL 握手协议允许服务器与客户机在应用程序传输和接收数据之前互相认证、协商加密算法和密钥。图 6-21 给出了 SSL 协议集。

SSL握手协议	SSL改变密码格式协议	SSL警告协议	HTTP，FTP，…
SSL记录协议			
TCP			
IP			

图 6-21　SSL 记录协议和 SSL 握手协议

（1）SSL 记录协议

SSL 记录协议为 SSL 连接提供两种服务：机密性和报文完整性服务。

在 SSL 协议中，所有的传输数据都被封装在记录中。记录是由记录头和长度不为 0 的记录数据组成的。所有的 SSL 通信都使用 SSL 记录层，记录协议封装上层的握手协议、警告协议、改变密码格式协议和应用数据协议。SSL 记录协议包括了记录头和记录数据格式的规定。

SSL 记录协议定义了要传输数据的格式，它位于一些可靠的传输协议之上（如 TCP），用于各种更高层协议的封装，记录协议主要完成分组和组合，压缩和解压缩，以及消息认证和加密等功能。

图 6-22 给出了 SSL 记录协议的结构，SSL 记录协议字段包括：

- 内容类型（8 位）：封装的高层协议。
- 主要版本（8 位）：使用的 SSL 主要版本。对于 SSLv3.0，值为 3。
- 次要版本（8 位）：使用的 SSL 次要版本。对于 SSLv3.0，值为 0。
- 压缩长度（16 位）：明文数据（如果选用压缩，则是压缩数据）以字节为单位的长度。

内容类型	主要版本	次要版本	压缩长度
明文（压缩可选）			
MAC（0，16 或20位）			

图 6-22　SSL 记录协议字段

已经定义的内容类型是握手协议、警告协议、改变密码格式协议和应用数据协议。其中，改变密码格式协议是最简单的协议，这个协议由值为 1 的单字节报文组成，用于改变连接使用的密文族。警告协议用来将 SSL 有关的警告传送给对方。警告协议的每个报文由 2 字节组成，第一字节指明级别（1 警告或 2 致命），第二字节指明特定警告的代码。

（2）SSL 握手协议

SSL 握手协议被封装在记录协议中，该协议允许服务器与客户机在应用程序传输和接收数据之前互相认证、协商加密算法和密钥。在初次建立 SSL 连接时服务器与客户机交换一系列消息。

这些消息交换能够实现如下操作：

- 客户机认证服务器；
- 允许客户机与服务器选择双方都支持的密码算法；
- 可选择的服务器认证客户；
- 使用公钥加密技术生成共享密钥；

- 建立加密 SSL 连接。

SSL 握手协议报文头包括三个字段：

- 消息类型（1 字节）：该字段指明使用的 SSL 握手协议报文类型。SSL 握手协议报文包括 10 种类型，见表 6-2。
- 长度（3 字节）：以字节为单位的报文长度。
- 内容（≥ 1 字节）：使用的报文的有关参数。

SSL 中最复杂的协议就是握手协议。该协议允许服务器和客户机相互验证，协商加密和 MAC 算法以及保密密钥，用来保护在 SSL 记录中发送的数据。握手协议是在任何应用程序的数据传输之前使用的。

表 6-2　SSL 握手协议的消息类型

消　息　类　型	参　　　　数
hello_request	Null
client_hello	版本，随机数，会话 ID，密码组，压缩模式
server_hello	版本，随机数，会话 ID，密码组，压缩模式
certificate	X.509v3 的证书系列
server_key_exchange	参数，签名
certificate_request	类型，授权
server_done	Null
certificate_key_exchange	签名
client_key_exchange	参数，签名
finished	散列值

（3）SSL 握手过程

SSL 握手协议的过程如图 6-23 所示。具体解释如下：

1）建立安全能力。客户机向服务器发送 client_hello 报文，服务器向客户机回应 server_hello 报文，建立如下的安全属性：协议版本、会话 ID、密码组、压缩模式，同时生成并交换用于防止重放攻击的随机数。

2）认证服务器和密钥交换。在 hello 报文之后，如果服务器需要被认证，服务器将发送其证书。如果需要，服务器还要发送 server_key_exchange。然后，服务器可以向客户发送 certificate_request 请求证书。服务器总是发送 server_hello_done 报文，指示服务器的 hello 阶段结束。

3）认证客户和密钥交换。客户一旦收到服务器的 server_hello_done 报文，客户将检查服务器证书的合法性（如果服务器要求），如果服务器向客户请求了证书，客户必须发送客户证书，然后发送 client_key_exchange 报文，报文的内容依赖于 client_hello 与 server_hello 定义的密钥交换的类型。最后，客户可能发送 client_verify 报文来校验客户发送的证书，这个报文只能在具有签名作用的客户证书之后发送。

4）结束。客户发送 change_cipher_spec 报文并将挂起的 CipherSpec 复制到当前的 CipherSpec。这个报文使用的是改变密码格式协议。然后，客户在新的算法、对称密钥和 MAC 秘密之下立即发送 finished 报文。finished 报文验证密钥交换和鉴别过程是成功的。服务器对这两个报文响应，发送自己的 change_cipher_spec 报文、finished 报文。握手结束，客户与服务器可以发送应用层数据了。

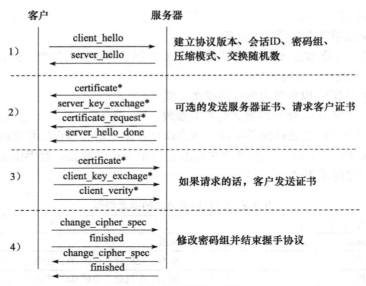

图 6-23　SSL 握手协议的过程

注：带 * 的传输是可选的，或者与站点相关的，并不总是发送的报文。

5. TLS 协议

SSL 的继任者 TLS 用于在两个通信应用程序之间提供保密性和数据完整性。该协议由两层组成：TLS 记录（TLS Record）协议和 TLS 握手（TLS Handshake）协议。较低的层为 TLS 记录协议，位于某个可靠的传输协议（例如 TCP）之上。

（1）TLS 记录协议

TLS 记录协议是一种分层协议。每一层中的信息可能包含长度、描述和内容等字段。记录协议支持信息传输、将数据分段到可处理块、压缩数据、应用消息鉴别码 MAC、加密以及传输结果等。对接收到的数据进行解密、校验、解压缩、重组等，然后将它们传送到高层客户机。TLS 连接状态指的是 TLS 记录协议的操作环境。它规定了压缩算法、加密算法和 MAC 算法。

TLS 记录层从高层接收任意大小无空块的连续数据，通过算法从握手协议提供的安全参数中产生密钥、IV 和 MAC 密钥。TLS 握手协议由三个子协议组构成，即改变密码规格协议、警告协议和握手协议，允许对等双方在记录层的安全参数上达成一致、自我认证、协商安全参数、互相报告出错条件。

TLS 包含三个基本阶段：1）对等协商支援的密钥算法；2）基于私钥加密交换公钥、基于 PKI 证书的身份认证；3）基于公钥加密的数据传输保密。

TLS 记录协议提供的连接安全性具有两个基本特性：

1）私有：对称加密用以数据加密（DES、RC4 等）。对称加密所产生的密钥对每个连接都是唯一的，且此密钥基于另一个协议（如握手协议）协商。记录协议也可以不加密使用。

2）可靠：信息传输包括使用密钥的 MAC 进行信息完整性检查。安全散列功能（SHA、MD5 等）用于 MAC 计算。记录协议在没有 MAC 的情况下也能操作，但一般只能用于这种模式，即有另一个协议正在使用记录协议传输协商安全参数。

TLS 记录协议用于封装各种高层协议。作为这种封装协议之一的握手协议允许服务器与客户机在应用程序协议传输和接收其第一个数据字节前彼此之间相互认证，协商加密算法和加密密钥。

TLS 记录协议是一个可相对独立工作的协议，记录协议完成的工作包括信息的传输、数据的分段、可选择的数据压缩、提供信息鉴别码 MAC 和对信息进行加密等。

（2）TLS 握手协议

TLS 握手协议提供的连接安全具有 3 个基本属性：

1）可以使用非对称的或公共密钥的密码术来认证对等方的身份。该认证是可选的，但至少需要一个节点方。

2）共享加密密钥的协商是安全的。对偷窃者来说协商加密是难以获得的。此外经过认证过的连接不能获得加密，即使是进入连接中间的攻击者也不能。

3）协商是可靠的。没有经过通信方成员的检测，任何攻击者都不能修改通信协商。

TLS 握手协议提供的安全连接主要有以下 3 个特点：

1）使用对称密钥加密算法或公开密钥加密算法来鉴别对等实体的身份，鉴别的方式是可选的，但是必须至少有一方要鉴别另一方的身份。

2）协商共享安全信息的方法是安全的，协商的秘密不能够被窃听，而且即使攻击者能够接触连接的路径，也不能获得任何有关连接鉴别的秘密。

3）协商是可靠的，没有攻击者能够在不被双方察觉的情况下修改通信信息。

TLS 的最大优势就在于：TLS 独立于应用协议。高层协议可以透明地分布在 TLS 协议上面。然而，TLS 标准并没有规定应用程序如何在 TLS 上增加安全性；它把如何启动 TLS 握手协议以及如何解释交换的认证证书的决定权留给协议的设计者和实施者来判断。

6.5.3 SSH

1. SSH 协议结构

SSH 协议是一个分层协议，如图 6-24 所示。它由三层组成，即传输层协议（Transport Layer Protocol，TLP）、用户认证协议（User Authentication Protocol，UAP）、连接协议（Connection Protocol，CP）。同时，SSH 协议框架还为许多高层的网络安全应用协议提供扩展支持。

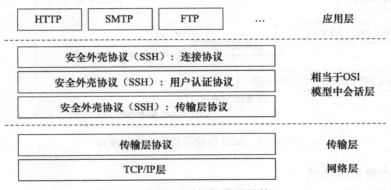

图 6-24 SSH 协议分层结构

1）在 SSH 的协议框架中，传输层协议提供服务器身份认证、通信加密、数据完整性效验以及数据压缩等多项安全服务。

2）用户认证协议则为服务器提供客户端的身份鉴别机制。

3）连接协议将加密的信息隧道复用成若干个逻辑通道，提供给更高层的应用协议使用；各种高层应用协议可以相对独立于 SSH 基本体系之外，并依靠这个基本框架，通过连接协议使用 SSH 的安全机制。

2. SSH 传输层协议

SSH 传输层协议主要在不安全的网络中为上层应用提供一个加密的通信信道。双方通信所需的密钥交换方式、公钥密码算法、对称密钥密码算法、消息认证算法和散列算法等都可以在此进行协商。运行 SSH 传输层协议，产生一个会话密钥和一个唯一会话 ID。注意，此协议并不涉及客户端用户的身份认证，传输层负责产生口令认证和其他服务需要的共享密文数据。

一般情况下，该协议需要两轮就可以完成密钥交换、服务器认证、客户服务请求和服务器应答。首先，双方互相发送己方支持的算法列表，并按照相同的规则进行匹配。算法列表中包括密钥交换算法、加密算法、MAC 算法、压缩算法等。随后，双方再进行密钥交换。密钥交换产生两个值：一个共享密钥 K 和一个交换散列 H。加密和认证的密钥从这两个值中派生出来。作为会话 ID。H 在本次会话中保持不变。该散列函数同样也用于生成密钥。图 6-25 给出了完整且无异常时 SSH 传输层协议的执行流程。

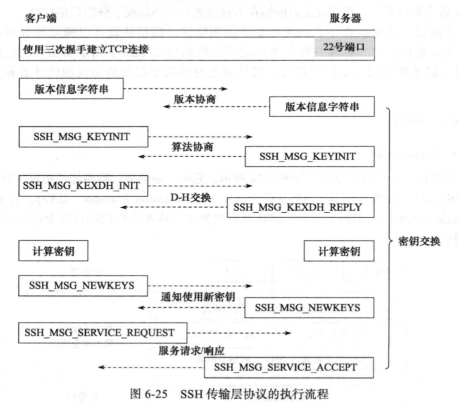

图 6-25　SSH 传输层协议的执行流程

3. SSH 身份认证协议

SSH 用户认证协议提供服务器对用户的认证。SSH 用户认证协议使用传输协议提供的会话 ID，并依赖传输协议提供的完整性和机密性保证。SSH 用户认证协议主要包括以下三种认证方式：公钥认证方式、口令认证方式和基于主机的认证方式。在三种用户认证方式中，基于口令的用户认证协议运用最为广泛，大多数用户没有自己的公钥和私钥，而是通过用户名和口令登录服务器。其中用户口令可以是动态的也可以是静态的。

4. SSH 连接层协议

SSH 连接层协议的主要功能是完成用户请求的各种具体网络服务，而这些服务的安全性是由底层的 SSH 传输层协议和用户认证层协议实现的。在 SSH 用户成功认证后多个信道通过复用到两个系统间的单个连接上面打开。每个信道处理不同的终端会话。客户可以基于服务器建立新的信道，每个信道在每一个终端被排给不同的号码。在一方试图打开一个新的通道时，该信道在该端的号码随请求一起传送，并被对方储存。用于指示特定类型业务的通信给该通道。这样使不同类型的会话不会彼此影响。在关闭信道时，也不会影响系统间建立的初始 SSH 连接。标准方法提供了安全的交互式 Shell 会话、任意 TCP/IP 端口和 X11 连接转发等。在此之上还可以扩展出更多更广泛的应用。

6.5.4 HTTPS

HTTPS（Hypertext Transfer Protocol over Secure Socket Layer）是以安全为目标的 HTTP 通道，简单讲是 HTTP 的安全版。即 HTTP 下加入 SSL 层，HTTPS 的安全基础是 SSL，因此加密的详细内容就需要 SSL。它是一个 URI scheme（抽象标识符体系），句法类同 HTTP: 体系。用于安全的 HTTP 数据传输。

1. HTTPS 安全技术

HTTPS 由 Netscape 开发并内置于其浏览器中，用于对数据进行压缩和解压操作，并返回网络上传送回的结果。HTTPS 实际上应用了 Netscape 的完全套接字层（SSL）作为 HTTP 应用层的子层。（HTTPS 使用端口 443，而不是像 HTTP 那样使用端口 80 来和 TCP/IP 通信。）SSL 使用 40 位关键字作为 RC4 流加密算法，这对于商业信息的加密是合适的。HTTPS 和 SSL 支持使用 X.509 数字认证，如果需要，用户可以确认发送者是谁。

HTTPS 的信任继承基于预先安装在浏览器中的证书颁发机构（如 VeriSign、Microsoft 等）（即"我信任证书颁发机构告诉我应该信任的"）。因此，一个到某网站的 HTTPS 连接可被信任，当且仅当：

- 用户相信他们的浏览器正确实现了 HTTPS 且安装了正确的证书颁发机构；
- 用户相信证书颁发机构仅信任合法的网站；
- 被访问的网站提供了一个有效的证书，即它是由一个被信任的证书颁发机构签发的（大部分浏览器会对无效的证书发出警告）；
- 该证书正确地验证了被访问的网站（如，访问 https://example 时收到了给"Example Inc."而不是其他组织的证书）；
- 或者互联网上相关的节点是值得信任的，或者用户相信本协议的加密层（TLS 或 SSL）不能被窃听者破坏。

当浏览器连接到提供无效证书的网站时，旧浏览器会使用对话框询问用户是否继续，而新浏览器会在整个窗口中显示警告；新浏览器也会在地址栏中凸显网站的安全信息（如，Extended validation 证书通常会使地址栏变绿）。大部分浏览器在网站含有由加密和未加密内容组成的混合内容时，会发出警告。大部分浏览器使用地址栏来提示用户到网站的连接是安全的，或会对无效证书发出警告。

利用 HTTPS 协议来访问网页，其步骤如下：

1）用户：在浏览器的地址栏里输入 https://www.sslserver.com。

2）HTTP 层：将用户需求翻译成 HTTP 请求，如 GET /index.htm HTTP/1.1 Host http://www.sslserver.com。

3）SSL 层：借助下层协议的信道，安全地协商出一份加密密钥，并用此密钥来加密 HTTP 请求。

4）TCP 层：与 Web Server 的 443 端口建立连接，传递 SSL 处理后的数据。

接收端与此过程相反。

2. HTTPS 和 SSL 操作案例

1）选择"开始"→"控制面板"→"系统安全"→"管理工具"，打开管理工具界面，如图 6-26 所示。

图 6-26　管理工具界面

2）双击"Internet 信息服务（IIS）管理器"，打开"Internet 信息服务（IIS）管理器"主界面，如图 6-27 所示。

3）选择 Web 服务器，双击中间的"服务器证书"，打开"服务器证书"界面，如图 6-28 所示。

4）双击右侧的"创建自签名证书"，打开"创建自签名证书"界面，输入证书名称，如图 6-29 所示。

5）单击"确定"按钮，返回"服务器证书"界面，点击左侧的站点，打开站点主页，如图 6-30 所示。

6）单击右侧的"绑定"，打开"网址绑定"界面，如图 6-31 所示。

7）单击"添加"按钮，打开"添加网站绑定"界面，"类型"选择 https，端口使用默认的 443，"SSL 证书"选择创建的证书，如图 6-32 所示。

图 6-27 IIS 管理器界面

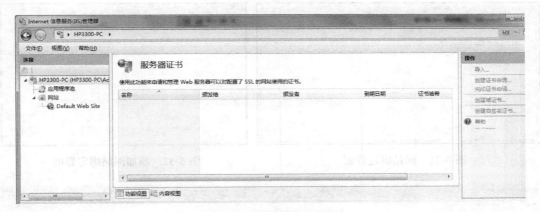

图 6-28 服务器证书界面

图 6-29 创建自签名证书界面

8）单击"确定"按钮，返回站点主页，双击中间的"SSL 设置"，打开"SSL 设置"界面，如图 6-33 所示。

图 6-30　站点主页

图 6-31　网站绑定界面

图 6-32　添加网站绑定界面

图 6-33　SSL 设置界面

9）勾选"要求 SSL"，完成配置。

6.5.5 VPN

互联网的普及使得远程网络互联的应用大为增加，特别是跨地区企业的内部网络应用、政府部门的纵向分级网络管理等。网络安全风险又使得这种应用存在严重的隐患。虚拟专用网络（VPN）技术为这种应用保驾护航。

1. VPN 的概念

虚拟专用网（Virtual Private Network，VPN）被定义为通过一个公用网络（通常是因特网）建立一个临时的、安全的连接，是一条穿过混乱的公用网络的安全、稳定的隧道。

VPN 依靠 ISP（Internet 服务提供商）和其他 NSP（网络服务提供商），在公用网络中建立专用的数据通信网络的技术。在虚拟专用网中，任意两个节点之间的连接并没有传统专网所需的端到端的物理链路，而是利用某种公众网的资源动态组成的。

VPN 是对企业内部网的扩展。一般以 IP 为主要通信协议。

VPN 是在公网中形成的企业专用链路，如图 6-34 所示。采用"隧道"技术，可以模仿点对点连接技术，依靠 Internet 服务提供商（ISP）和其他的网络服务提供商（NSP）在公用网中建立自己专用的"隧道"，让数据包通过这条隧道传输。对于不同的信息来源，可分别给它们开出不同的隧道。

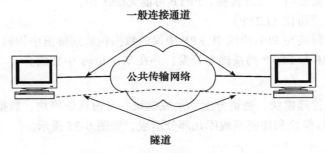

图 6-34　VPN 示意图

隧道是一种利用公网设施，在一个网络之中的"网络"上传输数据的方法。隧道协议利用附加的报头封装帧，附加的报头提供了路由信息，因此封装后的包能够通过中间的公网。封装后的包所途经的公网的逻辑路径称为隧道。一旦封装的帧到达了公网上的目的地，帧就会被解除封装并被继续送到最终目的地。

隧道基本要素包括：①隧道开通器（TI）；②有路由能力的公用网络；③一个或多个隧道终止器（TT）；④必要时增加一个隧道交换机以增加灵活性。

2. VPN 的基本功能

VPN 的主要目的是保护传输数据，是保护从信道的一个端点到另一个端点传输的信息流。信道的端点之前和之后，VPN 不提供任何数据包保护。

VPN 的基本功能至少应包括：加密数据、信息验证和身份识别、访问控制、地址管理、密钥管理和多协议支持。

3. VPN 安全技术

VPN 主要采用以下 4 项技术来保证安全：隧道技术、加解密技术、密钥管理技术、使用者与设备身份认证技术。其中，加解密技术、密钥管理技术、设备身份认证技术在前面章节已作过介绍，VPN 只是对这几种技术的应用。下面重点介绍隧道技术。

VPN 中的隧道是由隧道协议形成的，VPN 使用的隧道协议主要有三种：点到点隧道协议（PPTP）、第二层隧道协议（L2TP）以及 IPSec（前面已经介绍过）。PPTP 和 L2TP 集成在 Windows 中，所以最常用。

PPTP 协议允许对 IP、IPX 或 NetBEUI 数据流进行加密，然后封装在 IP 包头中通过企业 IP 网络或公共因特网络发送。L2TP 协议允许对 IP、IPX 或 NetBEUI 数据流进行加密，然后通过支持点对点数据报传递的任意网络发送，如 IP、X.25、帧中继或 ATM。IPSec 隧道模式允许对 IP 负载数据进行加密，然后封装在 IP 包头中通过企业 IP 网络或公共 IP 因特网络（如 Internet）发送。NSRC、NDST 是隧道端点设备的 IP 地址，在公网中路由时仅仅考虑 NSRC、NDST，原始数据包的 DST、SRC 对公网透明。

（1）点到点隧道协议（PPTP）

PPTP（Point-to-Point Tunnel Protocol）协议需要把网络协议包封装到 PPP 包，PPP 数据依靠 PPTP 协议传输。PPTP 通信时，客户机和服务器间有两个通道，一个通道是 tcp 1723 端口的控制连接，另一个通道是传输 GRE PPP 数据包的 IP 隧道。PPTP 没有加密、认证等安全措施，安全的加强通过 PPP 协议的 MPPE（Microsoft Point-to-Point Encryption）实现。Windows 中集成了 PPTP Server 和 Client，适合中小企业支持少量移动工作者。如果有防火墙的存在或使用了地址转换，PPTP 可能无法工作。

（2）第二层隧道协议（L2TP）

把网络数据包封装在 PPP 协议中，PPP 协议的数据包放到隧道中传输。L2TP（RFC2661）在 Cisco 公司的 L2F 和 PPTP 的基础上开发，并在 Windows 中集成。

4. IPSec VPN

IPSec VPN 由管理模块、密钥分配和生成模块、身份认证模块、数据加密 / 解密模块、数据分组封装 / 分解模块和加密函数库几部分组成，如图 6-35 所示。

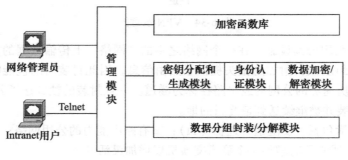

图 6-35　IPSec VPN

5. VPN 的类型

VPN 系统大体分为 4 类：专用的 VPN 硬件、支持 VPN 的硬件或软件防火墙、VPN 软件、VPN 服务提供商。

VPN 从应用的方式上分，有两种基本类型：拨号式 VPN 与专用式 VPN。

- 拨号式 VPN 分为两种：在用户 PC 上或在服务提供商的网络访问服务器（NAS）上。
- 专用式 VPN 有多种形式。IP VPN 的发展促使骨干网建立 VPN 解决方案，形成了基于 MPLS 的 IP VPN 技术。MPLS VPN 的优点是全网统一管理的能力很强，由于 MPLS VPN 是基于网络的，全部的 VPN 网络配置和 VPN 策略配置都在网络端完成，可以大大降低管理维护的开销。

VPN 的应用平台分为三类：软件平台、专用硬件平台及辅助硬件平台。

- 软件平台 VPN：当对数据连接速率要求不高，对性能和安全性需求不强时，可以利用一些软件公司所提供的完全基于软件的 VPN 产品来实现简单的 VPN 功能。
- 专用硬件平台 VPN：使用专用硬件平台的 VPN 设备可以满足企业和个人用户对提高数据安全及通信性能的需求，尤其是从通信性能的角度来看，指定的硬件平台可以完成数据加密及数据乱码等对 CPU 处理能力需求很高的功能。提供这些平台的硬件厂商比较多，如川大能士、Nortel、Cisco、3Com 等。
- 辅助硬件平台 VPN：这类 VPN 介于软件平台和指定硬件平台之间，辅助硬件平台的 VPN 主要是指以现有网络设备为基础，再增添适当的 VPN 软件以实现 VPN 的功能。

按 VPN 协议方面来分类主要是指构建 VPN 的隧道协议。

- VPN 的隧道协议可分为第二层隧道协议、第三层隧道协议。第二层隧道协议最为典型的有 PPTP、L2F、L2TP 等，第三层隧道协议有 GRE、IPSec 等。
- 第二层隧道和第三层隧道的本质区别在于，在隧道里传输的用户数据包被封装在不同层的数据包中。一般来说，第二层隧道协议和第三层隧道协议分别使用，但合理的运用两层协议将具有更好的安全性。

根据服务类型，VPN 业务按用户需求定义以下三种：InternetVPN、AccessVPN 与 ExtranetVPN。

- Internet VPN（内部网 VPN），即企业的总部与分支机构间通过公网构筑的虚拟网。这种类型的连接带来的风险最小，因为公司通常认为他们的分支机构是可信的，并将它作为公司网络的扩展。内部网 VPN 的安全性取决于两个 VPN 服务器之间的加密和验证手段。如图 6-36 所示为内部网 VPN。

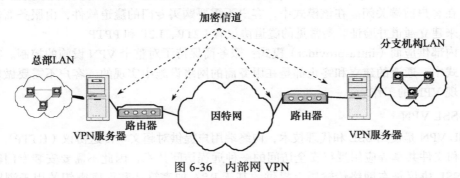

图 6-36　内部网 VPN

- Access VPN（远程访问 VPN），又称为拨号 VPN（即 VPDN），是指企业员工或企业的小分支机构通过公网远程拨号的方式构筑的虚拟网。典型的远程访问 VPN 是用户通过本地的信息服务提供商（ISP）登录到因特网上，并在现在的办公室和公司内部网之间建立一条加密信道。如图 6-37 所示为远程访问 VPN。
- Extranet VPN（外联网 VPN），即企业间发生收购、兼并或企业间建立战略联盟后，使不同企业网通过公网来构筑的虚拟网。它能保证包括 TCP 和 UDP 服务在内的各种应用服务的安全，如 Email、HTTP、FTP、RealAudio、数据库的安全以及一些应用程序如 Java、ActiveX 的安全。如图 6-38 所示为外联网 VPN。

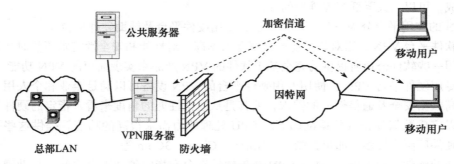

图 6-37　远程访问 VPN

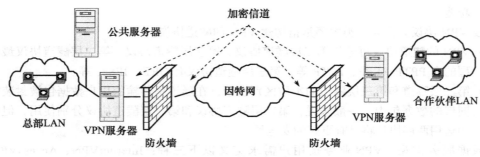

图 6-38　外联网 VPN

部署模式从本质上描述了 VPN 的通道是如何建立和终止的。VPN 有以下三种部署模式。

- 端到端（end-to-end）模式：典型的有自建 VPN 的客户所采用的模式，最常见的隧道协议是 IPSec 和 PPTP。
- 供应商 – 企业（provider-enterprise）模式：隧道通常在 VPN 服务器或路由器中创建，在客户前端关闭。在该模式中，客户不需要购买专门的隧道软件，由服务商的设备来建立通道并验证。最常见的隧道协议有 L2TP、L2F 和 PPTP。
- 内部供应商（intra-provider）模式：服务商保持了对整个 VPN 设施的控制。在该模式中，通道的建立和终止都是在服务商的网络设施中实现的。客户不需要做任何实现 VPN 的工作。

6. SSL VPN

SSL VPN 是使用 SSL 和代理技术，向终端用户提供对超文本传送协议（HTTP）、客户 / 服务器和文件共享等应用授权安全访问的一种远程访问技术，因此不需要安装专门客户端软件。SSL 协议是在网络传输层上提供的基于 RSA 加密算法和保密密钥的用于浏览器与 Web 服务器之间的安全连接技术。

SSL VPN 部署和管理费用低，在安全性和为用户提供更多便利性方面，明显优于传统 IPSecVPN。SSL VPN 是建立用户和服务器之间的一条专用通道，在这条通道中传输的数据是不公开的数据，因此必须要在安全的前提下进行远程连接。

SSL VPN 的安全性包含三层含义：一是客户端接入的安全性；二是数据传输的安全性；三是内部资源访问的安全性。SSL VPN 支持 Web 应用的远程连接，包括基于 TCP 协议的

B/S 和 C/S 应用，UDP 应用。SSL VPN 的关键技术有代理和转发技术、访问控制、身份验证、审计日志。

SSL VPN 的解决方案包括三种模式：Web 浏览器模式、客户端模式、LAN 到 LAN 模式。

- Web 浏览器模式是 SSL VPN 的最大优势，它充分利用了当前 Web 浏览器的内置功能，来保护远程接入的安全，配置和使用都非常方便。SSL VPN 已逐渐成为远程接入的主要手段之一。远程计算机使用 Web 浏览器通过 SSL VPN 服务器来访问企业内部网中的资源。如图 6-39 所示为 SSL VPN 浏览器模式。
- SSL VPN 客户端模式为远程访问提供安全保护，用户需要在客户端安装一个客户端软件，并做一些简单的配置即可使用，不需对系统做改动。这种模式的优点是支持所有建立在 TCP/IP 和 UDP/IP 上的应用通信传输的安全，Web 浏览器也可以在这种模式下正常工作。这种模式的缺点是客户端需要额外的开销。如图 6-40 所示为 SSL VPN 客户端模式。

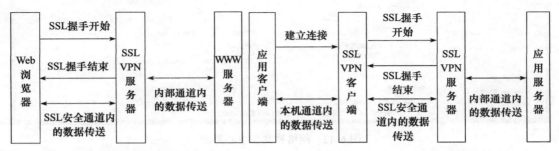

图 6-39　SSL VPN 浏览器模式　　　　　图 6-40　SSL VPN 客户端模式

- LAN 到 LAN 模式对 LAN（局域网）与 LAN（局域网）间的通信传输进行安全保护。与基于 IPSec 协议的 LAN 到 LAN 的 VPN 相比，它的优点就是拥有更多的访问控制的方式，缺点是仅能保护应用数据的安全，并且性能较低。如图 6-41 所示为 SSL VPN 局域网模式。

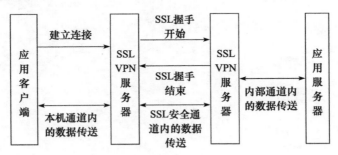

图 6-41　SSL VPN 局域网模式

总之，虚拟专用网（Virtual Private Network，VPN）被定义为通过一个公用网络（通常是因特网）建立一个临时的、安全的连接，是一条穿过混乱的公用网络的安全、稳定的隧道。虚拟专用网不是真的专用网络，但却能够实现专用网络的功能。

7. VPN 操作案例

（1）主机配置

1）选择"开始"→"控制面板"→"网络和 Internet"→"网络和共享中心"，打开网络和共享中心界面，如图 6-42 所示。单击左侧的"更改适配器设置"选项，打开"网络连接"界面，如图 6-43 所示。

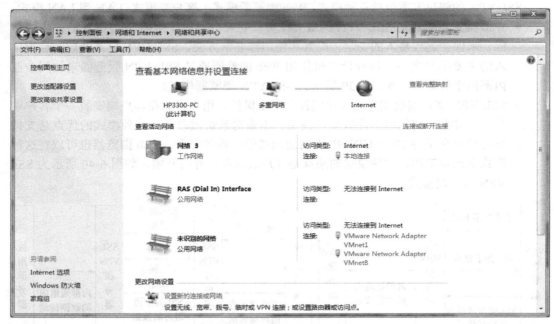

图 6-42　网络和共享中心界面

图 6-43　网络连接界面

2）在菜单中选择"文件"→"新建传入连接"，打开"允许连接这台计算机"界面，如图 6-44 所示。选择允许使用 VPN 连接到本机的用户，如果用户还未创建，可以单击

"添加用户"，打开"新用户"界面如图 6-45 所示，设置用户名和密码。单击"确定"按钮返回上一个界面，然后单击"下一步"按钮。

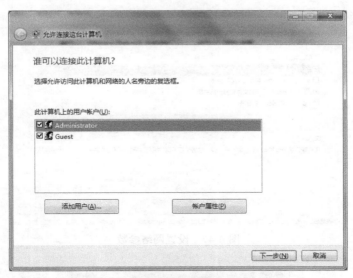

图 6-44 选择允许连接计算机的用户界面

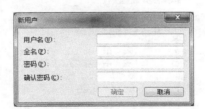

图 6-45 新用户界面

3）选择其他用户连接 VPN 的方式，这里选择"通过 Internet"，如图 6-46 所示。

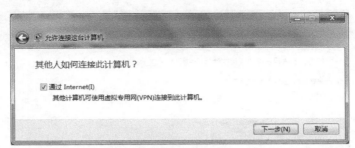

图 6-46 选择连接方式界面

4）单击"下一步"按钮，接着设置网络参数，如图 6-47 所示。如果对方连接后可以使用本地网络的 DHCP 服务器，那么可以跳过此设置。如果本地网络没有 DHCP 服务器，就必须设置一下，选择"Internet 协议版本 4（TCP/IPv4）"，单击"属性"按钮，打开"传入的 IP 属性"界面，如图 6-48 所示，选中"指定 IP 地址"单选按钮，设置允许访问本机的 IP 段。设置后单击"确定"按钮，返回上一个界面，单击"允许访问"按钮，配置完成，如图 6-49 所示。

图 6-47 设置网络参数

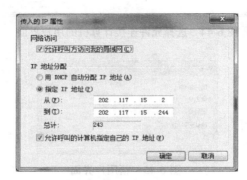

图 6-48 传入的 IP 属性界面

图 6-49 允许连接界面

（2）客户端配置

1）选择"开始"→"控制面板"→"网络和 Internet"→"网络和共享中心"，打开"网络和共享中心"界面，如图 6-50 所示。

图 6-50　网络和共享中心界面

2）单击中间的"设置新的连接或网络"选项，打开"设置连接或网络"界面，如图 6-51 所示。

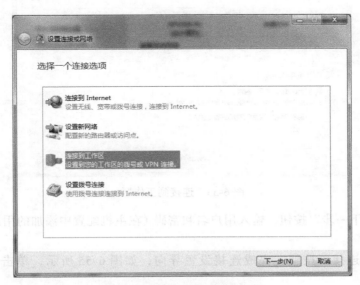

图 6-51　设置连接或网络界面

3）选择"连接到工作区"选项，单击"下一步"按钮，打开"连接到工作区"界面，如图 6-52 所示。

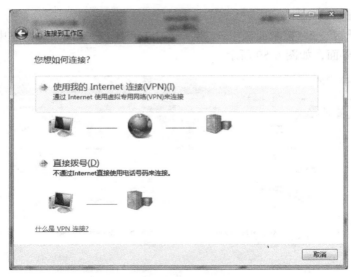

图 6-52　连接到工作区

4）单击"使用我的 Internet 连接（VPN）"，在"Internet 地址"文本框中输入 VPN 提供的 IP 地址（主机的 IP 地址），在"目标名称"文本框中输入"VPN 连接"，如图 6-53 所示。

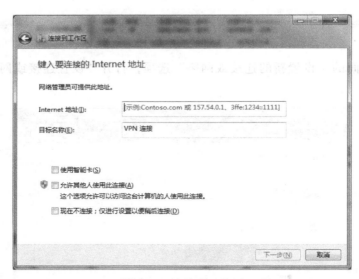

图 6-53　连接到工作区

5）单击"下一步"按钮，输入用户名和密码（在主机配置中添加的用户），如图 6-54 所示。

6）单击"连接"按钮，完成连接设置导向，如图 6-55 所示，单击"关闭"按钮退出。

7）回到"网络连接"界面，这里增加了"VPN 连接"，如图 6-56 所示。

8）双击"VPN 连接"，打开"连接 VPN 连接"界面，输入用户名和密码，单击"连接"按钮，如图 6-57 所示。

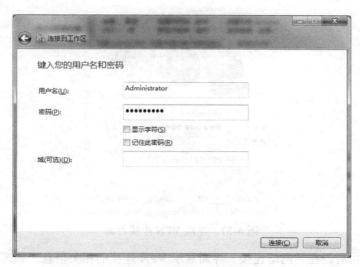

图 6-54　连接到工作区界面

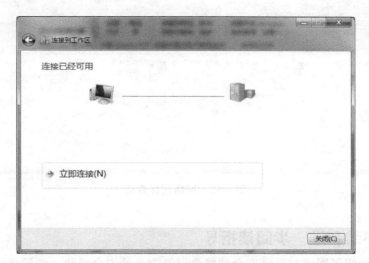

图 6-55　连接到工作区界面

图 6-56　网络连接界面

图 6-57　连接 VPN 连接界面

9）连接成功后，在"网络连接"界面显示 VPN 连接的相关信息，如图 6-58 所示。

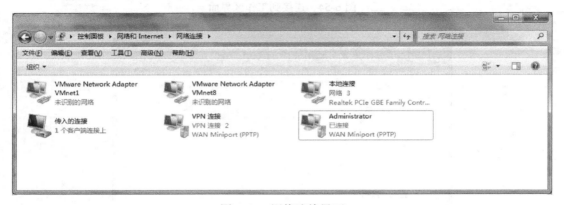

图 6-58　网络连接界面

6.6　本章小结和进一步阅读指导

本章首先介绍了网络与系统安全的概念以及存在的安全威胁，然后从恶意攻击本身、恶意攻击的检测、防护和安全协议四个方面全方位介绍了恶意攻击，概述了恶意攻击的概念，分析了恶意攻击的来源，并且分别对病毒和木马的攻击原理进行了比较详细的剖析。介绍针对恶意攻击的入侵检测技术的相关概念、方法和系统以及蜜罐和蜜网技术。对攻击防护技术则结合实际案例介绍了攻击防护中常用的防火墙技术、病毒查杀技术和沙箱技术。对网络通信协议分别介绍了 IPSec 协议族、SSL 协议、SSH 协议、HTTPS 协议和 VPN 五种安全协议。其中，IPSec 协议族重点介绍了其工作方式及其族内的三个协议：ESP 协议、AH 协议、IKE 协议。SSL 协议重点介绍了其工作原理及其后继协议 TLS 协议的组成。SSH 协议介绍了其协议结构并简要介绍了其中三层的主要工作。HTTPS 协议介绍了一些简单的概念。VPN 主要介绍了其基本功能、VPN 的类型以及 SSL VPN 的简单工作原理。

习题

6.1　简述网络系统面临的安全威胁。

6.2　什么是恶意攻击？恶意攻击可以分为哪几类？

6.3　异常入侵检测和误用入侵检测分别有哪些方法？

6.4　简述入侵检测方法。

6.5　简述入侵检测系统中每部分的功能。

6.6　什么是蜜罐、蜜网？

6.7　试分析蜜罐与蜜网的区别。

6.8　简述 IPSec 体系结构。

6.9　为什么 IPSec 要对进入和外出两个方向的 SA 进行单独的控制？

6.10　IPSec 报文的序号达到最大值后应该如何处理？

6.11　分析 IPSec 的引入对 ICMP、NAT 等协议和技术的影响。

6.12　SSL 有哪几种应用模式？他们各用于什么场合？

6.13　简述针对 SSL 的攻击方法。

6.14　SSH 传输层协议与用户认证协议的关系如何？

6.15　SSH 连接协议的功能是什么？

6.16　加密和解密过程需要耗费系统大量的资源。如果网站所有的 Web 应用数据都使用 HTTPS 协议加密传输，将严重降低系统的效率。能否在保证应用安全的前提下，对应用数据进行区分传输，对敏感数据使用 HTTPS 安全通道传输，而对非敏感数据只进行 HTTP 非安全通道传输？试举出 3 种可能的区分原则和实例。

6.17　假设 ISP 给公司 A 和商业合作伙伴的地址非常有限，既要做 NAT，又要做站点到站点的 VPN，应如何配置此类 VPN 网络？

参考文献

[1] http://wenku.baidu.com/view/ba30cfe09b89680203d825b5.html.

[2] http://www.cnbeta.com/articles/231944.htm.

[3] 黄汝维，桂小林，余思，等. 云环境中支持隐私保护的可计算加密方法 [J]. 计算机学报，2011，34（12）：2391-2402.

[4] 覃建诚，白中英. 网络安全基础 [M]. 北京：科学出版社，2011.

[5] 徐国爱，张森，彭俊好. 网络安全 [M]. 北京：北京邮电大学出版社，2007.

[6] 吴金龙，洪家军. 网络安全 [M]. 北京：高等教育出版社，2004.

[7] 戴英侠，连一峰，王航. 系统安全与入侵检测 [M]. 北京：清华大学出版社，2002.

[8] 蒋建春，冯登国. 网络入侵检测原理与技术 [M]. 北京：国防工业出版社，2001.

[9] Arbaugh W A, Fithen W L, McHugh J. Windows of vulnerability: A case study analysis [J]. IEEE Comput., 2000, 33（12）.

[10] K Houle, G Weaver.Trends in Denial of Service Attack Technology. http://www.cert.org/.

[11] Vern Paxson Bro.A System for Detecting Network Intruders in Real-Time. Proceedings of the 7th USENIX Security Symposium, 1998.

[12] Marcus J Ranum, Eric Wall.Implementing a Generalized Tool for Network Monitoring. Proceedings of the Eleventh Systems Administration Conference（LISA'97）, 1997.

[13] Moscola J, Cho Y H, Lockwood J W. A Scalable Hybrid Regular Expression Pattern Matcher[C]. FCCM, 2006: 337-338.

[14] Gregory B White, Eric A Fisch, Udo W Pooch.Cooperating Security Managers: A Peer-Based Intrusion Detection System. IEEE Network, 1996.

[15] Gondar J L, Cipolatti R. A Mathematical Model for Virus Infection in ASystem of Interacting Computers[J]. Computational & Applied Mathematics, 2003, 22(2): 209-231.

[16] Sureswaran, R Network Monitor. Proceedings of Asia Pacific Advanced Network Conference, 2001.

[17] 李学宝 . 蜜罐与免疫入侵检测系统联动模型设计 [J]. 现代计算机（专业版）,2011（04）.

[18] 朱琳，朱参世 . 基于密罐技术的网络安全模型研究与实现 [J]. 微计算机信息，2010（03）.

[19] 周建乐 . 蜜罐系统在网络服务攻击防范中的研究 [D]. 上海交通大学，2011.

[20] 徐兰云 . 增强蜜罐系统安全性的相关技术研究 [D]. 湖南大学，2010.

[21] 刘世世 . 虚拟分布式蜜罐技术在入侵检测中的应用 [D]. 天津大学，2004.

[22] 潘新新 . 基于重定向机制的蜜罐系统的研究与实现 [D]. 西安电子科技大学，2008.

[23] C Kreibich, J Crowcroft. Honeycomb: Creating intrusion detection signatures using honeypots[C]. ACM SIGCOMM Computer Communication Review, 2004.

[24] Urjita Thakar.HoneyAnalyzer: Analysis and extraction of intrusion detection patterns&signatures using honeypot[C]. The 2nd Int' l Conf on Innovations in Information Technology, 2005.

[25] Yegneswaran, et al. An architecture for generating semantics-aware signatures[C]. Usenix Security Symposium, 2005.

[26] B Krishnamurthy. Mohonk: Mobile honeypots to trace unwanted traffic early[C]. The ACM SIGCOMM Workshop on Network Troubleshooting（NetT' 04）, 2004.

[27] http://www.honeynet.org .

[28] NProvos. A virtual honeypot framework[C].The13th USENIX Security Symposium, 2004.

[29] Hassan Artail, Haidar Safa, Malek Sraj, et al.A hybrid honeypot frameworkfori mprovingintrusion detectionsystemsin protecting organizational networks[C]. Computers and Security, 2006.

[30] Z Kuwatly, Masri M Sraj, H Artail. A dynamic honeypot design for intrusion detection [C]. ACS/IEEE Int' l Conf on Pervasive Services（ICPS2004）, 2004.

[31] Xuxian Jiang, Dongyan Xu, Yi-Min Wang. Collapsar: A VM-based honeyfarmandreverse honeyfarmarchitecture for network attack capture and detention[J]. Journal of Parallel and Distributed Computing, 2006.

[32] Riebach, Rathgeb, T dtmann.Risk assessment of production networks using honeynets-some practical experience. Lecture Notes in Computer Science, 2005.

[33] 寇晓蕤，王清贤 . 网络安全协议——原理、结构与应用 [M]. 北京：高等教育出版社，2009.

[34] 赖英旭，杨震，刘静 . 网络安全协议 [M]. 北京：清华大学出版社，2012.

[35] 冯登国 . 计算机通信网络安全 [M]. 北京：清华大学出版社，2001.

[36] 宋玲，吕立坚，蒋华 . 基于 PKI 实现网络通信安全性的研究 [J]. 计算机工程与应用，2002（13）.

[37] 杨飞华，童献平 . 电子商务中的信息安全机制 [J]. 微机发展，2002（02）.

[38] 辛运帏，卢桂章 . 分布式认证中心的研究 [J]. 计算机应用，2001（11）.

[39] 王秀琴，马文革 . 基于 CA 的安全通信系统的设计 [J]. 计算机应用，2001（10）.

[40] 郭瑞颖，毛明，吴明玉，等 . 一种基于 WEB 的 B2B 安全电子支付模型的探讨 [J]. 小型微型计算机系统，2001（10）.

[41] 卢震宇，戴英侠，郑江 . 基于认证中心的多级信任模型的分析与构建 [J]. 计算机工程，2001（10）.

[42] 易光华，傅光轩 . IPSec VPN 的研究与实现 [J]. 贵州大学学报（自然科学版），2005（04）.

[43] 贾会娜，裘正定 . SSL VPN 技术优势及前景 [J]. 计算机安全，2005（09）.

[44] 马军锋 . SSL VPN 技术原理及其应用 [J]. 电信网技术，2005（08）.

[45] 田巍 . 基于 MPLS 和 IPSec 的虚拟专用网的研究和比较 [J]. 计算机时代，2004（06）.

[46] 徐家臻，陈莘萌 . 基于 IPSec 与基于 SSL 的 VPN 的比较与分析 [J]. 计算机工程与设计，2004（04）.

[47] 张峰，王小妮，杨根兴 . 采用 SSL 保障系统安全的一种方法 [J]. 北京机械工业学院学报，2001（03）.

[48] 宋志敏，李益发，南相浩，等 . 一种对 SSL V3.0 的攻击 [J]. 计算机工程与应用，2001（16）.

[49] 翟雪峰 . SSL 的安全分析及被劫持的研究、实现 [D]. 成都：四川大学，2004.

[50] 顾成威 . SSL 技术研究及其安全代理设计 [D]. 成都：西南交通大学，2006.

[51] 季海港 . SSL 协议的研究与应用 [D]. 太原：太原理工大学，2006.

[52] 邓为 . 基于 SSL 的安全 Web 系统及应用研究 [D]. 北京：中国科学院研究生院（计算技术研究所），2000.

[53] 李一楠 . SSL 安全策略在 IP 通信中的应用研究与实现 [D]. 北京：中国科学院研究生院（沈阳计算技术研究所），2006.

[54] 王立新 . SSL 协议安全性分析及其在 WWW 系统的应用研究 [D]. 大连：大连海事大学，2003.

[55] 赵昭 . SSL 协议的实现和改进 [D]. 长春：吉林大学，2004.

[56] 蒋良英 . 基于 SSL 协议的电子商务系统的设计与实现 [D]. 成都：西南交通大学，2004.

[57] 李秀英 . SSL 协议技术分析及其在电子商务中的应用研究 [D]. 长沙：中南大学，2007.

[58] 杨帆 . SSH 协议内容及其安全防范探讨 [J]. 硅谷，2011（17）.

[59] 林利 . SSH 协议安全性分析及改进 [J]. 电脑与信息技术，2010（02）.

[60] 姜学东，周宇飞 . SSH 技术在 CDMA 1X 核心网安全登陆中的应用 [J]. 电脑知识与技术（学术交流），2007（06）.

[61] 刘斌，马严，马跃 . 基于 SSH 协议的网络攻击防御分析与研究 [C]. 第一届中国高校通信类院系学术研讨会论文集，2007.

[62] 孙鹏程 . 基于隧道技术的企业 VPN 方案研究 [D]. 西安：西安电子科技大学，2007.

[63] 高德昊 . VPN 技术在组网中的研究与应用 [D]. 沈阳：沈阳工业大学，2007.

[64] 危珊 . 基于 VPN 技术的校园网研究 [D]. 南昌：江西师范大学，2007.

[65] 潘自立 . 虚拟专用网（VPN）技术研究及大型商业银行 VPN 接入方式研究 [D]. 长春：吉林大学，2007.

[66] 赵宁 . 动态多点 VPN 的设计与实现 [D]. 北京：北京邮电大学，2008.

第 7 章 无线网络安全

无线网络的出现是人类通信历史上最为深刻的变革之一。从最原始的模拟语音通信系统开始，经过一百多年的发展演变，无线网络已经从初期的单一业务网络进化为目前涵盖各种无线通信技术、面向众多应用领域、提供多样化业务的智能化综合通信系统。无线网络在迅速普及的同时，相应的安全问题也日益凸现。开放式信道以及某些无线网络的自组织组网形式产生了各种安全威胁，无线网络设备由于硬件限制无法提供较好的安全保护。随着无线网络应用范围的日益拓展，许多行业应用对无线网络所面临的安全问题深感忧虑，同时提出了新的安全需求。因此，如何保障现有无线网络的安全性，并在无线网络和产品设计阶段就事先充分考虑相应的安全需求和功能是相当重要的。

7.1 无线网络概述

7.1.1 无线网络分类

从无线网络的覆盖范围、传输速率和用途来看，无线网可以分为无线广域网、无线城域网、无线局域网、无线个域网、无线体域网和 Mesh 网。

1）无线广域网（Wireless Wide Area Network，WWAN）：主要指通过移动通信卫星进行数据通信，其覆盖范围最大，代表技术有 3G、4G 等，一般数据传输率在 2Mbit/s 以上。由于 3GPP 和 3GPP2 的标准日趋成熟，一些国际标准化组织（如 ITU）将目光瞄准了能提供更高无线传输速率和灵活统一的全 IP 网络平台的下一代移动通信系统，一般称为后 3G、增强型 IMT-2000（Enhanced IMT-2000）、后 IMT-2000（System Beyond IMT-2000）或 4G。

2）无线城域网（Wireless Metropolitan Area Network，WMAN）：主要是通过移动电话或车载装置进行移动通信，其覆盖范围可以

达到一个城市中的大部分地区，代表技术为 IEEE 802.20 和 IEEE 802.15 标准体系，主要针对移动宽带无线接入。其中，IEEE 802.20 标准是由 IEEE 802.16 发展而来，IEEE 802.16 是一点对多点的视距条件下的标准，IEEE 802.16a 增加了对非视距和网状结构的支持，IEEE 802.16e 增加了对 2-11GHz 频段下固定和车载移动业务的支持以及基站和扇区切换的支持。IEEE 802.20 标准提供一个基于 IP 的全移动网络，提供高速移动数据接入。其目标是在高速列车行使环境下（时速达 250km/h），仍能向每个用户提供高达 1Mbit/s 的接入速率，并具有永远在线的特点。向用户提供的服务包括浏览网页、E-mail、没有大小限制的文件的上传和下载、流媒体、IP 多播、远程信息处理、定位服务、VPN（虚拟专网）连接、即时消息和多人在线的游戏，IEEE 802.20 还将利用 VoIP 技术向用户提供话音服务。IEEE 802.20 的业务定位同 Beyond3G 相似。它的空中接口专门针对传送 IP 而设计，从而具有很高的频谱利用率，非常适应分组数据业务突发性的特点。

3）无线局域网（Wireless Local Area Network，WLAN）：一般用于较小范围的无线通信，覆盖范围较小，一般为一栋建筑内或房间内，代表技术是 IEEE 802.11 系列标准，传输速率一般在 11 ~ 56Mbit/s 之间，连接距离一般限制在 50 ~ 100m，工作频段为 2.4GHz。IEEE 802.11 系列包含 IEEE 802.11a、IEEE 802.11b 和 IEEE 802.11g 三个主要标准，主要用于解决办公室局域网和企业内部网络用户终端的无线接入。IEEE 802.11a 标准工作在 5GHz U-NII 频带，物理层速率最高可达 54Mbit/s，传输层速率最高可达 25Mbit/s。可提供 25Mbit/s 的无线 ATM 接口和 10Mbit/s 的以太网无线帧结构接口，以及 TDD/TDMA 的空中接口。支持语音、数据、图像业务，一个扇区可接入多个用户，每个用户可带多个用户终端。IEEE 802.11b 载波的频率为 2.4GHz，传送速率为 11Mbit/s。IEEE 802.11b 是所有无线局域网标准中最著名，也是普及最广的标准。IEEE 802.11b 在 2.4GHz ISM 频段共有 14 个频宽为 22MHz 的频道可供使用。IEEE 802.11g 是 802.11b 的后继标准，其载波频率为 2.4GHz（与 IEEE 802.11b 相同），原始传输速率为 54Mbit/s，净传输速率约为 24.7Mbit/s（与 IEEE 802.11a 相同）。IEEE 802.11g 的设备与 IEEE 802.11b 兼容，IEEE 802.11g 是为了提高传输速率而制定的标准，它采用 2.4GHz 频段，使用 CCK 技术与 IEEE 802.11b 后向兼容，同时它又通过采用 OFDM 技术支持高达 54Mbit/s 的数据流，所提供的带宽是 IEEE 802.11a 的 1.5 倍。

4）无线个域网（Wireless Personal Area Network，WPAN）：无线个域网一般传输距离在 10m 左右，代表技术是 IEEE 802.15 系列协议，数据传输速率在 10Mbit/s 以上，无线连接距离在 10m 左右。目前已成型的无线个域网标准主要有 Bluetooth（协议标准为 IEEE 802.15.1）和 ZigBee（协议标准为 IEEE 802.15.4）技术。蓝牙设备一般覆盖半径为 10m，工作在全球统一开放的 2.4GHz 频段，能实现低成本短距无线通信，目前蓝牙共有 6 个版本 V1.1/1.2/2.0/2.1/3.0/4.0。以通信距离来划分，可以分为 Class A(1)/Class B(2)。V1.1 标准可以提供在 10m 范围内最大 721Kbit/s 的异步传输速率，并可同时与其他 7 个蓝牙设备进行通信，从而组成一个无线个域网。ZigBee 技术致力于极低功耗的近距离通信，例如，ZigBee 设备在不换电池的情况下可以维持约 10 年，ZigBee 一般覆盖半径为 50m。ZigBee 名称来源于蜜蜂的 8 字舞，由于蜜蜂（bee）是靠飞翔和"嗡嗡"(zig) 地抖动翅膀的"舞蹈"来与同伴传递花粉所在方位信息，也就是说，蜜蜂依靠这样的方式构成了群体中的通信网络。其特点是近距离、低复杂度、自组织、低功耗、低数据速率、低成本，主要适用于自动控制和远程控制领域，可以嵌入各种设备。ZigBee 就是一种便宜的、低功耗的近距离无线组网通信技术。

5）无线体域网（Wireless Body Area Network，WBAN）：无线体域网以无线医疗监控、娱乐和军事等方面的应用为代表，主要是指附着在人身体上或植入人体内部的传感器之间的通信，通信距离非常短，一般为 0 ～ 2m 范围。无线体域网最早应用在连续监视和记录慢性病（比如糖尿病、哮喘病和心脏病等）患者的健康参数，提供某种方式的自动疗法控制。比如糖尿病患者一旦胰岛素水平下降，他身上的传感器马上可以激活注射胰岛素的泵，使患者不用医生亦能很好地把胰岛素控制在正常水平。无线体域网在医疗技术、消费电子、娱乐、运动、环境智能、军事和安全等领域具有非常广泛的应用前景。

6）Mesh 网络：Mesh 网络是一种多跳的 Ad hoc 网络，它由固定节点及移动节点通过无线链路组成。Mesh 网通过接入点（AP）之间来存储和转发消息来提供更广泛的网络拓扑。它能够对目前存在的有线或者无线网络提供扩展。其最大的特点就是 AP 不仅能够充当接入点的角色，而且还可以存储和转发消息，扮演无线路由器的角色。

从网络拓扑结构角度来看，无线网络又可以分为集中式网络和分布式网络。集中式网络以蜂窝移动通信网络为代表，基站作为一个中央基础设施，网络中所有的终端设备要通信时，都要通过中网基础设施进行转发。分布式网络又称自组织网络，以移动自组织网络（Mobile Ad Hoc Network，MANET）、无线传感器网络（Wireless Sensor Network，WSN）和移动车载自组织网络（Vehicle Ad Hoc Networks，VANET）为代表。采用分布式、自组织的管理思想，网络中每个节点都兼具路由功能，可以随时为其他节点的数据传输提供路由和中继服务，而不需要依赖单独的中心节点，但是网络拓扑变化频繁，数据传输带宽和数据处理能力有限。

7.1.2　无线传输介质

传输介质是连接通信设备，为通信设备之间提供信息传输的物理通道，是信息传播的实际载体。从本质上讲，无线通信和有线通信中的信号传输，实际上都是电磁波在不同介质中的传输过程。无线传输介质指的是大气和外层空间，它们只是提供传输电磁波信号的手段，不具有引导电磁波传播方向的功能，这种传输形式通常称为无线传播（Wireless Communication）。无线传输介质也被称为非导向媒体。与它对应的是导向媒体，导向媒体是指电磁波被引导沿某一固定媒体进行传输，如双绞线、同轴电缆和光纤等。

无线传输有定向和全向两种基本构造类型。在定向传输结构中，发送天线将电磁波聚集成波束后发射出去，因此，发送和接收天线必须要进行配对校准。在全向传输结构中，发送信号向所有方向传输，信号能够被多数天线接收到，发射设备和接收设备不需要在物理上对准。

无线通信常用的传播介质有无线电波、微波和红外线。

1. 无线电波

无线电波是指在自由空间（包括空气和真空）传播的射频频段的电磁波。无线电技术是通过无线电波传播声音或其他信号的技术。

无线电一般可以分为低能单频、高能单频和扩展频谱三类。低能单频的作用范围一般在 20 ~ 30m，单频收发器只能工作在一个频率下。高能单频的单频收发器也只能工作在一个频率下，但是它的覆盖范围要比低能单频更大。扩展频谱可以同时使用多个频率进行工作，覆盖范围也更广。

2. 微波

微波是指频率为 300MHz ~ 300GHz 的电磁波，是无线电波中一个有限频带的简称，即波长在 1mm 到 1m（不含 1m）之间的电磁波，是毫米波、厘米波、分米波的统称。微波频率比一般的无线电波频率高，通常也称为"超高频电磁波"。微波属于定向型通信，发射端和接收端的天线必须精确对准，微波信号属于直线传播，抗干扰能力弱，建筑物的穿透力差，但是通信距离远，一般两个微波通信的中继器之间的最大距离可以达到 80km。

3. 红外线

红外线是太阳光线中众多不可见光线中的一种，由德国科学家霍胥尔于 1800 年发现，又称为红外热辐射。太阳光谱上红外线的波长大于可见光线，波长为 0.75 ~ 1000μm。红外线可分为三部分，即近红外线，波长为 0.75 ~ 1.50μm；中红外线，波长为 1.50 ~ 6.0μm；远红外线，波长为 6.0 ~ 1000μm。

红外线通信有两个最突出的优点：一个是不易被人发现和截获，保密性强；另一个是几乎不会受到电气、天气、人为干扰，抗干扰性强。此外，红外线通信机体积小，重量轻，结构简单，价格低廉。但是它必须在直视距离内通信，且传播受天气的影响。在不能架设有线线路，而使用无线电又怕暴露自己的情况下，使用红外线通信是比较好的。但红外通信信号容易受到强光源的影响，而且信号无法穿透墙壁等固体物件。

表 7-1 给出了不同通信技术使用电磁频谱和不同电磁频谱所对应的传输介质以及典型应用。

表 7-1　不同通信技术使用电磁频谱和不同电磁频谱对应的传输介质以及典型应用

频率范围	波　长	表示符号	传输介质	典型应用
3Hz ~ 30kHz	$10^4 ~ 10^8$m	VLF	普通有线电缆、长波无线电	长波电台
30kHz ~ 300kHz	$10^3 ~ 10^4$m	LF	普通有线电缆、长波无线电	电话通信网中的用户线路、长波电台
300kHz ~ 3MHz	$10^2 ~ 10^3$m	MF	同轴电缆、中波无线电	调幅广播电台
3MHz ~ 30MHz	$10 ~ 10^2$m	HF	同轴电缆、短波无线电	有线电视网中的用户线路
30MHz ~ 300MHz	1 ~ 10m	VHF	同轴电缆、微波无线电	调频广播电台
300MHz ~ 3GHz	10 ~ 100cm	UHF	分米波无线电	公共移动通信 AMPS，GSM，CDMA
3GHz ~ 30GHz	1 ~ 10cm	SHF	厘米波无线电	无线局域网 802.11a/g、微波中继通信、卫星通信
30GHz ~ 300GHz	1 ~ 10mm	EHF	毫米波无线电	卫星通信、超宽带通信（UWB）
105GHz ~ 107GHz	3×10^{-6}~3×10^{-4}m		光纤、可见光、红外光	光纤通信、短距红外通信

7.1.3　无线网络的优缺点

无线网络相对有线网络而言，既有移动性、组网快、灵活方便、扩展能力强和扩展成本低等优点，也存在信号不稳定、传输速率慢、安全性较差和对健康有危害等不足。

无线网络的优点如下：

（1）移动性

无线网络通信范围不受环境条件的限制，拓宽了网络的传输范围。在有线局域网中，两个站点的距离在使用铜缆（粗缆）时被限制在500m，即使采用单模光纤也只能达到3km，而无线局域网中两个站点间的距离目前可达到50km。

（2）组网速度快

在网络建设中，施工周期最长、对周边环境影响最大的就是网络布线施工。在施工过程中，往往需要破墙掘地、穿线架管。而无线网络最大的优势就是免去或减少了网络布线的工作量，无线扩频通信可以快速组建起通信链路，实现临时、应急和抗灾通信的目的，而有线通信则需要较长的时间。

（3）使用灵活、管理方便

在有线网络中，网络设备的安放位置受网络信息点位置的限制。无线网络一旦建成后，在无线网络信号覆盖区域内的任何一个位置都可以接入网络。相对于有线网络，无线局域网的组建、配置和维护较为容易，一般计算机工作人员都可以胜任网络的管理工作。

（4）安装扩展成本低

有线网络缺少灵活性，网络规划者需尽可能地考虑未来发展的需要，结果往往导致预设大量利用率较低的信息点。而一旦网络的发展超出了设计规划，又要花费较多费用进行网络改造升级。而无线网络可以避免或减少以上情况的发生。无线局域网的设备看似价格昂贵，但实际上无线局域网可以在其他方面降低成本，有线通信的开通必须架设电缆，无线网络组网则不需要，线路开通速度快。使用无线局域网不仅可以减少对布线的需求和与布线相关的一些开支，还可以为用户提供灵活性更高、移动性更强的信息获取方法。

（5）扩展能力强

无线网络有多种配置方式，能够根据需要灵活选择。比如，无线局域网的扩展就是在已有无线网络的基础上，通过增加无线接入点及相应的软件设置即可对现有网络进行快速扩展，并且能够提供像"漫游"等有线网络无法提供的特性。因此无线网络比有线网络更加容易扩展网络规模。

虽然无线网络有很多优点，但与传统的有线网络相比，无线网络也存在以下一些缺点：

（1）传输速度较慢

由于无线传输技术的限制，目前无线网络传输信号的速率还低于有线网络，无法提供像光纤那样长距离、大容量的数据传输。

（2）通信稳定性较差

由于无线网络传输信号非常容易受到外部电磁信号的干扰，因此，无线网络信号传输的稳定性较差。

（3）安全性较差

由于无线网络信号传输的开放特性，网络中传输的数据非常容易被侦听，重放攻击也相对有线网络更容易实现。

（4）对健康的危害

目前还没有可靠的研究证据证明无线设备与健康之间存在必然的联系。但是由于无线设备有可能危害健康，所以所有的无线设备上市前都要经过严格的检查。

7.2　无线网络安全威胁

无线网络的安全威胁根据攻击者的位置可以分为无线链路的威胁、服务网络威胁和移动终端威胁等，也可以根据攻击破坏安全服务的种类分为与鉴权和访问控制相关的威胁、与机密性相关的威胁以及与完整性相关的威胁等。根据威胁对象可以将无线网络面临的安全威胁分为对传递信息的威胁、对用户的威胁和对通信系统的威胁三类。对传递信息的威胁主要是针对系统中传输的各类敏感信息，对用户的威胁主要是针对系统中用户的一般行为，对通信系统的威胁主要是破坏系统的完整、获取系统权限或破坏系统功能等。

7.2.1　对传递信息的威胁

对链路上传递信息的威胁主要包括侦听、篡改和抵赖等。

1. 侦听

侦听是指非法用户通过特定手段获取存储和传输在系统中的信息，信息的无线传输和有线传输都存在被侦听的威胁。由于无线通信系统信号在空中传输的开放特点，相比有线网络而言，无线传输的信号更容易被侦听。任何人都可以使用无线数字接口的扫描设备捕获空中传输的无线数据，或者伪装成无线接口的某个终端来获取敏感数据。攻击者一般伪装成某个合法用户，通过重放数据，接收发给该用户的信息。攻击者一般截获的信息包括语音或用户数据、控制数据和管理数据。无线通信的开放性难以检测和避免对数据的侦听，但是可以通过加密机制，对传输的信息进行加密，阻止侦听，同时使用鉴权机制防止重放攻击。

2. 篡改

篡改是指非授权用户修改系统中的信息，主要包括非法修改和重放。无线网络和有线网络都存在这种威胁，但由于无线网络的开放特性，这种威胁的攻击在无线网络中相对简单。攻击者使用一台与原移动台更大功率同一信道的数据发射器，即可压制原有合法信号源，向其他合法终端发送伪造数据。但是由于无线数据传输的特性，有线网络中的一些篡改方法不适用于无线网络，比如无线网络传输的数据不能被重新排序，数据或语音信号只能被间接删除。数据可以被修改，攻击者通过修改数据，造成合法用户由于接收到过多错误数据而丢弃数据。无线网络的开放特性，使得重放攻击更易实现，攻击者甚至不需要理解数据，就可以简单地重放它们。

3. 抵赖

抵赖是指通信双方的一方否认或部分否认自己的行为，分为接收抵赖或源发抵赖。接收抵赖是信息的接收方否认自己接收到信息的行为或者接收到的信息内容，源发抵赖是指信息发送方否认自己发送信息的行为或发送的信息内容。针对这类威胁一般采用签名认证机制来保证信息发送和接收的不可否认性。

7.2.2　对用户的威胁

针对用户的威胁（不是针对某个单独的消息，而是直接针对系统中的具体用户）分为流量分析和监视。

流量分析是指分析网络中的通信流量，包括信息速率、消息长度、接收者和发送者标识等。这类攻击的方法通常与侦听方法相同，攻击者一般是系统外部人员。防止流量分析的方法是对消息内容和可能的控制消息进行加密，并且采用类似的消息填充或插入虚假消息。

监视是指持续不断地对某个用户行为进行记录分析。攻击者可能要了解目标用户使用呼叫的时间、地点、目标以及所属的组织信息等。对于外部攻击者来说，这种威胁只是流量分析的一种特殊情况。对内部用户而言，这种威胁是内部的系统管理和运维用户越权收集其他用户信息，并非法滥用这些信息。防止监视的主要措施是使用假名来实现匿名发送、接收和计费。

7.2.3 对通信系统的威胁

对通信系统的威胁是指针对整个系统或系统的一部分的威胁，而不是针对具体用户或消息的威胁，主要包括拒绝服务攻击和资源的非授权使用。

拒绝服务是指攻击者利用技术手段占用攻击目标的各种资源，削弱系统对外提供服务的能力或使系统无法对外提供服务。攻击者一般采用删除经过某个特殊接口的所有信息、使某个方向或双向的消息产生延迟、发送大量消息导致系统溢出、篡改系统配置、堵塞无线信道和滥用增值服务等方法大量占用系统资源，导致系统无法为合法用户提供服务。

非授权使用资源是指非法用户冒用合法用户权限或合法用户擅自扩大自己的权限，访问和使用超出使用权限的无线信道、设备、服务或系统数据等系统资源。外部攻击者一般冒用或伪装合法用户身份，使用此用户权限访问系统资源。内部用户的威胁一般表现为内部用户越权访问系统资源和滥用信息与设备（如基站）等，企图独占系统资源（比如强占信道等）。

7.3 WiFi 安全技术

无线保真 WiFi（Wireless Fidelity）技术是一种将 PC、笔记本、移动手持设备（如 PDA、手机）等终端以无线方式互相连接的短距离无线电通信技术，由 WiFi 联盟于 1999 发布。WiFi 联盟最初为无线以太网相容联盟 WECA（Wireless Ethernet Compatibility Alliance），因此，WiFi 技术又称无线相容性认证技术。

近年来，随着电子商务和移动办公的进一步普及，WiFi 正成为无线接入的主流标准。基于 WiFi 技术的无线网络使用方便、快捷高效，使得无线接入点数量迅猛增长。其中，家庭和小型办公网络用户对移动连接的需求是无线局域网市场增长的动力。作为一种方便、高效的接入手段，WiFi 技术正逐渐和 3G 等其他通信技术相结合，成为现代短距离通信技术的主流。

7.3.1 WiFi 技术概述

1. WiFi 采用的协议标准

WiFi 联盟主要针对移动设备，规范了基于 IEEE 802.11 协议的数据连接技术，用以支持包括本地无线局域网（Wireless Local Area Networks，WLAN）、个人局域网（Personal Area Networks，PAN）在内的网络。WiFi 使用 IEEE 802.11 系列协议，IEEE 802.11 的 WiFi 标准是最初无线局域网的标准，由 IEEE 有线局域网 / 城域网标准委员会于 1997 年

6 月确定。该标准描述了一个媒体访问控制（MAC）协议和三个可选的物理层（PHY）协议。在 1999 年年底，IEEE 发表两项 IEEE 802.11 标准的补充协议：IEEE 802.11a 与 IEEE 802.11b。两个版本的目的是实现更高的带宽。IEEE 802.11b 在 2.4GHz 频段，使用直接序列扩频（DSSS），在 1Mbit/s 和 2Mbit/s 速率下，可提供 5.5Mbit/s 和 11Mbit/s 的数据负载率。IEEE 802.11a 在 5GHz 频段，它可以提供高速率，采用正交频分复用（OFDM）系统。另外，该标准正成为基础标准。

此外，正交频分复用系统最大能提供 54Mbit/s 的无线局域网络数据负载率。2003 年，IEEE 定义了 IEEE 802.11g 协议，该协议支持最高 54Mbit/s 的速率，并保持向下兼容 IEEE 802.11b。这项重大的突破使得流媒体、视频、下载等应用更为方便，同时允许更多用户可以互不干扰地使用无线网络。

2004 年，IEEE 802.11i 标准被明确下来。该标准提供了在用户访问前，公共网络访问点和同用户设备之间的连接身份验证。它提供了认证协议、密钥管理协议和数据保密性协议。无线保护访问（WPA）是一个重要的 IEEE 802.11i 协议，它包括更好的暂时密钥集成协议（TKIP），更容易安装程序使用一个预共享的密钥（PSK），还可以使用基于 802.1X 的远程验证拨号用户服务（RADIUS）的用户身份验证。另外 2004 年 1 月，IEEE 宣布成立一个新的 IEEE 802.11 专责小组开发一种新的修订版 IEEE 802.11n，用以完善 IEEE 802.11 标准的本地无线网络。实际数据量理论值可达 540Mbit/s，它要求在物理层可以达到更高的原始数据速率，相当于比 802.11a 或 802.11g 快 10 倍，高于 802.11b 近 40 倍。2007 年，IEEE 802.11n 标准被明确下来。

WiFi 常用的协议标准为：

1）1997 年发布的工作于 2.4GHz 频段，数据传输率最高可达 2Mbps 的 IEEE 802.11 标准；

2）1999 年发布的工作于 2.4GHz 频段，数据传输率最高可达 11Mbps 的 IEEE 802.11b 标准；

3）1999 年发布的工作于 5GHz 频段，数据传输率最高可达 54Mbps 的 IEEE 802.11a 标准；

4）2003 年发布的工作于 2.4GHz 频段，数据传输率最高可达 54Mbps 的 IEEE 802.11g 标准；

5）2004 年发布的工作于 2.4GHz 频段，数据传输率最高可达 54Mbps 的 IEEE 802.11i 标准；

6）2007 年发布的工作于 2.4GHz/5GHz 频段，数据传输率最高可达 540Mbps 的 IEEE 802.11n 标准。

2. WiFi 的特点

与其他短距离通信技术相比，WiFi 技术具有以下特点：

1）覆盖范围广。开放性区域的通信距离通常可达 305m，封闭性区域的通信距离通常在 76 ~ 122m 之间。特别是基于智能天线技术的 802.11n 标准，可将覆盖范围扩大到几平方千米。

2）传输速度快。基于不同的 802.11 标准，传输速率可从 11Mbps 到 450Mbps。

3）建网成本低，使用便捷。通过在机场、车站、咖啡店、图书馆等人员较密集的地方设置"热点"（HotSpot），即无线接入点 AP（Access Point），任意具备无线接入网卡的设备均可利用 WiFi 技术实现网络访问。目前，WiFi 技术在全球拥有超过 7 亿用户和超过 750 万个 WiFi 热点。

4）更健康、更安全。WiFi 技术采用 IEEE 802.11 标准，实际发射功率约为 60 ~ 70mW，与 200mW~1W 的手机发射功率相比，更加安全。

3. WiFi 组网技术

利用 WiFi 技术组建的网络，称为无线局域网 WLAN。WLAN 有两种模式：一种是没有接入点的 Ad-hoc 模式，它利用 WiFi 技术实现设备间的连接，通常用在掌上游戏机、数字相机和其他电子设备上以实现数据的相互传输；另一种是接入点模式，它利用无线路由器作为访问接入点。具有无线网卡的台式机、笔记本以及具有 WiFi 接口的手机均可作为无线终端接入，形成一个由无线终端与接入点组成的无线局域网络，如图 7-1 所示。后一种模式较常用，通常和 ADSL、小区宽带等技术相结合，实现无线终端的互联网访问。

图 7-1　基于接入点模式的 WiFi 组网示意图

在接入点模式中，WiFi 的设置至少需要一个接入点和一个或一个以上的终端。接入点每 100ms 将服务集标识（Service Set Identifier，SSID）经由信号台（Beacons）分组广播一次，Beacons 分组的传输速率是 1Mbps，并且长度很短，所以这个广播动作对网络性能的影响不大。因为 WiFi 规定的最低传输速率是 1Mbps，所以可确保所有的 WiFi 终端都能收到这个 SSID 广播分组。基于收到的 SSID 分组，终端可以自主决定连接对应的访问点。同样，用户也可以预先设置要连接访问点的 SSID。

7.3.2　WiFi 安全技术

1. WiFi 各层的安全

由于 WiFi 是采用射频技术进行网络连接及传输的开放式物理系统，其安全性主要表现在物理层、链路层和网络层，其他几个方面的安全性与有线网类似。WiFi 组网的无线局域网在物理层、数据链路层和网络层的安全主要如下。

（1）物理层安全

无线局域网使用的扩频技术主要有直接序列扩频技术和跳频技术。二者的抗干扰机理不同，直接序列扩频通过对伪随机码的处理，降低进入解调器的干扰来达到抗干扰的目的，跳频是通过载频的随机跳变来避免干扰，将干扰排斥在接收通道以外来达到抗干扰的目的。因此，这两者仍具有很强的抗干扰能力，但各有优缺点。

1）抗干扰。由直接序列扩频抗干扰的原理可知，直接序列扩频抗干扰是通过相干解扩取得处理增益来达到抗干扰的目的，但超过了干扰容限的定额干扰将会导致直接序列扩频系统通信中断或性能急剧恶化；而跳频系统是采用躲避的方法抗干扰，强的定额干扰只能干扰跳频系统的某个或某几个频率，一般扩频系统的频道数很大，对系统性能的影响不严重。

2）抗衰落。对频率选择性衰落而言，由于直接序列扩频系统的射频带宽很宽，小部分频谱衰落不会使信号频谱产生严重畸变，但对跳频系统而言，频率选择性衰落将会导致若干个频率受到影响，导致系统性能的恶化。跳频系统要抵御这种选择性衰落，可采用快速跳频的方法，使每一个频率的停留时间非常短，这样平均衰落就非常低。

3）抗多径干扰。多径干扰是由于无线电在传播过程中遇到的各种反射体（如高山、建筑物、墙壁和天花板等）引起的反射或散射。在接收端的直接传播路径和反射信号产生的群射之间的随机干涉形成的。多径干扰信号的频率选择性衰落和路径差引起的传播时延会使信号产生严重的失真，导致码间串扰，不但能引起噪声增加和误码率升高，使通信质量降低，甚至使某些通信系统无法正常工作。直接序列扩频系统采用伪随机码的相干解扩，只要多径时延大于一个伪随机码的频谱宽度，这种多径就可能对直扩系统形成干扰，直接序列扩频系统甚至可以利用这些干扰能量来提高系统的性能；而跳频系统则不同，跳频系统要抗多径干扰，则要求每一跳的驻留时间很短，即要求快速跳频。在多径信号未到来之前接收机已开始接收下一信号。

4）抗窃听性。由于扩频系统将传送的信息扩展到很宽的频带上去，其功率密度随频谱的展宽而降低，甚至可以将信号淹没在噪声中。因此，其保密性很强，要截获、窃听、侦察这样的信号是很困难的，除非采用与发送端所用的扩频码与之同步后进行相关检测，否则对扩频信号是无能为力的。由于扩频信号功率谱密度很低，在很多国家，如美、日，以及欧洲等国家对专用频段（如 ISM 频段），只要功率谱密度能够满足一定的要求，就可以不经批准使用该频段。

（2）数据链路层安全

加密是一种最基本的安全机制，通过加密，通信的明文可以被转换成密文。IEEE 802.11b 标准规定了一种称为有线等价保密协议的加密方案，提供了确保无线局域网数据流的安全机制。WEP（Wired Equivalent Privacy）采用的加密算法是由 Ron Rivets of RSA

Data Security Inc 在 1987 年设计的 40 位的 RC4 加密算法。

RC4 算法属于对称流密码，支持可变长度密钥。WEP 采用 RC4 对数据进行加密，它将初始化向量（Initialization Vector，IV）和共享密钥 k 两部分经过"异或"（XOR）运算生成密钥，并扩展成为任意长度的伪随机位"密钥流"。加密过程就是将产生的密钥流和明文进行"异或"（XOR）运算，解密过程是基于 IV 和 k 产生相同的密钥流，将它与密文进行"异或"（XOR）运算，WEP 中 IV 长度为 24 位。WEP 能够为无线局域网提供与有线网络相同级别的安全保护，用于保障无线通信信号的安全性，防止无线网络的非授权访问。因此，WEP 的安全性在很大程度上决定了 IEEE 802.11 无线局域网的安全性。

在 WEP 中，通信的报文加入了完整性校验（Integrity Check，IC）以确保通信信息的完整性。为了避免使用重复密钥流，WEP 使用了初始化向量 IV 用于对不同的数据包产生不同的 RC4 密钥。每个数据包使用不同的初始化向量 IV，最简单的方法就是 IV 从 0 算起，每次接收或发送一个数据包，IV 就自动加 1，而 IV 就包含在通信的数据包中。

WEP 设计的三个主要目标是机密性、访问控制和数据完整性：

1）机密性。WEP 最基本的目标就是防止窃取无线局域网中的数据行为。

2）访问控制。WEP 设计的访问控制目标就是实现对无线网络设备访问的控制。在 IEEE 802.11 中设计了一个可选的功能，它可以使无线网络设备丢弃没有采用 WEP 算法正确加密的所有数据包。

3）数据完整性。WEP 设计的完整性目标就是阻止非法用户对传输数据的篡改。在 WEP 数据帧结构中，完整性校验就是为了保证这个目标。

（3）网络层安全

IEEE 802.11b 标准定义了三种机理来保证无线局域网的访问控制和保密，分别是服务配置标识符（Service Setup Identifier，SSID）、身份认证（Authentication）、虚拟专用网（Virtual Private Network，VPN）。

1）服务配置标识符 SSID。SSID 提供了一个基本的访问控制，简单地说，SSID 就是一个局域网的名称，只有名称设置相同的 SSID 用户才能互相通信。SSID 技术可以将一个无线局域网分为几个需要不同身份验证的子网络，每一个子网都需要独立的身份验证，只有通过身份验证的用户才可以进入相应的子网络，以此阻止未授权用户进入本网络。但是由于 SSID 仅是通过标识来进行访问的控制和身份的验证，因此 SSID 的安全性比较差。

2）身份认证。任何终端在接入 WiFi 所组成的无线局域网之前都要进行身份认证。IEEE 802.11b 标准定义了开放式和共享密钥式两种身份认证方法。身份认证必须在每个终端上进行设置，并且这些设置应该与通信的所有访问点相匹配。

开放系统认证是一种最简单的认证机制。从其内在机制来看，它其实是一种空认证机制。开放系统认证是 IEEE 802.11 的缺省认证方式，认证过程包括两个通信步骤：

第一步，请求认证的站点 STA 向访问接入点（Access Point，AP）发送一个含有本站身份的认证请求帧；

第二步，AP 接收到请求后，向 STA 返回一个认证结果，如果认证成功，则返回访问点的 SSID。

开放系统认证的认证过程如图 7-2 所示。

共享密钥认证支持已知共享密钥的站点成员的认证。IEEE 802.11 共享密钥认证的密钥以密文方式来传输。共享密钥认证方式以 WEP 为基础，认证过程基于挑战应答模式，具体步骤如下：

第一步，请求认证的站点 STA 向 AP 发送认证请求。

第二步，AP 接收到该认证请求后，向 STA 返回 128 字节的认证消息作为请求的验证。此验证消息由 WEP 的伪随机数生成器产生，包括认证算法标识、认证事务序列号、认证状态码和认证算法依赖信息四部分。如果认证状态码不是"成功"，则表明认证失败，整个认证结束。

第三步，请求认证的 STA 收到认证消息后，使用共享密钥 k 对认证消息中的认证算法依赖信息进行加密，并将所得的密文以及认证算法标识、认知事物序列号组成认证消息发送给 AP。

第四步，AP 接收到 STA 返回的认证消息后，使用共享密钥 k 解密认证算法依赖信息，并将解密结果与早先发送的验证帧数据比对，如果比对成功，AP 向 STA 发送一个包含"成功"状态码的认证结果，则认证成功；如果比对失败，AP 向 STA 发送一个包含"失败"状态码的认证结果，则认证失败。

共享密钥认证的过程如图 7-3 所示。

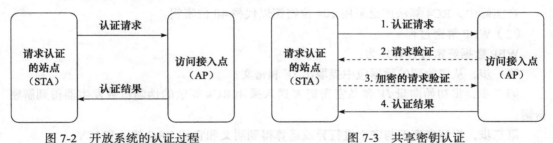

图 7-2　开放系统的认证过程　　　　　图 7-3　共享密钥认证

3）虚拟专用网 VPN。虚拟专用网 VPN 加密机制是透明运行在无线局域网上的，它的使用独立于任何本地无线局域网安全方案。

2. WEP 安全机制

有线等价保密（Wired Equivalent Privacy，WEP）协议是 IEEE 802.11 协议 1999 年的版本中所规定的，用在 IEEE 802.11 的认证和加密中，用来保护无线通信信息。IEEE 802.11 系列标准中，802.11b 和 802.11g 采用 WEP 加密协议。

WEP 为无线通信提供了三个方面的安全保护：数据机密性、访问控制和数据完整性。其核心秘密算法是 RC4 序列密码算法。WEP 采用对称加密机制，数据的加密和解密使用相同的密钥和算法。WEP 支持 64 位和 128 位加密。对于 64 位加密，加密密钥为 10 个十六进制字符（0 ~ 9 和 A ~ F）或 5 个 ASCII 字符。对于 128 位加密，加密密钥为 26 个十六进制字符或 13 个 ASCII 字符。64 位加密又称 40 位加密，128 位加密又称 104 位加密。WEP 依赖通信双方共享的密钥来保护所传的加密数据帧。

（1）WEP 加密过程

WEP 数据加密算法采用 RC4 算法，具体加密过程如下：

第一步，计算明文消息 M 的完整性校验值 $c(M)$，由原始明文消息和完整性校验值组

成新的明文消息 $P=<M, c(M)>$。

第二步，使用私密密钥 K 和随机选择的一个 24bit 的初始向量 IV 作为随机密钥生成种子，通过 RC4 随机密钥生成算法，生成一个 64bit 密钥，作为通信密钥，将密钥和明文消息 P 进行异或运算生成密文。

第三步，将生成的密文和初始向量 IV 一起发送给接收方。

WEP 数据加密过程如图 7-4 所示。

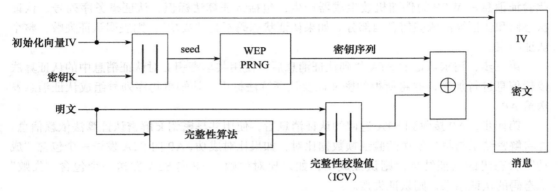

图 7-4　WEP 加密过程

在实际中，RC4 算法广泛采用 104 位密钥以代替 40 位密钥。

（2）WEP 解密过程

WEP 数据解密过程具体为：

第一步，从接收到的数据包中提取出 IV 和密文；

第二步，将初始向量 IV 和私密密钥 K 送入采用 RC4 算法的伪随机数发生器得到解密密钥；

第三步，将解密密钥与密文进行异或运算得到明文和它的 CRC 校验和 ICV；

第四步，对得到的明文采用相同的 CRC 表达式计算校验和 ICV；

第五步，比较两个 CRC 结果，如果相等，说明接收的协议数据正确，否则丢弃数据。

具体过程如图 7-5 所示。

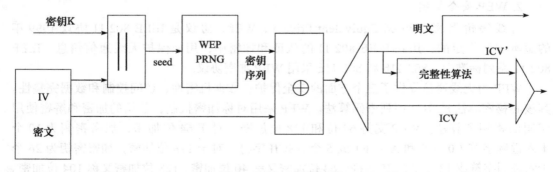

图 7-5　WEP 解密过程

（3）WEP 认证过程

WEP 的认证方式使用了基于共享密钥的认证机制来验证用户身份的合法性。其认证机制的核心是共享密钥，即工作站点与接入点之间共享的密钥，而对于其他用户是保密的。

共享密钥认证的过程如图 7-4 所示。

（4）WEP 安全缺陷

1）由于 WEP 加密机制在 WiFi 通信中是可选的，而且大多数实际产品中默认是关闭的，因此用户数据常常是以明文形式在空中传播，攻击者很容易就能截获消息。

2）WEP 容易受到弱初始向量攻击。WEP 采用核心加密算法 RC4 存在弱密钥问题，如果使用弱密钥作为核心生成随机密钥的种子，其所产生的密钥不随机，有可能被推测出来。

3）由于 802.11 协议中没有明确规定 WEP 中密钥的生成和分发，所以在实际产品中，密钥一般采用两种方法生成，一种是由用户直接输入 40bit 或 108bit 的密钥，另一种是由用户输入一个密钥词组，该词组通过一个密钥生成器生成密钥。这两种方式都容易遭受穷举攻击和字典攻击。

4）40bit 的 RC4 算法初始向量只有 24bit，向量空间小。实际中，完整的向量空间几个小时就被用尽，非常容易出现初始向量重复的问题，重复的初始向量意味着重复相同的密钥。

5）WEP 中使用的 CRC32 算法是通信中用于校验数据传输错误的，是一个线性的校验，不具备抵抗恶意攻击所需要的消息认证功能。

3. WPA 安全技术

无线保护访问（Wireless Protected Access，WPA）是由 WiFi 联盟提出的一个无线安全访问保护协议。WPA 协议的提出旨在克服所有 WEP 协议的安全缺陷，WPA 协议大大改进了之前的无线网络安全保护能力和访问控制技术，使无线网络数据的安全级别提高。WPA 协议旨在保护 802.11b、802.11a、802.11g、multi-band 以及多模 802.11 设备的所有版本。WPA 是 802.11i 协议的子集，是在 802.11i 完备之前替代 WEP 的过渡方案，兼容向前和向后的协议。WPA 使用更强大的加密算法和用户身份验证方法来增强 WiFi 的安全性，提供更高级别的保障，始终严格地保护用户的数据安全，确保只有授权用户才可以访问网络。

WPA 主要解决了 WEP 中在客户端与缺乏身份认证的访问点之间使用相同静态密钥和网络接入时身份认证方面存在的缺陷问题。WPA 所采用的加密协议是临时密钥集成协议（Temporal Key Integrity Protocol，TKIP），此协议是一个临时过渡性方案，兼容 WEP 设备，可在不更新硬件设备的情况下升级到 WPA。TKIP 采用了增强型保护密钥并添加了一个消息完整性检查代码（MIC），用以防止数据包伪造。WPA 网络接入身份认证采用可扩展的身份验证协议（802.1x/EAP）。

2003 年 11 月，ICSA 实验室高级技术专家 Robert Moskowitz 研究发现，只要一个简单的公式，通过执行 WPA-PSK 字典攻击，就可以显示无线网络的密码。这个漏洞依据的是配对主密钥通过比较密码字段、服务集标识符（SSID）进行确认。这些信息通过散列算法计算 4096 次，生成一个 256 位的值。这些信息在会话密钥创建和验证时被请求，而这个密钥信息是通过通常的广播方式传播，并且随时都可以获取到，配对密钥是基于配对主密钥的，是一个 HMAC 函数。通过抓取“四次握手”认证信息，攻击者可以通过字典攻击，获取需要的数据。

目前 WPA 加密方式的这个漏洞，使攻击者可利用 sniff 工具，搜索到合法用户的网卡地址，并伪装该地址对路由器进行攻击，迫使合法用户掉线重新连接，在此过程中获得一个有效的握手包，并对握手包批量猜密码，如果猜测密码的字典中有合法用户设置的密码，即可被破解。

WEP 和 WPA 的比较如表 7-2 所示。

表 7-2　WEP 和 WPA 的比较

WEP	WPA
密钥长度为 40 位	密钥长度为 128 位
存在较多安全缺陷	针对 WEP 的安全缺陷升级了安全措施
密钥是静态的，同一网络上所有人共享密钥	动态会话密钥，每次通信时每个用户都具有不同密钥
密钥由用户设定	密钥自动生成和分发
使用预设的 WEP 密钥进行身份认证	使用 802.11x 和 EAP 进行身份认证

4. WPA2 加密技术

由于 WEP 存在安全缺陷，IEEE 在 2004 年年初就开始起草制定新的安全标准来保护无线通信，这个新的安全标准被定为 802.11i，也称为 WPA2，该标准包括一组鲁棒性很强的安全标准集。

802.11i 体系结构包括：802.1x 身份验证和基于端口的访问控制，高级加密标准（Advanced Encryption Standard，AES）加密模块和计数器模式密码块链消息完整码协议（Counter CBC-MAC Protocol，CCMP），用来保持关联性的跟踪，并提供保密、完整性和源身份验证。像 WPA 安全协议一样，WPA2 将应用 802.1x/EAP 框架，以确保集中身份验证和动态密钥管理。

WPA2 支持从 WPA 迁移的方式，WPA2 提供了安全的"混合模式"来支持 WPA 和 WPA2 的两种客户端工作站。这将允许在一个企业短时间内有序地升级无线网络。但是 WPA2 的混合模式不同于 WEP/WPA 混合模式，它只支持 WPA 和 WPA2，旨在提供较高的安全级别。

WPA2 除了使用 802.1x/EAP 框架以确保身份验证外，"四次握手"是另一个重要的 WPA2 的身份验证过程。

WEP 与 WPA2-PSK 的比较如表 7-3 所示。

表 7-3　WEP 和 WPA2-PSK 的比较

WEP	WPA2-PSK
安全性弱，容易被破解	安全性高，破解难度大
加密算法采用 RC4 算法	加密算法采用 128bit 的 AES 算法
密钥是静态的，同一网络上所有人共享密钥	动态会话密钥，不同用户不同设备密钥不同
使用 CRC32 进行数据完整性校验，易被篡改，抗攻击弱	使用 CCM 密码区块链信息认证，无法篡改
密钥由用户设定	密钥自动生成和分发
使用预设的 WEP 密钥进行身份认证	使用 802.11x 和 EAP 进行身份认证

5. IEEE 802.1x 认证

为了解决 WEP 协议认证机制存在的安全缺陷，IEEE 工作组于 2011 年 6 月公布了 802.1x 协议，IEEE 802.1x 协议是基于端口的访问控制协议（Port Based Network Access Control Protocol），其主要目的是解决以太网接入认证问题。它不是专门为无线局域网设计的，但它可以被应用到支持基于端口网络接入控制的 IEEE 802.11 无线局域网结构中。IEEE 802.1x 本身并不提供具体的认证算法，而需要通过可扩展认证协议（Extensible Authentication Protocol，EAP）与上层认证协议配合，实现用户认证和密钥分发。IEEE 802.1x 不仅提供了访问控制的功能，而且还支持用户认证和计费功能。IEEE 802.1x 协议是一个可扩展的认证框架，并没有规定具体认证协议，具体采用哪种认证协议可以由用户自行配置，因此具有比较好的灵活性。

IEEE 802.1x 定义的接入控制功能由端口接入实体（Port Access Entity，PAE）实现。所有与认证机制相关的算法和协议都是通过 PAE 执行的。802.1x 协议的体系结构如图 7-6 所示，包括三个实体，一次认证交互必须要这三个实体参与，分别是客户端（Supplicant）、认证系统（Authenticator System）和认证服务器（Authentication Server）。

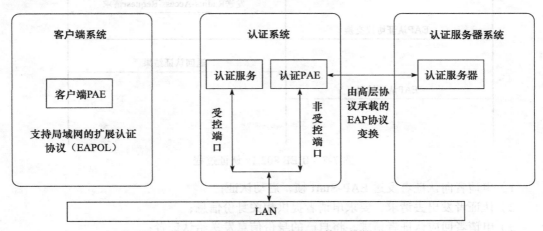

图 7-6　IEEE 802.1x 协议的体系结构

1）客户端又称请求者，一般为一个用户终端系统，该系统通常要安装一个客户端软件，用户通过启动客户端软件发起 IEEE 802.1x 协议的认证过程。为了支持基于端口的接入控制，客户端系统必须支持基于局域网的扩展认证协议（Extensible Authentication Protocol Over LAN，EAPOL）。

2）认证系统又称认证者，是指对用户接入申请进行认证控制的端口，在无线局域网中就是无线接入点（Access Point，AP），在认证过程中只是起转发功能，所有实质性认证工作在认证服务器上完成。

3）认证服务器是为认证者提供认证服务的实体，多采用远程身份验证拨入用户服务（Remote Authentication Dial In User Service，RADIUS）。认证服务器对请求方进行鉴权，然后通知认证者当前请求者是否为授权用户。

在 IEEE 802.1x 标准中，认证系统的每一个物理端口（例如一个 RJ45 端口）都从逻辑上划分为两个端口：受控端口（controlled port）和非受控端口（uncontrolled port）。受控端口和非受控端口在功能上实现了业务数据与控制信息的分离，非受控端口执行对用户接入的认证与控制。例如，在 WLAN 的一次认证交互中，请求认证的站点首先通过非受控端口与 AP 交换 EAP 帧，若请求认证的站点通过认证，则 AP 为请求认证的站点打开相应的受控端口。那么请求认证的站点就可以通过此受控端口传送各种类型的数据帧（如 HTTP 和 POP3）。

IEEE 802.1x 协议认证过程如图 7-7 所示，具体认证步骤为：

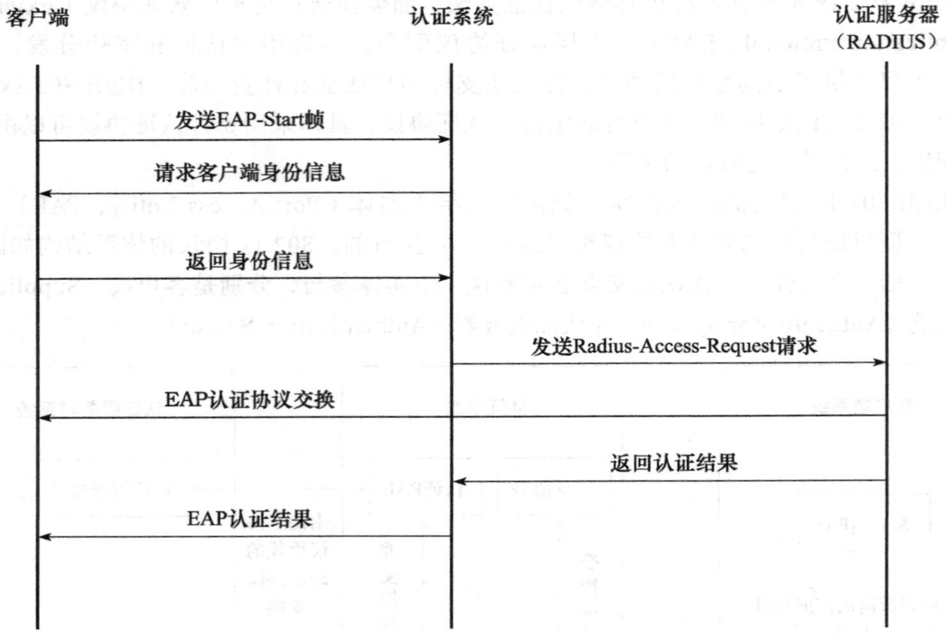

图 7-7　IEEE 802.1x 认证过程

1）申请者向认证者发送 EAP-Start 帧，启动认证；

2）认证者发出去请求，要求申请者提供相关身份信息；

3）申请者回应认证者请求，将自己的身份信息发送给认证者；

4）认证者将申请者的身份信息封装到 Radius-Access-Request 帧中，发送给认证服务器；

5）RADIUS 服务器验证申请者身份的合法性，在此期间可能需要多次通过认证者与用户进行信息交互；

6）RADIUS 服务器向认证者返回认证结果；

7）认证者向申请者发送认证结果，如果认证通过，则认证者将为申请者打开一个受控端口，允许申请者访问认证者所提供的服务，否则，拒绝申请者访问。

6. WAPI 标准

针对 IEEE 802.11 WEP 安全机制的不足，2003 年我国首次提出无线局域网安全标准（Wireless LAN Authentication And Privacy Infrastructure，WAPI）。WAPI 无线局域网国家标准于 2003 年 12 月正式实施，该标准成为我国无线局域网领域首批颁布实施的国家标准。WAPI 由无线局域网鉴别基础结构（WLAN Authentication Infrastructure，WAI）和无线局域网保密基础结构（WLAN Privacy Infrastructure，WPI）两部分组成，其中，WAI 完成了身份鉴别与密钥管理，是实现 WAPI 的基础。WAI 认证结构类似于 IEEE 802.1x 结构，也是基于端口认证模型。整个系统由移动终端（STA）、接入点（AP）和认证服务单元（Authentication Service Unit，ASU）组成，其中 ASU 是可信第三方，用于管理参与交换所需的证书，AP 提供 STA 连接到认证服务单元的端口，确保只有通过认证的 STA 才能使用 AP 提供的数据端口访问网络。

7.4　3G 安全技术

移动通信是指通信双方或至少一方是在运动中实现信息传输的方式。例如，移动体（车辆、船舶、飞机、人）与固定点或移动体之间的通信等。

第三代移动通信系统（3G）以全球通用、系统综合作为基本出发点，建立一个全球范围的移动通信综合业务数字网，提供与固定电话网业务兼容、质量相当的多种话音和非话音业务。第三代移动通信系统要能兼容第二代移动通信系统，同时要提高系统容量，提供对多媒体服务的支持以及高速数据传输服务。

与前两代系统相比，第三代移动通信系统的主要特征是可提供丰富多彩的移动多媒体业务。随着移动通信技术的发展，国际电联 ITU 制定了公众移动通信系统的国际标准 IMT-2000。目前 ITU 接受的 3G 标准有 WCDMA、CDMA2000 与 TD-SCDMA 三种。WCDMA（Wideband Code Division Multiple Access）是由欧洲提出的宽带 CDMA 技术，是在 GSM 的基础上发展而来的；CDMA2000 由美国主推，是基于 IS-95 技术发展起来的 3G 技术规范；TD-SCDMA（Time Division-Synchronous Code Division Multiple Access）即时分同步 CDMA 技术，则是由我国自行制定的 3G 标准。

7.4.1　3G 技术概述

目前国内正在大力建设和发展 3G 网络，三大基础电信运营商中国电信、中国联通和中国移动分别采用了 CDMA2000、WCDMA、TD-SCDMA 三种技术规范。由于其较快的传输速率使得人们可以在任何时间、任何地点通过无线上网方便地获取所需的信息，3G 标准已成为下一代移动互联网的技术基础。

1. WCDMA

由欧洲提出的 WCDMA 也被称为 CDMA Direct Spread，意为宽频分码多重存取，国内目前由中国联通公司运营。该技术规范基于 GSM 网络，与日本提出的宽带 CDMA 技术基本相同，目前正在进一步融合。其支持者以 GSM 系统的欧洲制造商为主，日本公司也参与其中，如爱立信、阿尔卡特、诺基亚、朗讯、北电、NTT、富士通、夏普等厂商。系统提供商可以通过采取 GSM(2G)—GPRS—EDGE—WCDMA(3G) 的演进策略，使其架设在现有的 GSM 网络上，较轻易地过渡到 3G。

WCDMA 支持高速数据传输和可变速传输，帧长为 10ms，速率为 3.84Mbps。其主要特点有：支持异步和同步的基站运行方式，组网方便、灵活；上、下行调制方式分别为 BPSK 和 QPSK；采用导频辅助的相干解调和 DS-CDMA 接入；数据信道采用 ReedSolomon 编码，语音信道采用 R=1/3、K=9 的卷积码进行内部编码和 Veterbi 解码，控制信道则采用 R=1/2，K=9 的卷积码进行内部编码和 Veterbi 解码；多种传输速率可灵活地提供多种业务，根据不同的业务质量和业务速率分配不同的资源，对于低速率的 32kbps、64kbps、128kbps 的业务和高于 128kbps 的业务可通过分别采用改变扩频比和多码并行传送的方式来实现多速率、多媒体业务；快速高效的上、下行功率控制减少了系统中的多址干扰，提高了系统容量，也降低了传输功率；核心网络通过 GSM/GPRS 网络演进，保持了与 GSM/GPRS 网络的兼容性。

2. CDMA2000

CDMA2000 由美国高通公司提出，国内现由中国电信公司运营。该技术采用多载波方式，载波带宽为 1.25MHz，分为两个阶段：第一阶段提供 144kbps 的数据传送率，第二阶段则加速到 2Mbps。CDMA2000 和 WCDMA 在原理上没有本质的区别，都起源于 CDMA（IS-95）系统技术。支持移动多媒体服务是 CDMA 技术发展的最终目标。CDMA2000 做到了对 CDMA（IS-95）系统的完全兼容，技术的延续性保障了其成熟性和可靠性，也使其成为从第二代移动通信系统向第三代移动通信系统过渡的最平滑的选择。但是 CDMA2000 的多载传输方式与 WCDMA 的直扩模式相比，对频率资源有极大的浪费，而且所处的频段与 IMT-2000 的规定也产生了冲突。

CDMA2000 标准是一个被称为 CDMA2000 family 的体系结构，其主要技术特点是：采用相同 M 序列的扩频码，通过不同的相位偏置对小区和用户进行区分；前反向同时采用导频辅助相干解调；支持前向快速寻呼信道 F-QPCH，可延长手机待机时间；快速前向和反向功率控制；采用从 1.25 ~ 20MHz 的可调射频带宽；下行信道为提高系统容量采用公共连续导频方式进行相干检测，并在其传输过程中定义了直扩和多载波两种方式，码片速率分别为 3.6864Mcps 和 1.22Mcps，载波能很好地实现对 IS-95 网络的兼容；核心网络基于 ANSI-41 网络改进，保持了与 ANSI-41 网络的兼容性；两类码复用业务信道设计，基本信道是一个可变速率信道，用于传送语音、信令和低速数据，扩充信道用于高速率数据的传送，使用 ALOHA 技术传输分组，改善了传输性能；支持软切换（soft hand-off）和更软切换（softer hand-off）；同步方式与 IS-95 相同，基站间同步采用 GPS 方式。

3. TD-SCDMA

TD-SCDMA 由中国原邮电部电信科学技术研究院（大唐电信）于 1999 年 6 月向 ITU 提出。该标准融入了智能无线、同步 CDMA 和软件无线电等技术，受到各大主要电信设备制造商的重视，全球一半以上的设备制造商都宣布对其进行支持，目前国内由中国移动公司负责运营。

该标准非常适于由 GSM 系统直接升级到 3G，其主要技术特点有：智能天线技术，提高了频谱效率；同步 CDMA 技术，降低了上行用户间的干扰，并保持了时隙宽度；通过联合检测技术降低多址干扰；软件无线电技术应用于发射机和接收机；与数据业务相适应的多时隙、上下行不对称信道分配能力；接力切换可降低掉话率，提高切换效率；采用 AMR、GSM 兼容的语音编码；1.23MHz 的信号带宽和 1.28Mcps 的码片速率；核心网络通过 GSM/GPRS 网络演进，保持了与 GSM/GPRS 网络的兼容性；基站间采用 GPS 或者网络同步方式，降低了基站间的干扰。

作为国产的 TD-SCDMA 标准，与 WCDMA 和 CDMA2000 相比，除了系统设备成本低，还具有以下优势：采用 TDD 方式、CDMA 和 TDMA 多址技术，在数据传输中针对不同类型的业务设置上、下行链路转换点较为容易，使得总的频谱效率更高；频谱灵活性强，仅需单一的 1.6MHz 频带就可提供速率达 2Mbps 的 3G 业务需求，而且非常适合非对称业务的数据传输；发送和接收在同一频段上，使得上、下行链路具有很好的无线环境，更适合使用"智能天线"技术；CDMA 和 TDMA 相结合的多址方式，更利于联合检测技术的采用，这些技术都能减少干扰，提高系统的稳定性；同时满足 A、Gb、Iub、Iu、IuR 等多种接口要求，其基站子系统可以作为 2G 和 2.5G 的 GSM 基站进行扩容，兼顾现在的需求和未来长远的发展；支持现存的覆盖结构，信令协议向后兼容，网络不必引入新的呼叫模式，与传统系统兼容性好，在现有通信系统基础上可以平滑过渡到下一代移动通信系统；

支持多载波直接扩频系统，在任何环境下，都可利用现有的框架设备、小区规划、操作系统、账单系统等支持对称或不对称的数据速率。

7.4.2 3G 安全技术

1. 安全体系结构

2G 系统主要用于提供语音业务，因而其安全设计也主要针对语音业务，它的主要安全缺陷有：无数据完整性认证功能，只提供网络对用户的单向鉴权，无法防止虚假基站的攻击；会话密钥及认证数据在网络中以明文形式传输，易泄露；核心网络缺乏安全机制，算法不公开，安全性缺乏公正的评估等。3G 系统是在 2G 系统基础上发展起来的，它继承了 2G 系统的安全优点，避免了 2G 系统存在的安全缺陷，同时针对 3G 系统新的业务特点，定义了更加完善的安全特征与安全服务。

与 2G 系统相比，3G 系统环境和业务有如下新特点：

- 基于 IP 网络；
- 提供 3G 服务的运营商和业务提供商越来越多；
- 非语音服务的多样性和重要性；
- 将增强用户服务范围的控制和对其终端能力的控制；
- 存在对用户的主动攻击；
- 终端将用做电子商务应用和其他应用平台。

第三代移动通信合作伙伴项目（The 3rd Generation Partnership Project，3GPP）将 3G 网络划分为应用层、归属/服务层和传输层三层。图 7-8 描述了 3G 系统的安全结构。

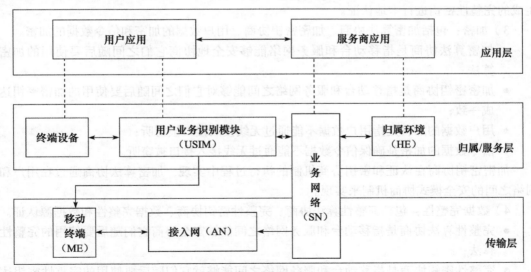

图 7-8 3G 系统安全结构

3GPP 将 3G 系统的安全问题划分为网络接入安全、网络域安全、用户域安全、应用域安全、安全可视性和可配置性五个方面。

（1）网络接入安全

网络接入安全提供安全接入服务网的认证机制并抵御对无线链路的窃听、篡改等攻击。空中接口的安全性最为重要，因为无线链路最易遭受各种攻击。这一部分的功能包括用户身份保密、认证和密钥分配、数据加密盒完整性等。其中，认证和密钥分配是基于共享对称密钥信息的相互认证，而且是一起完成的。具体包括：

1）用户标识的保密性：包括用户标识的保密、用户位置的保密以及用户的不可追溯性，主要是保护用户的个人隐私。

- 用户标识的保密性是指用户的永久身份 IMUI 在无线接入链路上不能被窃听；
- 用户位置的保密性是指用户在某一位置出现的信息不能在无线接入链路上通过窃听被确定；
- 用户的不可追溯性是指入侵者不能通过在无线接入链路上窃听而推断出不同的业务是否传递给同一用户。

为了实现这些目标，用户通常用临时身份识别，为了避免用户的可追溯性（这可能危及用户身份的保密性），用户不能长期使用同一临时身份来识别。为了实现这些安全特征，要求传输在无线接入链路上的任何可能暴露用户身份的信令或用户数据都需要加密。

2）实体认证：包括对用户的认证和对接入网络的认证。

- 用户认证是指用户在接入服务网络时，服务网络对用户身份进行验证；
- 接入网络认证是指用户在接入授权服务网络时，用户对服务网络的授权进行验证并确保授权是新的。

为了实现实体认证的目标，必须在用户和网络之间的每一个连接建立时进行实体认证。认证常用两种机制，一种认证机制是通过由用户终端设备向服务网络传递认证向量实现，另一种认证机制是使用用户和服务网络之间已经进行过的认证和在密钥建立过程中所生成的完整性密钥进行本地认证。

3）加密：包括加密算法协商、加密密钥协商、用户数据的加密和信令数据的加密。

- 加密算法协商是指移动台和服务网络能够安全地协商它们之间随后要使用的加密算法；
- 加密密钥协商是指移动台和服务网络之间能够对它们之间随后要使用的加密密钥达成一致；
- 用户数据的加密是指用户数据不能通过无线接入接口被窃听；
- 信令数据的加密是确保信令数据不能通过无线接入接口被窃听。

加密密钥协商在认证和密钥协商机制的执行过程中实现，加密算法协商通过在用户和网络之间的安全模式协商机制来实现。

4）数据完整性：包括完整性算法协商、完整性密钥协商、数据完整性和数据源认证。

- 完整性算法协商是指移动台和服务网络之间能够安全协商它们随后要使用的完整性算法；
- 完整性密钥协商是指移动台和服务网络之间能够就它们随后要使用的完整性密钥达成一致；
- 数据完整性和信令数据的信源认证是指接收实体（移动通信或服务网络）能够查证信令数据从发送实体（移动通信或服务网络）发出之后没有被其他未授权方式修改并且与所接收的信令数据的数据源是一致的。

完整性密钥协商在认证和密钥协商机制的执行过程中实现。完整性算法协商通过在用户和网络之间的安全模式协商机制来实现。

（2）网络域安全

网络域安全保证网络内信令的安全传送并抵御对有线网络及核心网部分的攻击。2G通信系统中没有涉及网络域的安全，信令和数据在网络实体之间是通过明文方式传输，网络实体之间交换信息无法得到数据机密性的保护。因此，在3G系统中对网络实体之间的通信采用了更加安全的保护措施。

3G系统中各运营商之间互相连接，为了实现网络域的安全保护，将整个3G通信网络划分为不同的安全域，一般一个运营商的网络实体统属一个安全域，不同的运营商之间设置安全网关（SEG）。3G通信系统中网络域之间的通信大多基于IP方式，对于网络域的安全而言，最重要的是IP网络层的安全，3G系统中采用IETF针对移动通信网络特点修订的IPSec来实现IP网络层的安全，IPSec可以实现网络实体间的认证，确保传送数据的完整性和机密性，对抗重放攻击等。

网络域安全分为密钥建立、密钥分配和安全通信三个层次。密钥建立是指密钥管理中心生成并存储非对称密钥的密钥对，生成并分发用于通信加密的对称会话密钥。密钥分配是指为网络中的通信节点分配通信的会话密钥。安全通信是指使用会话密钥加密通信数据，使用公钥进行数据源认证和数据完整性的保护。

（3）用户域安全

用户服务识别模块（User Service Identity Module，USIM）是一个运行在可更换智能卡上的应用程序，用户域安全机制用于保护用户与用户服务识别模块之间以及用户服务识别模块与终端之间的连接。具体包括用户到USIM的认证和USIM到终端链路两部分：

1）用户到USIM的认证是指用户接入USIM时必须进行USIM认证，确保接入USIM的用户为授权用户。

2）USIM到终端链路是指确保只有授权的USIM才能接入终端或其他用户环境。

（4）应用域安全

应用域安全使用户域与服务提供商的应用程序之间能够安全地交换信息。USIM应用程序为操作员或第三方运营商提供创建驻留应用程序的能力，这就需要确保通过网络向USIM应用程序传输信息的安全性，其安全级别可由网络操作员或应用程序提供商根据需要选择。USIM应用工具包将为运营商或第三方提供创建应用的能力，那些应用驻留在USIM上（类似于GSM中的SIM应用工具包）。

（5）安全可视性和可配置性

1）可视性是指用户能够获知安全特性是否正在使用，服务提供商提供的服务是否需要以安全服务为基础。确保安全功能对用户来说是可见的，这样用户就可以明确知道自己当前的通信是否被安全保护以及受保护的程序。比如接入网络加密提示，通知用户是否保护传输的数据，特别是在建立非加密呼叫连接时进行安全提示；安全等级的提示，通知用户被访问网络所提供的安全级别，特别是当用户切换或漫游到具有较低安全等级的网络时（如从3G到2G）进行提示。

2）可配置性是指允许用户对当前运行的安全功能进行选择配置。具体包括：

- 允许或不允许进行用户到USIM认证：用户应能控制用户到USIM认证的运行，例如，对于某些事件、业务或应用。
- 接受或拒绝进入的非加密呼叫：用户应能够控制是接受还是拒绝进入的非加密呼叫。

- 建立或不建立非加密呼叫：用户应能控制当网络没有使能加密的时候，是否建立连接。
- 接受或拒绝某些加密算法的使用：用户应能控制哪些加密算法对于应用是可接受的。

2. 3G 认证和密钥协商（Authenticated Key Agreement，AKA）协议

3G 网络中的接入安全要确保的内容包括两部分：提供用户和网络之间的身份认证，确保用户和网络双方的实体可靠性；空中接口安全，主要用于保护无线链路传输的用户和信令信息不被窃听和篡改。也就是说，需要先进行认证，然后进行密钥协商，这一协议机制称为认证密钥协商机制。认证与密钥协商机制是 3G 安全框架中的核心内容，认证与密钥协商是实现正常通信、保护用户与运营商利益的重要保证，作为呼叫建立的一部分。身份认证与密钥协商协议扮演着举足轻重的角色。在用户接入网络的时候，网络需要验证用户标识的正确性，即对用户进行认证（或鉴权），并同时完成安全上下文的分配、设置加密模式和加密算法、用户对网络的鉴权等功能。在 GSM 系统中，身份认证是单向的，基站能够验证用户的身份是否合法，而用户无法确认他所连接的服务网络是否可靠。3GAKA 协议借鉴了 GSM 身份认证的询问 – 应答机制，结合 ISO/IEC 9798-4 基于知识证明和使用顺序号的一次性密钥建立协议，实现了双向认证，并确保通信双方的认证信息和密钥是非重用的。

认证和密钥协商协议如图 7-9 所示。

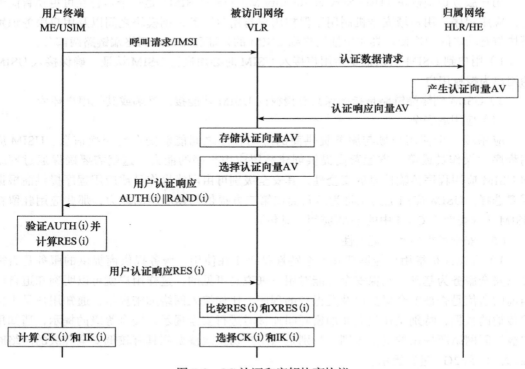

图 7-9   3G 认证和密钥协商协议

（1）认证和密钥协商过程

对照图 7-10，3G 认证和密钥协商过程由以下几个步骤组成：

第一步：用户终端 USIM 向网络发出位置更新或呼叫接入消息，传送 USIM 用户永久身份认证标识 IMSI 给访问网络（Visitor Location Register，VLR）。

第二步：VLR 接收到移动用户的注册请求后，向用户的归属网络（Home Location Register，HLR）发送该用户的永久用户身份标识，请求对该用户进行认证。

第三步：HLR 接收到 VLR 请求后，生成序列号 SQN 和随机数 RAND，计算认证向量 AV 发送给 VLR，认证向量是一个五元组（RAND,XRES,CK,IK,AUTH），其中 CK(Cipher Key) 是移动台和访问网络基站之间的加密密钥，IK（Integrity Key）是完整性保护密钥，XRES（eXpected RESponse）是期望应答消息，AUTH（Authentication Token）是一个令牌，用于给用户提供对所属网络的认证并保证随机数的新鲜度。

各字段的具体计算方法：

$$XRES=f_2(K,RAND)$$
$$CK=f_3(K,RAND)$$
$$IK=f_4(K,RAND)$$

AUTH=SQN $\oplus$ AK||AMF||MAC，其中 AK=f_5(K,RAND) 是匿名密钥，用于隐藏序列号，AMF（Authentication Management Field）鉴别管理域，MAC=f1(K,SQN||RAND||AMF) 是消息鉴别码。

这里的 K 是 USIM 卡的密钥，f_1、f_2 是消息认证函数，f_1 算法用于产生消息鉴别码，f_2 算法用于消息鉴别中计算期望响应，f_3、f_4、f_5 为密钥生成的单向函数，f_3 算法用于产生加密密钥，f_4 算法用于产生完整性密钥，f_5 算法用于产生匿名密钥。5 个函数的具体内容由 3GPP 相关规范定义。

第四步：VLR 接收到认证向量后，将 RAND 和 AUTH 发送给 USIM，请求用户产生认证数据。

第五步：USIM 接收到认证请求后，首先计算消息鉴别 XMAC，并与 AUTH 中的 MAC 比较，如果不同，则向 VLR 发送拒绝认证消息，放弃该认证过程。同时，USIM 验证接收到的 SQN 是否在有效范围内，如果不在有效范围内，USIM 向 VLR 发送同步失败的消息，放弃该认证过程。如果上述两项都验证通过，则 USIM 计算 RES、CK 和 IK，并将 RES 发送给 VLR。其中，RES、CK、IK 计算方法和参数与第三步中 XRES、CK、IK 相同。

第六步：VLR 接收到来自 USIM 发送的认证向量后，将 RES 与 XRES 进行比较，如果相同则认证成功，否则认证失败。如果认证成功，则 USIM 和 VLR 建立的共享加密密钥为 CK，数据完整性密钥是 IK。

在整个过程中，用户的用户服务识别模块 USIM 和它的归属域 HLR 共享密钥 K，该密钥不在网络中传输。

（2）认证与密钥协商算法

认证与密钥协商算法为非标准化算法，可以自行设计。AKA 包括一组算法：f_0，f_1，f_1^*，f_2，f_3，f_4，f_5，f_5^*。其中 f_0 为随机数生成函数，f_1 为消息认证码生成函数，f_1^* 为重新同步消息认证码产生函数，f_2 为认证中用于计算期望响应值，f_3 为加密密钥导出函数，f_4 为消息完整性密钥函数，f_5 为匿名密钥导出函数，f_5^* 为重新同步匿名密钥导出函数，f_1^* 和 f_5^* 用于移动台与网络失去同步的情况。

ETSI 的安全算法专家组（Security Algorithm Group of Experts，SAGE）在 2000 年 12 月完成了 AKA 模板函数的设计，所定义的整套算法称为 MILENAGE 算法，是以分组密码算法为核心的一组算法框架，SAGE 建议使用 AES 算法来实现其中的分组密码算法。

（3）加密过程

用户数据和某些信令信息元素是敏感的，必须受机密性保护。对传输信息的保护使用机密函数来实现，该函数在通信的专用信道上应用，数据加密过程如图 7-10 所示。

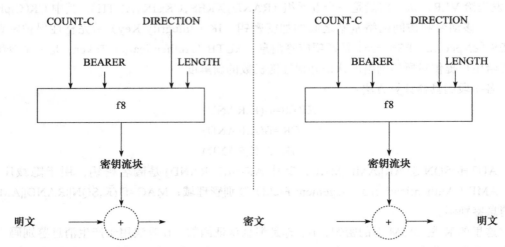

图 7-10　加密和解密过程

数据加密算法采用 f_8 算法，f_8 算法由 3GPP 协议规范定义。算法的输入包括加密密钥 CK、时间相关参数 COUNT-C、包含身份信息的参数 BEARER、信息传输方向参数 DIRECTION 和所要求的密钥流长度 LENGTH 四个参数。基于这四个参数，f_8 算法会生成输出密钥流块 KeyStream，输入要加密的明文，输出密文。解密过程与加密过程相同，只是所输入的是密文，输出的为明文。

（4）完整性过程

在用户和网络之间发送的大多数控制信令信息元素被认为是敏感的，必须进行完整性保护，以防止消息在传输过程中可能的篡改。AKA 中采用 f_9 算法实现认证信令消息的数据完整性的过程。

完整性算法 f_9 的输入参数包括完整性密钥 IK、完整性序列号 COUNT-I、归属网络产生的随机值 FRESH、信息传输方向参数 DIRECTION 和信令数据 MESSAGE 四个参数，基于这四个输入参数，完整性算法 f_9 计算出信令数据完整性的消息鉴别码 MAC。在进行数据传输时，将 MAC 附加到信令数据中一起发送给接收者，消息接收者使用相同的方法计算所接收到消息的完整鉴别码 XMAC，并将它与所收到的 MAC 进行比较，如果相同则说明数据没有被篡改，否则数据在传输过程中已经被篡改或丢失。

7.5　ZigBee 安全技术

ZigBee 技术是新兴的可以实现短距离双向无线通信的技术，它以复杂程度低、能耗低、成本低取胜于其余的短距离无线通信技术。它因模拟蜜蜂的通信方式而得名，过去又称 HomeRFLite、RF-Easylink 或 FireFly，目前统一称为 ZigBee，是一种介于无线标记技术和蓝牙技术之间的提案，主要应用于短距离内对传输速度要求不高的电子通信设备之间的数据传输以及典型的有周期性、间歇性反应时间的数据传输。

ZigBee 技术主要被作为短距离无线传感器网络的通信标准，广泛应用于家庭居住控制、商业建筑自动化和工厂车间管理等领域。ZigBee 技术标准由 ZigBee 联盟于 2004 年推出，该联盟是一个由半导体厂商、技术供应商和原始设备制造商加盟的组织。由于 ZigBee 技术具有低功耗、低延迟、较长电池寿命等特点，使得它在低速率无线传感器网络中扮演着非常重要的角色，市场前景十分广阔。

7.5.1 ZigBee 技术概述

1. ZigBee 技术的主要特征

ZigBee 技术相对于其他的无线通信技术具有以下特点：

1）功耗低。由于 ZigBee 的传输速率低，传输数据量很小，并且采用了休眠模式，因此 ZigBee 设备非常省电。据估算，ZigBee 设备仅靠两节电池就可以维持长达六个月到两年时间所需要的能量。功耗低是 ZigBee 技术的一个主要特点。

2）成本低。ZigBee 技术成本低是因为其协议简单，因而所需的内存空间小。ZigBee 不仅协议是免专利费的，而且芯片价格低，每块只需要两美元。

3）较小的传输范围。一般来说，ZigBee 技术的室内传输距离在几十米以内，室外在几百米内，属于短距离传输技术。

4）时延短。ZigBee 从休眠状态转入工作状态只需要 15ms，搜索设备时延为 30ms，活动设备信道接入时延为 15ms。相对而言，蓝牙需要 3~10s、WiFi 则需要 3s。

5）网络容量大。ZigBee 的节点编址为 2 字节，其网络节点容量理论上达 65 535。

6）数据传输时的可靠性较高。ZigBee 技术中避免碰撞的机制可以通过为宽带等预留时隙而避免传送数据时发生竞争或是冲突。并且，通过 ZigBee 技术发送的每个数据包是否被对方接收都必须得到完全的确认，这就使 ZigBee 技术在数据传输环节中具有较高的可靠性。

7）安全性。提供了基于循环冗余校验的数据包完整性检查功能，支持鉴权和认证，采用 AES-128 高级加密算法来保护数据载荷和防止攻击者冒充合法设备。

2. ZigBee 协议标准

ZigBee 针对低速率无线个人局域网，基于 IEEE 802.15.4 介质访问控制层和物理层标准，在其上开发了一组包含组网、安全和应用软件方面的技术标准。ZigBee 的协议框架如图 7-11 所示，主要由 IEEE 802.15.4 小组和 ZigBee 联盟这两个组织负责标准规范的制定。ZigBee 建立在 802.15.4 标准之上，它确定了可在不同制造商之间共享的应用纲要。IEEE 802.15.4 只定义了物理层（PHY）和数据链路层。

（1）物理层

ZigBee 兼容的产品工作在 IEEE 802.15.4 的物理层上，可工作在 2.4GHz（全球通用标准）、868MHz（欧洲标准）和 915MHz（美国标准）三个频段上，并且在这三个频段上分别具有 250kbps（16 个信道）、20kbps（1 个信道）和 40kbps（10 个信道）的最高数据传输速率。在使用 2.4GHz 频段时，ZigBee 技术室内传输距离为 10m，室外传输距离则能达到 200m；使用其他频段时，室内传输距离为 30m，室外传输距离则能达到 1000m。实际传输中，其传输距离根据发射功率确定，可变化调整。

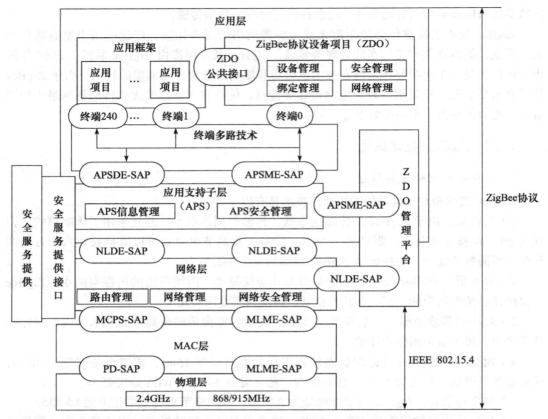

图 7-11 ZigBee 协议栈体系结构示意图

由于 ZigBee 使用的是开放频段，已使用多种无线通信技术，为避免互相干扰，各个频段均采用直接序列扩频技术。物理层的直接序列扩频技术允许设备无需闭环同步，在这三个不同频段都采用相位调制技术。在 2.4GHz 频段采用较高阶的 QPSK 调制技术，以达到 250kbps 的速率，并降低工作时间，减少功率消耗。在 915MHz 和 868MHz 频段则采用 BPSK 的调制技术。与 2.4GHz 频段相比，915MHz 和 868MHz 频段为低频频段，无线传播的损失较少，传输距离较长。

（2）数据链路层

IEEE 802 系列标准将数据链路层分成逻辑链路控制层（LLC）和介质接入控制层（MAC）两个子层。LLC 子层负责传输可靠性保障和控制、数据包的分段与重组、数据包的顺序传输工作，为 802 标准系列所共用。而 MAC 子层协议则依赖于各自的物理层。IEEE 802.15.4 的 MAC 层能支持多种 LLC 标准，通过业务相关的汇聚子层（SSCS）协议承载。

IEEE 802.15.4 的 MAC 协议包括以下功能：设备间无线链路的建立、维护和结束；确认模式的帧传送与接收；信道接入控制；帧校验；预留时隙管理；广播信息管理。同时，使用 CSMA-CA（Carrier Sense Multiple Access with Collisson Avoidance）机制和应答重传机制，实现了信道的共享及数据帧的可靠传输。

（3）网络层

网络层主要功能是负责拓扑结构的建立和网络连接的维护，包括设计连接和断开网络时所采用的机制、帧信息传输过程中所采用的安全性机制、设备的路由发现、路由维护和转交机制等。

（4）应用层

应用层主要负责把不同的应用映射到 ZigBee 网络，主要包括 3 部分：与网络层连接的应用支持子层（APS）、ZigBee 设备对象（ZDO）以及 ZigBee 的应用层框架（AF）。

应用支持子层 APS 提供了两个接口，分别是应用支持子层数据实体服务访问点（APSDE-SAP）和应用支持子层管理实体服务访问点（APSME-SAP）。同时，APS 的接口是从应用商定义的应用对象到 ZDO 之间的服务集。APS 数据实体提供的数据通信是在相同的网络中，在一个或者多个应用实体之间的。APS 管理实体提供的主要是维护数据库的服务，也有绑定设备等服务。

应用层框架用来为应用对象提供其活动环境，这些应用对象是存在于 ZigBee 设备中的。对于应用对象，其终端编号均是 1 ~ 240，终端 0 用于整个 ZigBee 设备的配置和管理。应用程序可以通过终端 0 与 ZigBee 堆栈的其他层通信，从而实现对这些层的初始化和配置。附属在终端 0 的对象被称为 ZigBee 设备对象（ZDO）。终端 255 用于向所有的终端广播。终端 241 ~ 254 是保留终端。

ZigBee 设备对象（ZDO）的功能包括负责定义网络中设备的角色，如协调器或者终端设备，还包括对绑定请求的初始化或者响应，在网络设备之间建立安全联系等。

每个 ZigBee 设备都与一个特定模板有关，可能是公共模板或私有模板。这些模板定义了设备的应用环境、设备类型以及用于设备间通信的簇。公共模板可以确保不同供应商的设备在相同应用领域中的互操作性。设备是由模板定义的，并以应用对象（application object）的形式实现。每个应用对象通过一个终端连接到 ZigBee 堆栈的余下部分，它们都是器件中可寻址的组件。从应用角度看，通信的本质就是终端到终端的连接（例如，一个带开关组件的设备与带一个或多个灯组件的远端设备进行通信，目的是将这些灯点亮）。终端之间的通信是通过称之为簇的数据结构实现的。这些簇是应用对象之间共享信息所需的全部属性的容器，在特殊应用中使用的簇在模板中有定义。所有终端都使用应用支持子层（APS）提供的服务。APS 通过网络层和安全服务提供层与端点相接，并为数据传送、安全和绑定提供服务，因此能够适配不同但兼容的设备，比如带灯的开关。

当 ZigBee 装置加入无线个域网（WPAN）后，应用层的 ZDO 会发起一系列初始化的动作：先通过 APS 进行装置搜寻（device discovery）及服务搜寻（service discovery），然后根据事先定义好的描述信息（description），将与自己相关的装置或服务记录在 APS 里的绑定表（binding table）中，之后，使用所有服务都要通过该绑定表来查询装置的资料或行规。

3. ZigBee 组网技术

ZigBee 可以采用星形、树状、网状拓扑，也允许采用三者的组合。组网方式如图 7-12 所示。

在 ZigBee 技术的应用中，具有 ZigBee 协调点功能，且未加入任一网络的节点可以发起建立一个新的 ZigBee 网络，该节点就是该网络的 ZigBee 协调点。ZigBee 协调点首先进行 IEEE 802.15.4 中的能量探测扫描和主动扫描，选择一个未探测到网络的空闲信道或探测到网络最少的信道，然后确定自己的 16bit 网络地址、网络的 PAN 标识符（PAN ID）、网络的拓扑参数等，其中 PAN ID 是网络在此信道中的唯一标识，因此 PAN ID 不应与此信道中探测到的网络的 PAN ID 冲突。各项参数选定后，ZigBee 协调点便可以接收其他节点加入该网络。

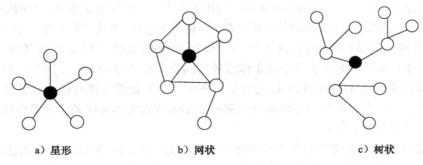

a）星形　　　　　b）网状　　　　　c）树状

图 7-12　ZigBee 网络拓扑

当一个未加入网络的节点要加入当前网络时，要向网络中的节点发送关联请求，收到关联请求的节点如果有能力接收其他节点为其子节点，就为该节点分配一个网络中唯一的 16bit 网络地址，并发出关联应答。收到关联应答后，此节点成功加入网络，并可接收其他节点的关联。节点加入网络后，将自己的 PAN ID 标识设为与 ZigBee 协调点相同的标识。一个节点是否具有接收其他节点并与其关联的能力，主要取决于此节点可利用的资源，如存储空间、能量等。

如果网络中的节点想要离开网络，同样可以向其父节点发送解除关联的请求，收到父节点的解除关联应答后，便可以成功地离开网络。但如果此节点有一个或多个子节点，在其离开网络之前，需要解除所有子节点与自己的关联。

7.5.2　ZigBee 安全技术

1. 安全架构

（1）ZigBee 安全体系结构

IEEE 802.15.4-2003 标准定义了物理层（PHY）和介质接入控制层（MAC），ZigBee 联盟在此基础上建立了网络层（NWK）和应用层（APL）框架设计。物理层提供基本的物理无线通信能力，介质接入控制层提供设备间可靠性授权和单跳通信连接服务，网络层提供用于构建不同网络拓扑结构的路由和多跳功能，应用层框架包括应用支持子层（APS）、ZigBee 设备对象（ZDO）和由制造商制定的应用对象。ZigBee 设备对象负责所有设备的管理，应用支持子层提供一个用于 ZigBee 设备对象和 ZigBee 应用的基础。介质接入控制层、网络层和应用支持子层负责各自帧的安全传输，应用支持子层提供建立和保持安全关系的服务，ZigBee 设备对象管理安全性策略和设备的安全性结构。

（2）安全密钥

网络中 ZigBee 设备中的安全性是以一些连接密钥（link key）和一个网络密钥（network key）为基础的，应用层对等实体之间的单播通信安全依靠由两个设备共享的一个 128bit 的连接密钥保证，广播通信的安全性依靠由网络中所有设备共享的一个 128bit 的网络密钥保证。接收方通常知道准确的安全性安排，比如接收方知道帧是被连接密钥还是网络密钥保护的。

设备获得连接密钥的方式有密钥传输、密钥定制和预安装三种，实际应用中灵活选择三种中的任意一种即可。网络密钥可以通过密钥传输和预安装两种方式获得，用于获取连接密钥的密钥定制技术基于一个主密钥（master key），一个设备将通过密钥传输或预安装的方式获取一个主密钥来定制对应的连接密钥。设备间的安全性就是依靠这些密钥的安全初始化和安装来实现。网络密钥可能被 ZigBee 的 MAC、网络层和应用层使用，连接密钥和主密钥可能只被应用支持子层使用，连接密钥和主密钥值在应用层有效。

ZigBee 技术针对不同应用，提供不同的安全服务，这些服务分别施加在 MAC 层、网络层和应用层上，其对数据的加密和完整性保护是在 CCM* 模式下执行 128bit 的 AES 加密算法。CCM* 是 CCM 的增强版，包含 CCM 的所有特征，提供加密和完整性检测功能，CCM 模式由计数器（Counter，CTR）模式和 CBC-MAC（Cipher Block Chaining MAC）模式相结合构成。使用基于 CCM* 模式的安全级别来保护输入 / 输出帧，是最基本的 ZigBee 安全性需求，CCM* 模式对 MAC 层、网络层和应用层重复使用相同密钥。

（3）网络层安全

网络层的帧或者来自高层的帧需要保护并且网络层信息库中的属性为 True 时，ZigBee 使用帧保护机制，网络信息库中的属性给出应用于网络层帧的安全级别，上部的层通过建立活动及预备网络密钥，决定使用哪个安全级别管理网络层。通过多跳连接传送消息是网络层的一个职责，网络层会广播路由请求信息并处理接收到的路由回复信息，同时，路由请求消息会广播到其他设备，临近设备则回复路由应答信息。若连接密钥使用适当，网络层将使用连接密钥保护输出网络层帧的安全，如果没有适当的连接密钥，为了保护信息，网络层将使用活动的网络密钥保护输出网络层帧，并使用活动密钥或预备密钥保护输入网络层帧。在这一过程中，帧的格式明确给出保护帧的密钥，因此，接收方可以推断出处理输入帧的密钥，另外，帧的格式也决定消息是所有网络设备都可读，而不仅仅自身可读。

（4）应用层安全

当来自应用层的帧需要安全保护时，应用支持子层将会处理其安全性，应用支持子层的帧保护机制基于连接密钥或网络密钥，应用支持子层支持应用，提供 ZigBee 设备对象的密钥建立、密钥传输和设备管理等服务。

2. ZigBee MAC 安全

ZigBee 提供的安全服务是在应用层已经提供密钥的情况下的对称密钥服务，在 ZigBee MAC 层中，以帧为单位提供了 4 种安全服务，为了适用各种不同的应用，设备可以选择 3 个安全模式，实际中由用户在上层决定使用哪种安全模式。

（1）安全模式

ZigBee 的 MAC 层在数据传输中提供了三级安全模式，分别是无安全模式、访问控制列表和安全模式。

1）无安全模式是 MAC 层默认的安全模式，处在这种模式下的设备不对接收到的帧进行任何安全检查，当某个设备接收到一个帧时，只检查帧的目的地址。这种模式的安全性最低，如果对某种应用的安全要求不高，可以采用这种模式。

2）访问控制列表（Access Control List，ACL）模式是为通信提供访问控制服务，上层可以通过设置 MAC 子层的访问控制列表条目来指示 MAC 层根据源地址过滤接收到的帧。这种方式下 MAC 层没有提供加密保护，上层必须采用其他机制来保证通信的安全。

3）安全模式是指同时使用访问控制和帧载荷密码保护方式，安全性高，支持比较完善的安全服务。

（2）安全服务

依据上层选择的安全模式，MAC层可以为发送和接收帧提供相应的安全服务，ZigBee支持以下4种服务：

1）访问控制服务：不对发送和接收的帧进行任何修改和检查，只是让接收帧的设备根据接收帧中的源地址对帧进行过滤。

2）数据加密服务：使用指定的密钥对帧中的数据进行加密处理，并将加密后的数据重新放在帧的数据部分，但对帧的其他部分不进行加密处理。加密处理完成后，MAC层将重新计算帧校验序列。

3）帧完整性服务：帧完整性服务使用信息完整码（Message Integrity Code，MIC）进行帧数据校验，防止信息被篡改。数据、信标和命令帧均可用MIC保障帧的完整性。

4）序列号更新服务：MAC层帧头有一个序列号域，其值为该帧的唯一序列号，设备接收到一个帧后，MAC层管理实体将接收到的帧的序列号与保存的序列号进行比较，如果接收到的序列号比保存的序列号新，则保留并上传接收到的数据帧，同时更新保存的序列号，否则，丢弃该数据帧。这种方法保证了接收到的帧是最新的，有效防止重放攻击。

（3）MAC安全帧格式

802.15.4 MAC帧主要由报头（MHR）、负载和报尾（MFR）三分部分组成，如图7-13所示。

MAC报头						MAC负载	MAC报尾
字节数：2	1	0/2	0/2/8	0/2	0/2/8	变量	2
控制帧	序列号	寻址字段				帧负载	FCS
		目的PAN标识符	目的地址	源PAN标识符	源地址		

位0~2	3	4	5	6	7~9	10~11	12~13	14~15
帧类型	安全性启动位	等待帧	确认请求	PAN网内	保留	目的寻址模式	保留	源寻址模式

图 7-13　MAC帧格式

报头包括帧控制字段、序列号和地址信息三部分，负载部分依据帧的类型不同而不同，一般有信标、数据、命令和确认四类。报尾是一个16位的ITU-T CRC校验。报头中控制字段包含的安全性启动位用来指示是否对帧进行安全保护，如果该位被置为1，将使用存储在MAC PIB的安全属性对帧进行设置的安全操作。

MAC层负责来源于本层的帧的安全性处理，但由上层决定ZigBee使用哪一个安全级别，需要安全性处理的MAC层帧会通过处理安全材料。对于ZigBee，MAC层首选密钥是连接密钥，如果无MAC层连接密钥，就是用默认密钥。

（4）安全组件

安全组件是给MAC帧提供安全服务的一系列操作，802.15.4标准中包含8种组件，具体如表 7-4 所示。None 表明不执行任何安全操作，安全组件中提供帧完整性安全服务的 AES-CBC-MAC 和 AES-CCM 计算 MIC 的比特长度分为 32bit、64bit 和 128bit 三种。标准中所有安全组件使用的底层算法是 AES 加密算法，该算法在智能卡等 8 位以及 PC 等 32 位处理器上都具有优秀的性能表现。

表 7-4　安全组件分类

安全组件	安全服务			
	访问控制	数据加密	帧完整性	序列更新
None	不支持	不支持	不支持	不支持
AES-CTR	支持	支持		支持
AES-CBC-MAC-32	支持		支持	
AES-CBC-MAC-64	支持		支持	
AES-CBC-MAC-128	支持		支持	
AES-CCM-32	支持	支持	支持	支持
AES-CCM-64	支持	支持	支持	支持
AES-CCM-128	支持	支持	支持	支持

（5）安全方案

当 MAC 层按照上层要求对传输的帧进行安全处理时，MAC 层按照指定的安全方案实现相应的安全服务。安全方案的名称指明了对称加密算法、模式、完整性检验的长度等。CCM 是 MAC 层安全方案中的一种，提供了 4 种安全服务，由计数（CTR）模式和密码分组连接消息鉴别码（CBC-MAC）相结合构成。该算法首先利用 CBC-MAC 计算出信息完整码 MIC，然后使用技术对 MIC 和明文数据进行加密，输出消息由加密数据和加密的 MIC 组成。

802.15.4 标准安全模式下输入帧的处理流程包括以下步骤：

1）MAC 层管理实体（MAC Layer Management Entity，MLME）从上层收到安全帧的传输消息后，扫描访问控制列表，查找与帧目的地址信息相匹配的入口。

2）如果从访问控制列表发现匹配项，MLME 将从访问控制列表安全组件字段中选择安全组件，从访问控制列表的安全源字段中选择安全加密内容。如果不能发现相匹配的访问控制入口，则 MLME 检查默认安全项 macDefaultSecurity。

3）如果 macDefaultSecurity 字段设置为 True，MLME 从 mac 默认安全组件 macDefault SecuritySuite 选择安全组件，从 mac 默认安全源中选择安全内容。如果 macDefaultSecurity 字段设置为 False，MLME 通知上层。

4）在 MLME 从访问控制列表中获取合适的安全组件和安全内容后，将帧控制字段的安全位设置为 1，并对帧进行相应的安全操作。

5）如果安全组件指明使用加密，对帧负载字段中的数据进行加密并将加密后的数据填入帧对应位置。

6）如果安全组件指明使用完整码，则需要将帧的帧头和负载字段连接起来一起计算并将计算的完整码结果填入对应位置。

7）如果安全组件指明使用加密和完整码，则分别进行 5）和 6）的安全操作。执行加密以及完整码计算的顺序和确切方式由所选择的安全组件决定。

8）如果安全操作中有任何一项执行失败，MLME 将通知上层，如果所有安全性操作都成功执行，MAC 负载字段做对应修改，并将计算修改后帧的帧检测序列 FCS。

安全模式对输入帧的解密处理和输出帧的加密处理类似，MAC 层管理实体 MLME 在收到帧时首先要检查安全启动位的设置，如果设置为 0，则通知高层，如果设置为 1 则通过访问控制列表 ACL 或默认入口找到对应的安全组件和安全内容，然后执行相应的解密以及完整码验算操作。如果至少有一个安全操作失败，设备 MAC 层管理实体就丢弃帧并通知上层。如果安全操作执行成功，MAC 负载字段恢复未加密的原始状态，设备继续帧的其他后续处理。

7.6 蓝牙安全技术

蓝牙（bluetooth）是一种支持设备短距离通信（10cm~10m）的无线电技术，能在包括移动电话、PDA、无线耳机、笔记本计算机、相关外设等众多设备之间进行无线信息交换。利用蓝牙技术，能够有效地简化移动通信终端设备之间的通信，也能够简化设备与 Internet 之间的通信，从而使数据传输变得更加迅速、高效。蓝牙技术最初由爱立信公司提出，后与索尼爱立信、IBM、英特尔、诺基亚及东芝等公司联合组成蓝牙技术联盟（Bluetooth Special Interest Group，SIG），并于 1999 年公布 1.0 版本。

蓝牙技术是一种无线数据与语音通信的开放性全球规范，最初以去掉设备之间的线缆为目标，为固定与移动设备通信环境建立一个低成本的近距离无线连接。采用蓝牙技术的适配器如图 7-14 所示。随着应用的扩展，蓝牙技术为已存在的数字网络和外设提供通用接口，组建一个远离固定网络的个人特别连接设备群，即无线个人局域网（Wireless Personal Area Network，WPAN）。

图 7-14 蓝牙适配器示意图

7.6.1 蓝牙技术概述

1. 蓝牙协议栈

蓝牙联盟针对蓝牙技术制定了相应的协议结构，IEEE 802.15 委员会对物理层和数据链路层进行了标准化，于 2002 年批准了第一个 PAN 标准 802.15.1。基于 802.15 版本的蓝牙协议栈结构如图 7-15 所示，协议层描述如下。

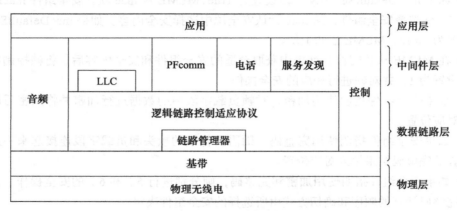

图 7-15 基于 802.15 版本的蓝牙协议栈结构示意图

1）协议栈最底层是物理无线电层，处理与无线电传送和调制有关的问题。蓝牙是一个低功率系统，通信范围在 10m 以内，运行在 2.4GHz ISM 频段上。该频段分为 79 个信道，每个信道 1MHz，总数据率为 1Mbps，采用时分双工传输方案实现全双工传输。

2）蓝牙基带层将原始位流转变成帧，每一帧都是在一个逻辑信道上进行传输的，该逻辑信道位于主节点与某一个从节点之间，称为链路。蓝牙标准中共有两种链路。第一种是 ACL（Asynchronous Connectionless，异步无连接）链路，用于无时间规律的分组交换数据。在发送方，这些数据来自于 L2CAP 层；在接收方，这些数据被递交给 L2CAP 层。ACL 链路采用尽力投递模型，帧存在丢失的可能性。另一种是 SCO（Synchronous Connection Oriented，面向连接的同步）链路，用于实时数据传输，例如电话。

3）链路管理器负责在设备之间建立逻辑信道，包括电源管理、认证和服务质量。逻辑链路控制适应协议（Logical Link Control Adaptation Protocol，L2CAP）为上面各层屏蔽传输细节，主要包含三个功能：第一，在发送方，接收来自上面各层的分组，分组最大为 64KB，将其拆散到帧中，在接收方，重组为对应分组；第二，处理多个分组源的多路复用和多路分解，当一个分组被重组时，决定由哪一个上层协议来处理它，例如，由 RFcomm 或者电话协议来处理；第三，处理与服务质量有关的需求。此外，音频协议和控制协议分别处理音频和控制相关的事宜，上层应用可略过 L2CAP 直接调用这两个协议。

4）中间件层由许多不同的协议混合组成。无线电频率通信 / 射频通信 RFcomm（Radio Frequency Communication）是指模拟连接键盘、鼠标、modem 等设备的串口通信；电话协议是一个用于话音通信的实时协议；服务发现协议用来查找网络内的服务。

5）应用层包含特定应用的协议子集。

2. 蓝牙组网技术

蓝牙系统的基本单元是微微网（Piconet），包含一个主节点以及 10m 距离内的至多 7 个处于活动状态的从节点。多个微微网可同时存在，并通过桥节点连接，如图 7-16 所示。

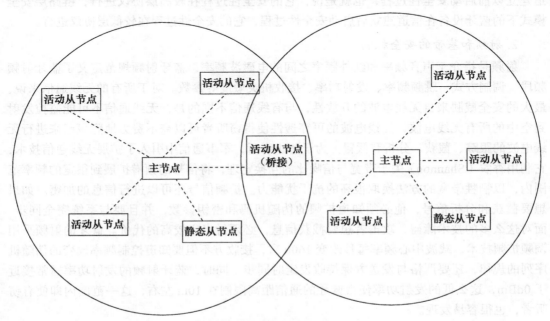

图 7-16　蓝牙组网示意图

在一个微微网中，除了允许最多 7 个活动从节点外，还可有多达 255 个静态节点。静态节点是处于低功耗状态的节点，可节省电源能耗。静态节点除了响应主节点的激活或者指示信号外，不再处理任何其他事情。微微网中主、从节点构成一个中心化的 TDM 系统，由主节点控制时钟，决定每个时槽相应的通信设备（从节点）。通信仅发生在主、从节点间，从节点间无法直接通信。

7.6.2　蓝牙安全技术

1. 蓝牙安全模式

蓝牙规范定义了三种不同的安全模式：

（1）非安全模式

此模式不采用信息安全管理和不执行安全保护以及处理，当设备上运行一般应用时使用此种模式。该模式中，设备避开链路层的安全功能，可以任意访问不含敏感信息的数据库。

（2）业务层安全模式

蓝牙设备在 L2CAP 层建立信道之后采用信息安全管理并执行安全保护和处理。这种安全机制建立在 L2CAP 和它之上的协议中，该模式可为多种应用提供不同的访问策略，并且可以同时运行安全需求不同的应用。

（3）链路层安全模式

链路层安全模式是指蓝牙设备在连接管理协议层建立链路的同时就采用信息安全管理和执行安全保护和处理，这种安全机制建立在芯片和连接管理协议的基础上，在该模式中，链路管理器在同一层面上对所有的应用强制执行安全措施。

业务层安全模式和链路层安全模式的本质区别在于业务层安全模式下的蓝牙设备在信道建立以前启动安全性过程，也就是说，它的安全性过程在较高层协议进行，链路层安全模式下的蓝牙设备在信道建立后启动安全性过程，它的安全性过程在较低层协议进行。

2. 射频和基带的安全机制

射频是指介于声音频率和红外频率之间的电磁波频率，蓝牙射频规范定义了蓝牙射频频段、调制方式、跳频频率、发射功率、接收机灵敏度等参数。对于所有的无线通信来说，最大的安全威胁来自无线电波的开放性，与有线通信不同的是，无线通信不可能监控发射到空中的所有无线电波，无线电波的可穿透性使得窃听者可以毫不费力地隐藏起来进行无线电波的跟踪、截获、分析和假冒。为了防止窃听，军事通信中引入了扩展无线通信技术，它利用香农（Shannon）关于带宽与信噪比的互换定理，将信号的频谱扩展到很宽的频率范围内，以牺牲带宽的方法换取很高的抗干扰能力。扩频信号还可以进行信息的加密。如果想要截获和分析信号，他必须知道扩频的伪随机码和密钥参数，并且要与系统完全同步。面对这么多的技术障碍，攻击者想要截获信息，必须付出比较高的代价。蓝牙的射频采用调频扩频技术，载波中心频率每秒改变 1600 次，接收方不但要知道控制频率改变的伪随机序列的规律，还要严格与发送方保持收发定时同步。同时，蓝牙射频的发射功率通常接近于 0dBm，这么低的发射功率使得蓝牙的通信距离限制在 10m 左右，这一范围内即使有窃听者，也很容易发现。

蓝牙设备发送数据时，基带部分将来自上层协议的数据进行信道编码，向下传给射频进行发送。接收数据时，基带对射频传来的数据进行信道解码，向上层传输。在蓝牙技术中将 2.4GHz 通信频段切割成 79 个通信频道，调频技术是将物理通道内的每个时隙上发送的数据，不断从一个频道跳到另一个频道上。

跳频频率选择方案由两部分组成：选择一个序列；把选择的序列映射到跳频频率。跳频计算由输入映射到跳频频率的功能由选择框执行。一般情况下，输入是本地时钟和 28 位地址，输出为跳频序列。对于输入的本地时钟，在连接状态时，主设备用本地时钟，从设备为本地时钟加一个偏移，即主设备的时钟，此时仅使用时钟的高 2 位。在寻呼和查询状态，时钟的 28 比特都将被使用。

对于 79 跳系统（欧洲、美国使用 79 个频道，法国、西班牙使用 23 个频道），我们在 79MHz 的频段上定义 32 个跳频频率为一跳频段，在这一跳频段中，32 个频点被随机地使用一次，然后在 79MHz 的频段上再选择另一个 32 跳频率段。由此可见，跳频序列是在 79 个跳频频点中变化的伪随机序列，具有很长的周期性。处于寻呼扫描、查询扫描状态的设备，按照固定的顺序使用固定的 32 个跳频频率，它们的时钟参数和蓝牙地址共同决定了跳频频段，设备地址和蓝牙时钟共同决定跳频序列。

跳频序列决定于主设备内的 BD_ADDR 地址。在同一个主从网络内的所有蓝牙设备，都有相同的跳频序列，所以能够在同一个时隙跳跃到相同的频道上发送与接收信号。因此即使附近有不同的主从网络，由于建立主从网络的主设备不相同，所以跳频序列也不相同，主从网络彼此间互相干扰的影响也就很小。同样，没有连接上主从网络的恶意设备也不能根据自己的跳频序列收到数据。所以，跳频技术也可看做基带层的安全机制。

3. 链路层的安全机制

链路层的安全保护包括验证和加密两个功能。

两个不同的蓝牙设备第一次连接时，需要验证两个设备是否具有互相连接的权限，用户必须在两个设备上输入 PIN 码作为验证的密码，称为配对（pairing）过程。配对过程中的两个设备分别称为 Verifier 与 Claimant，在配对过程中并不是 Verifier 与 Claimant 直接比较两者的 PIN 码，因为 Verifier 与 Claimant 还没有建立共同的秘密通信方式，若是 Claimant 直接传送未加密的 PIN 码给 Verifier，机密性非常高的 PIN 码容易在线侦听泄露。所以当 Verifier 对 Claimant 验证时，中间传送的并不是 PIN 码。链路层的通信流程如图 7-17 所示。

（1）认证过程

认证过程包括以下 4 个步骤：

1）产生初始密钥。当两个不同的蓝牙设备第一次连接时，用户在两个设备输入相同的 PIN（Personal Identification Number，PIN）码，接着 Verifier 与 Claimant 都产生一个相同的初始化密钥，称为 KINIT，Verifier 与 Claimant 使用 KINIT 作为密钥对开始连接时传递的参数进行加密，以保证这些参数不被其他人侦听。

KINIT 的产生是由设备地址 BD_ADDR、PIN、PIN 的长度及一个随机数 IN_RAND，经过 E22 算法计算得到。当用户在 Verifier 与 Claimant 的设备上输入相同的 PIN 码后，Verifier 使用 Claimant 的 BD_ADDR、PIN、PIN 的长度及 Verifier 产生的随机数 IN_RAND 计算出初始密钥 KINIT，其长度为 128 位，Verifier 将产生的随机数 IN_RAND 传送到

Claimant 上，Claimant 根据自身的 BD_ADDR、PIN、PIN 的长度以及由 Verifier 传送的随机数 IN_RAND 计算出 KINIT，这样 Verifier 与 Claimant 双方都拥有一个相同的初始密钥 KINIT。

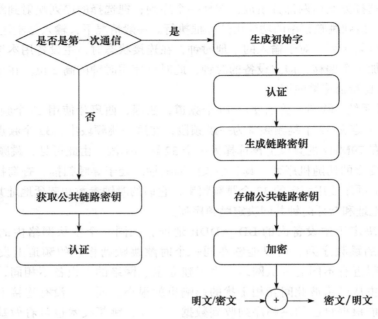

图 7-17　链路层通信流程

初始密钥生成过程中存在两个问题。第一个问题是在 Verifier 计算出的随机数 IN_RAND 传递到 Claimant 的过程中，由于此时 Verifier 与 Claimant 还没有建立共同的秘密通信方式，所以随机数 IN_RAND 是以明文方式传输。第二个问题是以 E22 算法计算 KINJT 时，PIN 码的长度作为运算输入的参数之一。PIN 码的长度为 16 字节，当 PIN 码的长度未达 16 字节时，Claimant 采用的方法是将 BD_ADDR 的部分位与 PIN 码相加，这种方法确定计算出的 KINIT 的数值与 Claimant 的 BD_ADDR 具有高度相关性，当非法用户要入侵 Verifier 时，必须尝试非常多的 PIN 码，这样就会减少入侵者对合法用户的威胁。但统计数据分析指出，大部分用户的 PIN 码，都会尽量采用自己的生日或是电话等易于记忆的号码，虽然方便，但存在比较大的安全风险。

2）产生设备密钥。每个蓝牙设备在第一次开机操作完成初始化的参数设置后，设备将产生一个设备密钥（unit key）表示为 KA。KA 保存在设备的内存中，KA 的产生是由 128 位的随机数 RAND 与 48 位的 BD_ADDR 经过 E21 算法计算而来的。一旦设备产生出 KA 后，便一直保持不变，因为有多个 Claimant 共享同一个 Verifier，若是 Verifier 内的 KA 改变，则以前所有与其连接过的 Claimant 都必须重新进行初始化以得到新的链路密钥。

3）产生链路密钥。用设备密钥和初始化密钥产生链路密钥。Verifier 与 Claimant 间以设备内的链路密钥作为验证的比较根据，双方必须拥有相同的链路密钥，Claimant 才能通过 Verifier 的验证，每当 Verifier 与 Clalmant 间进行验证时，链路密钥作为加密过程中产生加密密钥的输入参数，链路密钥的功能和 KINIT 的功能相同，只是 KINIT 是初始化时临时性密钥，存储在设备的内存中，当链路密钥产生时，设备就将 KINIT 丢弃。

依据设备存储能力的不同，链路密钥有两种产生方式。当设备的存储容量较小时，可以直接把 Claimant 的 KA 作为链路密钥，经过 KINIT 的编码后传递到 Verifier 上。当设备的存储容量足够时，则结合 Verifier 与 Claimant 两个设备内的 KA 产生 KAB，Verifier 与 Clalmant 分别产生随机数 LK_RANDA 和 LK_RANDB，这两个随机数经过 KINIT 的编码后，互相传给对方，Verifier 与 Claimant 即根据随机数 LK_RANDA 和 LK_RANDB 与 BD_ADDR，运用 E21 算法计算出相同的 KAB。

链路密钥究竟是采用 KA 还是 KAB 取决于具体的应用，对于存储容量较小的蓝牙设备或者对于处于大用户群中的设备，适合采用 KA，此时只需存储单一密钥，对于安全等级请求较高的应用，适合采用 KAB，但此时设备必须拥有较大的存储空间。

4）验证。在 Verifier 和 Claimant 都拥有一个相同的链路密钥 KAB 后，Verifier 利用链路密钥 KAB 验证 Claimant 是否能够与其相连，如果双方根据 KAB 生成的验证码相同，则 Verifier 接受 Claimant 的连接请求，否则 Verifier 拒绝 Claimant 的连接请求。

验证的过程采用 Challenge/Response 方式，具体步骤如下：

第一步：Verifier 向 Claimant 发送一个随机数 AU_RANDA；

第二步：Verifier 与 Claimant 都以 Claimant 的 BD_ADDR、随机数 AU_RANDA、链路密钥 KAB 为输入参数，用 E1 算法计算出 SRES 和 ACO；

第三步：Claimant 将 SRES 发送回 Verifier，Verifier 比较两者的 SRES 是否相同，如果相同，则通过验证，否则验证失败。

认证过程中使用一个 2-MOVE 协议来检查其他部分是否知道一个共享的密钥。Verifier 先送给 Claimant 一个需要认证的随机数，Verifier 和 Claimant 都是使用这个随机数、Claimant 的 BD_ADDR 和当前的链路密钥，并采用基于 SAFER+128 的认证函数 E1 计算后得到一个响应数 SRES。Claimant 把这个响应数送到 Verifier，Verifier 确定该响应是否匹配，如果匹配则授权建立链接。

在蓝牙标准中不要求 Verifier 一定是主设备或是从设备，而是根据应用程序本身的设计来决定必须进行验证的设备，在某些应用中，主设备与从设备都可能发出验证的请求，同时充当 Claimant 的角色，有些应用只有单向的由从设备作为 Claimant。单向或双向的验证由通信协议内的 LMP 层所控制。在每次验证期间，Verifier 会送出一个新的验证随机数 AU_RANDA，验证成功后计算出一个辅助参数验证码偏移量（Authenticated Ciphering Offset，ACO），在最后的加密阶段，需要用到 ACO 辅助参数。

为了防止非法的入侵者不断地尝试以不同的 PIN 码连接 Verifier，当某次 Claimant 请求验证被 Verifier 拒绝时，Claimant 必须等待一定的时间间隔才能再次请求 Verifier 的验证，Verifier 将记录验证失败的 Claimant 的 BD_ADDR，当同一个验证失败的 Claimant 一直不断地重复验证，则每次验证间的等待时间将以指数的速率一直增加。在 Verifier 内记录了每一个 Claimant 的验证时间间隔表，这样控制 Claimant 的验证时间间隔，将更有效地防止不当或非法的入侵者。

（2）链路层加密

蓝牙加密系统通过一个 EO 函数为蓝牙分组中的有效载荷字进行加密，该函数 EO 要求对每一个载荷都重新同步。在发送数据包之前，随机数、主设备地址、加密密钥和时隙数一起初始化移位到密钥流产生器的 LFSR 中。经密钥流生成器输出密钥流与数据相异或完成加密。图 7-18 是蓝牙数据加密的过程。

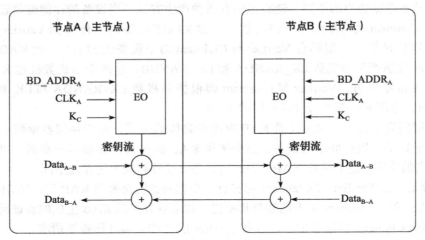

图 7-18　蓝牙数据加密过程

128 位加密密钥的产生是由当前链路密钥、96 位的 COF（Ciphering Offset）数值和 128 位的随机数 EN_RAND，经过 E3 算法计算生成，表示为 Kc，计算 COF 的数值有两种方式，如果目前的链路密钥是 KMASTER，则由主设备的 BD_ADDR 计算而来，否则 COF 的数值就是在初始化过程中所产生的 ACO。每次当设备进入编码加密模式时，都会产生一个加密密钥。然而，在传输时并非直接把 Kc 当作加密密钥对数据编码，而是每次传输过程中产生一个会话密钥，用会话密钥作为加密密钥对数据编码进行传输。如图 7-18 所示，节点 A 使用 Kc、它的 BD_ADDR 和时序数据，经过 EO 算法后产生一个密钥，节点 B 也以相同的 Kc、节点 A 的 BD_ADDR 和时序数据另外产生一个密钥，两者计算出的密钥相同。设备 A 与设备 B 每次传送数据时，都会产生一个新的密钥对数据进行加密。不使用目前的链路密钥将数据加密，而使用新产生的会话密钥进行加密，原因是长度较短的 Kc 在进行编码时耗用较少的时间和资源，减低链路密钥的长度将影响验证时的安全性，所以另外计算出一个长度较短的 Kc 负责工作。

加密密钥从链路密钥以及随机数 EN_RAND、ACO 中用 E3 函数产生。由于加密密钥长度可以在 8 ~ 128 位之间变化，所以两个设备必须在加密前协商好密钥长度，可以接受某一方的长度提议，也可以互相拒绝。在每个设备中都有一个参数来定义允许的最大密钥长度，而且在应用程序中有一个最小的密钥长度，如果这个最短密钥长度和所有单元的密钥长度协商都不符合，应用程序便放弃协商并且不能进行加密，这样可以避免恶意设备强制降低加密设定等级以进行破坏。

4. 应用层安全机制

蓝牙应用层的安全方法是在蓝牙设备的应用程序中加入一些安全保护的设计。对于一个比较好的安全系统而言，最重要的就是使用时的方便性和实用性，应该允许不同的协议来加强安全策略，而且这个安全体系要完全按照 GAP 中定义的安全模式工作。最后认证或加密的策略对于客户端和服务器端也应该是不一样的，也就是说，运行一个应用程序的高层安全等级并不是对称的。一般而言，服务器端可能要比客户端有更高的安全等级。

Thomas Muller 给出了一个可行的蓝牙安全体系，它提供了一个很灵活的安全架构，这个架构可以指示什么时候去接纳一个用户以及蓝牙协议层执行什么动作去支持我们希望的安全检查。而且这种集中化的安全管理可以实现灵活的访问策略，整个访问控制策略封装在安全管理器中，更复杂策略的实现也不会影响部分的实现。

在整个体系中关键部分是安全管理器，它执行关键的任务：存储与应用和设备相关的安全信息；通过协议或是应用程序来答复访问请求；在连接到应用程序之前执行认证和加密；初始化或处理来自设备用户的输入，并在设备层建立信任关系；启动问询用户的 PIN 码，PIN 可能由应用程序来完成输入。

设备信息存储在安全管理器的设备数据库中。对于信任设备，通过认证并在设备数据库中保留一个链路密钥并标记该设备为信任。对于不信任设备，通过认证并在设备数据库中保留一个链路密钥，但是标记该设备为不信任。而对于未知设备，则在数据库中没有该设备的安全信息。应用安全等级信息存储在安全管理器的应用数据库中。它主要包括授权需要、认证需要和加密需要三部分。这三个信息定义了应用的安全等级。对于一个连接请求，在连接到应用程序之前，设备查找应用数据库，判断安全等级。如果应用对所有设备开放，接受远端设备的连接请求，并准许其访问应用。如果应用需要认证，设备查找设备数据库，判断远端设备类型，对于未知设备的请求回应拒绝，对其他设备回应接受，并准许访问应用。如果应用需要授权和认证，仅有经过授权的不信任设备和信任设备获准访问该应用。

7.6.3　应用

1. 蓝牙应用服务

蓝牙在其 1.1 版本中规范了 13 种应用服务，如表 7-5 所示。

表 7-5　蓝牙应用服务

应　用　名	说　明
一般访问（Generic Access）	针对链路管理的应用
服务发现（Service Discovery）	用于发现所提供的服务
串行端口（Serial Port）	用于代替串行端口电缆
一般的对象交换（Generic Object Exchange）	为对象移动过程定义客户 - 服务器关系
LAN 访问（LAN Access）	移动计算机和固定 LAN 之间的协议
拨号联网（Dial-up Networking）	计算机通过移动电话呼叫
传真（Fax）	传真机与移动电话建立连接
无绳电话（Cordless Telephony）	无绳电话与基站间建立连接
内部通信联络系统（Intercom）	数字步话机
头戴电话（Headset）	允许免提的语音通信
对象推送（Object Push）	提供交换简单对象的方法
文件传输（File Transfer）	提供文件传输
同步（Synchronization）	PDA 与计算机间进行数据同步

其中，一般访问和服务发现是蓝牙设备必须实现的应用，其他应用则为可选。

2. 蓝牙技术应用环境

1）居家。在现代家庭，通过使用具有蓝牙技术的产品，可以免除设备电缆缠绕的苦恼。鼠标、键盘、打印机、耳机和扬声器等均可以在 PC 环境中无线使用。通过在移动设备和家用 PC 之间同步联系人和日历信息，用户可以随时随地存取最新的信息。此外，蓝牙技术还可以用在适配器中，允许人们从相机、手机、笔记本向电视发送照片。

2）工作。在实现设备的无线连接之外，启用蓝牙的设备能够创建自己的即时网络，让用户能够共享演示稿或其他文件，不受兼容性或电子邮件访问的限制。蓝牙设备还能方便地召开小组会议，通过无线网络与其他办公室进行对话，并将白板上的构思传送到计算机。现在有越来越多的移动销售设备支持蓝牙功能，销售人员可使用手机进行连接并通过 GPRS 移动网络传输信息。

3）通信及娱乐。目前，蓝牙技术在日常生活中应用最广的就是支持蓝牙的手机设备，如手机蓝牙耳机、车载免提蓝牙。蓝牙耳机使驾驶更安全，同时能够有效减少电磁波对人体的影响。此外，内置了蓝牙技术的游戏设备，使人们能够在任何地方与朋友展开游戏竞技。

7.7 本章小结和进一步阅读指导

本章对无线网络分类、传输介质和所具有的优缺点进行了概述，分别从信息、用户和通信系统三个角度分析了无线网络面临的安全威胁。选取了几种典型的无线网络形式对其安全问题进行了探讨和分析，比较详细地描述了 WiFi、3G、ZigBee 和蓝牙等典型的物联网通信技术的概念、协议、特点和组网技术，分析并详述了它们各自的安全机制以及采用的安全技术。

习题

7.1 无线网络从网络覆盖范围来看分为几类？

7.2 无线网络面临哪些安全威胁？这些安全威胁都是什么原因造成的？

7.3 WiFi 网络常用的协议标准有哪几种？

7.4 WiFi 网络采用的 WEP 协议存在哪些安全缺陷？为什么？ WPA 和 WPA2 分别做了哪些改进？

7.5 描述 WiFi 网络共享认证协议过程。

7.6 描述 IEEE 802.1x 协议认证过程。

7.7 3G 网络标准主要有哪三种？各自的特点是什么？

7.8 3G 网络的安全问题表现在哪几个方面？

7.9 ZigBee 相对于其他的无线通信技术具有哪些特点？

7.10 ZigBee 的 MAC 层在数据传输中提供哪几种安全模式？

7.11 蓝牙规范定义哪几种安全模式？

7.12 简述蓝牙链路层的安全认证过程。

参考文献

[1] http://baike.baidu.cn/view/2175107.htm.

[2] 许博. 无线局域网安全性分析及其攻击方法研究 [D]. 西安：西安电子科技大学，2010.

[3] 吴振强 . 无线局域网安全体系结构及关键技术 [D]. 西安：西安电子科技大学，2007.

[4] 于国良 . 蓝牙网络若干安全性问题研究 [D]. 郑州：中国人民解放军信息工程大学，2006.

[5] 刘佳潇 . 3G 中 AKA 协议改进和密码算法设计 [D]. 郑州：中国人民解放军信息工程大学，2007.

[6] 王伟 .3G 通信网络的安全分析 [D]. 西安：西安电子科技大学，2008.

[7] 毛光灿 . 移动通信安全研究 [D]. 成都：西南交通大学，2003.

[8] 李晖，牛少彰 . 无线通信安全理论与技术 [M]. 北京：北京邮电大学出版社，2011.

[9] 任伟 . 无线网络安全 [M]. 北京：电子工业出版社，2011.

[10] Vainio. J. T. BluetoothSeeurity[S/OL]，2000，http://www.niksula.es.hut.fi/jiitv/bluesee.htm.

附录 A 《物联网信息安全》实践教学大纲

1. 实验概述

物联网信息安全课程实验在内容上包括了物联网的主要核心知识点，使学生通过实验，掌握物联网信息安全保障系统的工作原理和设计方法，掌握运用现代信息安全技术解决物联网应用系统实施过程中的安全和可靠性问题，为今后从事物联网应用系统设计、集成、开发和安全管理打下坚实的基础。

2. 实验目的和要求

物联网信息安全课程的实验目的是使学生了解物联网系统中安全隐患和解决隐患的技术和方法，达成信息安全的一般性指标，如可靠性、可用性、保密性、完整性、不可抵赖性以及可控性。通过考察实验，既配合课堂教学加深学生对基础理论知识的理解与掌握，又使学生具备保障物联网应用系统安全性、可靠性和可用性的技术研发能力。

本课程实验要求理解物联网信息安全系统的基本组成和工作原理；理解信息安全技术在典型领域的应用系统及其工作方法；理解数据加密、身份认证、服务授权和访问控制等基本模型与协议；理解物联网不同逻辑层次面临的安全与隐私的差异，掌握信息安全保障方法。

3. 主要原理及概念

本实验涉及物联网的安全基础理论，物联网的安全体系结构，物联网感知中的信任管理，物联网标识或定位中的隐私保护，物联网传输中的访问控制和信息安全；数据处理中的隐私保护和应用中的服务授权；物联网系统的安全管理以及物联网的安全设备等。

4. 实验环境

本实验要求具有进行物联网信息安全所需要的软件系统和硬

件环境，包括：物联网感知设备，数据存储服务器，无线传输设备，加密、授权、签名、认证等相关软件。

5. 实验内容

实验1 基本认知

本环节主要在课外完成，建议开设时间为4学时。

基本认知实验建议在课外进行，通过参观、视频等方式了解物联网信息安全系统的结构、基本数据变换方法和常用信息安全设备，如防火墙等。

配合网络互联数据安全攻防技术实验，进行数据监听、数据篡改、数据重放、非法的数据来源、使用IPSEC实现数据的加密、认证、反重放等课程教学，使学生对VPN、VPDN有一个直观的认识。

配合互联网接入安全攻防技术实验，进行互联网接入设备安全实验室教学，进行IP网络流量、Web和应用流量过滤演示，展示特洛伊木马、病毒扫描器和拒绝服务攻击实验，使学生对网络入侵技术和方法有一个直观的认识。

实验2 基本技术

本环节主要在课内完成，建议开设时间为8学时。

防火墙设备实验：进行防火墙外观与接口介绍，实践防火墙用户管理、管理员地址设置、出厂设置、配置文件保存与恢复、产品升级实验、防火墙透明模式初始配置、配置安全规则、防火墙路由模式初始配置、防火墙路由模式设置路由及地址转换策略、防火墙路由模式配置安全规则、混合模式初始配置、混合模式设置路由及地址转换策略、混合模式配置安全规则、防火墙日志系统实验和双机热备和抗DoS实验（选修）。

密码学实验：进行古典密码算法（Kaiser密码、单表置换密码），对称密码算法（对称密码体系、DES算法、AES算法），非对称密码算法（非对称密码体系、RSA算法、ELGamal算法）和散列算法（MD5散列函数、SHA-1散列函数）的基础实验。并利用上述算法，手工实现安全通信过程，利用PGP实现安全通信过程。

实验3 综合实践

各学校可以根据自身特点，在课内开设或在课外开设，建议开设时间为16学时。

综合实践要求学生综合运用课程学习到的理论和技术，动手设计加密检索、加密计算系统。

附录 B 西安交通大学物联网工程专业培养方案

物联网工程专业是 2010 年经教育部批准设立的新专业。该专业顺应国家战略性新兴产业需要，适应国家和教育部的战略要求，满足我国经济结构战略性调整的要求和物联网产业发展对人才的迫切需要。本章论述了物联网工程专业的培养方案，提出了物联网工程专业的课程体系结构，供相关高等院校参考。

1. 专业设置

根据教育部办公厅关于战略性新兴产业相关专业申报和审批工作的通知（教高厅函 [2010]13 号）的精神，为了加大战略性新兴产业人才培养力度，支持和鼓励有条件的高等学校从本科教育入手，加速教学内容、课程体系、教学方法和管理体制与运行机制的改革和创新，积极培养战略性新兴产业相关专业的人才，满足国家战略性新兴产业发展对高素质人才的迫切需求，教育部决定在 2010 年 4 月底前完成一次战略性新兴产业相关专业的申报和审批工作。这些战略性新兴产业涉及的领域包括：

1）新能源产业，包括可再生能源技术、节能减排技术、清洁煤技术、核能技术等；

2）信息网络产业，包括传感网、物联网技术等；

3）新材料产业，包括微电子和光电子材料和器件、新型功能材料、高性能结构材料等；

4）农业和医药产业，包括转基因育种技术等；

5）空间、海洋和地球探索与资源开发利用等。

这些新专业的设置和人才培养将有力地促进我国在互联网、绿色经济、低碳经济、环保技术、生物医药等关系到未来环境和人类生活的一些重要战略性新兴产业的快速发展，满足这些新兴产业的人才需要。

物联网（The Internet of Things）工程专业是信息网络产业方向重点支持的开办专业之一。

2010 年 7 月，教育部发布《教育部关于公布赞同设置的高等学校战略新兴产业相关本科新专业名单的报告》，首次批准了 30 个物联网工程本科专业，5 个传感网技术本科专业，2 个智能电网信息工程本科专业。2011 年教育部进行了第二批物联网相关专业审批，新设置 25 个物联网工程本科专业，2 个传感网技术本科专业。目前，物联网相关专业总数已经达到 64 个。

2011 年 5 月，教育部发布了《普通高等学校本科专业目录（修订一稿）》（教高厅函 [2011] 28 号），明确将原电气信息类（代码：0806）下设立的物联网工程（专业代码：080640S）和传感网技术（专业代码：080641S）合并，列入计算机类专业（代码：0809），新专业名称为"物联网工程"（专业代码：080905），物联网工程专业从少数院校试办走上规范化建设阶段。

2. 培养目标

物联网工程专业培养适应 21 世纪国家现代化建设需要的，德、智、体、美全面发展的，富有社会责任感，系统扎实地掌握物理系统信息化方法、物理系统标识、感知和定位技术的，具备系统信息获取、存储、检索和处理能力的，在计算机、通信、自动化和电子等信息技术领域起引领作用、具有国际视野和竞争力的创新性高层次专门人才。

3. 知识体系

本专业的知识结构由普通教育、专业教育和综合教育三大部分构成。

- 普通教育：包括人文科学、社会科学、自然科学、外语、体育等。
- 专业教育：包括专业基础知识、专业核心知识、领域应用知识、专业实践训练等。
- 综合教育：包括学术与科技活动、思想品德教育、文艺活动、体育活动、自选活动。

物联网工程专业涉及计算机科学与技术、通信工程、电子科学与技术等多学科，除了数学、物理、人文社科等通识知识外，依据物联网本身的特点，将本专业的专业知识体系划分为专业基础知识、专业核心知识、领域应用知识三大类。物联网工程专业的"核心知识体系"的建立依赖于"对物联网技术的基本认知"。

- 物联网是指通过各种信息感知设备（如各类传感器、RFID、全球定位系统等），按约定的协议，把任何物品与互联网连接起来，进行信息交换和通信，以实现智能化识别、定位、跟踪、监控和管理的一种网络。
- 物联网中的物体有唯一的标识；能够与周围环境通信；能够获得自身信息并保存信息；能够通过某种语言描述自身特性（如用途、处理需求等）；并能够根据实际需要做出决策。
- 物联网的物理前端是由大量传感器构成的网络。物联网试图实现物理世界与信息世界的无缝连接。与传统网络相比，物联网在网络自组织与自适应、海量数据处理、软件体系结构、智能化应用以及安全与隐私保护等方面提出了全新的挑战。

（1）物联网工程专业的专业基础知识

本专业的基础知识应至少包括：

- 算法与程序设计：包括程序设计语言、数据结构与算法、离散数学；
- 电路与电子技术：包括电路的基本概念和基本定律、电路的基本分析方法和电路定理、模拟电路、基本放大电路、数字电路、EDA技术基础、数模与模数转换器；
- 计算机系统：包括计算机组成、操作系统、微机与接口、计算机体系结构等；
- 计算机网络：包括计算机网络体系结构、数据通信原理、网络设备、网络软件、局域网、广域网、无线网、网络协议、网络管理、网络安全等；
- 数据库系统：包括数据库、数据库管理、数据库系统等；
- 嵌入式系统：包括嵌入式系统组成、嵌入式系统硬件、嵌入式操作系统、嵌入式系统软件、嵌入式系统开发等。

（2）物联网工程专业的专业核心知识

物联网工程专业的核心知识体系与物联网体系结构间的关系如图 B-1 所示。根据物联网的感知、传输、处理和控制的四个阶段，物联网工程专业的核心体系设置如表 B-1 所示。

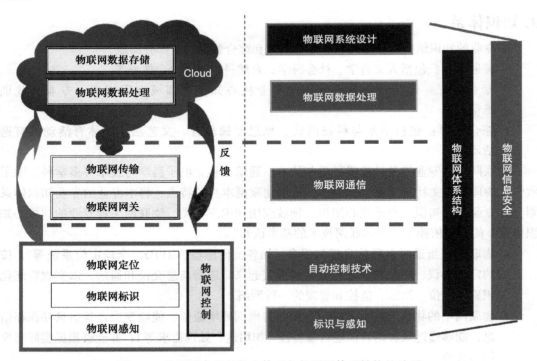

图 B-1　物联网专业的核心体系与物联网体系结构的关系

1）物联网技术体系（AR）（最少 32 学时）

- 计算模式的演化，最少 2 学时，知识点：计算模式、网络的发展、物联网概念
- 物联网的模型，最少 3 学时，知识点：功能模型、层次模型、拓扑结构

- 物联网感知技术，最少 6 学时，知识点：标识的方法、感知的方法、定位方法
- 物联网通信技术，最少 4 学时，知识点：通信方式、通信网络
- 智能数据处理技术，最少 4 学时，知识点：数据存储方法、数据处理方法、信息利用
- 物联网控制技术，最少 3 学时，知识点：控制模型、控制技术
- 物联网安全技术，最少 4 学时，知识点：网络安全、信息安全、隐私保护
- 物联网应用，最少 6 学时，知识点：应用模式、应用架构

2）标识与感知（ID）（最少 72 学时）

- 物体编码，最少 4 学时，知识点：全球统一标识系统 ANCC、EANUCC 编码体系、EPC 编码体系、UID 等其他编码体系
- 条形码，最少 4 学时，知识点：一维条形码、二维条形码、条码应用系统
- RFID，最少 20 学时，知识点：工作原理与系统组成、标准与协议、单元化技术、系统化技术、应用系统设计
- 传感器，最少 16 学时，知识点：传感器原理、传感器结构、传感器应用方式
- 智能传感器，最少 12 学时，知识点：无线传感器、光纤传感器
- 视频监控，最少 6 学时，知识点：原理与系统组成、标准、组网、存储、应用
- 定位技术，最少 6 学时，知识点：卫星定位、蜂窝定位、无线室内定位、其他定位技术
- 感知系统部署，最少 4 学时，知识点：RFID 系统部署、无线传感器部署、光纤传感器部署

3）物联网通信（CO）（最少 48 学时）

- 物联网通信组网技术，最少 4 学时，知识点：通信技术、组网技术、网关技术
- 互联网与物联网，最少 2 学时，知识点：互联网与物联网的关系、物联网与互联网互联的主要问题及解决途径
- 无线通信，最少 20 学时，知识点：无线通信原理、中近距离无线通信协议、移动通信、卫星通信、微波通信
- 无线传感网，最少 18 学时，知识点：传感网的结构、传感网的协议、传感网的技术、传感网的应用
- 多网融合，最少 4 学时，知识点：融合的原理、融合的方法、三网融合

4）物联网数据处理（DP）（最少 64 学时）

- 物联网数据特征，最少 2 学时，知识点：数据类型、数据特征
- 数据预处理，最少 4 学时，知识点：数据清洗、数据变换、数据归约
- 磁盘阵列，最少 6 学时，知识点：RAID 级别、RAID 技术、RAID 与虚拟磁盘和文件系统
- 网络存储技术，最少 8 学时，知识点：网络存储，网络存储系统 DAS、NAS、SAN，网络存储实现技术，网络存储应用
- 海量存储系统，最少 10 学时，知识点：海量存储系统的定义和特征、海量存储系统系统架构、海量存储系统的开发方法、分布式文件系统、分布式并行文件系统、

典型的海量存储系统（集群存储系统、OBS、GFS、TFS、Mapreduce、Hadoop 等）、海量存储系统实现技术、物联网中的海量存储系统构建方法

- 海量数据组织与管理，最少 4 学时，知识点：元数据，元数据服务与索引，海量数据的元数据组织与优化策略，数据质量，数据检索，数据挖掘，智能决策

5）物联网控制（CT）（最少 32 学时）

- 物联网控制的特征，最少 2 学时，知识点：物联网控制的目的与需求，物联网控制系统的基本结构
- 自动控制技术，最少 16 学时，知识点：控制模式、数学模型、控制方法
- 计算机控制系统，最少 8 学时，知识点：控制系统的组成，控制系统设计，控制系统信息采集方法，控制系统常用执行机构，利用软件（如 Matlab）进行控制系统仿真
- 分布式控制系统，最少 6 学时，知识点：分布式控制系统的组成，控制算法，现场总线，组态软件。

6）物联网信息安全（IS）（最少 32 学时）

- 物联网的安全特征与目标，最少 2 学时，知识点：物联网各层次的安全特征；物联网的安全需求
- 物联网的安全体系，最少 6 学时，知识点：安全服务及其与安全机制的关系、物联网的安全体系结构、安全管理模型、安全管理方法
- 物联网感知层的安全机制，最少 8 学时，知识点：加密机制、信任机制、访问控制机制、容侵容错机制
- 物联网传输层的安全机制，最少 4 学时，知识点：IPSec，防火墙，入侵检测与入侵保护
- 物联网数据处理层的安全机制，最少 4 学时，知识点：数据加密检索；数据加密运算
- 物联网应用层的安全机制，最少 6 学时，知识点：服务授权方法，内容审计，访问控制，数字签名与数字证书
- 隐私保护，最少 2 学时，知识点：物体标识的数据隐私技术；物体位置的隐私保护技术

（3）物联网工程专业的领域应用知识

各办学单位可根据各学校的特色、区域、行业等优势，针对不同应用设置相应的知识单元，开设相应课程，形成有特色的课程体系。如：智慧城市、工业生产、智慧农业、智能交通、智能物流、智能电网、智能家居、智慧医疗、城市安保、环境监测、国防应用。

4. 课程设置

物联网工程专业本科建议基于卓越工程师计划，采用校企联合培养模式。思想政治教育与国防教育、经济管理按照教育部要求进行课程设置；体育、英语、计算机技术基础根据各个学校特色进行设置。其他课程设置与教学计划见表 B-1。

表 B-1　物联网工程专业主要课程设置一览表

课程类型	课程编码	课程名称	学分	总学时	课内授课	课内实验	课内机时	课外实验	课外机时	必修/选修	开课学期	开课单位
基础科学课程	MT1032	高等数学 I	13	220	196	0	24	0	0	必修 36.5 学分	1, 2	理学院
	MT1038	线性代数与空间解析几何 II	3.5	58	54	4	0	0	0		1	理学院
	PHYS1022	大学物理 II	8	128	128	0	0	0	0		2, 3	理学院
	PHYS1019	大学物理实验 A	2	64	0	64	0	0	0		2, 3	理学院
	MATH1010	离散数学 A	4	64	64	0	0	0	0		2	计算机
	MATH2156	概率论与数理统计	3	50	46	0	4	0	0		3	理学院
	MATH2031	复变函数与积分变换	3	48	48	0	0	0	0		3	理学院
	COMP4023	形式语言与自动机	2	32	32	0	0	0	0		4	计算机
	MATH2152	数学建模 II	2	40	24	0	16	0	0		4	数学统计学院
	MATH2022	数理逻辑	2	32	32	0	0	0	0		4	电信学院
	MATH3037	组合数学	2	32	32	0	0	0	0		4	电信学院
	MATH4024	随机过程	3	48	48	0	0	0	0		4	数学统计学院
	MATH3062	模糊数学	2	32	32	0	0	0	0		4	计算机
基础科学课程小计										必修 36.5 学分,选修 3.5 学分,共计 40 学分		
专业主干课程	MACH1103	工程制图	2	32	30	0	2	0	0	必修 42 学分	1	机械学院
	COMP4361	物联网技术概论	2	32	32	0	0	0	0		2	计算机
	ELEC2007	电路	4.5	80	64	16	0	0	0		3	电气学院
	COMP2411	数据结构与算法 A	3.5	64	48	0	16	0	0		3	计算机
	EELC2012	模拟电子技术	3.5	56	56	0	0	0	0		4	电气学院
	EELC2008	电子技术实验 1, 2	1.5	48	0	48	0	0	0		4	电气/计算机
	EELC2016	数字逻辑电路	3.5	56	56	0	0	8	0		4	计算机
	INFT3033	信号与系统 B	3	52	44	8	0	0	0		5	信通
	AUTO3020	检测技术基础	3	52	44	8	0	0	4		5	自动化
	COMP3484	计算机接口技术	3	52	44	0	8	0	4		5	计算机
	COMP3510	操作系统原理 A(双语)	3.5	60	52	0	8	0	4		5	计算机
	COMP3485	计算机网络原理	3	52	44	8	0	0	0		6	计算机
	新增	物体标识与管理技术	3	52	44	8	0	0	0		6	计算机
	COMP3487	数据库系统	3	52	44	0	8	0	4		6	计算机
专业主干课程小计										必修 42 学分		

（续）

课程类型	课程编码	课程名称	学分	总学时	课内授课	课内实验	课内机时	课外实验	课外机时	必修/选修	开课学期	开课单位
专业课程	COMP2408	汇编语言	2.5	44	36	0	8	0	4		4	计算机
	COMP3227	计算机组成原理A	4	64	64	0	0	0	0	计算机方向选修13学分	5	计算机
	COMP3488	软件工程	2.5	44	40	0	4	0	8		6	计算机
	COMP3486	计算机系统结构	3	52	48	4	0	0	4		6	计算机
	INFT3038	通信电子电路	3.5	60	52	8	0	0	0		5	信通
	INFT3036	通信原理A	4	68	60	8	0	0	0	通信方向选修13学分	6	信通
	INFT3035	电磁场与电磁波	4	64	64	0	0	0	0		5	信通
	INFT3042	数字信号处理	2.5	44	36	8	0	0	0		5	信通
	AUTO2003	系统建模与动力学分析	3	48	48	0	0	0	0		4	自动化
	AUTO3019	运筹学	3	48	48	0	0	0	0	自动化方向选修13学分	5	自动化
	AUTO3016	自动控制原理（双语）	3.5	62	50	12	0	0	4		5	自动化
	AUTO3017	自动控制原理B	3	52	44	8	8	0	0		6	自动化
	INFT3042	数字信号处理	2.5	44	36	8	0	0	0		5	自动化
	AUTO3035	运动控制系统	2	36	36	0	0	0	0		6	自动化
	COMP4354	面向对象程序设计	2	36	28	8	8	0	8		2	电信
	COMP4357	嵌入式系统设计	2.5	44	36	8	0	0	0		7	电信
	COMP3479	人工智能	2.5	44	40	0	4	0	4	公共课程选修7学分	5	电信
	新增	物联网应用概论	2	32	32	0	0	0	8		7	电气学院
	新增	电力工程概论	2	32	32	0	0	0	8		7	电气学院
	新增	物流管理概论	2	32	36	0	8	0	8		7	管理学院
	COMP4358	网络与信息安全	2.5	44	36	8	0	0	8		7	计算机
	COMP4353	网络计算机概论	2	34	30	0	4	0	4		7	电信
	新增	无线传感器网络	2	32	32	0	0	0	8		6	信通
专业课程小计										选修20学分		
	GNED0004	安全教育	0	6	6	0	0	0	0		1	工程坊
	EPRA2001	电工实习	1	6	6	0	0	0	0		4	工程坊
	MCRA2001	测控实习	1	0	0	0	0	0	0		5	工程坊
	PRAC3012	专业实习I	2	0	0	0	0	0	0	必修21学分	4, 6	电信学院
	PRAC3012	专业实习II	3	0	0	0	0	0	0		6	电信学院

									学期	开课学院
集中实践	新增	项目设计	2	0	0	0	0	0	6, 7	电信学院
	BSIS4015	毕业设计	12	0	0	0	0	0	8	电信学院
	EELC4105	电子系统设计专题实验 12	1	32	32	0	0	0	5, 6	计算机
	COMP2409	数据结构与程序设计专题实验	1	32	32	0	0	0	3	计算机
	新增	短距离无线通信专题实验	1	32	32	0	0	0	6	信通
	新增	传感与检测专题实验	1	32	32	0	0	0	6	自动化
	新增	物体标识、定位与管理专题实验	1	32	32	0	0	0	6	计算机
	新增	物联网综合应用专题实验	1	32	32	0	0	0	6	计算机
	COMP4362	网络安全与工程专题实验	1	32	32	0	0	0	7	计算机
	COMP4363	信息系统设计专题实验	1	32	32	0	0	0	7	计算机
	SCTR3003	科研训练（选修）	1	0	0	0	0	0	6, 7	电信学院
		集中实践小计								

至少选修 5 学分

必修 21 学分，选修 5 学分

推荐阅读

高等学校物联网工程专业发展战略研究报告暨专业规范（试行）

作者：教育部高等学校计算机科学与技术专业教学指导分委员会 编制
ISBN：978-7-111-36803-8 定价：38.00元

高等学校物联网工程专业实践教学体系与规范（试行）

作者：教育部高等学校计算机科学与技术专业教学指导分委员会 编制
ISBN：978-7-111-36802-1 定价：28.00元

推荐阅读

物联网工程导论

作者：吴功宜 等 ISBN：978-7-111-38821-0 定价：49.00元

物联网技术与应用

作者：吴功宜 等 ISBN：978-7-111-43157-2 定价：35.00元

智慧的物联网——感知中国和世界的技术

作者：吴功宜 ISBN：978-7-111-30710-5 定价：36.00元

传感网原理与技术

作者：李士宁 等 ISBN：978-7-111-45968-2 定价：39.00元

推荐阅读

信息安全导论

作者: 何泾沙 等 ISBN: 978-7-111-36272-2 定价: 33.00元

操作系统安全设计

作者: 沈晴霓 等 ISBN: 978-7-111-43215-9 定价: 59.00元

网络攻防技术

作者: 吴灏 等 ISBN: 978-7-111-27632-6 定价: 29.00元

网络协议分析

作者: 寇晓蕤 等 ISBN: 978-7-111-28262-4 定价: 35.00元

金融信息安全工程

作者: 李改成 ISBN: 978-7-111-28262-4 定价: 35.00元

信息安全攻防实用教程

作者: 马洪连 等 ISBN: 978-7-111-45841-8 定价: 25.00元